"101 计划"核心教材
物理学领域

U0351348

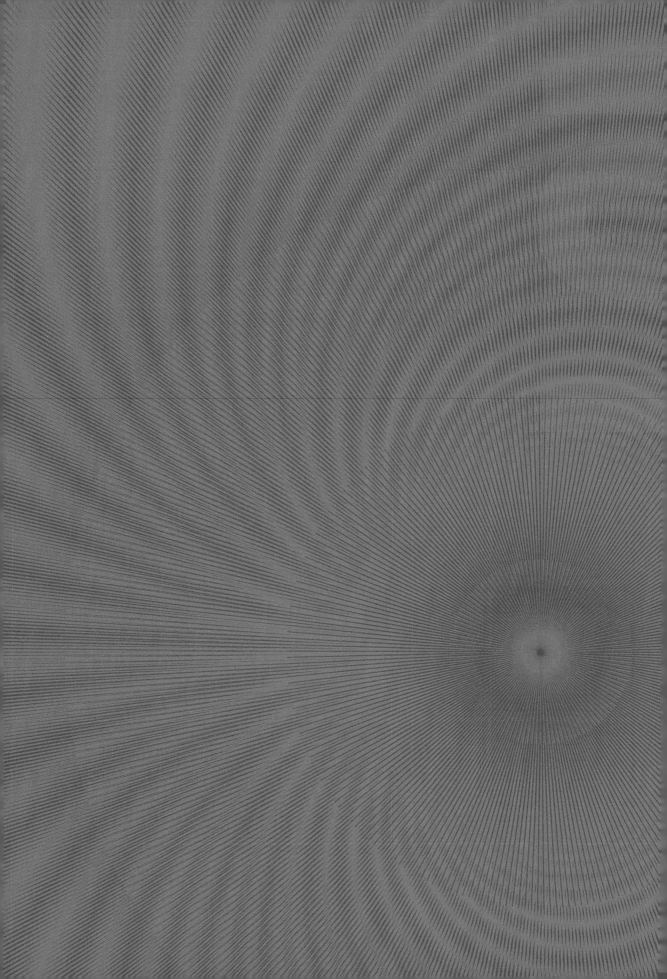

光　学

赵福利　董建文　陈晓东

陈　瑞　陈　敏

中国教育出版传媒集团

高等教育出版社·北京

内容简介

本书是物理学领域"101计划"核心教材。

本书是中山大学光学课程教学团队中的多位成员结合在本校多年的教学经验编写的光学教材。本书力求为读者建立清晰的传统光学基础知识框架,同时可开拓读者视野,使其总览学科概貌。本书共分7章,涉及几何光学、波动光学和量子光学三部分。第1章是几何光学,包含光度学内容;第2、第3、第4章是波动光学,其中对于薄膜光学、傅里叶光学、全息术和近场光学等内容分别结合相关章节作了适量的介绍;第5章是光的色散、吸收和散射;第6章是光的量子现象;第7章是激光。

本书可作为高等学校物理学类专业光学课程的本科生教材,也可供光学相关工程技术人员参考。

图书在版编目(CIP)数据

光学/赵福利等编. --北京:高等教育出版社,
2024.9(2025.2重印)

ISBN 978-7-04-062265-2

Ⅰ.①光… Ⅱ.①赵… Ⅲ.①光学-高等学校-教材
Ⅳ.①O43

中国国家版本馆 CIP 数据核字(2024)第 107995 号

GUANGXUE

策划编辑 忻 蓓	责任编辑 忻 蓓	封面设计 王 洋		版式设计 徐艳妮
责任绘图 于 博	责任校对 吕红颖	责任印制 赵 佳		

出版发行	高等教育出版社	网　　址	http://www.hep.edu.cn
社　　址	北京市西城区德外大街4号		http://www.hep.com.cn
邮政编码	100120	网上订购	http://www.hepmall.com.cn
印　　刷	北京中科印刷有限公司		http://www.hepmall.com
开　　本	787mm×1092mm　1/16		http://www.hepmall.cn
印　　张	18.25		
字　　数	430 千字	版　　次	2024 年 9 月第 1 版
购书热线	010-58581118	印　　次	2025 年 2 月第 2 次印刷
咨询电话	400-810-0598	定　　价	60.00 元

物　料　号　62265-00

出版说明 ___

为深入实施科教兴国战略、人才强国战略、创新驱动发展战略,统筹推进教育科技人才体制机制一体化改革,教育部于 2023 年 4 月 19 日正式启动基础学科系列本科教育教学改革试点工作(下称"101 计划")。物理学领域"101 计划"工作组邀请国内物理学界教学经验丰富、学术造诣深厚的优秀教师和顶尖专家,及 31 所基础学科拔尖学生培养计划 2.0 基地建设高校,从物理学专业教育教学的基本规律和基础要素出发,共同探索建设一流核心课程、一流核心教材、一流核心教师团队和一流核心实践项目。这一系列举措有效地提高了我国物理学专业本科教学质量和水平,引领带动相关专业本科教育教学改革和人才培养质量提升。

通过基础要素建设的"小切口",牵引教育教学模式的"大改革",让人才培养模式从"知识为主"转向"能力为先",是基础学科系列"101 计划"的主要目标。物理学领域"101 计划"工作组遴选了力学、热学、电磁学、光学、原子物理学、理论力学、电动力学、量子力学、统计力学、固体物理、数学物理方法、计算物理、实验物理、物理学前沿与科学思想选讲等 14 门基础和前沿兼备、深度和广度兼顾的一流核心课程,由课程负责人牵头,组织调研并借鉴国际一流大学的先进经验,主动适应学科发展趋势和新一轮科技革命对拔尖人才培养的要求,力求将"世界一流""中国特色""101 风格"统一在配套的教材编写中。本教材系列在吸纳新知识、新理论、新技术、新方法、新进展的同时,注重推动弘扬科学家精神,推进教学理念更新和教学方法创新。

在教育部高等教育司的周密部署下,物理学领域"101 计划"工作组下设的课程建设组、教材建设组,联合参与的教师、专家和高校,以及北京大学出版社、高等教育出版社、科学出版社等,经过反复研讨、协商,确定了系列教材详尽的出版规划和方案。为保障系列教材质量,工作组还专门邀请多位院士和资深专家对每种教材的编写方案进行评审,并对内容进行把关。

在此,物理学领域"101 计划"工作组谨向教育部高等教育司的悉心指导、31 所参与高校的大力支持、各参与出版社的专业保障表示衷心的感谢;向北京大学郝平书记、龚旗煌校长,以及北京大学教师教学发展中心、教务部等相关部门在物理学领域"101 计划"酝酿、启动、建设过程中给予的亲切关怀、具体指导和帮助表示由衷的感谢;特别要向 14 位一流核心课程建设负责人及参与物理学领域"101 计划"一流核心教材编写的各位教师的辛勤付出,致以诚挚的谢意和崇高的敬意。

基础学科系列"101 计划"是我国本科教育教学改革的一项筑基性工程。改革,改到深处是课程,改到实处是教材。物理学领域"101 计划"立足世界科技前沿和国家重大战略需求,以兼具传承经典和探索新知的课程、教材建设为引擎,着力推进卓越人才自主培养,激发学生的科学志趣和创新潜力,推动教师为学生成长成才提供学术引领、精神感召和人生指导。本教材系列的出版,是物理学领域"101 计划"实施的标志性成果和重要里程碑,与其他基础要素建设相得益彰,将为我国物理学及相关专业全面深化本科教育教学改革、构建高质量人才培养体系提供有力支撑。

物理学领域"101 计划"工作组

前 言 ——

光学是 20 世纪迅速发展起来的学科,也是自古以来人类探索自然的有力工具。由于对光丰富而细腻的感受,使得人类对自然和天象开展了广泛的观测。自 16 世纪实证定量科学发展起来之后,光学学科便迅速焕发异彩,成为科学研究和技术发展的有力支撑。尤其是 20 世纪 60 年代激光诞生以来,信息光学、光子学、近场光学、量子光学等分支学科雨后春笋般涌现出来,光学成为基础物理学和应用研究乃至新技术开发的重要学科节点,也成为生物光子学、光化学、生物医学工程、量子信息科学与技术等新兴学科的交汇枢纽。

基础光学是基础物理课程的核心组成部分,是光学学科的入门课程。因此,对当今光学发展进行适当凝练,以简洁的笔触介绍学科基础,确保学生能够建立清晰的光学基础知识架构,同时开阔视野,总揽学科概貌,适度接触学科前沿,是本书撰写的基本定位。

本书依托中山大学光学学科 70 余年的教学积淀,延续了李良德先生《光学》教材的基本框架,并于 2018 年出版了配套中国大学慕课课程的 icourse 教材——《光学》,与一流线上课程"光学"和一流线上—线下混合课程"光学"同步使用。现今,面对基础学科拔尖人才培养和"101计划"需求,编者团队重新分工,对教材内容进行了更新和重新编写,内容主体框架保持稳定,根据近几十年光学领域的发展,对当今科学发展现状和前沿动态进行了及时的梳理和更新,并增设了物理文化和前言概览等相关推荐阅读内容。

本书共 7 章,包括几何光学、波动光学和光的量子性等。第 1 章为几何光学部分,包含光度学内容;第 2、3、4 章为波动光学部分,同时结合相关章节对薄膜光学、傅里叶光学、全息术和近场光学等现代光学内容分别进行了适量的介绍;第 5 章为光的色散、吸收和散射部分;第 6 章为光的量子现象部分;第 7 章为激光部分。本书与"101 计划"的"光学"课程知识图谱具有密切联动性,便于学生学习和梳理。

为了开拓学生思路,各章后配有思考题,部分思考题涉及科研和技术前沿领域内容,书中亦给出相关参考资料,便于学生查找。全书采用的基本物理常量,均为国际科技数据委员会(CODATA)2014 年发布的

《基本物理常量国际推荐值》。标题中有 * 的内容,供读者参考。

为了便于本书持续发展,本教材结合信息化技术发展,配有数字教材和千人千题的学习网站资源,包含知识图谱和授课视频以及授课讲义。其中,知识图谱部分支持教学再设计,可满足不同层面的教学需求。

由于编者水平所限,错误之处在所难免,希广大教师和读者们批评指正。

编　者

2024 年 6 月于广州

目 录

绪论

人类是从"人为什么能看见周围物体"这样的一个问题开始研究光的. 人们对于光线传播的几何性质、对于光的本性的认识, 都经历了漫长曲折的过程, 才有所进展. 所以, 我们在学习光学之前, 粗略地了解一下人们对光的认识历史是有益的.

授课视频 0-1

古希腊哲学家欧几里得(Euclid, 公元前 330—前 275 年)认为, 人能看见周围的物体是由于从眼睛发出视线, 视线的作用犹如触须能触摸物体一样. 如果视觉是视线探索的结果, 那又怎么去解释人看不见黑暗中的物体呢? 在我国先秦时代, 墨翟对光的认知比欧几里得不但早而且高明得多. 东汉(公元 25—220 年)王符在《潜夫论·赞学》中指出: "中阱深室, 幽黑无见, 及设盛烛, 则百物彰矣. 此则火之耀也, 非目之光也, 而目假之, 则为己明矣."这更明确地否定了视线观点, 肯定了光线的观点.

早在我国周代(约公元前 5 世纪), 古人已能使用铜锡合金制造平面镜、凹面镜和凸面镜了, 《周礼·考工记》记载"金锡半, 谓之鉴燧之齐", 《周礼》记载"司烜氏, 掌以夫燧取明火于日", 这就是用凹面镜聚焦取火的记载. 这一应用比欧几里得在其《反射光学》中谈到的要早一百多年, 《墨经》中有关几何光学的记载达八条之多, 包括了影的定义与形成, 光与影的关系, 光的直进性, 针孔成像, 平面镜, 凹球面镜和凸球面镜中物和像的关系等. 唐初孔颖达(公元 574—648 年)所著《礼记·月令》中有"云薄漏日, 日照雨滴则虹生"的表述, 表明虹是由于太阳照射雨滴而产生的. 唐代中期张志和给出了更为明确的描述, 在他所著的《玄真子·涛之灵》中有"雨色映日而为虹"和"背日喷乎水成虹霓之状"的表述. 可见, 我国古人已经非常明确地指出: 日光照射悬浮在大气中的水滴, 日光的反射形成了虹. 7 个世纪之后, 欧洲人罗杰·培根(Roger Bacon, 1214—1293)也提出了类似见解. 宋代沈括(公元 1031—1095 年)在《梦溪笔谈》中描述了平面镜、球面镜的成像规律, 凹面镜焦点位置与曲率半径的关系, 虹和海市蜃楼的成因等. 1621 年, 荷兰人斯涅耳(Willebrord Snell, 1580—1626)从实验上总结出正确的折射定律($\sin i_2 / \sin i_1 = $ 常量). 1631 年左右, 笛卡儿(René Descartes, 1596—1560)将折射定律写为现在通用的形式. 费马(Pierre de Fermat, 1601—1665)大约在 1657 年, 对几何光学的基本定律作了更高的概括, 即光在介质中实际传播的路径是费时(或光程)为极值的路径. 可以说, 从上古到 17 世纪中叶, 人类才弄清楚了光线的几何性质, 至于光的本性是什么, 亮度和颜色是怎么一回事还是不清楚的.

17 世纪下半叶出现了光的微粒说和光的波动说之争, 人类才开始认真对光的本性进行研究.

微粒说将光看成一群飞行的微粒, 它们在均匀介质中做匀速直线运动, 能自由穿过透明介质, 撞到人的视神经上可以引起视觉. 牛顿(Isaac Newton, 1643—1727)主张微粒说, 微粒说很自然地解释了光的直线传播和反射定律. 利用它解释折射定律时, 则须假定在两介质界面层的小范围内, 介质对微粒的作用力发生了跃变, 它改变了微粒穿过界面时速度的法向分

量,但不会改变速度的切向分量,微粒穿过界面层后以另一种速率做匀速直线运动.[1]

授课视频 0-2

图 0-1 中,假设 v_1、v_2 分别表示光微粒在折射率为 n_1、n_2 的介质中的速度(光速),用脚标 t、n 分别表示速度在界面切向、法向上的分量,用 i_1、i_2 分别表示入射角、折射角.

由于微粒通过界面时速度的切向分量不变,可得

$$\frac{\sin i_1}{\sin i_2} = \frac{v_2}{v_1} \tag{0-1}$$

(0-1)式是由微粒说导出的折射定律,而实验事实是:当光由折射率较小的介质(称光疏介质)进入折射率较大的介质(称光密介质)时,靠近法线方向发生折射.如图 0-1 所示就是这种情形($n_1<n_2$,$i_2<i_1$),按(0-1)式应有 $v_2>v_1$.换句话说,根据微粒说,当光由光疏介质进入光密介质时,光速增大.

1678 年,惠更斯(Christiaan Huygens, 1629—1695)在《光论》中[2]提出了光的机械波动说,波动说以光现象和声现象的相似性为主要依据.为了说明波在空间传播的机制,惠更斯提出一种假设(惠更斯原理):波所到达的各点都可以看成次波波源,这些次波的包络面就是新的波面.用惠更斯原理能很自然地解释光的直线传播和反射定律,但在解释折射定律时,却得出和(0-1)式不同的结果.

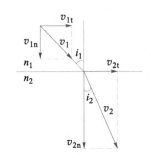

◎ 图 0-1　微粒说对折射定律
　　　　的解释（设 $n_1<n_2$）

在图 0-2 中,AB 是入射平面波波面,DC 是折射平面波波面,令 Δt 表示波面 AB 传播到波面 DC 所需时间,则

$$t_{BC} = \Delta t, \quad t_{AD} = \Delta t$$

而

$$\sin i_1 = \frac{|BC|}{|AC|} = \frac{v_1 \Delta t}{|AC|}$$

$$\sin i_2 = \frac{|AD|}{|AC|} = \frac{v_2 \Delta t}{|AC|}$$

因此

$$\frac{\sin i_1}{\sin i_2} = \frac{v_1}{v_2} \tag{0-2}$$

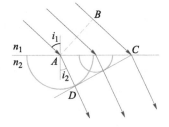

◎ 图 0-2　波动说对折射定律
　　　　的解释（设 $n_1<n_2$）

(0-2)式是由波动说导出的折射定律,和(0-1)式的结果并不同.若 $n_1<n_2$,$i_2<i_1$,按(0-2)式应有 $v_2<v_1$.换句话说,根据波动说,当光由光疏介质进入光密介质时,光速减小.遗憾的是,在 17、18 世纪,虽然从天文观测中已经粗略地得知真空中的光速,但当时尚无法测量不同介质中光速的差异,从而无法判断(0-1)式和(0-2)式哪个正确,因此也无法裁决微粒说和波动说之争.再者,微粒说将光看成一群飞行的微粒,则为何两个普通光源发出的光相交时,不会改变各自的运动方向呢?微粒说对此无法解释.此外,微粒说还面临一些其他困难.然而,牛顿由于在天文学、力学方面的成就而享有极高威望,人们还是比较相信微粒说的.虽

①　[英]牛顿.光学[M].周岳明,舒幼生,邢峰,等译.徐克明,校.北京:北京大学出版社,2007.
②　[荷兰]惠更斯.光论[M].蔡勖,译.北京:北京大学出版社,2007.

然波动光学的一些基本现象(干涉衍射和偏振)在 17 世纪中后期先后被发现[①],但微粒说在 17 世纪和 18 世纪依旧占据统治地位.

19 世纪初的 30 年内,波动说走向了复兴.1801 年,托马斯·杨(Thomas Young,1773—1829)实现了光的双缝干涉,并提出了"光的干涉原理".1808 年,马吕斯(Étienne-Louis Malus,1775—1812)发现了光的横波性,并导出了著名的马吕斯定律.1815 年,法国工程师菲涅耳(Augustin-Jean Fresnel,1788—1827)在前人工作的基础上,用次波干涉原理发展和完善了惠更斯的光的机械波动说,使波动说理论更加完善.可以说,到 19 世纪上半叶,波动说已逐渐取代微粒说占据了主导地位.1850 年,傅科(Jean-Bernard-Léon Foucault,1819—1868)测得光速在水和空气中的比值约为 $\frac{2}{3}$.傅科的工作,与其说是微粒说与波动说之争的判决,倒不如说是微粒说的一个迟到的讣告.

但是,光的机械波动说本身也包含着致命的弱点.机械波只能在介质中发生和传播,因此光的机械波动说必须假设存在一种宇宙中无所不在的介质——以太(aether).光是横波,而机械横波只能在固体中产生,按弹性力学理论,有

$$横波速度 = \sqrt{\frac{固体的切变模量}{固体的密度}}$$

为了解释光何以有高达 3×10^{8} m·s^{-1} 的速度,就必须假定作为光波的载体——以太的切变模量很大(比钢铁大千万倍),而密度却应接近于零,否则难以理解为何物体在以太中运动中时未受到任何可觉察的阻力;为了解释光在不同介质中有不同速度的现象,还要假设以太的特性随介质而变;为了说明光波中完全没有纵振动这一事实(固体介质中激起横波时,一般同时会激起纵波,而后者传播速度要大些),又需要以太具有更奇特的性质,等等.总之,以太拥有许多人们难以理解和自相矛盾的人为假设.

1865 年,麦克斯韦(James Clerk Maxwell,1831—1879)建立了光的电磁理论,断言光是一种电磁现象,并预言了电磁波的存在.1888 年,赫兹(Heinrich Rudolf Hertz,1857—1894)用实验证实了电磁波的存在.光的电磁波理论,起初仍假设需要以太,并认为它本身不发生波动,状态却能做周期性变化,且以一定的速度传播.1881 年至 1887 年,迈克耳孙(Albert Abraham Michelson,1852—1931)和莫雷(Edward Williams Morley,1838—1923)用实验(Michelson-Morley experiment)否定了以太的存在.1905 年,爱因斯坦(Albert Einstein,1879—1955)在此基础上创立了狭义相对论.按现代观点看来,光(电磁波)本身就是一种物质,没有必要去空想一种实际上并不存在的以太.

在均匀介质中,电磁波是一种横波,见图 0-3.电磁波的电场强度矢量 E 和磁场强度矢量 H 及其传播速度 v 互相正交,E 和 H 以相同相位在相互正交的平面内振动.电磁波在真空中的传播速率(即真空中光速)c 为[②]

2.997 924 58×10^{8} m/s

---

① 意大利人格利马尔迪(Francesco Maria Grimaldi,1618—1663)指出了干涉和衍射现象;1669 年,丹麦人巴托林(Erasmus Bartholin,1625—1698)发现了方解石的双折射现象;1678 年,惠更斯发现了光的偏振现象.

② 2018 年,第 26 届国际计量大会将米的定义改为由常量定义:"当真空中光速 c 以单位 m·s^{-1} 表示时,将其固定数值取为 299 792 458 来定义米,其中秒用 $\Delta\nu_{C_s}$ 定义".这就等于说,真空中光速 c 实质上是基本单位,而米是导出单位.

即约 3×10^8 m·s^{-1}. 光在折射率为 n 的介质中的传播速度 v 为

$$v = \frac{c}{n}$$

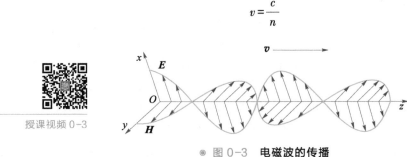

◎ 图 0-3　电磁波的传播

在 20 ℃，1 个标准大气压下，空气折射率 $n = 1.000\,292\,6$，故空气中的光速 $v \approx c$. 不同波段的可见光使得人眼产生对不同颜色的不同感觉，各可见光波长的大致范围参见表 0-1，光学中常用的可见光波长及其符号参见表 0-2.

▣ 表 0-1　各可见光波长的大致范围

紫	蓝	青	绿	黄	橙	红	
400	430	450	500	570	600	630	760 nm

▣ 表 0-2　常用可见光波长及其符号

颜色	符号	化学元素	波长/nm
红	A′	K	768.02
	C	H	656.28
黄	D	Na	589.28
	d	He	587.57
绿	e	Hg	546.07
蓝	F	H	486.13
	g	Hg	435.83
	G	H	434.05
紫	h	Hg	404.66

光学中波长常用单位有微米（μm）、纳米（nm）与埃（Å）. 它们的定义分别为

$$1\ \mu m = 10^{-6}\ m, \quad 1\ nm = 10^{-9}\ m, \quad 1\ Å = 10^{-10}\ m$$

19 世纪末到 20 世纪初，在研究光的发射、吸收等光与物质相互作用的问题时（例如热辐射、光电效应、X 射线的散射、弱光流起伏等），光的经典电磁波动理论的应用遇到了严重的困难. 1900 年，普朗克（Max Planck，1858—1947）为解释黑体辐射的规律，提出了微观振子能量量子化的观念. 1905 年，爱因斯坦在此基础上提出了光的量子理论：光是一种由光子组成的物质，光子具有一定的能量、动量和质量；频率为 ν 的光由能量为 $h\nu$ 的光子组成，其中 h 为普朗克常量.

然而，光子并不同于遵守经典力学的粒子. 光的量子理论不是简单地回到微粒说，而是人类对光的本性的更高水平认知. 20 世纪初光子理论的成功，使得物理学面临一个令人费

解的严重局面.到底光是电磁波还是光子呢？现代量子理论认为光同时具有波动和粒子的两重性质,即波粒二象性.其他微观粒子也是这样."粒子"和"波动"原本都是经典物理中不可兼容的概念.现代量子理论提及光具有粒子性,是指光的能量($h\nu$)、动量(h/λ)、质量($h\nu/c^2$)是一份份集中分布的,而不是连续地分布在波场所在的整个空间;提及光具有波动性,是指光子可以确定其在空间各点出现的概率,但无法同时指出光子的坐标、动量及其轨迹.由光子的统计分布和波动理论计算得出的振幅平方的分布是一致的.因此波动性和粒子性在统计的意义上统一了起来.但是必须强调的是,量子理论中的粒子性主要指作用的定域性、整体性和不连续性,轨道的概念不复存在;波动性则主要指传播过程的空间弥散性和状态可叠加性,光子的能量、动量和质量在空间分布不再具有连续性.

20世纪50年代以来,结合通信中的线性系统理论、数学中的傅里叶变换和光学中的衍射理论,形成了新的光学分支——傅里叶光学.光学中频谱分析与综合方法的引入,使得我们对光的传播和成像规律有了新的更深刻的理解.特别是在激光技术发展的带动下,傅里叶光学在现代光学处理、像质评价、相干光学计算机设计等方面日益开辟出崭新的领域.在诺贝尔物理学奖获得者高锟的理论启发下,结合低损耗光纤的成功制备和室温半导体激光器的产业发展,光纤通信成为20世纪发展最迅猛的产业之一,并显著地改变了人们的生活.基于现代通信理论、光的量子性及量子光学的发展,产生了量子通信这一21世纪的前沿科技领域.

光学这门古老的学科不断新枝苗长,如今它已成为现代物理学乃至科学技术最活跃的研究前沿阵地之一.

第 1 章

几何光学

几何光学又称光线光学或射线光学,即用光线的观点来研究光的传播和成像问题.

在几何光学中引入光线——光能传播的通道来描述光波的传播.但是,根据波动光学的观点,光能的传播一般不存在这种通道.乍看起来,这是两种对立的观点.但可以证明,当波面完整性未受限制时,这两种观点确实可以得出相同的结果.波面越受限制,这两种观点所得结果的差别就越明显.值得强调的是,波面受限制的程度主要是相对光波波长而言的.例如,若光波波长相对光学系统的通光口径为无穷小,则可认为波面完整性没有受到限制,在此情况下,用几何光学的观点或波动光学的观点处理,结果一致.一般来说,波长相对系统的通光口径虽然很小,但绝不可能满足真正的无穷小条件,因而必然存在与几何光学结果相偏离的现象——衍射.所以,几何光学及其基本实验定律是波动光学中当光波波长趋于零时的极限情形,或者说是光波衍射规律的短波近似行为.

本章从光线传播的实验规律出发,讨论共轴球面系统成像的近轴理论,介绍光阑的作用和三级像差理论,讨论成像仪器和棱镜分光仪器,最后讨论光度学问题.

§1.1　　光线传播的基本规律

- 1. 光线的概念
- 2. 光线传播的实验定律
- 3. 全内反射
- 4. 光程　费马原理

1. 光线的概念

光线(light ray)是几何光学中最基本的概念.从光的电磁波动理论来看,光线就是光波(电磁波)平均能流密度[①]的矢量线,光线上每一点的切线方向和该点的平均能流密度矢量

---

① Born M,Wolf E. Principles of Optics[M]. 7th Ed. Cambridge:Cambridge University Press,1999:9-10.

平行.

在各向同性介质中,波面上各点的能流密度矢量和波面总是正交的,因而光线和波面正交.

在各向异性介质中,如水晶、方解石等,光线不一定与波面正交(参考§4.3节内容).

光线的集合叫做光束(light beam).光束中光线有一公共交点的叫做同心光束,对应于球面波(spherical wave),见图 1-1-1(a)、(b);光束中光线彼此平行的叫做平行光束,对应于平面波(plane wave),见图 1-1-1(c);不聚交于一点的光束叫做像散光束(astigmatic bundle),对应于非球面的高次曲面波,见图 1-1-1(d).

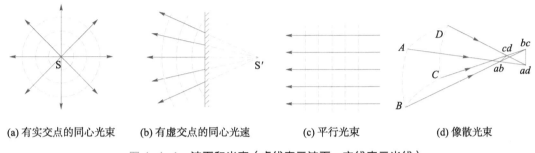

(a) 有实交点的同心光束　　(b) 有虚交点的同心光速　　(c) 平行光束　　(d) 像散光束

◎ 图 1-1-1　波面和光束(虚线表示波面,实线表示光线)

2. 光线传播的实验定律

光线传播最基本的实验定律,归纳起来有以下 3 条:

(1) 光的直线传播定律——光线在均匀透明介质中沿直线传播.

(2) 光的独立传播定律——来自不同方向的光线相交后,各自保持原来的传播方向继续传播,好像不曾相交一样.

(3) 光的反射定律和折射定律.

照射在两介质分界面上的入射光,部分发生反射,传播方向以反射光线表示;部分透过界面,传播方向以折射光线表示,如图 1-1-2 所示.本书规定入射角 i_1(入射线与界面法线的夹角)、反射角 i_1'(反射线与界面法线的夹角)和折射角 i_2(折射线与界面法线的夹角)均为代数量,规范如下:

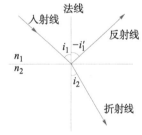

◎ 图 1-1-2　反射定律和折射定律

① 以光线为始边,法线为终边;

② 以锐角从始边沿顺时针转到终边者为正值,以锐角从始边沿逆时针转到终边者为负值;

③ 图中角度常标注其绝对值;

④ 入射线和法线构成的平面叫做入射面.

反射定律:

① 反射线在入射面内;

② 反射角的绝对值等于入射角的绝对值;

③ 入射线和反射线不会在法线同侧.

②③两点的数学表达式为

$$i_1 = -i_1'$$ (1-1-1)

上式常称为反射定律.

折射定律：

① 折射线在入射面内；

② 入射角的正弦和折射角的正弦之比为一常量；

③ 折射线和入射线不会在法线同侧.

②③两点的数学表达式为

$$\frac{\sin i_1}{\sin i_2} = n_{21}$$ (1-1-2)

上式常称为斯涅耳公式，n_{21} 称为介质 2 相对于介质 1 的相对折射率. 将（1-1-2）式和（0-2）式进行对比，得

$$n_{21} = \frac{v_1}{v_2}$$ (1-1-3a)

式中 v_1、v_2 分别为光在介质 1、介质 2 中的速率，若用 n_1、n_2 分别表示介质 1、介质 2 的绝对折射率（简称折射率），其定义为

$$n_1 = \frac{c}{v_1}, \quad n_2 = \frac{c}{v_2}$$ (1-1-3b)

其中 c 为真空中的光速，则（1-1-3a）式可写为

$$n_{21} = \frac{v_1}{v_2} = \frac{n_2}{n_1}$$ (1-1-4)

将上式代入（1-1-2）式，折射定律可写成更为对称的形式，即

$$\frac{\sin i_1}{\sin i_2} = \frac{n_2}{n_1} \quad 或 \quad n_1 \sin i_1 = n_2 \sin i_2$$ (1-1-5)

表 1-1-1 介绍了一些气体和液体的折射率，表 1-1-2 列举了几种光学玻璃的折射率.

▥ 表 1-1-1　一些气体和液体的折射率（$\lambda = 589.3$ nm）

气体 （正常温度和气压下）	折射率 n	液体	温度	折射率 n
空气	1.000 292 6	水	20 ℃	1.333 0
氢气	1.000 132	氨水	16.5 ℃	1.325
氮气	1.000 296	酒精	20 ℃	1.360 5
氧气	1.000 271	乙醚	22 ℃	1.351
二氧化碳	1.000 448	加拿大树胶	20 ℃	1.530

■ 表 1-1-2　几种光学玻璃的折射率（$\lambda = 589.3$ nm）

类别	玻璃牌号	折射率 n	类别	玻璃牌号	折射率 n
冕	K_5	1.510 00	火石	F_2	1.612 80
	K_7	1.514 70		F_4	1.619 90
	K_9	1.516 30	轻火石	QF_1	1.548 00
轻冕	QK_3	1.487 40		QF_3	1.574 90
重冕	ZK_3	1.589 10	重火石	ZF_1	1.647 50
	ZK_9	1.620 30		ZF_6	1.755 00
镧冕	LaK_1	1.659 40	钡火石	BaF_1	1.548 00
钡冕	PaK_2	1.539 90		BaF_8	1.625 90
	PaK_7	1.568 80	重钡火石	$ZBaF_3$	1.656 80
	PaK_8	1.572 40	冕火石	KF_3	1.526 20

有两点值得强调一下：

其一，由（1-1-1）式和（1-1-5）式的对称性，不难看出光线传播的可逆性：如果没有光的吸收，经过反射和折射的光线，其行进方向逆转后，仍沿着原来的路径传播．

其二，根据（1-1-1）式和（1-1-5）式的对称性，令 $n_1 = -n_2$，$i_1 = -i_2$，则从折射定律可以变换出反射定律．因此，在形式上，反射问题可看成在负折射率介质中的折射问题．但是，这仅仅是为了处理问题的方便和统一而引入的一种数学变换．研究表明，采用复合超材料体系设计，可以在微波波段甚至可见光波段发生负折射现象．这样的负折射现象中，折射光线并非反射进入原来的介质，而是进入折射介质．负折射现象中，折射光线与常规的折射率为正情况下的折射光线相对法线成对称分布．

负折射

3. 全内反射

光由折射率较小的介质（光疏介质）进入折射率较大的介质（光密介质）时发生的反射叫做外反射，光由光密介质进入光疏介质时发生的反射叫做内反射．

光线由光密介质进入光疏介质（$n_1 > n_2$）时，根据折射定律有 $i_1 < i_2$，即折射光线比入射光线更偏离法线方向，见图 1-1-3．当入射角增大时，折射角也增大．当折射角 $i_2 = 90°$ 时，相应的入射角叫做临界角，以 i_c 表示，它由

$$\sin i_c = \frac{n_2}{n_1} \qquad (1-1-6)$$

决定．若 $i_1 \geqslant i_c$，则入射光能量终将全部返回原光密介质，这种现象叫做全内反射．

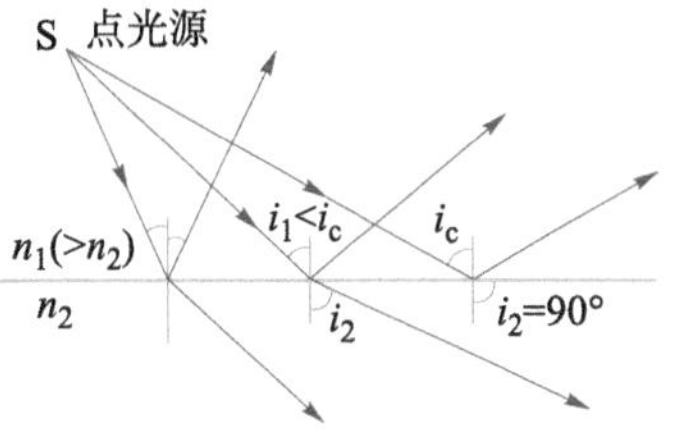

不同折射率介质对空气的临界角见表 1-1-3 所列．

◎ 图 1-1-3　全内反射的示意图

■ 表 1-1-3　介质（折射率 n_1）对空气的临界角

n_1	1.50	1.52	1.54	1.56	1.58	1.60	1.62	1.64	1.66
i_c	41°49′	41°8′	40°30′	39°52′	39°16′	38°41′	38°7′	37°34′	37°3′

全反射现象在光通信和光传输方面有很多实际应用.

（1）折射率

从（1-1-6）式可以看出，临界角与折射率有关. 常用的阿贝（Abbe）折射计和普尔弗里希（Pulfrich）折射计，就是利用测量临界角来确定所求折射率的.

（2）全反射棱镜

光学实验中常用各种全反射棱镜来改变光线方向，缩短仪器尺寸，或者将倒置的画面移正. 如在图 1-1-4 中，（a）所示为直角棱镜，它将光线方向偏转 90°；（b）所示为波罗（Porro）棱镜，它把光线偏转 180°，且上下倒转；（c）所示为道威（Dove）倒像棱镜；（d）所示为直角四面棱镜，可将其看成从正六面体切下的一角，从斜面入射的光线，相继在三个直角面反射后，经斜面与原入射线平行反向出射. 阿波罗 11 号（Apollo-11）登月时，宇航员在月球上放置了一百块直角四面棱镜作为激光反射器，地面向月球发射激光束，经这些反射器反射后返回地面，大大减少了瞄准调节的困难.

阿波罗 11 号反射镜

授课视频 1-1

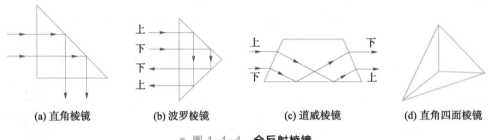

(a) 直角棱镜　　　(b) 波罗棱镜　　　(c) 道威棱镜　　　(d) 直角四面棱镜

◎ 图 1-1-4　**全反射棱镜**

（3）光导纤维

光导纤维（简称光纤）由高折射率的纤芯和略低折射率的包层以及保护层组成. 纤芯和包层是不可分离的，它们合起来组成了裸光纤. 光纤的制作过程主要分为预制棒制备、光纤拉丝两个步骤.

1974 年，贝尔实验室采用改进后的化学气相沉积方法制备了光纤预制棒：将由 $SiCl_4$（氯化硅）、$GeCl_4$（氯化锗）和其他化学物质组成的气态混合物导入到石英玻璃管（包层）中，并在石英管外将其旋转加热，使得硅和锗发生氧化反应，形成 SiO_2（二氧化硅）和 GeO_2（二氧化锗），它们驻留在石英管内构成光纤的高折射率的纤芯，外面的石英棒则成为略低折射率的包层. 预制棒直径为 1~3 cm. 将预制棒放入光纤拉丝塔，光纤拉丝塔内有一个石墨炉，可产生 1 700~2 000 ℃的高温，使预制棒软化，再由拉丝轮卷绕而将其拉成细长的光纤，拉直的光纤直径可以通过监测系统控制. 为增强光纤强度，在拉丝过程中还要及时为光纤涂上一层很薄的树脂，并将其及时烘干避免光纤相互黏附. 成品光纤及其外附保护层直径为 125 μm. 按纤芯折射率随半径 r 的分布，可将光纤分成均匀光纤和非均匀光纤两大类，如图 1-1-5 所示.

均匀光纤（又称阶跃折射率光纤、全反射光纤）的纤芯折射率较为均匀，涂覆层的折射率略小于纤芯的折射率，能够满足全发射条件；当光纤纤芯直径比光波波长高一个数量级时，

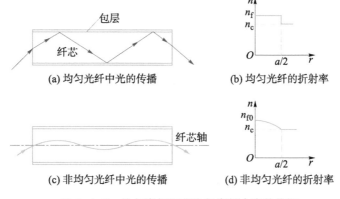

(a) 均匀光纤中光的传播

(b) 均匀光纤的折射率

(c) 非均匀光纤中光的传播

(d) 非均匀光纤的折射率

◎ 图 1-1-5　均匀光纤和非均匀光纤中光的传播

光的传输过程就可用几何光学的全内反射现象来描述;如果纤芯直径和光波波长为同数量级,光在光纤中的传输过程就和微波在波导管中的传播类似,这时应把光纤描述为微型光波导.

非均匀光纤(又称梯度折射率光纤、聚光光纤)的纤芯折射率与半径的关系大致符合抛物线规律且呈连续下降态势,光在聚光光纤中走的不是折线而是连续曲线[①],如图 1-1-5(c)所示.非均匀光纤与均匀光纤相比有光程短、光透过率高等优点.

仅能传导光能的光纤束称为导光束,同时能传像的光纤束称为传像束.传像束中的所有光纤在两端面的位置有严格的几何对应关系.

光纤束具有光能损失少、数值孔径大、分辨率高、易于弯成各种形状等优点,目前光纤束已应用于内窥、潜望、高速摄影等方面.低损耗石英光纤研制成功以来,光纤已成功地应用于通信技术,它具有抗电磁干扰能力强、容量大、频带宽、保密性好、节省金属材料等优点,是通信骨干网和城域网采用的主要传输介质.

例 1.1.1　均匀光纤纤芯的折射率为 n_f,光纤包层的折射率为 n_c,入射端外介质的折射率为 n_0,与芯轴相交的光线叫做子午光线,试求当入射到纤芯中的子午光线,能在纤芯-包层界面上实现全内反射时(见图 1-1-6),入射角 i 的上限 u_0 为多少?

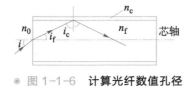

◎ 图 1-1-6　计算光纤数值孔径

例 1.1.1 题解

解　请扫描侧边栏二维码获取解答过程.

光纤的数值孔径(NA,numerical aperture)表征光纤的传光能力.光纤数值孔径越大,通过光纤的光的功率也越大.表 1-1-4 中列举了几种光纤配料及其数值孔径.

---

① [印度]A.加塔克所著的《光学》(机械工业出版社 1984 年版)教材第 23 页例 2.4 证明:在近轴条件下,光线轨迹为正弦曲线,且具有相同的周期.

■ 表 1-1-4　　几种光纤配料及其数值孔径

玻璃牌号		折射率 ($\lambda = 589.3$ nm)	数值孔径 NA	孔径角 u_0 ($n_0 = 1$)
纤芯	F_2	1.612 8	0.551	32°26′
包层	K_9	1.516 3		
纤芯	F_2	1.612 8	0.557	34°32′
包层	K_5	1.510 0		
纤芯	ZK_4	1.608 7	0.580	35°26′
包层	K_2	1.500 4		
纤芯	$ZBaF_3$	1.656 8	0.668	41°55′
包层	K_9	1.516 3		
纤芯	$ZBaF_5$	1.670 9	0.749	52°33′
包层	QK_1	1.470 4		

4. 光程　费马原理

授课视频 1-2

　　由于不同介质对光的传播速度有影响,因此在研究光在介质中的传播路径时,需要引入加权分析的方法.在此我们引入光程的概念.在均匀介质中,光程〔l〕表示光经过的几何路程 l 与介质折射率 n 相乘的积,即

$$[l] = nl \tag{1-1-7a}$$

　　如果光线从 A 点出发,中间经过 N 种均匀介质而达到 B 点,则总光程〔l〕为各段光程的累加,l_i 表示光线在第 i 种介质中的折射率和所经过的路程,有

$$[l] = \sum_{i=1}^{N} n_i l_i \tag{1-1-7b}$$

　　若介质的折射率连续改变,则光程为

$$[l] = \int_A^B n_l \mathrm{d}l \tag{1-1-7c}$$

其中,沿光线方向(光能流传播的方向)的元路程 $\mathrm{d}l > 0$,逆光线方向的元路程 $\mathrm{d}l < 0$.

　　仅考察光程的定义式,看不出光程与时间的关系,但是非常有趣的是,光由 A 点到 B 点的光程〔l〕和所需时间 Δt 有正比关系.为证明这一点,令 v 表示光经过元路程 $\mathrm{d}l$ 时的速率,则

$$[l] = \int_A^B n\mathrm{d}l = c\int_A^B \frac{\mathrm{d}l}{v} = c\Delta t$$

上式也可理解为,光程〔l〕的数值等于在时间 Δt 内光在真空中能传播的几何路程.借助光程的概念可将光在各种介质中走过的路程折算为真空中路程,便于比较光在不同介质中传播所需时间的长短.

　　1657 年,费马总结了光线传播的实验定律,提出了一条统一的原理——费马原理:光线在 A、B 两点间传播的实际路径,与任何其他可能的邻近路径相比,其光程(或所需时间)为极值[1].简言之,光沿光程(或所需时间)为极值(极大、极小或常量)的路径传播,即

---

① 费马原理的原始表达为:光走的是所需时间最短的路径.

$$\delta[l]^{①} = \delta\int_A^B n\mathrm{d}l = 0 \quad 或 \quad \delta(\Delta t) = \frac{1}{c}\delta\int_A^B n\mathrm{d}l = 0 \qquad (1-1-8)$$

下面举几个例子:

（1）光程取极小值的例子

在均匀介质中 A、B 两点间光程取极值,即路程取极值,由于两点间直线最短,所以,光在均匀介质中沿直线传播是光程取极小值的情形.

若光从 A 点出发,经平面镜 MN 上某点 C 反射后再到达 B 点. 当 C 点位于何处时,光程 $n(|AC|+|CB|)$ 才有极值呢? 作 B 点对平面镜的对称点 B' 点,显然,$|CB|=|CB'|$,因此 $n(|AC|+|CB|)=n(|AC|+|CB'|)$. 根据两点间直线最短公理,$C$ 点在 AB' 连线上时,$n(|AC|+|CB'|)$ 才为极小. 当 C 点在这样的位置时,从图 1-1-7 可以看出,反射线不仅在入射面内,而且 $i=-i'$. 这就利用费马原理证明了光在平面镜上的反射必须遵守反射定律.

图 1-1-8 是利用费马原理推导出折射定律的示意图,Oxz 面上方的折射率为 n_1,下方的折射率为 n_2,A、B 两点所在平面为 Oxy 面.

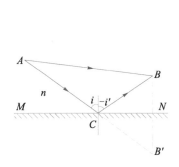

◉ 图 1-1-7　光程取极小值的例子

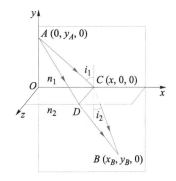

◉ 图 1-1-8　利用费马原理导出折射定律

设 A、B 两点间光线路径 ADB 不在入射面 Oxy 内,总可从 D 点作 Oz 轴的平行线交入射面于点 C,路径 ACB 位于入射面 Oxy 内,由于 $|AD|>|AC|$,$|DB|>|CB|$,故光程为极小的路径且必须在入射面内. 其光程表达式可以写成

$$[ACB]=n_1|AC|+n_2|CB|$$

$$=n_1\sqrt{x^2+y_A^2}+n_2\sqrt{(x_B-x)^2+y_B^2}$$

根据费马原理,如果 C 点在 Ox 轴上移动,则光传播路径必定对应于光程 $[ACB]$ 为极值. 此处,由于只有一个空间变量 x,也就是当 x 变化很小时,$[ACB]$ 的变化为零,也就是 $[ACB]$ 光程对 x 的导数为零. 具体地,有

$$\frac{\mathrm{d}}{\mathrm{d}x}[ACB]=\frac{n_1 x}{\sqrt{x^2+y_A^2}}-\frac{n_2(x_B-x)}{\sqrt{(x_B-x)^2+y_B^2}}$$

$$=n_1\sin i_1-n_2\sin i_2$$

由光程取极值条件 $\qquad\qquad \dfrac{\mathrm{d}}{\mathrm{d}x}[ACB]=0$

---

① δ 是变分符号,可理解为函数为变元的微分符号.

得
$$n_1 \sin i_1 = n_2 \sin i_2$$

上式即斯涅耳公式,但是并不是由斯涅耳本人发表的,而是在 1621 年由荷兰天文学家和数学家惠更斯在他的著作《光论》中得以公开的.

（2）光程取常量的例子

图 1-1-9 中 M 是平面镜, A 和 A' 是一对物像共轭点. 可以证明:理想光学系统中物像共轭点 A、A' 间所有光线都是等光程的.设点 A 所在一侧介质的折射率为 n,则

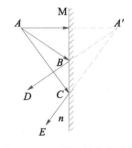

$$[ABA'] = n\int_A^B \mathrm{d}l + n\int_B^{A'} \mathrm{d}l$$

BA' 段光程,是反射线 BD 延长线的光程,其折射率应按反射线 BD 所在介质的折射率 n 计算,$\mathrm{d}l$ 沿 BA' 的走向与反射光 BD 方向相反,故应取负值,即

$$[ABA'] = n\,|AB| + n(-|BA'|) = 0$$

同理可证 $[ACA'] = 0$

◎ 图 1-1-9　平面镜物像共轭点之间光线的等程性

值得指出的是,所有能将物点变换成像点的理想光学成像系统,物像共轭点之间各光线都有等光程的特点.图 1-1-9 所示的平面镜就是理想光学成像系统的一个例子.

（3）光程取极大值的例子

图 1-1-10 所示为一内切于回转椭球面的曲面镜 MN,P 为切点,从椭球焦点 F_1 发出,经曲面镜反射后再过椭球另一焦点 F_2 的光线,必过 P 点,而 $|F_1P| + |PF_2| = 2a(a$ 为椭圆半长轴),曲面镜 MN 上任意其他点 P' 位于椭球内,因而 $|F_1P'| + |PF_2| < 2a$,所以光程 $[F_1PF_2]$ 较邻近的其他光程 $[F_1P'F_2]$ 更大.

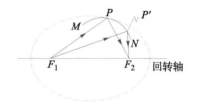

◎ 图 1-1-10　内切回转椭球曲面镜

§1.2　单球面成像系统的近轴理论

- 1. 物点　像点
- 2. 高斯公式　牛顿公式
- 3. 放大率　拉格朗日-亥姆霍兹不变式
- 4. 作图法　基点和基面
- 5. 球面镜

变换入射同心光束的折(反)射面组合叫做光学系统.绝大多数光学系统都是由一系列折(反)射球面共轴(各球面球心在同一直线上)组成的,这样组成的系统叫做共轴球面系统,其基本组成单元是单球面,因此,为研究共轴球面系统首先要研究单球面.

1. 物点　像点

几何光学中常谈到物经光学系统成像,物就是指一个能自身发射光或经照明后能漫反射光的物体,物由物点组成,像由像点组成.图 1-2-1(a)中物 AB 经平面镜 M 反射后成像

$A'B'$,A 就是一个物点,A' 是其共轭像点;图 1-2-1(b)中所示物点 P 经薄透镜 L 成像点 Q,对平面镜 M 而言 Q 又是物点,Q 经平面镜 M 成像点 R.

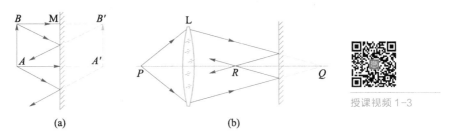

(a)　　　　　　　　　　　　　　　(b)

◎ 图 1-2-1　**物和像的概念**

图 1-2-1 中的物点和像点都是同心光束的顶点.但物点是入射同心光束的顶点;像点是出射同心光束的顶点.物点 A、P、Q 中,A 和 P 这一类物点是入射发散同心光束的顶点,称为实物点;对平面镜而言,物点 Q 是入射会聚同心光束的顶点,称为虚物点.像点 R、Q、A' 中,R 和 Q 这一类像点是出射会聚同心光束的顶点,称为实像点;A' 是出射发散同心光束的顶点,称为虚像点.因此,平面镜成像的特点是:实物成虚像,虚物成实像,物像位置关于镜面对称,像与物大小相同.

再次归纳一下物点、像点的概念:

实物点——入射发散同心光束的顶点

虚物点——入射会聚同心光束的顶点

实像点——出射会聚同心光束的顶点

虚像点——出射发散同心光束的顶点

为了讨论方便,我们规定:

(1)实物点所在的区域为实际物空间,虚物点所在的区域为延拓物空间,实际物空间和延拓物空间覆盖光学系统所在的整个空间,统称为物空间,简称物方;

(2)实像点所在的区域为实际像空间,虚像点所在的区域为延拓像空间,实际像空间和延拓像空间覆盖光学系统所在的整个空间,统称为像空间,简称为像方.

显然,在实际中物空间和像空间经常重叠在一起,判断一个点属于物方还是属于像方,必须注意物像逻辑关系,具体的依据是:与入射光束相联系的点属于物方;与出射光束相联系的点属于像方,要注意入射、出射是相对某系统而言的.例如,图 1-2-1(b)中的 Q 点,对于透镜 L 而言是和出射光束相联系的,属于像方(像点);而 Q 点对于平面镜 M 而言是和入射光束相联系的,属于物方(物点).同理,入射光线所在一侧介质的折射率叫做物方折射率,出射光线所在一侧介质的折射率叫做像方折射率.

2. 高斯公式　牛顿公式

在分析光学系统时,符号是非常重要的,任何一套光学系统,都要注意使用一致的符号规则.现将我们使用的规则归纳如下.

(1)符号规则

图 1-2-2 表示单球面折射系统,物方折射率为 n,像方折射率为 n'.物点 A 和球面曲率中心 C

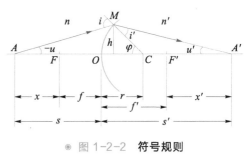

◎ 图 1-2-2　**符号规则**

的连线叫做光轴,光轴和球面的交点 O 为顶点.为将从某一具体情况出发导出的结果适用于一般情况,必须对有关参量规定一套符号规则.

光轴上线段:以光轴上某约定点为计算起点,沿入射光线行进方向到计量点的线段为正,逆入射光线行进方向到计量点的线段为负,例如:

物距 $s=|AO|$,像距 $s'=|OA'|$,焦物距 $x=|FA|$,焦像距 $x'=|F'A'|$,物方焦距 $f=|FO|$,像方焦距 $f'=|OF'|$;球面曲率半径 $r=|OC|$.

垂直于光轴的线段:光轴上方线段为正,光轴下方线段为负.

角度:一律使用锐角来进行量度,始边顺时针转到终边时角度为正值;始边逆时针转到终边时角度为负值. u、u'——光轴为始边,光线为终边. φ——光轴为始边,半径为终边. i、i'——光线为始边,法线为终边.

此外,图中所标注的线段和角度,一律写作其绝对值.

(2) 高斯公式

如图 1-2-2 所示,轴上物点 A 沿光轴发出的光线过顶点 O 时不会偏折,一直沿光轴方向穿过球面,从物点 A 发出的物方斜角为 u 的另一条光线交球面于 M 点,经折射后像方斜角为 u',交光轴于 A' 点.在球面上 M 点,光线遵守折射定律

$$n\sin i=n'\sin i'$$

数学上有 $\quad \sin i=i-\dfrac{i^3}{3!}+\dfrac{i^5}{5!}-\cdots, \quad \cos i=1-\dfrac{i^2}{2!}+\dfrac{i^4}{4!}-\cdots$

若取近似 $\sin i=i,\cos i=1$,则称为第一级近似或近轴近似,又称傍轴近似;若取近似 $\sin i=i-\dfrac{i^3}{3!}$,$\cos i=1-\dfrac{i^2}{2}$,则称为第三级近似;其余类推.

傍轴近似适用的范围称为傍轴区域,傍轴区域并没有明确的界限,它由允许的相对误差来确定.例如允许的相对误差 $(i-\sin i)/\sin i$ 为 10^{-3},此时的傍轴区域范围要求 i 的绝对值不超过 $5°$,也就是当入射角度不超过 $5°$ 时,采用一级近似 $\sin i=i$,相应的计算结果的相对偏差不超过 10^{-3}.

因此,若取傍轴近似,折射定律可写成

$$ni=n'i' \tag{1-2-1}$$

而 $\quad i+u=\varphi, \quad i'+u'=\varphi.$

将上述几何关系代入傍轴近似下的折射定律(1-2-1)式,得

$$n(-u+\varphi)=n'(\varphi-u')$$

即

$$n'u'+n(-u)=(n'-n)\varphi$$

在傍轴近似条件下,可以近似得到如下表达式:

$$-u=\frac{h}{s}, \quad u'=\frac{h}{s'}, \quad \varphi=\frac{h}{r}$$

将此代入上式,整理得物像位置关系式为

$$\frac{n'}{s'}+\frac{n}{s}=\varPhi \tag{1-2-2}$$

其中

$$\varPhi=\frac{n'-n}{r} \tag{1-2-3}$$

(1-2-2)式是单球面折射系统物像关系式的形式之一,该式中未含成像光线的倾角 u 或入射角 i,这表明在傍轴近似成像条件下,单球面折射系统仍可保持光束的同心性.

(1-2-3)式为单球面折射系统的光焦度 Φ 的表达式.若 r 以 m 为单位,光焦度的单位称为屈光度(符号为 D).例如,$n'=1.5$、$n=1.0$ 和 $r=0.1$ m 的单球面折射系统,其光焦度 $\Phi=+5$ D. 光焦度 Φ 表征系统屈折光线的本领,其值越大则屈折越厉害. $\Phi>0$ 表示系统对于平行于光轴的入射平行光束的屈折是会聚的;$\Phi<0$ 表示系统对于平行于光轴的入射平行光束的屈折是发散的.对于单平面折射系统来说,$\Phi=0$,即对于垂直入射折射平面的平行光束无屈折作用.

根据光路的可逆性或(1-2-2)式的对称性,可以看出:若物点在点 A',则像点必在点 A. 即点 A 和点 A' 之一为物点,另一个必为像点,这样的一对相应点 (A,A') 叫做共轭点(conjugate point).

下面讨论两对极为重要的共轭点.

① 物方焦点　物方焦平面

与光轴上无穷远像点共轭的物点 F 称为物方焦点,F 的物距用 f 表示,称为物方焦距. 将 $s'=\infty$ 代入(1-2-2)式,得

$$f=\frac{n}{\Phi}=\frac{nr}{n'-n} \tag{1-2-4a}$$

过点 F 且垂直于光轴的平面,称为物方焦平面.

② 像方焦点　像方焦平面

与光轴上无穷远处物点共轭的像点 F' 称为像方焦点,F' 的像距用 f' 表示,称为像方焦距. 将 $s=\infty$ 代入(1-2-2)式,得

$$f'=\frac{n'}{\Phi}=\frac{n'r}{n'-n} \tag{1-2-4b}$$

过点 F' 且垂直于光轴的平面,称为像方焦平面.将(1-2-4a)、(1-2-4b)两式相除可得

$$\frac{f'}{f}=\frac{n'}{n} \tag{1-2-5}$$

由上式可以看出,像方折射率比物方折射率大多少倍,则像方焦距的绝对值就比物方焦距的绝对值大多少倍.

将(1-2-4a)式、(1-2-4b)式代入(1-2-2)式,可将单球面物像关系式写成如下形式:

$$\frac{f'}{s'}+\frac{f}{s}=1 \tag{1-2-6}$$

上式常称为高斯(Carl Friedrich Gauss,1777—1855)公式.

高斯公式也可以由费马原理推导出来. 如图 1-2-2 所示,令 $AM=l_0$,$MA'=l_i$. 从费马原理出发,光程 $[AMA']$ 可以表示为

$$[AMA']=nl_0+n'l_i$$

因此,光程 $[AMA']$ 可以写成

$$[AMA']=n[r^2+(s+r)^2-2r(s+r)\cos\varphi]^{\frac{1}{2}}+$$
$$n'[r^2+(s'-r)^2+2r(s'-r)\cos\varphi]^{\frac{1}{2}}$$

按照费马原理,光线经过的路径的变分为零,即

$$\frac{2nr(s+r)\sin\varphi}{2l_0} - \frac{2n'r(s'-r)\sin\varphi}{2l_i} = 0$$

因此可得

$$\frac{n}{l_0} + \frac{n'}{l_i} = \frac{1}{r}\left(\frac{n's'}{l_i} - \frac{ns}{l_0}\right)$$

上式可化简为

$$\frac{n'}{s'} + \frac{n}{s} = \Phi$$

因此,可以获得高斯公式.

1841年,高斯给出了具有对称形式的高斯公式.因此,傍轴近似下的几何光学也被称为高斯光学.

（3）牛顿公式

物距和像距分别以物方焦点 F、像方焦点 F' 为计算原点.值得注意的是,牛顿公式中的 x 和 x' 符号的定义有所不同:如果物点在物方焦点左侧,则 x 取正号,反之取负号;如果像点在像方焦点右侧,则 x' 取正号,反之取负号.由图 1-2-2 可以看出

$$s = x+f, \quad s' = x'+f' \tag{1-2-7}$$

将上两式代入(1-2-6)式,高斯公式变为下列形式:

$$xx' = ff' \tag{1-2-8}$$

上式是牛顿在《光学》中首先提出的,并被广为接受,因此常称其为牛顿公式.这个公式在光学设计中经常会使用到.

3. 放大率　拉格朗日-亥姆霍兹不变式

（1）垂轴小平面物成像

参考图 1-2-3,设想将 AA' 绕球面曲率中心 C 转过一个小角度 θ,得到弧 $\overset{\frown}{AB}$ 和 $\overset{\frown}{A'B'}$,既然点 A 和点 A' 是一对共轭点,所以点 B 和点 B' 也是一对共轭点,弧 $\overset{\frown}{AB}$ 上任一点都可在弧 $\overset{\frown}{A'B'}$ 上找到相应的共轭点,也就是说,弧 $\overset{\frown}{A'B'}$ 是弧 $\overset{\frown}{AB}$ 的像,由于 θ 很小,因此这两段弧可近似看成是垂轴小直线 AB、$A'B'$.即在傍轴近似下,垂轴小直线物 AB 可成垂轴小直线的理想像 $A'B'$.将图 1-2-3 绕 AA' 轴旋转一周,容易看出:在傍轴近似条件下,垂轴小平面物也可成一理想的垂轴小平面像,物像位置关系仍可使用高斯公式或牛顿公式计算得出.

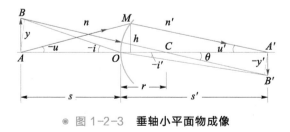

◎ 图 1-2-3　**垂轴小平面物成像**

（2）垂轴放大率和主点

垂轴放大率 β 的定义为像高 y' 与物高 y 的比值,即

$$\beta = \frac{y'}{y}$$

显然,$\beta > 0$ 表示物像上下关系是同向的,简称"正立";$\beta < 0$ 表示物像上下关系是倒向的,简称"倒立";$|\beta| > 1$ 表示放大;$|\beta| < 1$ 表示缩小.

图 1-2-3 中点 B 和 B' 是一对共轭点,因此由点 B 发出的、过顶点 O 的入射线 BO,折射后必过共轭点 B'. 在傍轴近似下,有

$$\sin i = -\frac{y}{s}, \quad \sin i' = \frac{y'}{s'}$$

将此代入折射定律 $n \sin i = n' \sin i'$,整理后得

$$\beta = \frac{y'}{y} = -\frac{ns'}{n's} = -\frac{fs'}{f's} \tag{1-2-9}$$

将(1-2-7)式代入(1-2-9)式,可得垂轴放大率公式的另一形式:

$$\beta = \frac{y'}{y} = -\frac{x'}{f'} = -\frac{f}{x} \tag{1-2-10}$$

$\beta = +1$ 的垂轴物平面和像平面分别称为物方主平面和像方主平面;物方主平面和像方主平面与光轴的交点分别称为物方主点 H 和像方主点 H'. 将 $\beta = +1$ 代入(1-2-10)式,可得单球面折射系统主点 H、H' 的位置为

$$x_H = -f, \quad x'_{H'} = -f' \tag{1-2-11}$$

上式表明,单球面折射系统的物方主点、像方主点和顶点 O 三者重合.

(3)角放大率和节点

图 1-2-3 中点 A 和 A' 是光轴上的一对共轭点,从物点 A 发出的成像光线的物方斜角为 u,折射后共轭光线的像方斜角为 u'. 角放大率 γ 的定义为像方斜角 u' 和物方斜角 u 的比值,即

$$\gamma = \frac{u'}{u}$$

在傍轴近似下,u 和 u' 有如下关系:

$$\frac{u'}{u} = \frac{\tan u'}{-\tan(-u)} = \frac{h/s'}{-(h/s)}$$

$$\gamma = \frac{u'}{u} = -\frac{s}{s'} \tag{1-2-12}$$

光轴上 $\gamma = 1$ 的一对共轭点 N 和 N' 分别称为物方节点和像方节点. 过点 N 的入射线,其共轭出射线必经过点 N' 且与入射线相互平行. 不难看出,对单球面折射系统而言,物方节点、像方节点和球面曲率中心三者重合.

(4)拉格朗日-亥姆霍兹不变式

将(1-2-9)式与(1-2-12)式相乘,得

$$nyu = n'y'u' \quad 或 \quad \beta\gamma = \frac{n}{n'} \tag{1-2-13}$$

上两式即单球面折射系统的拉格朗日-亥姆霍兹(Lagrange-Helmholtz)不变式,简称拉-

亥不变式.事实上,它给出了在傍轴范围内,共轴球面系统成像时各对应共轭量之间的一种普遍关系.为此,将单球面折射系统的拉-亥不变式,对图1-2-4所示的N个折射球面共轴组合系统的各组元重复使用,得

$$\beta_1\gamma_1 = \frac{n_1}{n_1'}, \quad \beta_2\gamma_2 = \frac{n_2}{n_2'}, \quad \cdots, \quad \beta_N\gamma_N = \frac{n_N}{n_N'} \tag{1-2-14}$$

$$n_1 y_1 u_1 = n_2 y_2 u_2 = \cdots = n_N' y_N' u_N' \tag{1-2-15}$$

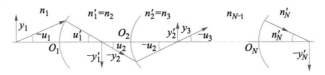

◎ 图1-2-4　共轴系统拉-亥不变量的示意图

(1-2-15)式表明,每经过一次折射,nyu这个乘积是不变的,乘积nyu又称拉-亥不变量.若引入共轴球面系统的垂轴放大率$\beta = \dfrac{y_N'}{y_1}$和角放大率$\gamma = \dfrac{u_N'}{u_1}$,只要注意到图1-2-4中有$n_i' = n_{i+1}$,$y_i' = y_{i+1}$,$u_i' = u_{i+1}$,即可得

$$\beta = \frac{y_N'}{y_1} = \frac{y_1'}{y_1} \times \frac{y_2'}{y_2} \times \cdots \times \frac{y_N'}{y_N} = \prod_{i=1}^{N} \beta_i \tag{1-2-16}$$

$$\gamma = \frac{u_N'}{u_1} = \frac{u_1'}{u_1} \times \frac{u_2'}{u_2} \times \cdots \times \frac{u_N'}{u_N} = \prod_{i=1}^{N} \gamma_i \tag{1-2-17}$$

将(1-2-14)诸式相乘,得

$$\beta\gamma = \frac{n_1}{n_N'} \tag{1-2-18}$$

(1-2-18)式表示,对共轴球面组合系统来说,要增大β就会相应地减少γ,反之亦然.

例1.2.1 半径$r = a(a>0)$的单球面折射系统,物方折射率$n = 1.0$,像方折射率$n' = 1.5$(见图1-2-5).

(1)求系统的物方焦距和像方焦距;

(2)物距$s = 4a$的物体$A_1 B_1$竖立在光轴上,用高斯公式求像的位置、虚实和垂轴放大率;

(3)物距$x = -a$的物体$A_2 B_2$竖立在光轴上,用牛顿公式求像的位置和垂轴放大率.

解　请扫描侧边栏二维码获取解答过程.

例1.2.1题解

◎ 图1-2-5　例1.2.1图

4. 作图法　基点和基画

既然单球面折射系统在傍轴近似下能保持光束的同心性,也就是说,要确定物点经系统

所成的像点,只要确定从物点发出的任意两条入射光线出射后的交点即可.可以证明:若已知一对垂轴共轭面和光轴上两对共轭点,就足以给出出射光线的定位,这些被用于定位出射光线的共轭面和共轭点,统称为系统的基面和基点.

为了证明这一点,选例 1.2.1 的单球面系统中,$\beta = +2$ 的一对共轭面 M、M'($x = -a$, $x' = -6a$)和两对共轭点($F, x' = \infty$)、($x = \infty, F'$)为基面和基点,用作图法求物距 $s = 4a$ 时物体的像.

如图 1-2-6 所示,从物点 B 引两条入射光线,其一平行于光轴入射,交 M 面于 M_1 点,其二过物方焦点 F 入射,交 M 面于 M_2 点.入射线 BM_1 的共轭出射光线这样确定:过 M_1 点的入射光线必过 M_1' 点(利用 M、M' 是 $\beta = +2$ 共轭面的特点,可定出 M_1' 点的位置);入射光线 BM_1 平行于光轴,出射光线必过 F' 点.因此,连接 M_1' 与 F' 点的直线 $M_1'F'$ 必为与入射光线 BM_1 共轭的出射光线.同理,入射光线 BM_2 的共轭出射光线这样确定:过 M_2 点的入射光线必过 M_2' 点(利用 M、M' 是 $\beta = +2$ 共轭面的特点,可定出 M_2' 点的位置);过物方焦点 F 的入射光线 BM_2,其出射光线必平行于光轴.因此,过 M_2' 点引平行于光轴的直线 $M_2'E$ 必为与入射光线 BM_2 共轭的出射光线.出射线 $M_1'F'$ 和 $M_2'E$ 的交点 B' 即为物点 B 的共轭像点 B'.既然在傍轴理论中,垂轴小平面物能成一垂轴平面的理想像,因此,由点 B' 对光轴引垂线交光轴于点 A',$A'B'$ 即为物 AB 的共轭像.

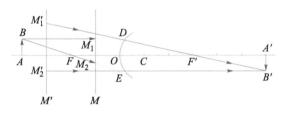

◎ 图 1-2-6　利用基面和基点求成像情况的作图法

值得指出的是,利用系统基面、基点求成像情况的作图法,实质上是对特定入射光线的共轭出射光线进行定位的一种方法,切不可将在定位方法中画出的所有线段都理解为真实的光线路径,真实光线必然在入射光线与折射球面交点处发生折射,绝不会在 M_1 点和 M_2 点突然分别跳跃到 M_1' 点和 M_2' 点再行偏折.

傍轴理论中的成像作图法,不论对于单球面系统、薄透镜或更为复杂的共轴球面系统,基本上都是利用系统基点、基面进行作图.基点、基面的选择方案,原则上有无穷多种,但公认的最便捷的方案是:选取 $\beta = +1$ 的共轭面(物方主平面和像方主平面)为基面;选取(F, $s' = \infty$)、($s = \infty, F'$)、(N, N')三对轴上的共轭点为基点(实际使用时任意选择两对基点就够了);对于单球面折射系统,物方主平面、像方主平面和过球面顶点 O 的垂轴平面三者重合,物方节点 N、像方节点 N' 和球心 C 三者重合.依据这一方案选择的基点和基面,在确定傍轴物点特定入射光线的共轭出射光线时,有如下作图法则:

(1)平行于光轴的入射光线,过主平面后出射光线通过像方焦点 F';斜入射平行光束,过主平面后,出射光束通过像方焦平面上的同一点;

(2)通过物方焦点 F 的入射光线,过主平面后出射光线平行于光轴;过物方焦平面上同一点的入射光束,过主平面后出射光线是平行光束;

(3)通过球面曲率中心 C(节点)的入射光线,将直线穿过.

图 1-2-7 分别是（a）实物成实像、（b）虚物成实像、（c）实物成虚像、（d）虚物成虚像的作图法的例子.

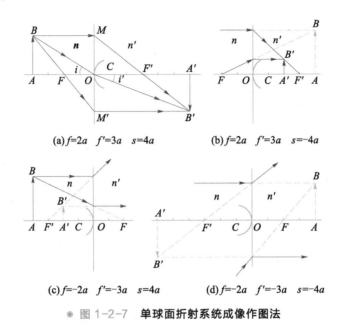

(a) $f=2a$　$f'=3a$　$s=4a$　　　　(b) $f=2a$　$f'=3a$　$s=-4a$

(c) $f=-2a$　$f'=-3a$　$s=4a$　　　(d) $f=-2a$　$f'=-3a$　$s=-4a$

⦿ 图 1-2-7　单球面折射系统成像作图法

光轴上物点成像的作图法如图 1-2-8 所示. 从物点 A 作一斜入射光线 AM 交主平面于 M 点, 从球面曲率中心 C 作与 AM 平行的线交像方焦平面于 D 点, 连接 MD 交光轴于 A' 点, A' 点就是物点 A 的像点. 请思考一下, 不利用球面曲率中心 C 而利用物方焦点 F 的特点作辅助线, 能确定 AM 光线折射后的方向吗?

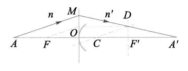

⦿ 图 1-2-8　光轴上物点的成像作图法

例 1.2.2　物 A_1B_1 竖立在半径为 1 cm 的凸折射球面左侧 4 cm 处, 球面左侧为空气, 右侧介质的折射率为 1.5, 在球面右侧 4 cm 处放置平面镜 (见图 1-2-9), 求像的位置和垂轴放大率.

　　解　请扫描侧边栏二维码获取解答过程.

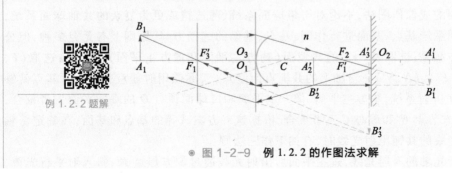

例 1.2.2 题解

⦿ 图 1-2-9　例 1.2.2 的作图法求解

例 1.2.3　如图 1-2-10 所示, 厚度为 l、折射率为 n 的透明厚板放在空气中, 该板左侧面 A 点有粒砂子, 人在右侧正视, 砂子在透明板内的视深度 l' 是多少?

　　解　请扫描侧边栏二维码获取解答过程.

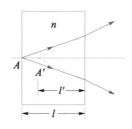

例 1.2.3 题解

◎ 图 1-2-10　**视觉深度和实深度**

5. 球面镜

研究球面折射成像规律的出发点是折射定律 $n\sin i = n'\sin i'$.

研究球面反射成像规律的出发点是反射定律 $i = -i'$.

显然,形式上若令 $n' = -n$,折射定律即可转换为反射定律.这就启发我们,只要将球面折射傍轴成像公式中的像方折射率 n' 形式上换成 $-n$,即可得到球面反射傍轴成像公式,参阅表 1-2-1.

▣ 表 1-2-1　**球面折射和球面反射公式对照表**

球面折射成像公式	球面反射成像公式
$\Phi = \dfrac{n'-n}{r}$	$\Phi = \dfrac{-2n}{r}$
$f = \dfrac{n}{\Phi}$	$f = \dfrac{r}{2}$
$f' = \dfrac{n'}{\Phi}$	$f' = \dfrac{r}{2}$
$\dfrac{f'}{f} = \dfrac{n'}{n}$	$\dfrac{f'}{f} = +1$
$\dfrac{f'}{s'} + \dfrac{f}{s} = 1$	$\dfrac{1}{s'} + \dfrac{1}{s} = \dfrac{1}{f}$ ①
$\dfrac{n'}{s'} + \dfrac{n}{s} = \Phi$	$\dfrac{1}{s'} - \dfrac{1}{s} = \dfrac{2}{r}$ ②
$xx' = ff'$	$xx' = f^2$
$\beta = -\dfrac{fs'}{f's} = -\dfrac{x'}{f'} = -\dfrac{f}{x}$	$\beta = -\dfrac{s'}{s} = -\dfrac{x'}{f'} = -\dfrac{f}{x}$

①② 式中不包含 n,表明球面镜成像情况与所处介质无关.

球面镜的符号规则和球面折射系统的相同.

值得指出的是,球面折射系统的物方焦点 F 和像方焦点 F' 必定在异侧;但是,球面反射系统的物方焦点 F 和像方焦点 F' 必然重合,故可用一个 F 点代表.球面折射系统 $s'>0$ 表示实像,$s'<0$ 表示虚像;但是,球面反射系统 $s'<0$ 表示实像,$s'>0$ 表示虚像.对于单球面折(反)射系统而言:物方主点 H、像方主点 H' 和球面顶点 O 三者重合;物方节点 N、像方节点 N' 和球面曲率中心点 C 三者重合.

图 1-2-11 和图 1-2-12 是作图法求凹面镜、凸面镜成像的例子.

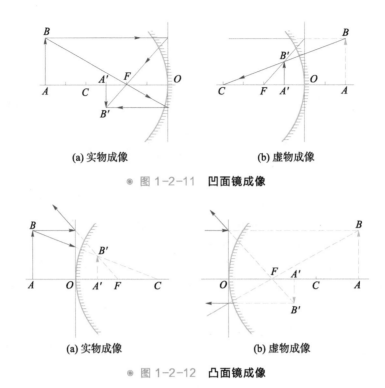

(a) 实物成像   (b) 虚物成像

◎ 图 1-2-11 **凹面镜成像**

(a) 实物成像   (b) 虚物成像

◎ 图 1-2-12 **凸面镜成像**

§1.3   薄透镜

- 1. 物像关系
- 2. 几对特殊共轭点
- 3. 作图法
- 4. 成像规律小结

授课视频 1-4

      通常提到的透镜,多指两个单球面折射系统的组合.连接两球面曲率中心点 C_1、C_2 的直线叫做透镜的光轴.两球面顶点的间距 O_1O_2 为透镜厚度 d,如图 1-3-1 所示.厚度 d 比两球半径、焦距的绝对值小得多的透镜叫做薄透镜.本节主要讨论薄透镜及其组合系统的成像规律.

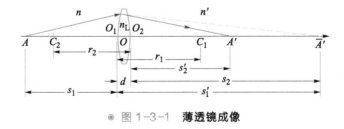

◎ 图 1-3-1 **薄透镜成像**

1. 物像关系

设薄透镜材料的折射率为 n_L,第一折射球面物方折射率为 n,光焦度为 Φ_1,第二折射球

面像方折射率为 n',光焦度为 Φ_2. n 和 n' 也分别是透镜的物方折射率和像方折射率.光轴上的物点 A,经薄透镜的两次球面折射成像于点 A',物像的位置关系可用逐次成像法定出.

点 A 对于第一球面系统成像于点 $\overline{A'}$,物像位置关系为

$$\frac{n_{\mathrm{L}}}{s_1'} + \frac{n}{s_1} = \Phi_1$$

点 $\overline{A'}$ 亦为第二球面系统的物,经其成像于点 A',物像位置关系为

$$\frac{n'}{s_2'} + \frac{n_{\mathrm{L}}}{s_2} = \Phi_2$$

对于薄透镜,可近似认为点 O_1 和 O_2 重合于点 O,这等于说第一折射球面系统的主平面和第二折射球面系统的主平面重合,这个重合面亦即薄透镜的物方主平面和像方主平面的重合面,而点 O 即薄透镜物方主点和像方主点的重合点.对于薄凸透镜主平面常用图 1-3-2 中的画法,而薄凹透镜的主平面则常用图 1-3-3 中的画法.

若取薄透镜主点 O 为物距 s、像距 s' 的计算原点,可用 $s=s_1$, $s'=s_2'$, $s_1'=-s_2$ 代入上二式,相加后得

$$\frac{n'}{s'} + \frac{n}{s} = \Phi \tag{1-3-1}$$

$$\Phi = \Phi_1 + \Phi_2 \tag{1-3-2}$$

Φ 称为薄透镜的光焦度.(1-3-2)式表明,薄透镜的光焦度是两折射球面系统光焦度的代数和.利用(1-2-3)式,薄透镜的光焦度可写为

$$\Phi = \frac{n_{\mathrm{L}}-n}{r_1} + \frac{n'-n_{\mathrm{L}}}{r_2} \tag{1-3-3}$$

单折射球面成像公式(1-2-2)和薄透镜成像公式(1-3-1)具有完全相同的形式,只是光焦度 Φ 的具体表达式不同,单折射球面的下述公式:

$$f=\frac{n}{\Phi}, \quad f'=\frac{n'}{\Phi}, \quad \frac{f'}{f}=\frac{n'}{n}$$

$$\frac{f'}{s'}+\frac{f}{s}=1, \quad xx'=ff'$$

$$s-x=f, \quad s'-x'=f'$$

$$\beta=\frac{y'}{y}=-\frac{ns'}{n's}=-\frac{fs'}{f's}=-\frac{x'}{f'}=-\frac{f}{x}$$

$$\gamma=\frac{u'}{u}=-\frac{s}{s'}, \quad \beta\gamma=\frac{n}{n'}=\frac{f}{f'}$$

对于薄透镜来说依然有效.只是,薄透镜的焦距为

$$f=\frac{n}{(n_{\mathrm{L}}-n)\dfrac{1}{r_1}+(n'-n_{\mathrm{L}})\dfrac{1}{r_2}}$$

$$f'=\frac{n'}{(n_{\mathrm{L}}-n)\dfrac{1}{r_1}+(n'-n_{\mathrm{L}})\dfrac{1}{r_2}} \tag{1-3-4}$$

若薄透镜放在同一种介质中使用,则 $n=n'$,上式变为

$$f'=f=\left[\left(\frac{n_{\mathrm{L}}}{n}-1\right)\left(\frac{1}{r_1}-\frac{1}{r_2}\right)\right]^{-1} \tag{1-3-5}$$

若薄透镜的 $\Phi>0$(f'必大于零),则其为会聚透镜(正透镜);若 $\Phi<0$(f'必小于零),则其为发散透镜(负透镜).

2. 几对特殊共轭点

(1)当 $\beta=0$,则有 $x=\infty$,$x'=0$.即物方无限远点与像方焦点 F' 共轭.

(2)当 $\beta=\infty$,则有 $x=0$,$x'=\infty$.即物方焦点 F 与像方无限远点共轭.

(3)当 $\beta=+1$,则有 $x_H=-f$,$x'_{H'}=-f'$.即薄透镜的物方主点 H 和像主方点 H' 重合于点 O.过 O 点的垂轴平面是薄透镜的主平面.

(4)当 $\gamma=+1$,则有 $x_N=-f'$,$x'_{N'}=-f$.即薄透镜的一对节点 N、N' 是重合的,当 $n=n'$ 时,则有 $|f|=|f'|$,N、N'、H、H' 四者重合于主点 O.

3. 作图法

选取上述几对共轭点、共轭面为基点、基面,有如下作图法则:

(1)平行于光轴的入射线,其过主平面后的出射线通过像方焦点 F';斜入射的平行光束,过主平面后,其出射光束通过像方焦平面上的同一点;

(2)通过物方焦点 F 的入射线,其过主平面后出射线平行于光轴;过物方焦平面上同一点的入射光束,其过主平面后的出射线是平行光束;

(3)若透镜放在同一种介质中,主点和节点重合,则通过主点的光线直线穿过不发生偏折;若透镜放在物方、像方折射率不同的介质中,则主点和节点分开,过主点的入射线不能无偏折地直线穿过,过节点的光线则直线穿过不发生偏折.

下面举几个作图法的例子.图 1-3-2 所示为凸透镜成像,图 1-3-3 所示为凹透镜成像.

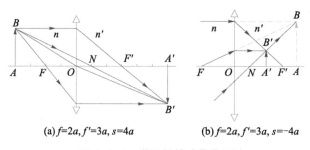

(a)$f=2a$,$f'=3a$,$s=4a$ (b)$f=2a$,$f'=3a$,$s=-4a$

◎ 图 1-3-2　薄凸透镜成像作图法

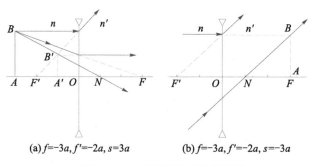

(a)$f=-3a$,$f'=-2a$,$s=3a$ (b)$f=-3a$,$f'=-2a$,$s=-3a$

◎ 图 1-3-3　薄凹透镜成像作图法

位于光轴上的物点 A 经薄透镜成像的作图法,如图 1-3-4 所示.为清晰起见及进一步巩固前文所述知识,图中作了两条辅助线,实际上只需其中一条即可.

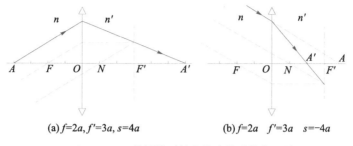

(a) $f=2a, f'=3a, s=4a$　　　(b) $f=2a$　$f'=3a$　$s=-4a$

◎ 图 1-3-4　薄透镜对轴上物点的成像作图法

4. 成像规律小结

若将薄透镜物像关系式改写成下列形式:

$$\frac{x'}{f'} \cdot \frac{x}{f} = 1, \quad \left(\frac{s'}{f'}\right)^{-1} + \left(\frac{s}{f}\right)^{-1} = 1$$

$$\beta = -\frac{x'}{f'}, \quad -\beta \frac{x}{f} = 1$$

容易看出:$\frac{x'}{f'} \sim \frac{x}{f}$,$-\beta \sim \frac{x}{f}$ 的相应曲线是同一组位于第一、第三象限的等轴双曲线,如图 1-3-5 所示.图中曲线上括号内的数字是 β 值.再利用高斯公式、牛顿公式两组坐标变换关系

$$\frac{s}{f} = \frac{x}{f} + 1, \quad \frac{s'}{f'} = \frac{x'}{f'} + 1$$

从而同一张图上又可表示 $\frac{s'}{f'} \sim \frac{s}{f}$ 曲线.选用这样一组变数描绘成像规律曲线,好处是曲线具

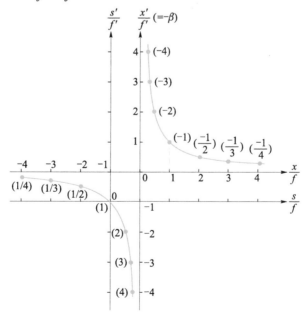

◎ 图 1-3-5　薄透镜成像规律曲线

有最大的普适性.即对于具有任何 f,f' 值的薄透镜,该曲线均适用.从图 1-3-5 成像规律曲线可以列出 $\Phi>0$ 的成像情况,见表 1-3-1;$\Phi<0$ 薄透镜成像情况,见表 1-3-2.

■ 表 1-3-1 $\Phi>0(f>0,f'>0)$ 薄透镜成像情况

物的位置		像的位置	像的性质
实物 ($s>0$)	$\infty>\dfrac{s}{f}>2$ $\infty>s>2f$	$1<\dfrac{s'}{f'}<2$ $f'<s'<2f'$	缩小、倒立实像
	$s=2f$	$s'=2f'$	等大、倒立实像
	$2>\dfrac{s}{f}>1$ $2f>s>f$	$2<\dfrac{s'}{f'}<\infty$ $2f'<s'<\infty$	放大、倒立实像
	$1>\dfrac{s}{f}>0$ $f>s>0$	$-\infty<\dfrac{s'}{f'}<0$ $-\infty<s'<0$	放大、正立虚像
	$s=0$	$s'=0$	等大正立
虚物 ($s<0$)	$0>\dfrac{s}{f}>-\infty$ $0>s>-\infty$	$0<\dfrac{s'}{f'}<1$ $0<s'<f'$	缩小、正立实像

■ 表 1-3-2 $\Phi<0(f<0,f'<0)$ 薄透镜成像情况

物的位置		像的位置	像的性质
实物 ($s>0$)	$-\infty<\dfrac{s}{f}<0$ $\infty>s>0$	$1>\dfrac{s'}{f'}>0$ $f'<s'<0$	缩小、正立虚像
虚物 ($s<0$)	$s=0$	$s'=0$	等大正立
	$0<\dfrac{s}{f}<1$ $0>s>f$	$0<\dfrac{s'}{f'}<\infty$ $-\infty<s'<0$	放大、正立实像
	$1<\dfrac{s}{f}<2$ $f>s>2f$	$\infty>\dfrac{s'}{f'}>2$ $-\infty<s'<2f'$	放大、倒立虚像
	$s=2f$	$s'=2f'$	等大、倒立虚像
	$2<\dfrac{s}{f}<\infty$ $2f>s>-\infty$	$2>\dfrac{s'}{f'}>1$ $2f'<s'<f'$	缩小、倒立虚像

例 1.3.1 焦距为 10 cm 的薄凸透镜 L_1 和焦距为 15 cm 的薄凹透镜 L_2，共轴地放置在空气中，两者相距 10 cm，今把物放在 L_1 左侧 20 cm 处，求最后的像（见图 1-3-6）.

解 请扫描侧边栏二维码获取解答过程.

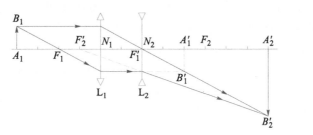

例 1.3.1 题解

◉ 图 1-3-6 例 1.3.1 的作图法验证

§1.4 共轴球面系统组合的近轴理论

- 1. 定主点和焦点的作图法
- 2. 定主点和焦点的计算公式
- 3. 作图法 物像关系

共轴球面系统的组成单元是单球面折（反）射系统. 在傍轴近似下，单球面系统能使垂轴平面小物体成理想像（成像清晰，物像间不仅几何上相似，而且亮暗层次上也相似）. 显然，在傍轴近似下，垂轴平面小物体对共轴球面系统也能成理想像，用逐次成像法可求出成像结果. 当然，这一做法十分烦琐. 尤其是当物改变位置后，像的改变不易当即判断. 因此，几何光学发展了光学系统的基点、基面分析方法研究成像.

本节不讨论逐次成像，而讨论利用系统基点、基面求系统成像的方法.

1. 定主点和焦点的作图法

已知两个子系统各自的主点和焦点，可用作图法确定共轴组合系统的主点和焦点. 为了讨论的一般性，假定两个子系统的主平面不重合（重合作为特殊情况）. H_1、H_1' 和 F_1、F_1' 表示系统 I 的主点和焦点；H_2、H_2' 和 F_2、F_2' 表示系统 II 的主点和焦点，见图 1-4-1.

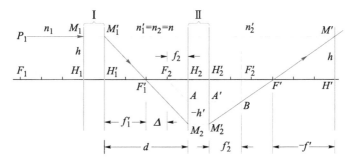

◉ 图 1-4-1 作图法确定系统像方焦点和主点示意图

作一条平行于光轴、高度为 h 的入射线 P_1M_1 交系统 Ⅰ 物方主平面于点 M_1，过其像方主平面上等高点 M_1'，向点 F_1' 引直线 $M_1'F_1'$ 交系统 Ⅱ 物方主平面于点 M_2. 为了确定过其像方主平面等高点 M_2' 出射线的走向，过点 F_2 平行于 $M_1'M_2$ 作辅助入射线 F_2A 交系统 Ⅱ 物方主平面于点 A，过其像方主平面等高点 A' 作一平行光轴出射线交系统 Ⅱ 像方焦平面于 B 点，与 $M_1'M_2$ 共轭的出射线 $M_2'M'$ 必过 B 点. $M_2'M'$ 与光轴交点为组合系统像方焦点 F'. 因为平行光轴入射线 P_1M_1 在组合系统物方主平面内的高度为 h，其共轭出射线 $M_2'M'$ 在组合系统像方主平面内的高度也应为 h，故延长入射线 P_1M_1 与 $M_2'F'$ 交于 M' 点，M' 点必在组合系统像方主平面内，由 M' 点对光轴引垂线，垂足 H' 为组合系统像方主点.

根据光路的可逆性原理，从右向左平行光轴引入射线，不难确定组合系统的物方焦点 F 和物方主点 H.

2. 定主点和焦点的计算公式

（1）组合系统的焦距

为导出组合系统焦点、主点位置的计算公式，先定义两个量：

$$\Delta = F_1'F_2, \quad d = H_1'H_2 = \Delta + f_1' + f_2 \tag{1-4-1}$$

Δ 称为两系统的光学间距，d 称为两系统间的"厚度". Δ 和 d 的计算原点分别为 F_1' 和 H_1'，符号规则遵循前文中规定.

由图 1-4-1 中 $\triangle M_1'F_1'H_1' \backsim \triangle M_2F_1'H_2$ 和 $\triangle H_2'F'M_2' \backsim \triangle H'F'M'$ 得

$$\frac{h}{-h'} = \frac{f_1'}{\Delta + f_2}$$

$$\frac{h}{-h'} = \frac{-f'}{f_2' + F_2'F'}$$

两式联立可得

$$f' = -f_1' \cdot \frac{f_2' + F_2'F'}{\Delta + f_2} \tag{1-4-2}$$

由于点 F_1' 和 F' 对于系统 Ⅱ 是一对共轭点，利用牛顿公式得

$$F_2'F' = \frac{f_2 f_2'}{\Delta}$$

从上两式中消去 $|F_2'F'|$ 得

$$f' = -\frac{f_1' f_2'}{\Delta} \tag{1-4-3a}$$

同理，可求得组合系统物方焦距 f 为

$$f = -\frac{f_1 f_2}{\Delta} \tag{1-4-3b}$$

值得注意的是，我们在推导过程中使用的符号规则，由于像方焦点在像方主点的左侧，因此 f' 为负. 在三角形推导中需要加上一个负号，才是线段的长度.

（2）组合系统主点的位置

从图 1-4-1 可看出，组合系统像方主点 H' 与系统 Ⅱ 像方主点 H_2' 的距离为

$$H_2'H' = f_2' + F_2'F' + (-f')$$

$$= f_2' + \frac{f_2 f_2'}{\Delta} + \frac{f_1' f_2'}{\Delta} \tag{1-4-4a}$$

$$= f_2' \frac{\Delta + f_2 + f_1'}{\Delta}$$

即

$$H_2'H' = f_2' \frac{d}{\Delta}$$

同理可得

$$H_1 H = f_1 \frac{d}{\Delta} \tag{1-4-4b}$$

这里符号定义与牛顿公式相同,即点 H 在 H_1 左侧取正号,点 H' 在 H_2' 右侧取正号.

（3）组合系统的光焦度

从（1-4-3a）和（1-4-3b）两式,可得

$$\frac{f'}{f} = \frac{f_1'}{f_1} \cdot \frac{f_2'}{f_2} = \left(\frac{n}{n_1}\right)\left(\frac{n_2'}{n}\right) = \frac{n_2'}{n_1} \tag{1-4-5}$$

由于光焦度的定义

$$\Phi = \frac{n_1}{f} = \frac{n_2'}{f'} \tag{1-4-6}$$

Φ 为组合系统的光焦度,将（1-4-3a）式代入上式得

$$\Phi = \frac{n_2' \Delta}{-f_1' f_2'} = \frac{n_2'(d - f_1' - f_2)}{-f_1' f_2'}$$

$$= \frac{n_2' f_2}{f_1' f_2'} + \frac{n_2' f_1'}{f_1' f_2'} - n_2' \frac{d}{f_1' f_2'}$$

$$= \frac{n}{f_1'} + \frac{n_2'}{f_2'} - \frac{d}{n} \cdot \frac{n}{f_1'} \cdot \frac{n_2'}{f_2'}$$

即

$$\Phi = \Phi_1 + \Phi_2 - \frac{d}{n} \Phi_1 \Phi_2 \tag{1-4-7}$$

有了组合系统的 Φ 值,便可按（1-4-6）式确定组合系统的焦距.

3. 作图法　物像关系

若已知共轴球面系统 F、F'、H、H'、N、N' 的位置[①],可用作图法求成像情况. 关于作图法中出射线的定位有以下三条法则：

（1）平行光轴的入射线,与物方主平面相交后,则像方主平面上等高点的出射线过像方焦点 F'；

（2）过物方焦点 F 的入射线,与物方主平面相交后,则像方主平面上等高点的出射线平行于光轴；过物方焦平面上某一点的入射同心光束,与物方主平面相交后,则像方主平面上其各自等高点的出射线是平行光束；

---

① 组合系统节点 N、N' 的定位,见（1-4-8）式.

（3）过物方节点 N 的入射线,与物方主平面相交后,则像方主平面上等高点的出射线过像方节点 N',过点 N、N' 的共轭线保持平行.

例 1.4.1 （1）求例 1.3.1 组合系统的焦距和主点位置.

（2）用组合系统的基点、基面作图法求成像情况.

解 请扫描侧边栏二维码获取解答过程.

$$x_N = -f', \qquad x_{N'} = -f \tag{1-4-8}$$

当组合系统物方、像方折射率相同时（$f = f'$）,点 H 和 N 重合,点 H' 和 N' 重合,图 1-4-2 所示属此情况.

例 1.4.1 题解

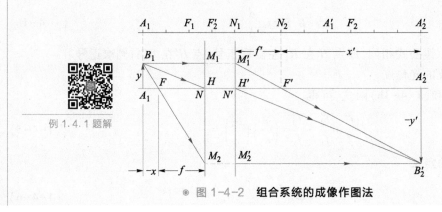

◎ 图 1-4-2 **组合系统的成像作图法**

例 1.4.2 有一半径为 R、折射率为 n 的球透镜,置于空气中（见图 1-4-3）,求其主点、焦点和节点的位置.

例 1.4.2 题解

◎ 图 1-4-3 **球透镜**

解 请扫描侧边栏二维码获取解答过程.

球透镜 H、N、H'、N' 四点重合于球心（见图 1-4-3）.

*§1.5 傍轴理论中的矩阵方法

- 1. 光线状态的描述及其变换规律
- 2. 系统矩阵
- 3. 物像关系式
- 4. 共轴球面系统的主点、焦点和节点
- 5. 高斯公式和牛顿公式

在几何光学观点看来,成像光线在共轴球面折射系统中的传播,就是在均匀介质中的平

移和介质分界面上的折射.在傍轴理论中,平移和折射时的光线状态变换是线性的,适宜于用矩阵运算.光线追迹的矩阵方法源于 20 世纪 30 年代,由 T. Smith 创立,但是当时并未得到重视和普遍关注,直到 20 世纪 60 年代矩阵方法才受到广泛关注并被大量使用,且进一步成为光学设计和布光模拟的主要方法.[①]

在共轴球面系统的傍轴理论中,光线状态的线性变换因子很简单,利用计算机进行矩阵运算也十分方便.

1. 光线状态的描述及其变换规律

（1）光线状态的描述

在傍轴理论中,通过共轴球面系统的光线始终保持在同一平面内.因此,P 点光线 L 的状态可用两个参量来描述:一是光线的斜角 u 和介质折射率 n 的乘积 nu;二是 P 点对于光轴的高度 y,即 P 点光线状态参量为 (nu, y),如图 1-5-1 所示.

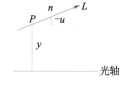

◎ 图 1-5-1　光线的状态参量

【符号规则】

① 以光轴为侧边的角度的符号:以光轴为起始边、光线为终止边,若顺时针旋转锐角可自始边至终边,则该角度为正值,否则为负值.

② 以法线为侧边的角度的符号:以光线为起始边、法线为终止边,若顺时针旋转锐角可自始边至终边,则该角度为正值,否则为负值.

（2）折射过程中光线状态的变换规律

图 1-5-2 为共轴球面系统中某折射球面,过球面上 M 点的入射线状态为 (nu, y),折射状态为 $(n'u', y')$,在傍轴近似下,折射定律为

$$n'i' = ni$$

而

$$i' = \varphi - u', \quad i = \varphi - u, \quad \varphi = \frac{y}{r}$$

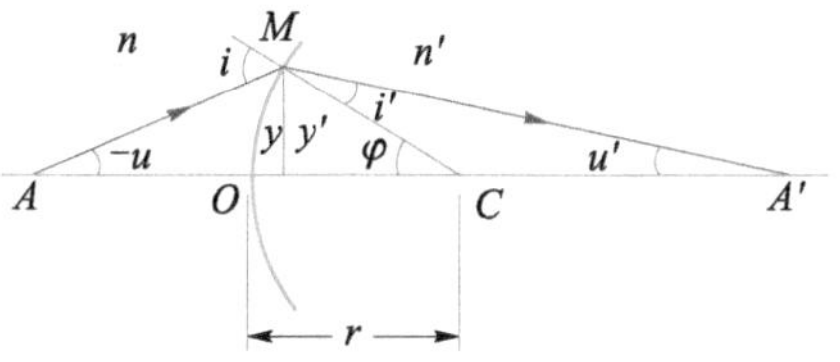

将上式代入折射定律得

$$n'u' = nu + \frac{n'-n}{r}y$$

◎ 图 1-5-2　折射过程光线状态的变换

因此,过 M 点的入射线、折射线状态变换可写成下列形式:

$$\left.\begin{aligned} n'u' &= nu + \Phi y \\ y' &= 0 + y \end{aligned}\right\} \tag{1-5-1}$$

式中 $\Phi = \dfrac{n'-n}{r}$ 是折射球面光焦度.上式表示折射过程中光线状态的变换是线性的.因此,可用矩阵符号表示为

$$\begin{bmatrix} n'u' \\ y' \end{bmatrix} = \begin{bmatrix} 1 & \Phi \\ 0 & 1 \end{bmatrix} \begin{bmatrix} nu \\ y \end{bmatrix} \tag{1-5-2}$$

上式中的二行二列矩阵称为折射矩阵(refraction matrix),用 $\boldsymbol{R}$ 表示,即

---

① 深入阅读可以参考 HALBACH, MATRIX K. Representation of Gaussian Optics. American Journal of Physics, 1964, 32(2):90-108.

$$R = \begin{bmatrix} 1 & \varPhi \\ 0 & 1 \end{bmatrix} \tag{1-5-3}$$

折射矩阵 R 表征了光焦度为 $\varPhi$ 的折射球面对光线状态的变换作用.

(1-5-2)式中的两个二维列矩阵,分别表征了入射线和折射线的状态,令

$$L = \begin{bmatrix} nu \\ y \end{bmatrix}, \quad L' = \begin{bmatrix} n'u' \\ y' \end{bmatrix}$$

则(1-5-2)式可简写为

$$L' = RL$$

上式表示,只要将折射矩阵 R 作用于入射线状态矩阵 L,便可得折射线状态矩阵 L'.

(3)平移过程中光线状态变换规律

共轴球面系统中相邻两折射球面之间,光线在同一种均匀介质中沿 M_1M_2 直线传播,见图 1-5-3. 球面 O_1 上 M_1 点的折射线状态矩阵 L_1' 和球面 O_2 上 M_2 点的入射线状态矩阵 L_2 分别为

$$L_1' = \begin{bmatrix} n_1'u_1' \\ y_1' \end{bmatrix}, \quad L_2 = \begin{bmatrix} n_2u_2 \\ y_2 \end{bmatrix}$$

现讨论矩阵 L_2 和 L_1' 间平移变换的规律性. 由于 $n_1' = n_2, u_1' = u_2$,并考虑到傍轴近似,应有

$$\left. \begin{array}{l} n_2u_2 = n_1'u_1' + 0 \\ y_2 = -\dfrac{d_1}{n_1'}n_1'u_1' + y_1' \end{array} \right\} \tag{1-5-4}$$

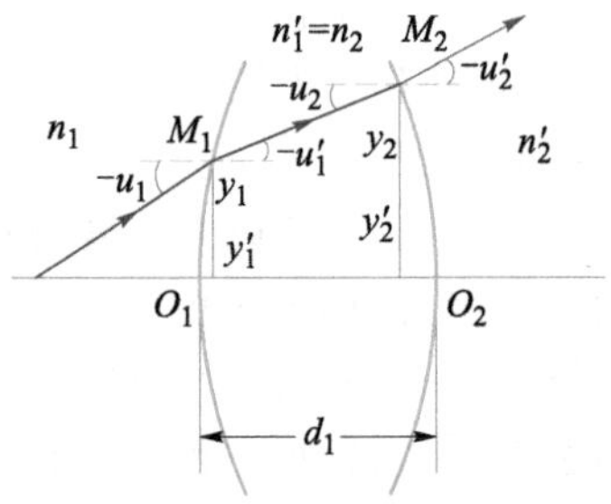

◎ 图 1-5-3　平移过程光线状态的变换

上两式表示,光线在平移过程中,状态参量的变换也是线性的,同样可用矩阵符号表示为

$$\begin{bmatrix} n_2u_2 \\ y_2 \end{bmatrix} = \begin{bmatrix} 1 & 0 \\ \dfrac{-d_1}{n_1'} & 1 \end{bmatrix} \begin{bmatrix} n_1'u_1' \\ y_1' \end{bmatrix} \tag{1-5-5}$$

上式中的二行二列矩阵称为平移矩阵(translation matrix),用 T_{21} 表示,即

$$T_{21} = \begin{bmatrix} 1 & 0 \\ \dfrac{-d_1}{n_1'} & 1 \end{bmatrix} \tag{1-5-6}$$

因此(1-5-5)式可简写为

$$L_2 = T_{21}L_1'$$

上式表示,只要将平移矩阵 T_{21} 作用于平移前光线状态矩阵 L_1',便可得平移后光线状态矩阵 L_2.

2. 系统矩阵

由 N 个折射球面组成的共轴系统,如图 1-5-4 所示. 在傍轴近似下,球面 O_1 上 M_1 点入射光线和球面 O_N 上 M_N 点出(折)射光线的状态矩阵分别为

$$L_1 = \begin{pmatrix} n_1 u_1 \\ y_1 \end{pmatrix}, \quad L_N' = \begin{pmatrix} n_N' u_N' \\ y_N' \end{pmatrix}$$

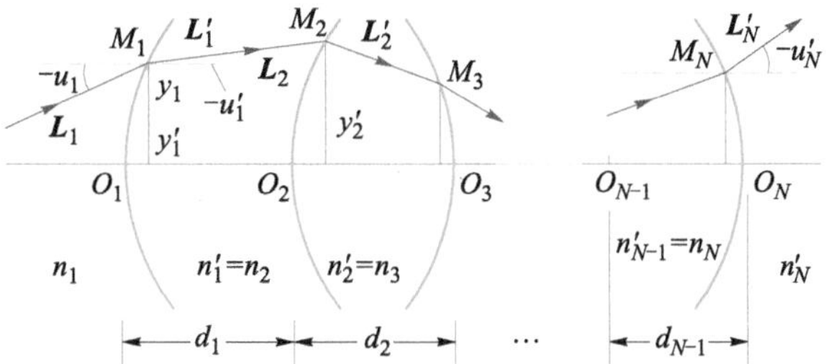

◎ 图 1-5-4　经共轴球面系统的光线状态变换

入射光线进入系统,经过 N 次折射和 $N-1$ 次平移后成为出射光线.令 $R_1, R_2, \cdots, R_N$ 表示第一、第二……第 N 个折射球面的折射矩阵;$T_{21}, T_{32}, \cdots, T_{N,N-1}$ 表示第一第二球面间、第二第三球面间……第 $N-1$ 第 N 球面间的平移矩阵.则

$$R_1 L_1 = L_1' \text{(过 } O_1 \text{ 球面上 } M_1 \text{ 点的折射光线状态矩阵)}$$

$$T_{21} L_1' = T_{21} R_1 L_1 = L_2 \text{(} O_2 \text{ 球面上 } M_2 \text{ 点的入射光线状态矩阵)}$$

$$R_2 L_2 = R_2 T_{21} R_1 L_1 = L_2' \text{(} O_2 \text{ 球面上 } M_2 \text{ 点的折射光线状态矩阵)}$$

依此类推,得到系统最后折射球面 O_N 上 M_N 点的出射光线状态矩阵为

$$L_N' = R_N T_{N,N-1} R_{N-1} \cdots R_3 T_{32} R_2 T_{21} R_1 L_1 \tag{1-5-7}$$

值得指出的是:矩阵乘法不满足对易律,因此必须按入射光传播自左向右的顺序,依次从右向左排列,逐次操作.从(1-5-3)式和(1-5-6)式可看出,在近轴理论中,折射矩阵和平移矩阵的矩阵元只与共轴系统结构参量有关,与光线状态参量无关.定义矩阵

$$S = R_N T_{N,N-1} R_{N-1} \cdots R_3 T_{32} R_2 T_{21} R_1 \tag{1-5-8}$$

为系统矩阵(system matrix),这样(1-5-7)式可简写成

$$L_N' = S L_1 \tag{1-5-9}$$

只要知道光学系统的系统矩阵 S,便可按上式将入射光线状态 L_1 变换为出射光线状态 L_N'.由于折射矩阵 R 和平移矩阵 T 均为二行二列矩阵,所以系统矩阵必定也是二行二列矩阵,即系统矩阵 S 可写为下列形式:

$$S = \begin{bmatrix} S_{11} & S_{12} \\ S_{21} & S_{22} \end{bmatrix} \tag{1-5-10}$$

S_{ij} 称为系统矩阵 S 的第 i 行第 j 列矩阵元.在下文中即将了解,系统矩阵元完全决定了光学系统的成像性质.由于折射矩阵 R 和平移矩阵 T 的行列式(determinant)(分别记为 $\det R$、$\det T$)均等于 1,由矩阵乘积的行列式等于各矩阵行列式的乘积这一性质,可以判定:

$$\det S = (\det R_N)(\det T_{N,N-1})(\det T_{N-1}) \cdots (\det R_2)(\det T_{21})(\det R_1) \equiv 1$$

即

$$S_{11} S_{22} - S_{12} S_{21} \equiv 1 \tag{1-5-11}$$

上式表明四个系统矩阵元中,只有三个是独立的,$\det S = 1$ 这一特性也常用来验算所求系统的矩阵元是否正确.

例 1.5.1　求单一球面折射系统(见图 1-5-5)、厚透镜(见图 1-5-6)、薄透镜的系统矩阵 S.

　　解　请扫描侧边栏二维码获取解答过程.

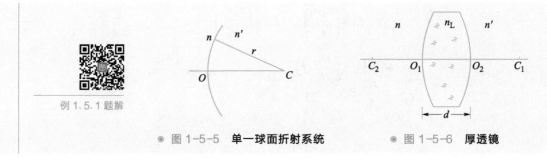

◉ 图 1-5-5　单一球面折射系统　　　◉ 图 1-5-6　厚透镜

3. 物像关系式

图 1-5-7 所示为 N 个折射球面组成的共轴系统,设系统矩阵 S 已知.有垂轴平面物 AB,物高为 y,在傍轴近似下成一理想像 $A'B'$,像高为 y'.约定物距 l、像距 l' 分别以 O_1、O_N 为计算原点,即 $l=AO_1$,$l'=O_NA'$,正负规则同前.

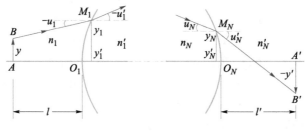

◉ 图 1-5-7　用矩阵方法计算物像关系示意图

物点 B 的入射光线状态矩阵 L_B 和共轭出射光线在 B' 点的状态矩阵,分别为

$$L_B=\begin{bmatrix} n_1u_1 \\ y \end{bmatrix}, \quad L'_{B'}=\begin{bmatrix} n'_Nu'_N \\ y' \end{bmatrix}$$

点 B 到 M_1 的平移矩阵 T_{1B} 和点 M_N 到 B' 的平移矩阵 $T_{B'N}$ 分别为

$$T_{1B}=\begin{bmatrix} 1 & 0 \\ \dfrac{-l}{n_1} & 1 \end{bmatrix}, \quad T_{B'N}=\begin{bmatrix} 1 & 0 \\ -\dfrac{l'}{n'_N} & 1 \end{bmatrix}$$

由光线状态变换的矩阵方法,应有

$$L'_{B'}=T_{B'N}ST_{1B}L_B=AL_B \tag{1-5-12}$$

其中

$$A=T_{B'N}ST_{1B} \tag{1-5-13}$$

常称为物像矩阵(object-image matrix),将上述各量代入(1-5-12)式得

$$\begin{bmatrix} n'_Nu'_N \\ y' \end{bmatrix}=\begin{bmatrix} 1 & 0 \\ -\dfrac{l'}{n'_N} & 1 \end{bmatrix}\begin{bmatrix} S_{11} & S_{12} \\ S_{21} & S_{22} \end{bmatrix}\begin{bmatrix} 1 & 0 \\ -\dfrac{l}{n_1} & 1 \end{bmatrix}\begin{bmatrix} n_1u_1 \\ y \end{bmatrix}$$

$$\tag{1-5-14}$$

$$=\begin{bmatrix} S_{11}-\dfrac{l}{n_1}S_{12} & S_{12} \\ S_{21}-\dfrac{l}{n_1}S_{22}-\dfrac{l'}{n'_N}S_{11}+\dfrac{ll'}{n_1n'_N}S_{12} & S_{22}-\dfrac{l'}{n'_N}S_{12} \end{bmatrix}\begin{bmatrix} n_1u_1 \\ y \end{bmatrix}$$

从上式可得

$$y' = \left(S_{21} - \frac{l}{n_1} S_{22} - \frac{l'}{n'_N} S_{11} + \frac{l'l}{n_1 n'_N} S_{12} \right) n_1 u_1 + \left(S_{22} - \frac{l'}{n'_N} S_{12} \right) y$$

根据理想成像性质,y' 应与 u_1 无关,因此要求

$$S_{21} - \frac{l}{n_1} S_{22} - \frac{l'}{n'_N} S_{11} + \frac{l'l}{n_1 n'_N} S_{12} = 0 \tag{1-5-15a}$$

$$y' = \left(S_{22} - \frac{l'}{n'_N} S_{12} \right) y \tag{1-5-15b}$$

由(1-5-15a)式可得物像位置关系公式为

$$\frac{l'}{n'_N} = \frac{S_{21} - \left(\dfrac{l}{n_1} \right) S_{22}}{S_{11} - \left(\dfrac{l}{n_1} \right) S_{12}} \tag{1-5-16}$$

上式中物距 l、像距 l' 分别以顶点 O_1、O_N 为原点,所以对折射系统而言,$l>0$ 表示实物,$l<0$ 表示虚物;$l'>0$ 表示实像,$l'<0$ 表示虚像.

(1-5-14)式中二行二列矩阵为物像矩阵 A,其行列式应等于1,考虑(1-5-15)式的要求,应有

$$\left(S_{11} - \frac{l}{n_1} S_{12} \right) \left(S_{22} - \frac{l'}{n'_N} S_{12} \right) = 1$$

从上式和(1-5-15b)式可得系统的垂轴放大率 β 表示式:

$$\beta = \frac{y'}{y} = S_{22} - \frac{l'}{n'_N} S_{12} = \frac{1}{\left(S_{11} - \dfrac{l}{n_1} S_{12} \right)} \tag{1-5-17}$$

例 1.5.2 由折射率 $n_L = \dfrac{3}{2}$ 材料制成的半径 $R=4$ cm 的球透镜,置于空气中,如图 1-5-8 所示,物置于球心左侧 10 cm 处,求像的位置、虚实和放大率.

例 1.5.2 题解

◎ 图 1-5-8　**球透镜**

解　请扫描侧边栏二维码获取解答过程.

4. 共轴球面系统的主点、焦点和节点

(1) 顶主距

设共轴球面系统的系统矩阵 S 已知,令 $l_H = HO_1$ 表示系统第一个球面顶点 O_1 至物方主点 H 的距离(物方顶主距);$l'_{H'} = O_N H'$ 表示系统最后一个球面顶点 O_N 至像方主点 H' 的距离(像方顶主距),正负号规定同前.

将 $\beta=1, l=l_H, l'=l'_{H'}$ 代入（1-5-17）式得

$$S_{22}-\frac{l'_{H'}}{n'_N}S_{12}=\frac{1}{S_{11}-\left(\dfrac{l_H}{n_1}\right)S_{12}}=1$$

解上两式得

$$l_H=\frac{n_1(S_{11}-1)}{S_{12}}$$

$$l'_{H'}=\frac{n'_N(S_{22}-1)}{S_{12}} \tag{1-5-18}$$

注意，此时按照符号规定，点 H 在 O_1 的左方，点 H' 在 O_N 的右方.（1-5-18）式为用系统矩阵元计算顶主距的公式，由它可定出主点的位置.

（2）顶焦距

与光轴上无穷远像点共轭的物点 F 称为物方焦点，点 F 到第一个球面顶点 O_1 的距离 l_F 称为物方顶焦距. 将 $l'=\infty, l=l_F$ 代入（1-5-16）式得

$$S_{11}-\frac{l_F}{n_1}S_{12}=0$$

因此有

$$l_F=\frac{n_1 S_{11}}{S_{12}} \tag{1-5-19a}$$

与光轴上无穷远物点共轭的像点 F' 称为像方焦点，最后一个球面顶点 O_N 到点 F' 的距离称为像方顶焦距. 将 $l=\infty, l'=l'_{F'}$ 代入（1-5-16）式得

$$l'_{F'}=\frac{n'_N S_{22}}{S_{12}} \tag{1-5-19b}$$

上两式为利用系统矩阵元计算顶焦距的公式.

（3）焦距

根据定义，系统的物方焦距 $f=FH$，像方焦距 $f'=H'F'$. 只有在点 O_1 和 H、点 O_N 和 H' 重合的条件下，焦距才和顶焦距一致.

从图 1-5-9 可以看出，焦距和顶焦距之间有下列关系：

$$f=l_F-l_H, \quad f'=l'_{F'}-l'_{H'}$$

⊛ 图 1-5-9　共轴系统的主点和焦点位置

将（1-5-18）式和（1-5-19）式代入上两式，得

$$f=\frac{n_1}{S_{12}}, \quad f'=\frac{n'_N}{S_{12}} \tag{1-5-20}$$

上两式为用系统矩阵元计算焦距的公式. 显然，系统矩阵元 S_{12} 为系统光焦度 Φ，即

$$\Phi=\frac{n_1}{f}=\frac{n'_N}{f'}=S_{12} \tag{1-5-21}$$

从（1-5-15）式、（1-5-17）式和（1-5-21）式可看出，（1-5-14）式中物像矩阵 $\boldsymbol{A}$ 可表示为

$$\boldsymbol{A}=\begin{bmatrix} 1/\beta & \Phi \\ 0 & \beta \end{bmatrix} \tag{1-5-22}$$

利用焦距表示式(1-5-20)式,可以将系统顶主距、顶焦距表示式(1-5-18)式和(1-5-19)式改写成更为对称的形式:

$$l_H = \frac{n_1(S_{11}-1)}{S_{12}} = f(S_{11}-1) \tag{1-5-23}$$

$$l'_{H'} = \frac{n'_N(S_{22}-1)}{S_{12}} = f'(S_{22}-1)$$

$$\left. \begin{array}{l} l_F = \dfrac{n_1 S_{11}}{S_{12}} = f S_{11} \\[3mm] l'_F = \dfrac{n' S_{11}}{S_{12}} = f' S_{22} \end{array} \right\} \tag{1-5-24}$$

由(1-5-24)式得出

$$S_{11} = \frac{l_F}{f}, \quad S_{22} = \frac{l'_{F'}}{f'}$$

上两式表示:S_{11} 为物方顶焦距与物方焦距的比值;S_{22} 为像方顶焦距与像方焦距的比值.$S_{11} = S_{22} = 1$ 时,表示顶焦距等于焦距,这只有点 H 和 O_1、点 H' 和 O_N 重合才有可能.从这里也可看出,单球面折(反)射系统、薄透镜系统的 $S_{11} = S_{22} = 1$.

(4) 顶节距和焦节距

由(1-5-14)式得

$$n'_N u'_N = \left(S_{11} - \frac{l}{n_1} S_{12} \right) n_1 u_1 + S_{12} y$$

节点 N、N' 是系统光轴上角放大率等于 $+1$ 的一对共轭点,即 $u'_N = u_1, y = y' = 0$,l_N 表示物方顶节距,将其代入上式得

$$l_N = \frac{\left(-\dfrac{n'_N}{n_1} + S_{11} \right) n_1}{S_{12}} = \left(S_{11} - \frac{n'_N}{n_1} \right) f \tag{1-5-25}$$

将上式代入(1-5-16)式得像方节点 N' 的顶节距为

$$l'_{N'} = \frac{\left(S_{22} - \dfrac{n_1}{n'_N} \right) n'_N}{S_{12}} = \left(S_{22} - \frac{n_1}{n'_N} \right) f' \tag{1-5-26}$$

将上两式与(1-5-23)式对比,可以看出在 $n_1 = n'_N$ 条件下,点 H 和 N、点 H' 和 N' 各自重合,利用顶节距表达式不难得出焦节距表达式为

$$x_N = l_N - l_F = -f, \quad x_{N'} = l_{N'} - l_{F'} = -f' \tag{1-5-27}$$

5. 高斯公式和牛顿公式

(1-5-16)式中的物像公式是以球面系统前后顶点 O_1、O_N 为物距、像距的计算原点的.若选择主点 H、H' 或焦点 F、F' 为物距、像距的计算原点,只要将

$$l = s + l_H = s + f(S_{11}-1)$$

$$l' = s' + l'_{H'} = s' + f'(S_{22} - 1)$$

代入(1-5-16)式,注意 $S_{11}S_{22} - S_{12}S_{21} = 1$ 的关系,不难得出高斯公式,只要将

$$l = x + l_F = x + f S_{11}$$
$$l' = x' + l'_{F'} = x' + f' S_{22}$$

代入(1-5-16)式,不难得出我们熟悉的牛顿公式.

值得指出的是,高斯公式、牛顿公式和(1-5-16)式三者是等价的.前两者有形式简单、对称等优点.但对于复杂的共轴系统,不能简单由 s、x、s'、x' 的正负确定物像的虚实,(1-5-16)式在形式上复杂一些,但 l、l' 的正负直接和物像的虚实有联系.

例 1.5.3 摄远物镜是一种焦距长、暗箱却较短的照相机镜头(见图 1-5-10).例如可由 $\Phi_1 = 5D$,$\Phi_2 = -\dfrac{50}{3}D$,间距 $d_1 = 0.16$ m 的两个薄透镜,共轴组合而成.整个系统置于空气中,试计算该物镜的主平面位置和焦距.

例 1.5.3 题解

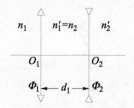

◎ 图 1-5-10 **摄远物镜**

解 请扫描侧边栏二维码获取解答过程.

若在焦距为 f'_1 的凸透镜后的适当位置放置一个凹透镜,可以得到焦距比 f'_1 大,但像方顶焦距 $l'_{F'}$ 却比像方焦距 f' 小的组合系统,这就是摄远物镜,读者不难想出,将摄远物镜倒过来使会出现何种情形.

例 1.5.4 有三个薄透镜,焦距分别为 $f'_1 = 0.20$ m, $f'_2 = 0.10$ m, $f'_3 = -0.20$ m,将它们共轴地置于空气中使用(见图 1-5-11),$d_1 = d_2 = 0.10$ m.求组合系统主点位置和焦距.

例 1.5.4 题解

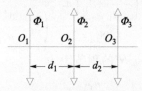

◎ 图 1-5-11 **求组合系统基点的例子**

解 请扫描侧边栏二维码获取解答过程.

即使组合系统由 3 个以上的子系统共轴组成,求其主点也只需根据各子系统的结构参量,依然可直接确定系统矩阵,从而确定系统主点 H、H' 和焦点 F、F' 的位置.若用两两子系统逐次组合法确定系统主点和焦点,则每次均需要更换原点.组合系统的子系统越多,计算就越烦琐.假如已知一个复杂共轴球面系统的主点 H、H' 和焦点 F、F',既可用高斯公式或牛顿公式求像,也可用作图法求像.目前有很多专业软件采用光线传输矩阵来模拟光线的传输,结合具体的算法,在计算机的辅助下进行光学设计.[1]

---

[1] Trace pro,Osilo,Zemax,Virtual lab,Seelight 等软件都可以进行基于光线追迹的几何光学系统设计.

光阑与像差

前文主要讨论光学系统的近轴成像理论,而对于实际光学系统成像,还必须讨论其成像范围、明亮程度、成像质量、分辨能力等,这些问题都与成像光束在光学系统中所受限制的情况有关.

没有缺陷的实际光学系统成像和理想光学系统成像之间的偏离叫做像差.像差除了与光束在光学系统中受限制的情况有关外,还与实际光学系统的结构形式及其材料特性有关.

本节先讨论光阑对光束的限制作用,然后讨论像差.

1. 光阑

在光学系统中,透镜、反射镜和棱镜的框架,或者特别安置的开孔屏,这些限制光束的孔统称为光阑.一个实际的光学系统中,可能有许多光阑,但不是所有光阑对光束都能产生同等程度和相同性质的限制.其中对成像光束的孔径起限制作用的称为孔径光阑;对成像空间范围起限制作用的称为视场光阑.每个实际光学系统都有这两种光阑.室内的人向窗外瞭望,窗框和瞳孔都限制了进入眼球的成像光束,窗框限制成像入射光束的倾斜程度,瞳孔限制成像入射光束的孔径,所以窗框是视场光阑,瞳孔是孔径光阑.

除了上述两种光阑之外,还有用于阻挡杂散光以提高反衬度的光阑等,这里暂不作介绍.

(1)孔径光阑　入瞳和出瞳

图 1-6-1 中 L 为薄透镜,D_1D_1' 为放在 L 前的光阑.透镜框架 D_2D_2' 也是一个光阑,D_3D_3' 则是放在 L 后的光阑.

D_1D_1'、D_2D_2' 对轴上物点 A 的张角,分别代表这两个光阑对物点 A 入射光束孔径的限制.而置于薄透镜 L 后的光阑 D_3D_3' 和物点 A 不属于同一介质空间,不能直接用连线来确定其限制作用,要确定其限制可将 D_3D_3' 变换到薄透镜 L 的物空间中,即把 D_3D_3' 想象为 L 的实像,求其对 L 共轭的物 P_3P_3',简言之,P_3P_3' 是对薄透镜 L 的物方共轭.P_3P_3' 对 A 的张角才代

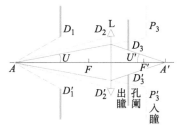

◎ 图 1-6-1 **孔径光阑**
入瞳和出瞳

表光阑 D_3D_3' 对 A 点入射光束孔径的限制.比较 D_1D_1'、D_2D_2'、D_3D_3' 对 A 点的张角,与最小张角对应的那个光阑才有效地限制了成像光束的孔径角,它便是孔径光阑,又称有效光阑.

孔径光阑对前方系统的物方共轭称为入射光瞳(入瞳),对后方系统的像方共轭称为出射光瞳(出瞳).光轴上物点对入瞳半径的张角 U 称为入射孔径角;出瞳半径对轴上共轭像点的张角 U′ 称为出射孔径角.在图 1-6-1 所示例中,光阑 D_3D_3' 既是孔径光阑也是出瞳,P_3P_3' 则是入瞳.

确定孔径光阑的步骤可归纳如下:

第一步,逐个找出各光阑对前方光学系统的物方共轭;

第二步,由光轴物点观察不同光阑的物方共轭,其中张角最小者为入瞳;

第三步,与入瞳对应的实际光阑,即系统对光轴上该物点的孔径光阑.

值得指出的是,虽然从原理上说,孔径光阑与轴上物点位置有关,但在实际设计光学仪器时,多数情况下须使得在仪器工作范围内,孔径光阑不随物的位置而变.

出瞳是入瞳经整个系统所成的像,它们是共轭的.通过孔径光阑中心的光线叫做主光线.对理想光学系统而言,主光线必通过入瞳中心和出瞳中心.

例1.6.1 孔径光阑前后两部分光学系统完全对称的物镜叫做对称物镜.试分析对称物镜入瞳和出瞳的位置特点(见图1-6-2).

解 请扫描侧边栏二维码获取解答过程.

例 1.6.1 题解

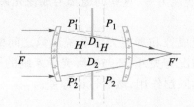

◎ 图 1-6-2 **对称物镜的入瞳和出瞳**

(2) 视场光阑 入窗和出窗

前文讨论了孔径光阑对轴上物点光束入射孔径角的限制.现在讨论视场光阑对轴外物点入射主光线倾斜程度的限制.将图 1-6-1 光学系统重绘为图 1-6-3,入瞳中心 P 对光阑 $D_1'D_1$ 边缘引直线交物平面于 B_1B_2.显然,B_1B_2 范围内物点的主光线均可进入系统,B_1B_2 之外物点的主光线受光阑 D_1D_1' 阻挡,不能进入系统.D_1D_1' 是视场光阑.

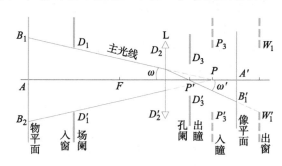

◎ 图 1-6-3 **视场光阑 入窗和出窗**

视场光阑对前方系统的物方共轭称为入射窗(入窗);对后方系统的像方共轭称为出射窗(出窗).物平面上物点主光线能进入系统的范围 B_1B_2 叫做该系统的视场.入窗半径对入瞳中心 P 的张角 ω 称为物方视场角;出窗半径对出瞳中心 P' 的张角 ω' 称为像方视场角.

确定视场光阑的步骤可归纳如下:

第一步,逐个找出各光阑对其前方光学系统的物方共轭;

第二步,由入瞳中心看各光阑的物方共轭,其中张角最小者为入窗;

第三步,与入窗对应的实际光阑即视场光阑.

显然,出窗是入窗经整个系统所成的像,它们是共轭的.

下面研究视场边缘区域成像光束受限制的情况. 如图 1-6-4 所示, 由入瞳边缘分别对入窗边缘引直线交物平面于 C_1、C_2、E_1、E_2 四点, 将物平面划分成四部分, 有如下性质:

① C_1C_2 区域内的物点可用全部射进入瞳的光束成像;

② 环区 B_1C_1 和 B_2C_2 中的物点只能以大于射进入瞳一半的光束成像;

③ 环区 B_1E_1 和 B_2E_2 中的物点就只能以小于射进入瞳一半的光束成像;

④ E_1E_2 区域以外的所有物点无光线通过系统成像.

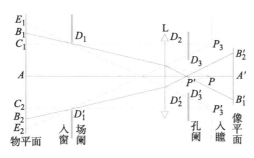

◎ 图 1-6-4　**渐晕现象**

也就是说像面边缘是逐渐暗淡的, 这种现象叫做渐晕. 但是, 若设置入窗和物平面重合, 这时出窗当然也就和像平面重合, 则 C_1、E_1 向 B_1 靠近, C_2、E_2 向 B_2 靠近, 渐晕消失. 成像仪器的视场光阑, 多是根据消除渐晕的需求设计的.

图 1-6-5 所示是一部拥有对称型镜头的相机, D_1D_2 是相机的孔径光阑, P 是入瞳中心, P' 是出瞳中心, 成像范围由相机的底片框 $A'B'$ 的大小决定. $A'B'$ 是相机的视场光阑兼出窗, 它对镜头的物方共轭 AB 是入窗, 这样放置视场光阑可以消除渐晕.

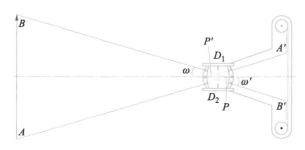

◎ 图 1-6-5　**对称型镜头的相机**

图 1-6-6 所示为开普勒望远镜, 物镜框就是孔径光阑, 它对目镜所成的像是出瞳. 出瞳距目镜最后一个表面的距离称为"出瞳距离". 为了使人眼能接收全部成像光束, 必须使出瞳和人眼瞳孔位置重合, 并使出瞳略小于人眼瞳孔. 位于目镜物方焦平面上的光阑或分划板框

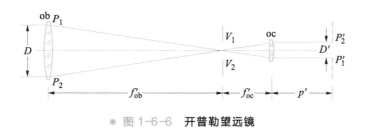

◎ 图 1-6-6　**开普勒望远镜**

控制了物镜所成实像的大小,因而也就控制了整个望远镜所能成像的物空间范围,因此这个光阑或分划板是视场光阑.这样排布视场光阑也是可以消除渐晕的.

如图1-6-7所示,显微镜物镜像方焦平面上的光阑是显微镜的孔径光阑.位于目镜物方焦平面上的光阑V_1V_2控制了物镜所成实像的大小,因而V_1V_2是显微镜的视场光阑,它对物镜的物方共轭AB是入窗.由于显微镜的观察试样(标本)置于AB面上,故AB常被称为显微镜的视场线度.

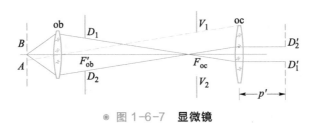

◎ 图1-6-7　**显微镜**

2. 单色像差

理想成像要求一个物点对应一个像点,像的几何形状、亮暗层次均与原物相似.实际光学系统成像与理想像之间存在偏离,这可能是由透镜界面或棱镜表面制造不良、光学玻璃不均匀、系统装配得不精确等缺陷引起的.然而,即使光学系统不存在这些缺陷,除平面镜外的实际的光学系统成像和理想像之间也存在偏差,我们把这些偏差叫做像差.单色光成像时的像差,称为单色像差;多色光成像时的像差,称为色像差,简称色差.

在一级近似条件下,垂轴小平面物用单色光经共轴球面系统可成理想像,没有单色像差.在三级近似条件下,垂轴小平面物用单色光经共轴球面系统无法成理想像.在三级近似条件下的成像与理想像之间的偏离叫做三级单色像差.

三级单色像差可分为球面像差(球差,spherical aberration)、彗形像差(彗差,comatic aberration)、像散(astigmatism)、像场弯曲(场曲,curvature of field)和畸变(distortion)五种.球差和彗差是光轴上和靠近光轴物点用大孔径光束成像时表现出来的像差.像散、场曲和畸变是远离光轴的物点用倾斜程度大的小孔径光束成像时所表现出来的像差.实际上,各种像差多是同时存在的,只是同时讨论多种像差比较困难,但为简单起见,下文中我们在讨论某一像差时,暂且假设其他像差都已"消除".

(1) 球差

球差是由于光轴上物点用大孔径光束通过透镜成像时,不同倾角光线入射、折射后交光轴于不同点所产生的,如图1-6-8(a)、(b)所示,光轴上物点A发出的单色光束,经透镜边缘的光线折射后交光轴于点$\overline{A}'$,其截距[①]为L';近轴光线的像点A'的截距用l'表示,观察屏放在$\overline{A}'$、A'点之间,屏接收到的都不是理想的像点,而是弥散的光斑.一般定义上述截距之差$(l'-L')$为透镜的球差$\delta L'$,即

球差

$$\delta L' = l' - L' \tag{1-6-1}$$

---

① 从系统最后一个折射面的顶点作为量度A'、$\overline{A}'$原点的距离叫后截距,符号规则同前.

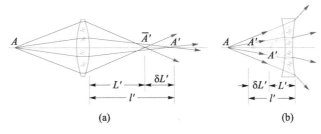

◎ 图 1-6-8　**透镜的球差**

适当调整单个薄透镜球面的曲率(配曲调整),虽然无法彻底消除球差但可使其最小.三级像差理论计算证明:空气中使用的薄透镜,对无限远处物点成像时,满足下列条件将产生最小球差:[①]

$$\frac{r_1}{r_2} = \frac{-(4+n-2n^2)}{n(1+2n)} \qquad (1-6-2)$$

其中 r_1 和 r_2 分别为薄透镜第一和第二球面的曲率半径,n 为薄透镜的折射率.

由于凸透镜和凹透镜有符号相反的球差,适当组合后可得到消球差的光学系统,这样便出现了如图 1-6-9 所示的双透镜.

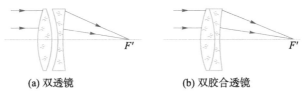

(a) 双透镜　　　　　　　　(b) 双胶合透镜

◎ 图 1-6-9　**消球差的双透镜**

（2）彗差

在消球差系统中,近轴物点发出的大孔径光束,经光学系统后无法成清晰的点像,而是在理想像平面上成一锥形弥散斑,因其形状类似拖着尾巴的彗星,故称为彗差.利用放大镜对太阳光聚焦时,只要把放大镜倾斜一些,聚焦的光点将散开为彗星状弥散斑,这就是彗差.

彗差

用图 1-6-10 所示的薄透镜来作些说明:近轴物点发出的主光线与光轴所成的平面叫做子午面,为了说明物点 B 在子午面内彗差的形成情况,可将孔径光阑大小想象成可调节的.先将光阑调至极小,B 点只由窄光束(可近似用主光线 BP 代表)成像于点 B'_0,这时没有彗差;然后将光阑调大,入射孔径角为 u,这时 B 点发出的边缘光线 a、b 相交于 B'_u;照此方法,最后将光阑调大到入射孔径角为 U,这时 B 点发出的边缘光线 a'、b' 相交于 B'_U.也就是说,近轴物点 B,用大孔径角光束成像时,在子午面上看就是直线 $B'_U B'_0$.习惯上以此代表子午彗差的大小.

若不限于考虑子午面上光线,由物点 B 发出的与某一入射孔径角对应的边缘光线交像平面于圆环上,孔径角增大,圆环也增大,但圆心并不重叠,如图 1-6-10(b)所示,这些半径不等的圆环叠加,看起来形状与彗星相似,在锥顶 B'_0 附近光线最多也最亮,离开锥顶则迅速变暗.

---

① Paul E. klingsporn, Am. J. phys. 48(10),821-827,(1980)

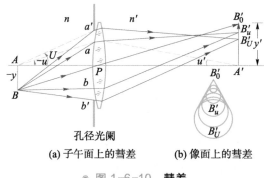

孔径光阑

(a) 子午面上的彗差   (b) 像面上的彗差

◎ 图 1-6-10　**彗差**

由于彗差只关于子午面对称,一般认为它是三级像差中最坏的一种,一切助视仪器除了消色差外,对消彗差、球差都有较高的要求.对于给定物距,可用配曲调整的办法消除单个透镜的彗差,也可通过改变光阑位置或使用胶合透镜来消彗差.

利用共轭点间的等光程性可以证明,垂轴小物面上各物点发出的光线,通过一个消球差的光学系统成像,同时又满足下列正弦条件:

$$ny\sin u = n'y'\sin u' \tag{1-6-3}$$

则这个消球差的系统也是消彗差的光学系统.(1-6-3)式中各量已标注在图 1-6-10 中,光轴上校正了球差又满足正弦条件的一对共轭点称为齐明点或不晕点.显微镜油浸物镜的前两片透镜就是两次应用齐明点原理设计的,所以物镜在高倍放大条件下仍能保证有良好的成像质量.

（3）像散和场曲

像散的产生,是由于远离光轴的倾斜细光束投射到透镜上时,透镜对不在子午面的光线有不同的会聚能力.从图 1-6-11 可以看出,由远离光轴 AP 的物点 B 发出的光束对透镜来说不是正圆锥形的,对应出射光束不再存在对称轴,只存在一个对称面(子午面).通过主光线与子午面垂直的平面叫做弧矢面.透镜对这两个截面内的光线会聚能力不同,和子午面平行的截面内,光线会聚成与子午面垂直的子午焦线 B'_t;和弧矢面平行的截面内,光线会聚成与弧矢面垂直的弧矢焦线 B'_s;两焦线间出现一系列椭圆和一个圆(明晰圆),该圆是 B 点光束聚焦最清晰之处.

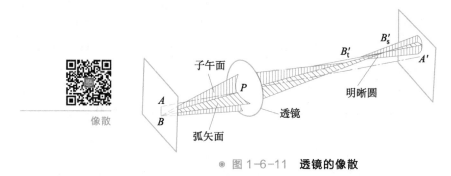

像散

◎ 图 1-6-11　**透镜的像散**

如果考虑垂轴物平面上所有物点以细光束成像的情况,与这些物点对应的 B'_t、B'_s 的轨迹是两个绕光轴旋转的曲面,分别称为子午像面和弧矢像面,而明晰圆的轨迹则称为明晰像面,如图 1-6-12 所示.这三个面在光轴上彼此相切.一般说来,明晰像面不是平面,而是一个曲面,这种像差叫做像场弯曲,简称场曲.子午像面与弧矢像面不重合,就叫做像散.若子午像面、弧矢像面和明晰像面三者重合为一个平面,则像散和场曲都完全校正了.在一定的像方视场内,校正了像场弯曲和像散的物镜叫做平场物镜.

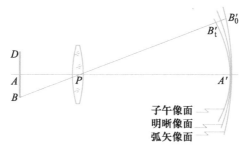

◎ 图 1-6-12　像散和场曲

助视光学仪器容许存在一定大小的场曲,人眼可自动调节适应它.对于视场大的相机来说,消像散和场曲特别重要.可适当安排光阑改善单个透镜的场曲,消像散则要用到透镜组合.

（4）畸变

球差、彗差、像散和场曲均只影响像的清晰度,畸变只影响物像之间的几何相似性而不影响像的清晰度.畸变是指在整个像面范围内由于各处的垂轴放大率不同而使像与原物在形状上失真.

如果距离光轴越远的地方垂轴放大率越小,方格网状物的像将成一桶形,如图 1-6-13(c)所示,这种畸变叫做桶形畸变,如果距离光轴越远的地方垂轴放大率越大,方格网状物的像将成一枕形,如图 1-6-13(b)所示,这种畸变叫做枕形畸变.

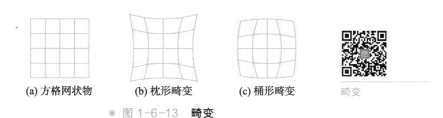

(a) 方格网状物　　　(b) 枕形畸变　　　(c) 桶形畸变　　　畸变

◎ 图 1-6-13　畸变

为了利用普通 35 mm 电影胶片拍摄宽银幕电影,可用水平方向垂轴放大率小于竖直方向放大率的摄影物镜拍片,虽然得到的是矮胖变瘦长的畸变像,但可以得到宽广的水平视场,放映这种胶片时,只要使用与摄影物镜畸变情况相反的放映镜头就可以了.

畸变与光阑位置关系密切.光阑位于正透镜前,会产生桶形畸变,见图 1-6-14;光阑位于正透镜之后,会产生枕形畸变,见图 1-6-15.图中用虚线绘的 $A'_0B'_0$ 是无畸变的像,用实线绘的 $A'B'$ 才是有畸变的像.

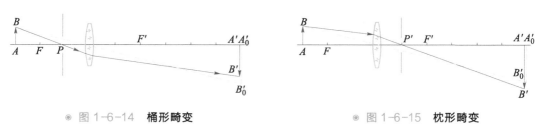

◎ 图 1-6-14　桶形畸变　　　　　　　　◎ 图 1-6-15　枕形畸变

为使光阑对单透镜不产生畸变,则光阑孔径应很小(相对焦距而言)且靠近透镜.像差理论可以证明,若在光阑的两侧,对称地放置两个同样的透镜或透镜组时,对垂轴放大率 $\beta = -1$ 的一对共轭面,由于枕形、桶形畸变相互补偿,将消畸变后成像,见图 1-6-16. 可以证明:这种对称型系统,对于 $\beta = -1$ 的共轭面,不仅是消畸变的,也是消彗差和消放大率色差的.对于 $\beta \neq 1$ 的共轭面,仍在一定程度上保留这些特点.这就是照相物镜多采用对称型或亚对称型光学系统的主要原因.

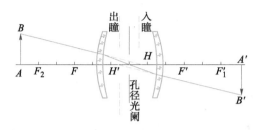

◎ 图 1-6-16　消畸变系统

3. 色差

光学系统的焦距和焦点位置与构成系统的介质折射率有关,而折射率与波长有关.因此,即使对单色像差均已消除的理想光学系统,用多色光成像时,不同色光的成像位置和大小也可能不同,前者称为位置色差(轴向色差),后者称为倍率色差(垂轴色差),如图 1-6-17 所示.图中物 AB 用多色光照明, $A'_C B'_C$ 是谱线 C 光($\lambda = 656.3$ nm)成的像, $A'_F B'_F$ 是谱线 F 光($\lambda = 486.1$ nm)成的像, $A'_D B'_D$ 是谱线 D 光($\lambda = 589.3$ nm)成的像.

球面色差

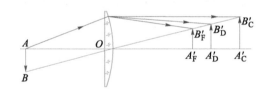

◎ 图 1-6-17　位置色差和倍率色差

(1) 消色差薄胶合透镜

由于薄透镜主平面的位置与波长无关,所以空气中的薄胶合透镜若满足 $f'_C = f'_F$ 条件,则 F'_C 和 A'_F、F_C 和 A_F 必重合,对谱线 C 光、F 光的位置色差和倍率色差也都消除了.

双胶合薄透镜(参考图 1-6-18)一共有三个折射面,曲率半径依次为 r_1、r_2、r_3,令

$$K_1 = \left(\frac{1}{r_1} - \frac{1}{r_2}\right), \quad K_2 = \left(\frac{1}{r_2} - \frac{1}{r_3}\right)$$

空气中薄胶合透镜的 f'_C、f'_F 分别为

$$\frac{1}{f'_C} = (n_{1C} - 1)K_1 + (n_{2C} - 1)K_2, \quad \frac{1}{f'_F} = (n_{1F} - 1)K_1 + (n_{2F} - 1)K_2$$

按 $f'_C = f'_F$ 条件得

$$(n_{1F} - n_{1C})K_1 + (n_{2F} - n_{2C})K_2 = 0 \qquad (1-6-4)$$

因

$$\frac{1}{f'_{1D}} = (n_{1D} - 1)K_1, \quad \frac{1}{f'_{2D}} = (n_{2D} - 1)K_2$$

令
$$\nu_1 = \frac{n_{1D}-1}{n_{1F}-n_{1C}}, \quad \nu_2 = \frac{n_{2D}-1}{n_{2F}-n_{2C}}$$

ν_1、ν_2 分别称为第一、第二个透镜的阿贝数.利用上式,(1-6-4)式可写为

$$\frac{1}{\nu_1} \cdot \frac{1}{f'_{1D}} + \frac{1}{\nu_2} \cdot \frac{1}{f'_{2D}} = 0$$

而薄胶合透镜又满足

$$\frac{1}{f'_{1D}} + \frac{1}{f'_{2D}} = \frac{1}{f'_D}$$

联解上两式得

$$f'_{1D} = \frac{(\nu_1-\nu_2)}{\nu_1} f'_D \tag{1-6-5a}$$

$$f'_{2D} = \frac{-(\nu_1-\nu_2)}{\nu_2} f'_D \tag{1-6-5b}$$

(1-6-5a)式和(1-6-5b)式即空气中双胶合薄透镜满足 $f'_C = f'_F$ 条件时对 f'_{1D}、f'_{2D} 的具体要求.从该式可以看出:f'_{1D} 和 f'_{2D} 一定异号,消色差胶合透镜一定由一个正透镜和一个负透镜组成;要得到 $f'_D>0$ 的消色差胶合透镜,正透镜的阿贝数应比负透镜的大;要得到 $f'_D<0$ 的消色差胶合透镜,正透镜的阿贝数应比负透镜的小.由于冕玻璃的阿贝数比火石玻璃的大,所以制作正胶合消色差透镜时,正透镜用冕玻璃,负透镜用火石玻璃;制作负胶合消色差透镜时,正透镜用火石玻璃,负透镜用冕玻璃,如图1-6-18所示.

(a) 正消色差透镜　　　　　　　(b) 负消色差透镜

◎ 图 1-6-18　**薄胶合消色差透镜**

值得指出,透镜材料(n_1、ν_1、n_2、ν_2)和焦距 f'_D 选定后,f'_{1D}、f'_{2D} 就分别由(1-6-5a)式和(1-6-5b)式算出,但 f'_{1D} 和 f'_{2D} 由三个曲率半径确定,因此有一个曲率半径可按消球差、彗差的要求来选取.

平常见到的消色差物镜,主要是指对谱线 C 光、F 光校正了位置色差,对谱线 D 光或 e 光($\lambda = 546.1$ nm)校正了球差和彗差的物镜,但这种物镜未能很好地消像散和场曲.校正了像散和场曲的消色差物镜称为平场复消色差物镜.对谱线 C 光、F 光、D 光校正了位置色差的物镜叫做复消色差物镜.对四条谱线均校正了位置色差的物镜叫做超消色差物镜.

（2）消视角色差目镜

当光学系统的厚度不可忽略时,不同色光的主平面一般不重合,即使满足 $f'_C = f'_F$ 条件,还是未能消除谱线 C 光、F 光的位置色差和倍率色差,若该系统是当作目镜(放大镜)使用,由于视角放大率只与焦距有关[参考(1-7-4)式],尽管 F_C 和 F_F 不重合,只要 $f'_C = f'_F$,就能对

谱线 C 光、F 光消视角放大率色差. 对波长 λ 附近色光消视角色差的条件为

$$\frac{\mathrm{d}f'}{\mathrm{d}\lambda}=0 \quad \text{或} \quad \frac{\mathrm{d}}{\mathrm{d}\lambda}\left(\frac{1}{f'}\right)=0$$

普通目镜通常是由材料折射率 n 相同、焦距分别为 f_1、f_2'、相距 d 的两个薄透镜 L_1、L_2 置于空气中组合而成的,见图 1-6-19. 薄透镜 L_1、L_2 一共有四个折射面,其曲率半径依次为 r_1、r_2、r_3、r_4,令

$$K_1=\frac{1}{r_1}-\frac{1}{r_2}$$

$$K_2=\frac{1}{r_3}-\frac{1}{r_4}$$

◉ 图 1-6-19　消视角色差目镜

目镜的焦距 f 按(1-4-6)式和(1-4-7)式有

$$\frac{1}{f}=(n-1)K_1+(n-1)K_2-d(n-1)^2K_1K_2=(n-1)(K_1+K_2)-d(n-1)^2K_1K_2$$

由消视角放大率色差条件

$$\frac{\mathrm{d}}{\mathrm{d}\lambda}\left(\frac{1}{f}\right)=0$$

得

$$(K_1+K_2)\frac{\mathrm{d}n}{\mathrm{d}\lambda}-2d(n-1)K_1K_2\frac{\mathrm{d}n}{\mathrm{d}\lambda}=0$$

即

$$d=\frac{1}{2}\left[\frac{1}{(n-1)K_1}+\frac{1}{(n-1)K_2}\right]$$

即

$$d=\frac{1}{2}(f_1+f_2) \tag{1-6-6}$$

上式表明材料相同的两个薄透镜,当其间距 d 等于两透镜焦距(对某波长 λ 而言)之和的一半时,便可构成一个对 λ 附近色光消视角放大率色差的目镜. 常用的惠更斯目镜、拉姆斯登目镜都是依据满足或接近满足(1-6-6)式的要求设计的.

§1.7　光学仪器

- 1. 投影仪器　摄影仪器
- 2. 助视仪器
- 3. 棱镜分光仪器

光学仪器种类繁多,本节只讨论成像仪器和棱镜分光仪器. 成像仪器又可分为成实像的仪器(投影仪器、摄影仪器)和成虚像的助视仪器(放大镜、显微镜、望远镜). 当然,一部光学仪器又往往是各种典型仪器的综合.

1. 投影仪器　摄影仪器

（1）投影仪器

幻灯机、电影放映机、印相放大机、映谱仪等投影仪器，其作用是将物成实像于屏幕上．投影仪器一般由照明系统和投影物镜两部分组成．照明系统要求给物足够强度的均匀照明，高效率地利用照明能量；投影物镜则是将物成一明亮清晰的实像于屏幕上．一般来说，像距比焦距大很多，投影物应置于物镜物方焦平面外侧附近．

照明系统可分为临界照明和柯勒（Köhlor）照明两大类．

① 临界照明

临界照明的特点是将光源经聚光透镜成像于投影物 AB 上，AB 再经投影物镜成放大实像 $A'B'$ 于屏幕上，见图 1-7-1，为了保证照明均匀，光源辐射要尽可能均匀．通常使用电弧、短弧氙灯或强光放映灯泡作为光源，为了充分利用光能，常在光源后面装备球面镜，且球心和光源位置重合．

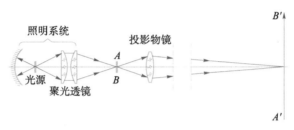

◎ 图 1-7-1　采用临界照明的投影系统

临界照明主要优点是光能利用率高，缺点是不易得到均匀照明，光源的像和投射物的像在屏上存在重叠．电影放映机多采用临界照明．

② 柯勒照明

柯勒照明的特点是将光源成像在投影物镜的入瞳上，如图 1-7-2 所示．

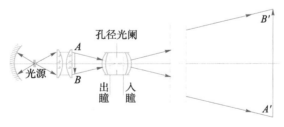

◎ 图 1-7-2　采用柯勒照明的投影系统

柯勒照明主要优点是容易得到均匀照明，常将其用于具有大投影物面的系统，例如幻灯机、印相放大机等，或用于要求特别细致的均匀照明，例如显微镜的照明系统．

（2）摄影仪器

摄影仪器通常是指那些把空间物体成像于记录底片上的光学系统，照相机是典型代表，其物距一般比焦距大得多，所以它的像平面常在像方焦平面附近．

摄影物镜常使用对称型或亚对称型系统．图 1-6-5 是对称型物镜照相机示意图，可调光圈（孔径光阑 D_1D_2）在其中间，视场光阑则是底片框 $A'B'$．摄影镜头的光学性能主要由焦距、相对孔径和视场角等参量表示．摄影物镜的焦距越大，从 $\beta = -f/x$ 式可以看出，其放大倍数越大．

摄影物镜的相对孔径是指入瞳直径 D 与物方焦距 f [①] 的比值 D/f(俗称光圈数或镜头"速率"),它影响物镜的分辨本领(见 §3.4 节)、景深和照度〔见(1-8-26)式〕.镜头的相对孔径是可调的,光圈调节圈上有相对孔径的标记值(常称 f 值),它是相对孔径的倒数.照相机相对孔径标准数列及其标记值的规定见表 1-7-1 所列,但最大相对孔径可以不同于标准规定.

▨ 表 1-7-1　相对孔径标准数列及其标记值

相对孔径	1:1	1:1.4	1:2	1:2.8	1:4	1:5.6	1:8	1:11	1:16
标记值(f值)	1	1.4	2	2.8	4	5.6	8	11	16

根据镜头视场角大小,分为小视场镜头、普通镜头和广角镜头.普通镜头视场角 ω 的两倍为 50° 左右,广角镜头可达 100°～120°,其中超广角镜头中的鱼眼镜头视角可以超过 180°,采用两个鱼眼镜头可实现 360° 全景摄影,这里不作展开.

图 1-7-3 是展现孔径光阑大小与景深关系的示意图.图中 A、O、B 三物点不在垂轴的同一平面上,因而其像点也不在同一垂轴平面上.若屏垂直光轴且过点 O',则由 A、B 发出的光束经系统后会聚于点 A'、B' 而在屏上形成光斑.像点 A'、B' 离成像屏越远,或限制光束的孔径越大,则光斑越大;当光束不受限制时屏将均匀照明.可见,对于处于一定

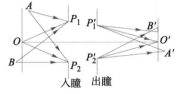

◎ 图 1-7-3　景深与光瞳的关系

纵深范围内的物点,要在屏上得到清晰的像,必须对光束作必要的限制.当物点在一定的纵深范围内,它在屏上的像可看作近乎点的小光斑时,该纵深范围叫做成像深度或景深.孔径光阑越小则景深越大.但孔径光阑过小时,要注意衍射作用会影响物镜的分辨本领.

2. 助视仪器

人眼看不清楚太远的物体,但使用望远镜就可以看得清楚,人眼分辨不了微小物体的细节,但使用放大镜或显微镜就能分辨得更好.放大镜、望远镜、显微镜都是用于提高视力的助视仪器.

（1）人眼　视角放大率

人的眼睛约呈球状,直径约为 25 mm,图 1-7-4 所示为右眼水平断面图.眼睛各部分的构成和作用简介如下:

角膜——折射率为 1.376、平均厚度为 0.5～1 mm 的透明角质膜.入射光线的大部分弯折都发生在空气和角膜的界面上.

前房——角膜和虹膜包围的区域,充满了折射率为 1.336 的水状液,最厚处约 3 mm.

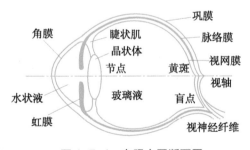

◎ 图 1-7-4　右眼水平断面图

晶状体——形状如双凸透镜,由 22 000 多层透明薄层所组成,各层的折射率不同,外层约1.386,内层约 1.406.晶状体前表面的曲率半径比后表面的大,四周包围着睫状肌,用于调节晶状体的曲率.晶状体相当一个变焦距透镜,调焦后使不同距离的物能恰好在视网膜上成像.

---

① f 是物方焦距,相对孔径 D/f 这个参量,按习惯一律取正值.

瞳孔——虹膜(虹彩膜)中央的透光圆孔称为瞳孔,随着光的强弱变化,瞳孔直径可在 $2\sim 8$ mm 范围内自动改变,以控制进入眼睛的光通量. 在设计制造显微镜和望远镜时要求出瞳的直径与瞳孔的位置重叠,且大小匹配.

后房——晶状体和视网膜所包围的区域叫做后房,其中充满了折射率为 1.336 的胶状透明物质,称为玻璃液.

视网膜——后房的内壁. 处于眼底部位的视网膜布满了两类感光细胞——杆状细胞和锥状细胞,杆状细胞总体上具有高速粗粒黑白胶卷的特性,非常灵敏,在对于锥状细胞来说太弱乃至无法响应的光照下也能工作,但不能辨别颜色,所传图像也不很清晰. 锥状细胞的数量只有杆状细胞的 4%,锥状细胞可想象为一块单独的和前者交叠的低速微粒彩色胶卷,在亮光条件下能给出细致的彩色景象,但在弱光条件下不灵敏.

黄斑——网膜中有一直径约 2.5 mm 的微凹区域叫做黄斑. 黄斑中央直径约 0.25 mm 的区域叫做中心窝,是视网膜上视觉最灵敏的地方. 观看景物时,眼球会本能地转动,使中心窝正对目标,同时睫状肌牵制晶状体曲率,使像刚好成在黄斑上. 中心窝与眼睛节点①的连线叫做视轴. 眼睛只是在视轴附近 6°~8° 范围内能清晰地识别物体,人眼看清周围景物是靠眼球在眼窝内转动,对景物进行自动扫描的结果.

盲点——网膜上没有感光细胞的视神经纤维出口处,这些区域不能响应光刺激.

脉络膜——紧贴着网膜外围,是一层淀积着丰富黑色素的光吸收膜.

巩膜——对眼球起保护作用的、白色不透明的坚硬外壳,俗称眼白.

正常眼睛处于没有调节的自然状态时,像方焦点正好在视网膜上,无穷远处物体在网膜上成像. 所以,眼睛观察无限远处物体时最不容易疲劳.

观察近距离物体时,睫状肌收缩,晶状体前表面曲率半径变小,焦距缩短,像方焦点由视网膜向前移动,使有限距离处的物体成像在视网膜上.

人眼的调焦能力有一定的限度. 睫状肌完全放松时能清楚看到的距离叫做远点,睫状肌最大限度紧张时能清楚看到的距离叫做近点. 20 岁青年人眼睛的远点在无穷远处,近点在角膜前约 10 cm 处,从无限远处到 25 cm 范围内可不费力地进行调节,一般人在阅读或操作时,常把物放在距眼 25 cm 附近,这个距离称为明视距离. 随着年龄增长,眼睛调节能力衰退,近点逐渐变大;例如约 30 岁的人,其眼睛的近点约为 14.3 cm;约 50 岁的人,近点约为 40 cm;约 60 岁的人,近点约为 2 m.

为计算方便,提出一种简化眼模型,把人眼简化成单球面折射系统,其球面曲率半径的选择与正常眼在视网膜上成像一致. 图 1-7-5 为简化眼模型示意图,C 为折射面的曲率中心,即简化眼节点. 表 1-7-2 所列为简化眼光学常量. 以后,只用简化眼代替人眼进行分析.

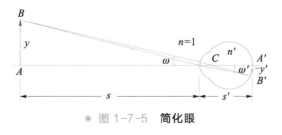

◎ 图 1-7-5　简化眼

———————

① 严格说来,人眼的节点有物方节点和像方节点两个,由于这两个节点非常接近,图 1-7-5 中忽略了它们的差别.

折射率 n'	4/3
折射面半径	5.7 mm
物方焦距	17.1 mm
像方焦距	22.8 mm
光焦度	58.48 D
网膜曲率半径	9.7 mm

对简化眼用垂轴放大率 β 公式

$$\beta = \frac{y'}{y} = -\frac{ns'}{n's}$$

得

$$-y' = \left(\frac{n}{n'}s'\right)\left(\frac{y}{s}\right) \approx \left(\frac{n}{n'}s'\right)\tan\omega \tag{1-7-1}$$

物体对简化眼节点 C 的张角 ω 称为视角. 由于 $\frac{n}{n'}s'$ 近似不变, $y' \propto \tan\omega$, 所以视角直接决定视网膜上像的大小, 视角越大, 看起来物体也越大.

设通过助视仪器观察物体时, 视网膜上像高为 y'_o, 对应视角为 ω_o; 直接用肉眼观察"特定距离"上的该物体时, 视网膜上像高为 y'_e, 对应视角为 ω_e. 定义助视仪的视角放大率 M 为

$$M = \frac{y'_o}{y'_e} = \frac{\tan\omega_o}{\tan\omega_e} \tag{1-7-2}$$

上述"特定距离", 对望远镜而言, 是指被观察物(例如足球、星星等)距人眼的距离; 对放大镜或显微镜而言, 则是指明视距离.

值得指出的是, 上式中 y'_o 与 y'_e 或 ω_o 与 ω_e 不是共轭量, 而垂轴放大率 β 中 y' 与 y 是共轭量, 不可忽视 M 与 β 的这个区别.

（2）放大镜

为了简化, 利用薄凸透镜来研究放大镜的放大作用时, 物置于透镜 L 的物方焦平面内侧, 见图 1-7-6. 物经透镜成放大、正立虚像, 像距为 s'. 该虚像又成为眼睛的物, 它对眼睛的视角为 ω_o, 视网膜上像高为 y'_o, 设人眼节点 C 距透镜的距离为 d, 则

$$\tan\omega_o = \frac{y'}{-s'+d}$$

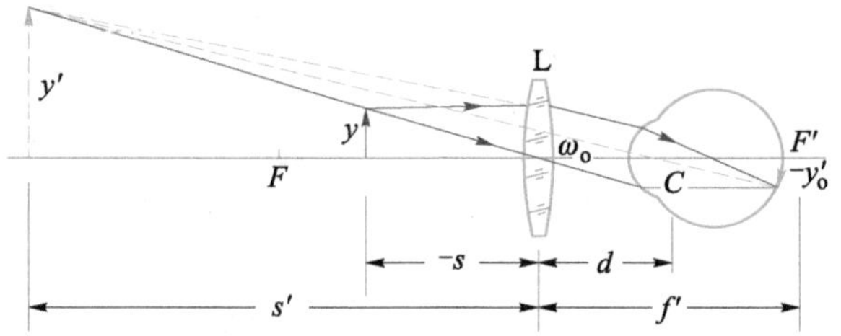

◎ 图 1-7-6　放大镜（成像于明视距离）

若不用凸透镜而直接用眼在明视距离($l_{明} = 25$ cm)处观察物, 见图 1-7-7, 视角 ω_e 的正切为

$$\tan \omega_e = \frac{y}{l_{明}}$$

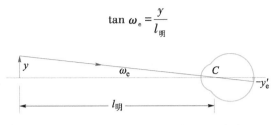

◎ 图 1-7-7　明视距离处物体对眼的视角

按(1-7-2)式得放大镜放大率 M 为

$$M = \frac{y'}{-s'+d} \left(\frac{y}{l_{明}}\right)^{-1} = \beta \frac{l_{明}}{d-s'}$$

而

$$\beta = -\frac{x'}{f'} = \frac{f'-s'}{f'}$$

所以

$$M = \frac{l_{明}}{f'} \cdot \frac{f'-s'}{d-s'} \tag{1-7-3}$$

上式表示,放大镜的放大率 M 首先取决于放大镜的焦距 f';其次取决于眼睛的特性参量——明视距离 $l_{明}$;再者取决于与放大镜使用状态有关的量——距离 d 和 s'.

若将放大镜的虚像调节至无穷远处,即物体放在放大镜物方焦平面上,如图 1-7-8 所示.将 $s' = -\infty$ 代入(1-7-3)式得

$$M = \frac{l_{明}}{f'} = \frac{25}{f'} \quad (长度单位:cm) \tag{1-7-4}$$

从上式看出,这时放大率 M 与放大镜到眼睛的距离 d 无关.

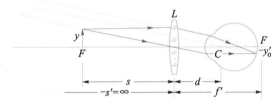

◎ 图 1-7-8　放大镜（成像于无限远处）

若将放大镜的虚像调节至明视距离,即 $d-s' = l_{明}$,将此代入(1-7-3)式得

$$M = \frac{f'-s'}{f'} = \frac{f'+(l_{明}-d)}{f'}$$

即

$$M = \left(\frac{l_{明}}{f'} + 1\right) - \frac{d}{f'} \tag{1-7-5}$$

若将放大镜紧挨着眼睛,即 $d = 0$,则

$$M = \frac{l_{明}}{f'} + 1 \tag{1-7-6}$$

也就是说,按照上述方式($s' = -l_{明}$,$d \sim 0$)使用放大镜要比按照 $s' = -\infty$ 方式使用时,放大率增加 1.事实上,d 不可能为零,只要 d 和 f' 相差不太大,由(1-7-4)式和(1-7-5)式给出

的放大率几乎是相同的.以后我们只用(1-7-4)式表示放大镜或目镜的放大率.减小凸透镜的焦距,似乎可以得到任意大的放大率,但对单透镜来说,由于像差的限制,放大率多为 3 倍(记作 3×)左右.如果采用透镜组合,放大率可达 20 倍左右.

（3）显微镜

最简单的显微镜包括两组透镜,一组为焦距极短的物镜,记为 ob,另一组为目镜,记为 oc.为了消除像差,目镜和物镜实际上均为透镜组.若基于研究视角放大的基本原理,可不考虑物镜、目镜的实际结构,分别用单透镜对其进行讨论.显微镜的成像光路如图 1-7-9 所示.

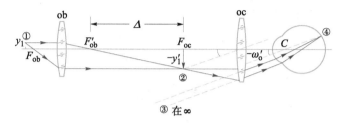

◎ 图 1-7-9　显微镜的成像光路

物①置于物镜物方焦点 F_{ob} 附近(外侧),经物镜成放大、倒立的实像②于 F_{oc} 上,这个像也就是目镜的物,目镜的作用如同放大镜,将其成虚像③于无穷远处,像③为眼睛的物,最后成像④于视网膜上.像③对眼睛的视角为 ω_o,比不用显微镜时物①对眼睛的视角 ω_e 要大许多倍.从图 1-7-9 中可以看出:

$$\tan \omega_o = \frac{y_1'}{f_{oc}'}, \quad \tan \omega_e = \frac{y_1}{l_{明}}$$

将上两式代入(1-7-2)式,得

$$M = \frac{\tan \omega_o}{\tan \omega_e} = \frac{y_1' l_{明}}{y_1 f_{oc}'}$$

即

$$M = \beta_{ob} F_{oc} \tag{1-7-7}$$

而

$$\beta_{ob} = -\frac{x_{ob}'}{f_{ob}} = \frac{-\Delta}{f_{ob}'} \tag{1-7-8}$$

式中 $\Delta = F_{ob}' F_{oc}$ 常称为物镜与目镜的"光学间隔",也称作显微镜的"光学筒长".显微镜光学筒长一般为 17~19 cm.将(1-7-4)式和(1-7-8)式代入(1-7-7)式可得显微镜放大率 M 为

$$M = \frac{-25\Delta}{f_{ob}' f_{oc}'} \quad （长度单位:cm） \tag{1-7-9}$$

式中负号表明像是倒立的.

（4）望远镜

望远镜也是由物镜和目镜组成的,物镜为反射镜的称为反射式望远镜,物镜为透镜的称为透射式望远镜,目镜为会聚透镜的称为开普勒(Kepler)望远镜(或天文望远镜),目镜为发散透镜的称为伽利略(Galileo)望远镜.下面只对透射式望远镜加以讨论.

图 1-7-10 为开普勒望远镜示意图,从轴外无穷远处物点 B 发来的光线,如同平行光聚焦于物镜(ob)像方焦平面上 B'点,若 B'点位于目镜(oc)物方焦平面上,则发射光为平行光束,成像 B"于无限远处;若 B'点位于目镜物方焦平面内侧,则成像 B"于有限距离处.

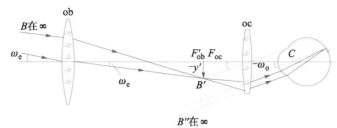

◉ 图 1-7-10　**开普勒望远镜**

物点 B 对物镜的张角 ω_e 可近似地看成是物对眼睛的视角. 由图 1-7-10 可以看出

$$\tan \omega_e = \frac{-y'}{f'_{ob}}$$

而

$$\tan(-\omega_o) = \frac{-y'}{f'_{oc}}$$

将上两式代入(1-7-2)式得望远镜放大率 M 为

$$M = -\frac{f'_{ob}}{f'_{oc}} \tag{1-7-10}$$

物镜的焦距越大,目镜的焦距越小,则望远镜放大率越大,式中负号表示开普勒望远镜成倒立像.

伽利略望远镜的目镜采用发散透镜,在观察无穷远处物点 B 时,其光路示意图如图 1-7-11 所示. 导出开普勒望远镜放大率公式的全部步骤,完全适用于伽利略望远镜,由于伽利略望远镜的 f'_{oc} 和 f'_{ob} 异号,所以按(1-7-10)式视角放大率 M 为正,表示成正立像.

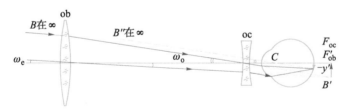

◉ 图 1-7-11　**伽利略望远镜**

有一种简易测量望远镜放大倍数的方法. 先将望远镜调焦于无穷远处, F'_{ob} 和 F_{oc} 重合,然后将一束直径为 D 的平行光束沿光线从物镜入射,并有直径为 D' 的平行光束从目镜射出. 从图 1-7-12、图 1-7-13 不难看出,测量入射、出射光束的直径之比,即得望远镜的放大倍数 $|M|$ 为

$$|M| = \frac{f'_{ob}}{|f'_{oc}|} = \frac{D}{D'} \tag{1-7-11}$$

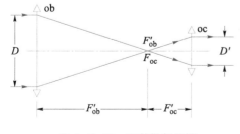

◉ 图 1-7-12　**开普勒望远镜**

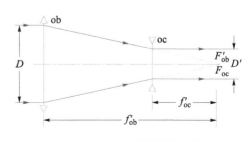

◉ 图 1-7-13　**伽利略望远镜**

从图 1-7-12、图 1-7-13 中容易看出：若将调焦于无限远处的望远镜倒转，可以当作扩束器使用.直径为 D' 的平行光束，经过该扩束器后，将得到直径为 $D=|M|D'$ 的平行光束.但要留心，若将倒转的开普勒望远镜作为激光扩束器使用，高功率的激光束在 F_{oc} 点会聚，有可能使空气电离，若用倒转的伽利略望远镜作为激光扩束器，由于 F_{oc} 是虚焦点，则不会有此危险.

美国耶克斯（Yerkes）天文台拥有一架目前世界最大的透射望远镜，物镜孔径 40 英寸（~1.2 m），2007 年，西班牙 GTC 天文台建成了一台目前最大的反射式望远镜，主镜直径 10.4 m，由 36 块镜片构成.目前世界上已建成的、最大的光学天文望远镜位于夏威夷莫纳克亚山.其双子凯克望远镜 Keck Ⅰ 和 Keck Ⅱ 分别在 1993 年和 1996 年建成.主镜直径都是 10 m，由 36 块直径 1.8 m 的六角镜面拼接组成.通过电脑控制的主动光学支撑调节系统，可使镜面保持极高的精度.

（5）目镜

目镜的主要作用是将物镜的像视角放大.某些目镜（如补偿目镜）除了具有放大作用外，还能将物镜在成像过程中产生的像差进行进一步校正.目镜的种类繁多，最常用的目镜有惠更斯目镜、拉姆斯登目镜两种.目镜中靠近眼睛的透镜称为接目镜（L_2），靠近物镜的透镜称为场镜（L_1）.

① 惠更斯目镜

惠更斯目镜由材料相同的两片平凸透镜组成，其凸面都确保迎着光线，场镜与接目镜的焦距比 $f_1:f_2$ 为 1.5~3.0，场镜和接目镜的间距 $d=\dfrac{f_1+f_2}{2}$，即满足消视角放大率色差条件.

图 1-7-14 所示为 $f'_1=3a$，$f'_2=a$ 的惠更斯目镜的光路示意图.

为了使物镜所成初像 AB 经场镜 L_1 后能成一实像 $A'B'$ 于 F_2 处，AB 就在 L_1 右侧 1.5a 处（$\beta=2/3$），即 AB 应恰好位于目镜的物方焦平面上，见习题 1-22.$A'B'$ 经接目镜 L_2 成一正立、放大虚像 $A''B''$ 于无穷远处，再经人眼成像于视网膜上.场镜的作用是使由物镜来的光束更会聚一些，放大作用主要依靠接目镜实现.

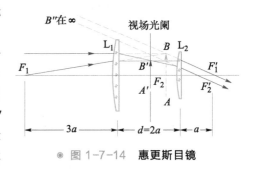

◎ 图 1-7-14　惠更斯目镜

惠更斯目镜中装有视场光阑，位于接目镜物方焦平面上，即场成像 $A'B'$ 的位置.若将分划板或十字叉丝置于此光阑上，可以从目镜中观察到分划刻度并映现在像面上.值得指出：在这种情况下，标尺的放大像未能消色差，因为使标尺成像实际只有接目镜 L_2 起了作用，而单透镜不能满足消色差条件.这样一来，被观察物的像是消色差的，而标尺的像却是有色差的.因此，用惠更斯目镜进行定量测量并不理想.

目镜的线视场（或称视场直径）L 是指受目镜视场光阑限制而看到的单由物镜所成初像的最大直径.对惠更斯目镜来说是图 1-7-14 中的 AB，容易看出 L 和视场光阑直径 $\phi(=|A'B'|)$ 与场透镜的垂轴放大率 β_1 的关系是

$$\frac{\phi}{L}=\beta_1 \tag{1-7-12}$$

仪器说明书中，一般都注明目镜线视场 L 的数值，得到目镜线视场，容易求出整个显微

镜的线视场 D. 它表示试样表面上以 D 为直径的圆皆能在目镜中观察到. 显然, 显微镜的线视场 D、目镜的线视场 L 和物镜的放大倍数 $|\beta_{\mathrm{ob}}|$ 之间有如下关系:

$$|\beta_{\mathrm{ob}}| = \frac{L}{D} \tag{1-7-13}$$

惠更斯目镜只能观察目镜的虚物, 其优点是结构简单, 视场比较大, 显微镜中常采用这种目镜. 例如国产 XJ-16 金相显微镜的三个目镜全是惠更斯目镜, 见表 1-7-3 所列.

■ 表 1-7-3　XJ-16 金相显微镜的惠更斯目镜

放大倍数	6×	10×	15×
焦距/mm	41.7	25	16.7
线视场/mm	19.0	13.6	9.3

例如, 线视场 $L = 13.6$ mm 的目镜与 10×、45× 和 100× 的物镜配合使用时, 按 (1-7-13) 式可算出显微镜的线视场 D 分别为 1.36 mm、0.30 mm 和 0.14 mm.

② 拉姆斯登目镜

与惠更斯目镜相似, 拉姆斯登目镜也是由两片材料相同的平凸透镜组成的, 但其场镜 L_1 的焦距 f_1' 等于接目镜 L_2 的焦距 f_2', 而且两凸面相对放置. 拉姆斯登目镜的原始设计中场镜和接目镜的间距 d 为 $(f_1' + f_2')/2$, 满足消视角放大率色差条件, 接目镜物方焦点 F_2 刚好落在场透镜位置. 使用时, 物镜所成实像应落在场镜位置处. 若场镜镜面有尘埃 (这是难免的), 尘埃和初像一同经目镜放大同时映现在目镜像面上, 使得视场模糊, 危害很大. 为此, 将透镜间距改为单个透镜焦距的 2/3. 这样一来, F_2 就落在场镜前 $f_1'/4$ 处, 见图 1-7-15.

要保证场镜所成初像 $A'B'$ 在过 F_2 焦平面上, 只要物镜所成实像 AB 落在场镜 L_1 前 $f_2'/4$ 处 ($\beta_1 = 4/3$), 这样, 场镜镜面上的尘埃就不会在目镜的像上出现, 可使视场清晰. 但是, 由于改变了场镜和接目镜的间距, 消色差方面会有所失, 获得清晰视场方面则有所得.

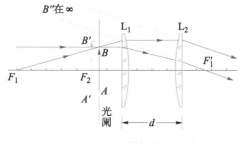

◎ 图 1-7-15　拉姆斯登目镜

拉姆斯登目镜能观察实物, 可单独当作放大镜使用, 这点与惠更斯目镜不同. 在场镜前, 物镜所成初像 AB 处放置目镜视场光阑, 若将叉丝或刻度尺装在该光阑处, 便可以做成测微目镜.

拉姆斯登目镜的视场光阑在接目镜和场镜处, 因此, 目镜视场线度 L 和目镜视场光阑直径 ϕ 是相等的, 这点与惠更斯目镜不同, 即

$$L = \phi \tag{1-7-14}$$

而显微镜的线视场 D、目镜线视场 L 和物镜的放大倍数 $|\beta_{\mathrm{ob}}|$ 之间的关系仍然是

$$|\beta_{\mathrm{ob}}| = \frac{L}{D} \tag{1-7-15}$$

拉姆斯登目镜的视角放大率色差比惠更斯目镜更大, 球差约为惠更斯目镜的 1/5, 前者畸变约为后者一半, 且彗差消除. 但在放大相同倍数时, 拉姆斯登目镜视场较惠更斯目镜为小.

3. 棱镜分光仪器

1672 年，牛顿用一束太阳光通过棱镜，观察到棱镜后面出现了彩带——太阳光谱，这是最早观察色散现象的实验．凡介质折射率依赖于波长的有关现象都叫做色散现象．

分光仪器能将复色光分解为各单色光．利用棱镜的色散作用制成的分光仪器统称为棱镜分光仪器，包括棱镜分光镜、棱镜摄谱仪、棱镜光电光谱仪等．

（1）棱镜摄谱仪

图 1-7-16 所示为棱镜摄谱仪的结构示意图．棱镜前的装置叫做平行光管，由准直透镜和位于其物方焦平面上的狭缝 A 组成．光源照亮狭缝后，经准直透镜变为平行光束照射在棱镜上，经过棱镜面发生偏折．棱镜后的透镜为照相物镜，穿出棱镜后的平行光束在该物镜像方焦平面成狭缝 A 的像．如果照亮狭缝的是单色光，在这里出现一条亮线；如果照亮狭缝的是包含几种波长的光，将出现几条颜色不同的亮线，组成明线光谱，其中第一条亮线称为光谱线；如果照亮狭缝的是包含各种波长的光，经棱镜分光后使狭缝 A 的像连成一片彩带，这就是连续光谱．

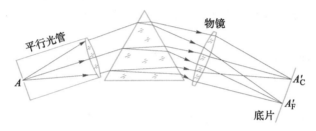

◎ 图 1-7-16　**棱镜摄谱仪**

若用望远镜代替图 1-7-16 中照相系统，便是一台棱镜分光镜．如果在图 1-7-16 中物镜像方焦平面上放置有一个或多个狭缝，使得某单色光射出，然后用光电探测器探测，便是一台棱镜光电光谱仪．

（2）最小偏向角

如图 1-7-17 所示，当入射光以入射角 i_1 入射到折射率为 n、顶角为 α 的棱镜侧面时，经过两次折射后，出射光相对入射光的偏向角 δ 为

$$\delta = (i_1 - i_2) + [-i_1' - (-i_2')] = [i_1 + (-i_1')] - \alpha \qquad (1\text{-}7\text{-}16)$$

对于给定顶角的棱镜，δ 随 i_1 而变，可以证明：只要 $\alpha < 2\arcsin(n_0/n)$（n_0 为棱镜周围介质的折射率），总会有一个最小偏向角 δ_0 存在．由光路的可逆性原理不难看出，在处于最小偏向角时光线必对称地通过三棱镜，即

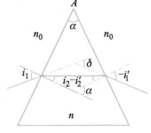

$$i_1 = -i_1' = \frac{\alpha + \delta_0}{2}, \quad i_2 = -i_2' = \frac{\alpha}{2} \qquad (1\text{-}7\text{-}17)$$

如果在最小偏向角时，$i_1 \neq -i_1'$，由光路的可逆性原理可推出，有两个不同的入射角能够产生最小偏向角，但事实上只有一个．所以在最小偏向角处，(1-7-17)式必定成立．[①]

◎ 图 1-7-17　**三棱镜的偏向角**

　　[①]　棱镜的最小偏向角也可以采用微分的数学表达予以证明，具体参见赵凯华编著《新概念物理教程 光学》(第二版)，高等教育出版社 2021 年出版．

将该式代入折射定律,得

$$\frac{n}{n_0} = \frac{\sin\dfrac{\alpha+\delta_0}{2}}{\sin\dfrac{\alpha}{2}}$$

(1-7-18)

利用上式,只要测得最小偏向角,就可算出棱镜材料的相对折射率. 若要测量液体或高压气体的折射率,可使用平板玻璃制成棱镜容器,将待测物装入其中,平板玻璃本身不会造成光线的偏折.

(3) 恒偏向色散棱镜

如图 1-7-18 所示,$ABCDE$ 为阿贝恒偏向棱镜,可以把它想象为由两个顶角为 θ 的直角棱镜 ADE、DBC 和一个等腰直角棱镜 ABD 组成. 复色光线 OP 以入射角 i_1 入射时,其中满足"最小偏向"条件的某单色光(例如 λ_1)经 AE 面折射、AB 面全反射、DC 面折射后,出射线为 RS,偏向角 δ_0 恒等 90°. 要证明这一点,可将 $ABCD$ 部分沿全反射棱面 AB 作对称折叠,如图 1-7-18 中虚线所示. 阿贝恒偏向棱镜"等效"为 $AD'C'E$ 等腰梯形棱镜,其棱角显然为 2θ. 实际光路 $PQRS$ 变成了等效光路 $PQR'S'$. 在最小偏向角条件下,$i=i'$. 因边 DC 和 AE 分别与直角边 AD、DB 成相同角度 θ,故 $AE \perp DC$,而 OP 和 RS 线又分别与互相正交的 AE、DC 边的法线成相同角度,故 OP 和 RS 线必正交,即 $\delta_0 = 90°$.

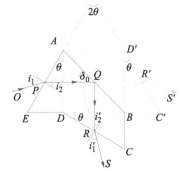

若保持入射光和探测器方位不变,将棱镜绕垂直纸面轴转动一小角度,可使另一波长(例如 λ_2)的光以最小偏向方式通过,偏向角 δ_0 仍为 90°,这就是恒偏向棱镜命名的由来. 转动恒偏向棱镜,可依次使待测光源中不同波长的单色光通过固定的探测器,经过校准,可将棱镜旋转角度用波长来标度.

◉ 图 1-7-18　阿贝恒偏向棱镜

处于最小偏向位置的谱线成像质量最好,因此阿贝恒偏向棱镜在光谱仪和单色仪中不失为优良的分光元件.

(4) 角色散和线色散

棱镜光谱仪中,对光谱范围内中心波长而言,棱镜装配在最小偏向角位置,因而偏向角 δ 随波长的变化率 $d\delta/d\lambda$(角色散)可用 $d\delta_0/d\lambda$ 代替,角色散常用符号 D_θ 表示:

$$D_\theta = \frac{d\delta}{d\lambda} = \frac{d\delta_0}{d\lambda} = \frac{d\delta_0}{dn}\frac{dn}{d\lambda}$$

(1-7-19)

其中,$dn/d\lambda$ 为材料的色散率,将(1-7-18)式对 δ_0 求导数得 $\left(n_0\sin i_1 = n\sin i_2 = n\sin\dfrac{\alpha}{2}\right)$

$$\frac{dn}{d\delta_0} = \frac{n_0\cos\dfrac{\alpha+\delta_0}{2}}{2\sin\dfrac{\alpha}{2}} = \frac{n_0\cos i_1}{2\sin\dfrac{\alpha}{2}} = \frac{1}{2\sin\dfrac{\alpha}{2}}\sqrt{n_0^2 - n^2\sin^2\dfrac{\alpha}{2}}$$

将上式代入(1-7-19)式,可得棱镜的角色散 D_θ 为

$$D_\theta = \frac{2\sin\dfrac{\alpha}{2}}{\sqrt{n_0^2 - n^2\sin^2\dfrac{\alpha}{2}}}\frac{dn}{d\lambda} \tag{1-7-20}$$

从(1-7-20)式可以看出:顶角为 α 的棱镜,其材料的折射率 n 和色散率 $dn/d\lambda$ 越大,则角色散 D_θ 也越大.因此,摄谱仪的棱镜都会选用 n 和 $dn/d\lambda$ 尽可能大的材料(例如重火石玻璃).

物镜像方焦平面上单位波长间隔的两谱线的间距定义为线色散 D_l,即

$$D_l = \frac{dl}{d\lambda} = \frac{f'd\delta_0}{d\lambda} = f'D_\theta \tag{1-7-21}$$

式中 f' 为物镜焦距,实际上常用 D_l 的倒数表示光谱仪的色散性能.中小型光谱仪 $(D_l)^{-1}$ 是 $1\sim 10\ \text{nm/mm}$,大型光谱仪的 $(D_l)^{-1}$ 是 $0.1\sim 1\ \text{nm/mm}$.

*§1.8 光度学

- 1. 光度学中的基本量
- 2. 通过光学系统的光通量
- 3. 像的亮度
- 4. 像的照度
- 5. 主观亮度

授课视频 1-5

对一切波段电磁辐射能量的计量科学叫做辐射度学.对可见光能量的计量科学叫做光度学.

本节分两部分:第一部分介绍光度学中的基本概念和基本量,作为研究光能计量科学的基础;第二部分讨论通过光学系统的光通量、像的亮度和照度以及主观亮度等基本光度学计量问题.

1. 光度学中的基本量

(1)辐射通量和光通量　视见函数

辐射度学中最基本的物理量是辐射通量,指的是单位时间内通过某截面的所有波长的总电磁辐射能,用符号 Φ 表示.

辐射通量具有功率的量纲,因而辐射通量又叫做辐射功率.

为了指出辐射通量是怎样按波长分布的,设波长 λ 与 $\lambda+d\lambda$ 之间的辐射通量为 $d\Phi$,可以认为 $d\Phi$ 与 $d\lambda$ 成正比,即

$$d\Phi = \phi(\lambda)d\lambda \tag{1-8-1}$$

$\phi(\lambda)$ 表示波长 λ 附近单位波长间隔的辐射通量,它一般是波长的函数,称为辐射通量按波长的分布函数,要计量一切波长的总辐射通量 Φ 可将(1-8-1)式对波长积分:

$$\Phi = \int_{\lambda=0}^{\lambda=\infty} d\Phi = \int_0^\infty \phi(\lambda)d\lambda \tag{1-8-2}$$

大多数光检测器,例如人眼、照相底片、光电池、光电倍增管等,对不同波长的辐射通量

有不同的响应灵敏度.毋庸置疑,人眼是最重要的检测器之一,人眼对不同波长电磁辐射的响应灵敏度,因人和检测条件而异.实验表明:在光照充足(明视觉)条件下,正常人眼的响应平均对波长为 555 nm 的黄绿光最灵敏;在光照微弱(暗视觉)条件下,正常人眼的响应平均对波长为 505 nm 的蓝绿光最灵敏.不同波段的可见光使人眼产生看到不同颜色的感觉.

用不同波长但颜色相近的辐射去照射同一视场的两半部分,人眼可根据两半视场界限的消失情况,相当精确地断定其明亮程度是否相等.据此,可采用逐阶比较法,引入一个反映正常人眼视觉相对灵敏度的函数——视见函数 $V(\lambda)$[1].在明视觉条件下,人眼对波长为 555 nm 的辐射响应最灵敏,因此令 $V(555\,\text{nm}) = 1$,在相同明亮视场条件下,对 555 nm 附近波长 $\lambda_1, \lambda_2, \cdots \lambda_i, \cdots$ 逐阶比较,使得

$$V(555\,\text{nm})\Phi(555\,\text{nm}) = V(\lambda_1)\Phi(\lambda_1)$$

$$V(\lambda_1)\Phi(\lambda_1) = V(\lambda_2)\Phi(\lambda_2)$$

$$\cdots\cdots\cdots\cdots$$

$$V(\lambda_{i-1})\Phi(\lambda_{i-1}) = V(\lambda_i)\Phi(\lambda_i)$$

显然,视见函数 $V(\lambda)$ 相当于一个权重因子,辐射通量 $\Phi(\lambda)$ 乘以 $V(\lambda)$ 后,折算为引起同等视觉强度的 555 nm 波长的辐射通量.

1971 年,国际照明委员会在大量正常人眼逐阶比较测量的基础上,统计出明视觉的视见函数国际标准数据,见表 1-8-1 所列.

▥ 表 1-8-1　**明视觉的视见函数（摘录）**

λ/mn	$V(\lambda)$	λ/mn	$V(\lambda)$
360	0. 000 003 917 000	510	0. 503 000 0
370	0. 000 012 390 00	520	0. 710 000 0
380	0. 000 039 000 00	530	0. 862 000 0
390	0. 000 120 000 0	540	0. 954 000 0
400	0. 000 396 000 0	550	0. 994 950 1
410	0. 001 210 000	560	0. 995 000 0
420	0. 004 000 000	570	0. 952 000 0
430	0. 011 600 00	580	0. 870 000 0
440	0. 023 000 00	590	0. 757 000 0
450	0. 038 000 00	600	0. 631 000 0
460	0. 060 000 00	610	0. 503 000 0
470	0. 090 980 00	620	0. 381 000 0
480	0. 139 020 0	630	0. 265 000 0
490	0. 208 020 0	640	0. 175 000 0
500	0. 323 000 0	650	0. 107 000 0

---

① 视见函数又称光谱光〔视〕[2]效率.
② 物理量名称中带方括号〔 〕的词或字表示可以省略,下同.

λ/mn	$V(\lambda)$	λ/mn	$V(\lambda)$
660	0.061 000 00	750	0.000 120 000 0
670	0.032 000 00	760	0.000 060 000 00
680	0.017 000 00	770	0.000 030 000 00
690	0.008 210 000	780	0.000 014 990 00
700	0.004 102 000	790	0.000 007 465 700
710	0.002 091 000	800	0.000 003 702 900
720	0.001 047 000	810	0.000 001 836 600
730	0.000 520 000 0	820	0.000 000 910 930 0
740	0.000 249 200 0	830	0.000 000 451 810 0

根据表 1-8-1 数据,绘出明视觉的视见函数曲线,如图 1-8-1 中实线所示.在光照微弱条件下,暗视觉的视见函数曲线峰值向短波移动约 50 nm,如图 1-8-1 中虚线所示.

有了视见函数 $V(\lambda)$,可以定义一个既反映辐射通量大小,又考虑人眼视觉相对灵敏度的物理量——光通量 $\Phi_v(\lambda)$,定义

$$\Phi_v(\lambda) = K_m V(\lambda)\Phi(\lambda) = K(\lambda)\Phi(\lambda) \tag{1-8-3}$$

式中

$$K(\lambda) = K_m V(\lambda) \tag{1-8-4}$$

$K(\lambda)$ 称为光谱光〔视〕效能,K_m 称为最大光谱光〔视〕效能.

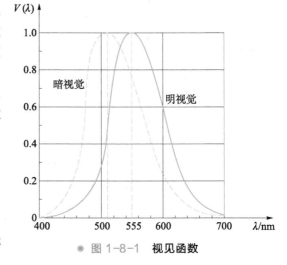

◎ 图 1-8-1　视见函数

在国际单位制中,辐射通量单位为 W(瓦),光通量单位名称为流明(lumen),光通量的单位符号为 lm.

光谱光〔视〕效能 $K(\lambda)$ 实际上是波长为 λ 的辐射的光功当量.换句话说,波长为 λ 的 1 W 辐射通量,相当于 $1[K(\lambda)/W]$ lm 的光通量.最大光谱光〔视〕效能 K_m 是波长为 555 nm 的辐射的光功当量,即 K_m 是最大光功当量.国际单位制中

$$K_m^{①} = 683 \text{ lm/W} \tag{1-8-5}$$

单色光光通量表示式可写为

$$\Phi_v(\lambda) = K_m V(\lambda)\Phi(\lambda) \tag{1-8-6}$$

复色光光通量表示式可写为

$$\Phi_v = K_m \int V(\lambda)\,\mathrm{d}\Phi = K_m \int_0^\infty V(\lambda)\Phi(\lambda)\,\mathrm{d}\lambda \tag{1-8-7}$$

---

① K_m 是按照 1979 年第 16 届国际计量大会对发光强度单位——坎德拉的新规定得出的,详见下文"发光强度"一段.

（2）发光强度

如图 1-8-2 所示，为了表征点光源发出的光通量的空间分布，定义某方向立体角元 $\mathrm{d}\Omega$ 内的光通量 $\mathrm{d}\Phi_\mathrm{v}$ 与 $\mathrm{d}\Omega$ 的比值为点光源在该方向的发光强度 I，即

$$I[\,\mathrm{cd}\,] = \frac{\mathrm{d}\Phi_\mathrm{v}[\,\mathrm{lm}\,]}{\mathrm{d}\Omega[\,\mathrm{sr}\,]} \qquad (1-8-8)$$

在国际单位制中发光强度的单位名称叫做坎〔德拉〕（candela）.单位符号为 cd.

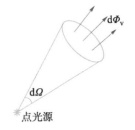

◎ 图 1-8-2　发光强度定义

坎〔德拉〕的定义为："坎〔德拉〕是一光源在给定方向上的发光强度，该光源发出频率为 540×10^{12} Hz 的单色辐射，且在此方向上的辐射强度为（1/683）W/sr".空气中波长为 555 nm（明视觉的光谱光〔视〕效率为 1）的辐射对应的频率为 540.008 6×10¹² Hz，略去尾数，则坎〔德拉〕新定义中的频率实际上就是明视觉最灵敏谱线的频率.因此，坎〔德拉〕的定义就等于规定了最大光谱光〔视〕效能 $K_\mathrm{m} = 683$ lm/W.

值得指出，在国际单位制中，发光强度的单位是基本单位之一，光度学中其他单位均为其导出单位.

（3）光出射度和亮度

为了表征面光源上各点发出的光通量大小，令 $\mathrm{d}S$ 为面光源上某元面积，如图 1-8-3 所示，定义面元发出的光通量 $\mathrm{d}\Phi_\mathrm{v}$ 与 $\mathrm{d}S$ 的比值为该面元所在点的光出射度（旧称面发光度）M_v，即

$$M_\mathrm{v}[\,\mathrm{lm/m^2}\,] = \frac{\mathrm{d}\Phi_\mathrm{v}[\,\mathrm{lm}\,]}{\mathrm{d}S[\,\mathrm{m^2}\,]} \qquad (1-8-9)$$

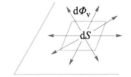

◎ 图 1-8-3　光出射度定义

所谓面光源，它既可以是一个自身发光的实际光源，也可以是实际光源的像（实像或虚像），也可以是自身不发光而受到光照明后成为光源的物体，这被称为二次光源.

光出射度只能表明面光源上某点单位面元发出的光通量的大小，但不能表明这些光通量在空间是怎样分布的.如图 1-8-4 所示，令 N 表示面元 $\mathrm{d}S$ 法向，该面元沿 θ 方向的发光强度为 $\mathrm{d}I_\theta$，沿 θ 方向看面元 $\mathrm{d}S$ 时其表观面积为 $\mathrm{d}S\cos\theta$，定义 $\mathrm{d}I_\theta$ 与 $\mathrm{d}S\cos\theta$ 的比值，为面光源上该面元所在点沿 θ 方向的亮度 L_θ，即

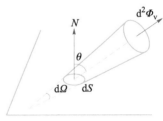

◎ 图 1-8-4　光亮度定义

$$L_\theta[\,\mathrm{cd/m^2}\,] = \frac{\mathrm{d}I_\theta[\,\mathrm{cd}\,]}{\cos\theta \cdot \mathrm{d}S[\,\mathrm{m^2}\,]} \qquad (1-8-10)$$

将（1-8-8）式代入上式，可得到亮度的另一表示形式：

$$L[\,\mathrm{cd/m^2}\,] = \frac{\mathrm{d}^2\Phi_\mathrm{v}[\,\mathrm{lm}\,]}{\cos\theta \cdot \mathrm{d}S[\,\mathrm{m^2}\,]\mathrm{d}\Omega[\,\mathrm{sr}\,]} \qquad (1-8-11)$$

上式表示，面光源上某点在 θ 方向上的亮度等于该方向上单位表观面积、单位立体角发出的光通量.

在国际单位制中，亮度单位的名称为坎〔德拉〕每平方米.单位符号为 cd/m².但实际中常使用比它大一万倍的亮度单位，在 CGS 单位制中，其单位名称叫做熙提（stilb），单位符号为 cd/cm².

若面光源上各面元的发光强度 $\mathrm{d}I_\theta$ 随方向变化的关系为

$$\mathrm{d}I_\theta = \mathrm{d}I_0 \cdot \cos\theta \tag{1-8-12}$$

式中 $\mathrm{d}I_\theta$ 表示与面元法线成 θ 角方向上的发光强度,$\mathrm{d}I_0$ 为法线方向的发光强度.满足 (1-8-12)式的面光源称为余弦辐射体,其亮度与 θ 无关.(1-8-12)式称为朗伯(Lambert)余弦定律,余弦辐射体又叫做朗伯辐射体.一个理想的漫射体,不论照射光来自何方,它的漫射光满足朗伯余弦定律,因此是余弦辐射体,如涂有氧化镁的表面、毛玻璃、粗糙的白纸、积雪等,太阳在一定程度上也可看成余弦辐射体.

例 1. 8. 1 求余弦辐射体光出射度与亮度的关系(见图1-8-5).

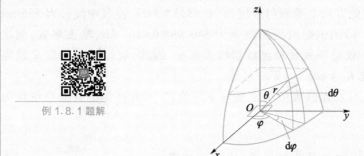

例 1.8.1 题解

◎ 图 1-8-5 **推导余弦辐射体的光出射度**

解 请扫描侧边栏二维码获取解答过程.

余弦辐射体光出射度 M_v 为

$$M_v = \frac{\mathrm{d}\Phi_v}{\mathrm{d}S} = \pi L \tag{1-8-13}$$

(4)照度

照度可以表征受照射面被照明的程度.令 $\mathrm{d}S$ 表示受照面上某元面积,如图1-8-6所示.照射到面元上的光通量 $\mathrm{d}\Phi_v$ 与该元面积 $\mathrm{d}S$ 的比值,定义为面元所在点的照度 E_v,即

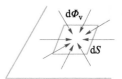

$$E_v[\mathrm{lx}] = \frac{\mathrm{d}\Phi_v[\mathrm{lm}]}{\mathrm{d}S[\mathrm{m}^2]} \tag{1-8-14}$$

◎ 图 1-8-6 **照度定义**

在国际单位制中,光照度的单位名称为勒〔克斯〕(lux),单位符号为 lx.

虽然照度与光出射度的表示式和量纲具有相同形式,但光照度式中 $\mathrm{d}\Phi_v$ 表示照射到面元 $\mathrm{d}S$ 上的光通量;光出射度中 $\mathrm{d}\Phi_v$ 则为从面元 $\mathrm{d}S$ 出射的光通量.

对受照射而成为光源的表面来说,光出射度 M_v 正比于光照度 E_v,于是有

$$M_v = \rho E_v \tag{1-8-15}$$

上式中 ρ 是一个小于1的、且与波长有关的系数.受照面为镜面时称其为反射系数,受照面粗糙时称其为漫反射系数.将(1-8-15)式代入(1-8-13)式可得理想漫反射体的亮度和照度之间关系为

$$L = \frac{1}{\pi} M_v = \frac{\rho}{\pi} E_v \tag{1-8-16}$$

上式表明,理想漫反射体的亮度与照度成正比.

表 1-8-2、表 1-8-3 分别列举了常见物体的亮度和照度.

■ 表 1-8-2　常见物体的亮度

光源名称	亮度/(cd · m^{-2})
在地球上看到的太阳	150 000
普通电弧	15 000
钨丝白炽灯灯丝	500~1 500
太阳照射下漫射的白色表面	3
在地球上看到的满月表面	0.25
白天的晴朗天空	0.5
无月的夜空	10^{-8}
人眼最小灵敏度	10^{-10}

■ 表 1-8-3　常见物体的照度

光照情况	照度/lx
太阳直照的照度	100 000
晴朗夏天室内的照度	100~500
阅读必需的照度	50~100
辨认方向所需的照度	1
无月夜空对地面产生的照度	3×10^{-4}

2. 通过光学系统的光通量

通过光学系统的光通量问题,是研究像的亮度、照度的基础.我们先撇开人眼这个接收器,客观地讨论,然后再讨论人眼感觉到的亮度(主观亮度)问题.

有一垂轴余弦辐射体面元 $\mathrm{d}S$,亮度为 L,经系统成像面积为 $\mathrm{d}S'$,亮度为 L'. 如图 1-8-7 所示,P_1P_2 为系统入瞳,$P_1'P_2'$ 为系统出瞳.U 为入射孔径角,U' 为出射孔径角.从面元 $\mathrm{d}S$ 在 θ 方向 $\mathrm{d}\Omega$ 立体角内进入系统的光通量 $\mathrm{d}^2\Phi_v$ 为

$$\mathrm{d}^2\Phi_v = L\mathrm{d}S\cos\theta\mathrm{d}\Omega$$

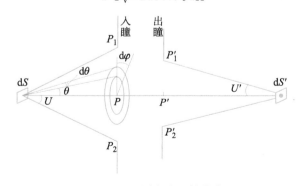

◉ 图 1-8-7　通过光学系统的光通量

面元 dS 在入射孔径角范围内进入系统的光通量 $d\Phi_v$ 为

$$d\Phi_v = LdS\int \cos\theta d\Omega = LdS\int_{\theta=0}^{U} \cos\theta \sin\theta d\theta \int_{\varphi=0}^{2\pi} d\varphi$$

即

$$d\Phi_v = \pi LdS\sin^2 U \qquad (1-8-17)$$

像面元 dS' 可看作一个面光源,令 L' 表示像面元的亮度,像面元在出射孔径角范围内继续传播的光通量 $d\Phi_v'$,仿(1-8-17)式应为

$$d\Phi_v' = \pi L'dS'\sin^2 U' \qquad (1-8-18)$$

上两式是计算通过光学系统光通量的两个基本关系式.

3. 像的亮度

从物面元 dS 进入系统的光通量 $d\Phi_v$,扣除其介质吸收、散射和界面上的反射损失后,才等于到达像面元 dS' 上的光通量 $d\Phi_v'$,即

$$d\Phi_v' = \tau d\Phi_v \qquad (1-8-19)$$

τ 为光学系统的透射系数,是个与波长有关的小于 1 的数.将(1-8-17)式和(1-8-18)式代入(1-8-19)式得

$$\pi L'dS'\sin^2 U' = \tau\pi LdS\sin^2 U$$

由此得

$$L' = \tau \frac{dS}{dS'} \frac{\sin^2 U}{\sin^2 U'}L = \tau\left(\frac{dy}{dy'}\right)^2 \left(\frac{\sin U}{\sin U'}\right)^2 L \qquad (1-8-20)$$

设系统满足正弦条件

$$ndy\sin U = n'dy'\sin U'$$

则(1-8-20)式可简化为

$$L' = \tau L\left(\frac{n'}{n}\right)^2 \qquad (1-8-21)$$

上述表明:像的亮度 L' 与光学系统的焦距、物像位置和放大率均无关,只取决于系统的透射系数 τ、物面的亮度 L 和像方与物方折射率之比. 如果 $n=n'$,则

$$L' = \tau L \qquad (1-8-22)$$

由于 τ 小于 1,对 $n=n'$ 系统来说,像的亮度不可能大于物的亮度,光学系统无助于亮度的增加.

值得指出,(1-8-21)式不仅表示光轴上共轭点间的亮度关系,也可理解为两垂轴共轭面上近轴共轭点间的亮度关系.这就是说,共轴球面系统对垂轴小平面物体在近轴条件下成像时,像的亮度 L' 与物的亮度 L 成正比,比例系数为常量.因此像的亮暗层次与物的亮暗层次完全一致.

4. 像的照度

研究照相机、放映机、显微摄影机这一类仪器时,重要的不在于获知像的亮度,而是需要获知像面上单位面积内接收到多少光通量,即像的照度.

将(1-8-18)式中的 $d\Phi_v'$ 代入照度定义式,得

$$E_v = \frac{d\Phi_v'}{dS'} = \pi L'\sin^2 U' = \tau\pi L\left(\frac{n'}{n}\right)^2 \sin^2 U' \qquad (1-8-23)$$

设系统满足正弦条件，则

$$(n'\sin U')^2 = (n\sin U)^2 \frac{1}{\beta^2}$$

上式中 β 为垂轴放大率，于是(1-8-23)式可写为

$$E_v = \tau\pi L \frac{\sin^2 U}{\beta^2} \qquad (1-8-24)$$

$$E_v = \tau\pi \frac{L}{n^2} \frac{(NA)^2}{\beta^2} \qquad (1-8-25)$$

式中 $NA = n\sin U$ 是系统数值孔径. (1-8-23)式、(1-8-24)式和(1-8-25)式是计算光学系统成像照度的基本公式. 下面分两种情况讨论.

（1）投影系统　显微摄影系统成像的照度

投影系统和显微摄影系统的共同特点是物平面在物方焦点外侧附近，像距远大于焦距.

讨论投影系统（例如电影放映机）成像的照度常用(1-8-24)式. 在保持像距远大于焦距条件下：将银幕移远，则放大倍数增大，但 $\sin U$ 基本不变，银幕照度下降；反之，将银幕近移，则放大倍数减小，$\sin U$ 基本不变，银幕照度上升.

讨论显微摄影系统成像的照度常用(1-8-25)式. 式中 NA 就是物镜的数值孔径，显微镜物镜外壳上常刻有 10×0.25、45×0.65、100×1.25 等数字，其中 $10\times$、$45\times$、$100\times$ 代表物镜放大倍数 $|\beta_{ob}|$，其中 0.25、0.65、1.25 代表该物镜 NA 值. 对于显微镜(1-8-25)式中 β 应是物镜垂轴放大率 β_{ob} 和摄影目镜垂轴放大率 β_{oc} 的乘积. 使用同一物镜（NA 和 β_{ob} 一定）但用 β_{oc} 值不同的摄影目镜拍摄时，若 τ、n 基本未变，则可认为照度与 $(\beta_{ob}\cdot\beta_{oc})^2$ 成反比. 使用同一目镜（β_{oc} 一定）但采用不同物镜拍摄时，由于物镜 NA 值也随之变化，所以，即使 τ、n 未变，照度也不再与 $(\beta_{ob}\cdot\beta_{oc})^2$ 成反比，这点与上述摄影系统是不同的.

（2）照相系统成像的照度

图 1-8-8 中 $P_1'P_2'$ 是照相机物镜的出瞳，F' 为其像方焦点，$Q_1'Q_2'$ 是像平面，dS' 为元像面. F'、P' 间距以 $-x_{p'}'$ 表示，从像方焦点到像的距离以 x' 表示，D 是出瞳直径，在傍轴近似下，有

$$\sin U' \approx \tan U' = \frac{D'}{2[x'+(-x_{p'}')]} = \frac{D'}{2f'\left(\dfrac{x'}{f'} - \dfrac{x_{p'}'}{f'}\right)} = \frac{D'}{2f'(-\beta + \beta_p)}$$

上式中 β 表示相机的垂轴放大率 $-x'/f'$，β_p 表示出瞳对入瞳的垂轴放大率 $-x_{p'}'/f'$. 利用关系式

$$\beta_p = \frac{D'}{D}, \quad f' = \frac{n'}{n}f$$

$\sin U'$ 表示式可化为

$$\sin U' = \frac{n}{n'} \frac{D}{2f} \frac{\beta_p}{(\beta_p - \beta)}$$

将上式代入(1-8-23)式得

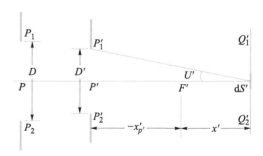

◎ 图 1-8-8　讨论照相机成像照度的图

$$E_v = \frac{\tau\pi L}{4}\left(\frac{D}{f}\right)^2 \frac{\beta_p^2}{(\beta_p - \beta)^2} \qquad (1-8-26)$$

对远距离物体摄影,即 $x = -\infty$ 时,此时 $\beta = 0$,即得

$$E_v = \frac{\tau \pi L}{4} \left(\frac{D}{f}\right)^2 \quad \text{(远距摄影时)} \tag{1-8-27}$$

(1-8-26)式为计算相机成像照度的基本公式. 只要 $|\beta| \ll 1$,也常使用(1-8-27)式作为相机成像照度的计算公式.

照相机镜头上刻度的光圈数标记值一般为 1.4、2、2.8、4、5.6、8、11、16、22、32. 后一标度数字是相邻前一数字的 $\sqrt{2}$ 倍. 按此规律标度光圈数的优点是,在同一环境下,对同一物体进行摄影,光圈数标记值每增大一格,要使底片得到同等曝光量——照度 E_v 与曝光时间 Δt 的乘积,曝光时间应增加一倍. 如果一张照片用光圈 11 拍摄,需时 0.1 s. 若改用光圈 16 拍摄,则需 $0.1 \times 2 = 0.2$ s;而使用光圈 8 拍摄只需 $0.1 \times 1/2$ s ≈ 0.05 s. 下表(表 1-8-4)是各种光圈的曝光(感光)换算关系参考表:

▣ 表 1-8-4 **各种光圈的曝光换算关系**

光圈数标记值	2	2.8	4	5.6	8	11	16	22
曝光时间标记值	500	250	100	50	25	10	5	2

曝光时间的标记值,常刻在镜头圈的快门速度盘上,它是曝光时间(s)的倒数.

值得指出的是,上述光圈和曝光时间的标度方法是基于远距摄影照度公式(1-8-27)来讨论的,若是近距摄影(例如翻拍相机),则应以普适的照度公式(1-8-26)来讨论.

5. 主观亮度

当人们观察物体时,物体所成实像刺激视网膜上感光细胞,使人感觉到的明亮强度叫做亮度. 对看成面光源的物和看成点光源的物要分开讨论.

(1) 面光源的主观亮度

面光源在人眼视网膜上的像,覆盖了许多感光细胞,面光源的主观亮度由视网膜上的照度所决定,将(1-8-27)式用于人眼这个天生的"照相"系统,得

$$E_v = \frac{\tau_e \pi L}{4} \left(\frac{D_e}{f_e}\right)^2 \tag{1-8-28}$$

E_v 表示亮度为 L 的面光源在视网膜上成像的照度,τ_e 表示人眼的透射系数,D_e 表示瞳孔直径,f_e 表示人眼物方焦距. 从(1-8-28)式可以看出,面光源的主观亮度与面光源本身大小及远近无关,只取决于面光源本身亮度和人眼的相对孔径. 用肉眼同时观察远近不同的几个面光源时,若 D_e/f_e 基本不变,亮度大的面光源主观亮度也大;亮度小的面光源主观亮度也小. 当然,这里忽略了空气对光通量的吸收作用.

当人眼通过助视仪器观看亮度为 L 的面光源时,按(1-8-21)式,助视仪器成像的亮度 L' 为

$$L' = \tau_i L \left(\frac{n'}{n}\right)^2$$

τ_i 为助视仪器的透射系数,n、n' 为其物方、像方折射率,若助视仪器在空气中使用,可取 $n = n'$,则 $L' = \tau_i L$. 因为助视仪器的像是人眼的物,所以,这时在视网膜上的照度 E_{vi} 为

$$E_{vi} = \frac{\tau_e \pi(\tau_i L)}{4}\left(\frac{D_e}{f_e}\right)^2 = \tau_i E_v \qquad (1\text{-}8\text{-}29)$$

由于 τ_i 不可能等于 1,上式表明:通过助视仪器观察面光源时,主观亮度〔由(1-8-29)式的 E_{vi}[①] 决定〕比直接用肉眼观察时的主观亮度〔由(1-8-28)式的 E_v 决定〕要小.换句话说,使用助视仪器观察面光源无助于主观亮度的增加.

(2) 点光源的主观亮度

所谓点光源是指光源非常小或非常远时,它在视网膜上所成像仅仅覆盖一个或极少几个感光细胞的情形.这时视视网膜上的照度失去意义,主观亮度由视网膜接收到的光通量 $\mathrm{d}\Phi'_v$ 决定.按(1-8-19)式和(1-8-8)式得

$$\mathrm{d}\Phi'_v = \tau_e \mathrm{d}\Phi_v = \tau_e I \mathrm{d}\Omega \qquad (1\text{-}8\text{-}30)$$

式中 τ_e 是人眼的透射系数,$\mathrm{d}\Phi_v$ 是发光强度为 I 的点光源所发出光束进入人眼的光通量,$\mathrm{d}\Omega$ 为点光源对瞳孔所张立体角,若用 D_e 表示瞳孔直径,r 表示瞳孔与点光源距离,则

$$\mathrm{d}\Phi_v = \frac{\pi D_e^2}{4r^2} I$$

将上式代入(1-8-30)式得

$$\mathrm{d}\Phi'_v = \tau_e \frac{\pi D_e^2}{4} \frac{I}{r^2} \qquad (1\text{-}8\text{-}31)$$

从上式可以看出:用肉眼同时观察两个发光强度相同、但距离不同的星体(点光源)时,远的星体主观亮度小,近的星体主观亮度大.这点和用肉眼同时观察两个亮度相同但距离不同的面光源时,主观亮度一样,是很不相同的.

若用入瞳直径为 D、出瞳直径为 D' 的望远镜观察点光源,只要出瞳 D' 小于或等于瞳孔直径 D_e,则进入望远镜的光通量为 $I(\pi D^2/4r^2)$,从望远镜出来的光通量为 $\tau_i I(\pi D^2/4r^2)$,到达视网膜上的光通量则为

$$\mathrm{d}\Phi'_{vi} = \tau_e \tau_i I\left(\frac{\pi D^2}{4r^2}\right) \qquad (1\text{-}8\text{-}32)$$

比较(1-8-31)式和(1-8-32)式得

$$\frac{\mathrm{d}\Phi'_{vi}}{\mathrm{d}\Phi'_v} = \tau_i \left(\frac{D}{D_e}\right)^2 \qquad (1\text{-}8\text{-}33)$$

实际情况总是 $(D/D_e)^2 > 1/\tau_i$,所以 $\mathrm{d}\Phi'_i > \mathrm{d}\Phi'_v$,可见用望远镜观察点光源有助于主观亮度的增加,而用助视仪器观察面光源却无助于主观亮度的增加,这点也是很不相同的.

用望远镜观察可以提高人们对星体的主观亮度却不会提高对天空背景的主观亮度,所以用望远镜观察星体可以提高星体与天空背景的亮暗衬,本来用肉眼要晚上才能看到的星体,使用望远镜,则在白昼也可能看到了.此外,按(1-8-32)式,只要天文望远镜有足够大的入瞳,就可能看到更远(r 大)、更弱(I 小)的宇宙天体.

值得指出的是,上述面光源的主观亮度由视网膜上的照度决定,点光源的主观亮度由视

---

① 该式限于讨论助视仪器出瞳 D' 大于或等于瞳孔 D_e 的情况,即助视仪器在正常放大率范围内使用的情况.若 D' 小于 D_e,则(1-8-29)式中 D_e 应用 D' 代替.

网膜上的光通量决定,并不是说视网膜上的照度或光通量增加一倍,主观亮度就增加一倍,一般认为主观亮度和照度或光通量的自然对数成正比.

复习思考题

1-1 若引入介质的(绝对)折射率,可将折射定律 $\sin i_1/\sin i_2 = n_{21}$,改写为形式 $\sin i_1/\sin i_2 = n_2/n_1$,试指出引入(绝对)折射率代替相对折射率的优越性何在?

1-2 有三块放在空气中的平板玻璃(见思考题1-2图),它们的折射率 $n_1 = 1.68$,$n_2 = 1.58$,$n_3 = 1.48$,如图所示.设板1中有三条平行光线 a、b、c,问:

(1) 出射线 a'、b'、c' 是否平行?

(2) 若光线 a 在板1内发生全反射,则光线 b 在板2和空气界面上会发生全反射么? 光线 c 能否从板3穿出?

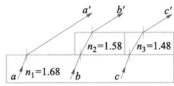

◎ 思考题 1-2 图

1-3 试述光程概念,并回答下列问题:

(1) 两条光线,其一在折射率为 n_1 的介质中,经过路程 l_1,用时 Δt_1,相位滞后 $\Delta \varphi_1$;其二在折射率为 n_2 的介质中,经过路程 l_2,用时 Δt_2,相位滞后 $\Delta \varphi_2$.试用各自光程(差)求 Δt_1、Δt_2、$\Delta \varphi_1$ 和 $\Delta \varphi_2$.

(2) 某光线在折射率为 n 的介质中,在 Δt 时间内,经过路程 l;试计算该光线用同样时间 Δt,在真空中能通过多长的路程 l_0?

(3) 按费马原理,当物点 A 对光学系统能成一理想像点 A' 时,A、A' 间各成像光线必有相等的光程.即 A、A' 是一对共轭等程点.物点 A 对平面镜成像点 A',它是一对共轭等程点吗?

1-4 凡是从点 A 发出的光,经某曲面反射(或折射)后到达点 B 都是等光程时,该曲面称为对点 A、B 的等光程面.试证回转抛物面镜是对焦点 F 和轴上无穷远点的反射等光程面;回转双曲面镜是对焦点 F_1、F_2 的反射等光程面.

1-5

(1) 在岸上射击水底游鱼时,若如眼睛看到的地面射击目标一样瞄准,结果很难命中,问射击失之过高还是失之过低?

(2) 水的折射率 $n = \dfrac{4}{3}$,将水注入杯中,杯底似向上升高 1 cm,问杯中水深几何?

1-6 在光滑的 xOy 水平面上,设 xOz 和 yOz 平面为光滑的弹性平面,有一弹性小球 $A(x_1,y_1,0)$ 要向 yOz 壁何处打击,才能与 yOz、xOz 壁相继碰撞后,击中目标 $B(x_2,y_2,0)$?

1-7 单球面折射系统,在什么条件下,$f' > 0$;在什么条件下,$f' < 0$,有无可能 $|f| = |f'|$? 其主点、节点位置有何特点?

1-8 某空酒杯底部,原本看不到有什么画面,倒入酒后,看到杯底有小金鱼画面.这是什么缘故?

1-9 用作图法讨论实物、虚物对 $f' > 0$ 和 $f' < 0$ 的单球面折射系统的成像规律?

1-10 分别画出凹球面镜和凸球面镜的成像规律曲线.请考虑,成像规律与物方折射率 n 有关吗? f 和 Φ 与 n 有关吗?

1-11 有人在长 1.8 m 的光具座上,共轴地依次放置物、焦距 0.5 m 的薄凸透镜和屏,无论将其在光具座上怎样排布,屏上都看不到实像,何故?

1-12 在薄凸透镜 L 物方焦平面上放置物 AB,像方焦平面上放置平面镜 M,整个装置在空气中.

(1) 试用作图法求最后像的位置、虚实和放大倍数?

(2) 若将平面镜 M 沿光轴移动,对成像结果有无影响?

(3) 上述为自聚焦法测薄凸透镜焦距的方法,若将 L 改为凹透镜,能用此法测焦距吗?

1-13 将光源 A 经凸透镜 L_1 成像于 A_1,测得像距为 l,在凸透镜和 A_1 之间依次放上待测焦距的凹透镜 L_2 和平面镜 M,如图所示.移动 L_2 使得 A 对整个系统所成的像恰好返回于 A,这时测得 L_1 和 L_2 之间距离为 d.

(1) 用作图法绘出光路图;

(2) 凹透镜 L_2 焦距为多少?

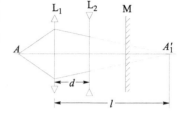

◎ 思考题 1-13 图

1-14 分别用 $\dfrac{x'}{f'} - \dfrac{x}{f}$,$\dfrac{x'}{|f'|} - \dfrac{x}{|f|}$,$x'-x$ 为纵坐标-横坐标描绘薄透镜物像关系曲线,评述各自的特点.

1-15 两个光焦度大于零的薄透镜,在空气中使用,可否组成一个光焦度小于零的共轴系统?

1-16 平行于光轴入射的平行光束通过一个 $\Phi<0$ 的共轴球面系统后,能否在轴上得到一实像方焦点?

1-17 在什么情况下,用折射率 $n=1.5$ 的玻璃制成在空气中使用的双凸厚透镜,焦距是无穷大? 在什么情况下,其 $f'<0$?

1-18 几何形状一样的枯井和水井,井底中心各有一蛙,问:哪一只蛙觉得天更大一些? 哪一只蛙能看到井外更广的范围?

1-19 如图所示为全景相机(俗称转镜),人群排列在圆弧 AB 上,相机物镜处于图示位置时,只能将 A_1B_1 范围内人群成像在底片 $A_1'B_1'$ 范围内.若底片 $A'B'$ 保持不动,物镜绕像方节点 N' 的轴转动,便可将 AB 范围内人群清晰地成像在 $A'B'$ 底片上.试说明物镜绕 N' 轴转动时,各共轭像点不会在底片上移动的原因.

1-20 如图所示,L 为一正薄透镜,P_1P_2 为一光阑,$P_1'P_2'$ 为该光阑对透镜 L 成的像.连 P_1P_2 和 L 边缘线交光轴于 A_0,连 $P_1'P_2'$ 和 L 边缘线交光轴于 A_0'(A_0、A_0' 是一对共轭点).试按 (1) 轴上物点在 A_0 左侧,(2) 轴上物点在 A_0 右侧,分别指出系统的孔径光阑、入瞳、出瞳和视场光阑、入窗、出窗.

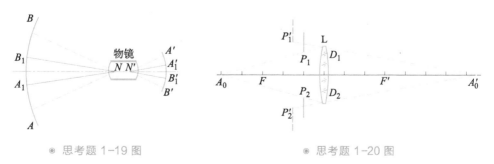

◎ 思考题 1-19 图　　　　　　　　　◎ 思考题 1-20 图

1-21 试讨论人眼瞳孔、平面镜这一系统的孔径光阑、入瞳、出瞳和视场光阑、入窗、出窗. 人通过平面镜观察景物时,是靠近镜子视场大,还是远离镜子视场大?

1-22 汽车驾驶室外的观后镜,何以常用凸镜而不用平面镜?

1-23 试证明:

(1) 物方折射率为 n、像方折射率为 n'、半径为 R 的单球面折射系统,对图示的共轭点 A、A' 是等程点,即不受近轴限制,A、A' 间各条光线是等光程的.

(2) 球的等程点 A、A' 满足消彗差的正弦条件.

提示:可从证明 $\triangle ACB \backsim \triangle BCA'$ 入手.

1-24 利用上题中球的等程点特性,思考能否设计出空气中使用的消球差正、负透镜.

1-25 试绘出下列图示垂轴平面物,经有像散差透镜,在子午像面、弧矢像面上的像.

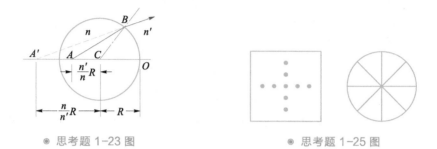

◎ 思考题 1-23 图　　　　　　　　◎ 思考题 1-25 图

1-26 空气中一薄透镜,透镜材料的阿贝数为 ν,若近似认为 $f'_F \cdot f'_C = (f'_D)^2$.试证明:

$$\frac{f'_C - f'_F}{f'_D} = \frac{1}{\nu}$$

1-27 使用黑白底片的照相机,它的镜头要消色差吗?使用黑白的电影放映机或幻灯机,它的镜头要消色差吗?

1-28 露天放映电影,往往银幕前后都有观众,若银幕被风吹掉了,原来坐在银幕前后的观众还能看电影吗?为什么?

1-29 放大镜都使用凸透镜,凹透镜能否单独作放大镜用?什么条件下凹透镜也可以看作放大镜?

1-30 调节显微镜是改变载物台与镜筒间相对距离而不改变物镜和目镜间相对距离,调节望远镜却采用改变物镜和目镜间相对距离的办法,有什么道理?

1-31 焦距为 f'_1、f'_2 的两正透镜 L_1 和 L_2,共轴地置于空气中组成正像系统.试证明:只要物置于 L_1 物方焦面上,像必在像方 L_2 焦面上,且 $\beta = \dfrac{f_2}{f'_1}$.若将上述正像系统应用于开普勒望远镜,试画出光路示意图.

1-32 正常眼睛在使用开普勒望远镜观察星空时,要将 F'_{ob} 和 F_{oc} 重合.则对近视眼和远视眼,应如何调节?

1-33 要在惠更斯目镜、拉姆斯登目镜中放置叉丝,应放在什么位置?目镜本质为放大镜,为何惠更斯目镜不能单独作放大镜使用?

1-34 为什么大多数色散棱镜,顶角多为 60° 左右?

1-35 为什么通过棱镜摄谱仪的光线,处于最小偏向角时,谱线质量最好?

1-36 电光源的耗电功率 W 与光源发出的总光通量 Φ_v 之比 η 称为电光源的电致发光效率,某钨丝白炽灯平均发光强度(cd)和其电功率(W)恰好为相同数值,则该灯电致发光效率多大?

1-37 生活中常说:用日光灯比用钨丝白炽灯省电,40 W 的日光灯比 40 W 的白炽灯更亮.这里的"省电""更亮"指什么?

1-38 要使可看成点光源的灯对桌面产生均匀照度,灯的发光强度应有何特征?

1-39 为什么均匀的余弦辐射球体,从远处观察者来看,与同样半径、同样亮度的均匀余弦辐射圆盘一样.

1-40 物的亮度 L 和像的亮度 L' 有 $L' = \tau L (n'/n)^2$ 关系,设 $n' = n = 1, \tau \approx 1$ 则 $L' \approx L$.若系统成放大像,像面上单位面积的光通量必减少,何以解释像的亮度会基本不变呢?

1-41 照相时光圈取 11,曝光时间采用 $(1/25)$ s.若照明情况未变,为了拍摄运动目标,将曝光时间改为 $(1/250)$ s,问应取多大光圈?

1-42 有一翻拍相机,物镜是对称型的,当用 $\beta = -1$ 复制图片时,若仍用远距离照度公式(1-8-27)式计算,这样得出的照度比实际偏高还是偏低?

1-43 雨后的夜晚,长街上远近不同的高压水银灯何以看起来一样亮?遥望夜空,星星看起来有明有暗,亮星的亮度一定更大吗?

1-44 用已知焦距大小的物镜和可调光圈自制简便相机,试提出一个标度光圈数的实验方法.

习题

1-1 真空中光的速度为 2.998×10^8 m/s.对钠 D 线而言,下列介质的折射率为:水($n_W = 1.333$),冕玻璃 K_9($n_{k_9} = 1.516$),重火石玻璃 ZF_1($n_{ZF_1} = 1.648$).求:

(1) 光在上述介质中的速率;

(2) 光从水(W)到冕玻璃(K_9)、从水(W)到重火石玻璃(ZF_1)、从冕玻璃(K_9)到重火石玻璃(ZF_1)等情况下的相对折射率.

1-2 用两面互相垂直的平面反射镜构成盛水容器的两个侧面,如习题 1-2 图所示,光线从上面垂直入射到水面上.

(1) 假定在镜面上相继有两次反射,试证出射光线平行于入射光线;

(2) 假定光线在习题 1-2 图所示平面内,再就光线斜入射情况进行分析;

(3) 当使用三面互相垂直的平面反射镜时,试证明在三维情况下与(1)、(2)问题类似的结论.

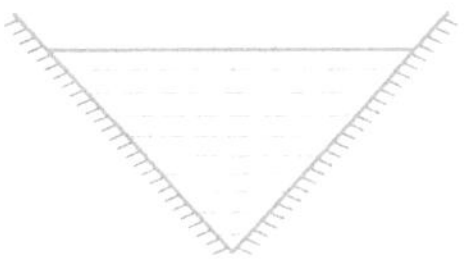

◎ 习题 1-2 图

1-3 习题 1-3 图所示是一种测量介质折射率的装置,将待测样品一面抛光,置于棱角为 α 的棱镜侧面上,用单色扩展光源 S 照明.只要待测样品折射率 n 小于棱镜材料的折射率,在棱镜中就不会有折射角大于临界角的折射光线,从 AC 面出射的光线其折射角不会大于 i',调整望远镜的观察方位,可以看到刚好一半亮一半暗的视场,这时望远镜光轴必与对应 i' 角的出射光线平行,试证明可用下式计算样品折射率:

$$n = \sin \alpha \sqrt{n_g^2 - \sin^2 i'} - \sin i' \cos \alpha$$

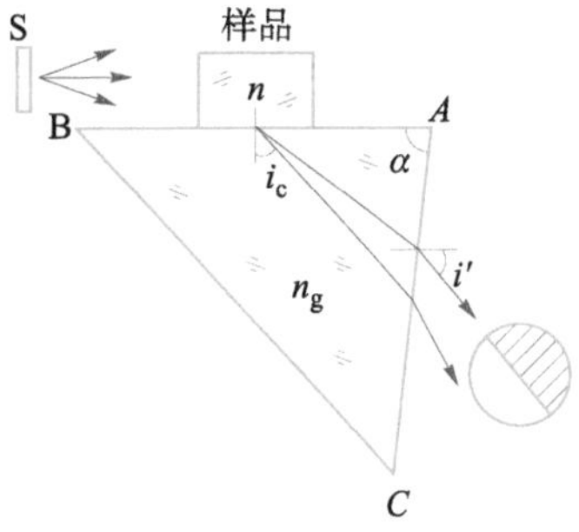

◎ 习题 1-3 图

1-4 光线从空气斜入射到厚度为 h、折射率为 n 的玻璃板上,出射线与入射线平行.求出射线相对入射线的侧移 l 与入射角 i_1 的关系式,并讨论入射角很小时的情形.

1-5 "五角棱镜"的主截面(与棱边垂直的截面)$ABCDE$ 如习题 1-5 图所示. $\angle A$ 及 $\angle O$ 分别等于 90° 和 45°，$\angle B = \angle E = 112.5°$，$BC$ 面和 DE 面镀银，试证明：不论入射角和折射率的大小是何值，偏转角 δ 恒等于 90°.

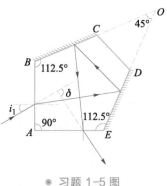

◎ 习题 1-5 图

1-6 如习题 1-6 图所示，C 点是半径为 R 的反射球面中心，A、B 是一条直径上与中心等距的两点，P 为球面上一点，θ 为 CP 与直径交角. 试求：

(1) 光程〔$AP + BP$〕随角 θ 变化的关系；

(2) θ 为何值时，APB 是经球面反射的光线路径.

1-7 习题 1-7 图所示为通光口径为 R、材料折射率为 n 的平凸透镜. 若要求平行于光轴入射的全部光线(不受近轴限制)均能聚焦于 $F(0, 0, f)$ 点，试导出此透镜凸面的曲面方程式.

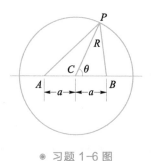

◎ 习题 1-6 图

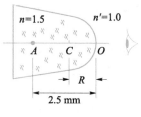

◎ 习题 1-7 图

1-8 物高 4 cm，将其置于透明介质(折射率 $n' = 3/2$)制成的凸球面前 20 cm 处，球面半径为 20 cm，物置于空气中($n = 1$).

(1) 用牛顿公式计算成像的结果；

(2) 用高斯公式计算成像的结果；

(3) 用作图法验证上述结果.

1-9 如习题 1-9 图所示，侧面为球面的薄玻璃金鱼缸，球面曲率半径为 10 cm，球面顶点间距 $AO = 50$ cm，若鱼以 $v = 5$ m/s 速率从 A 点向 O 点游去，试分析人眼所见情况.

1-10 体温计断面如题 1-10 图所示，已知水银柱 A 离顶点 O 的距离为 2.5 mm，设玻璃的折射率 $n = 1.50$，若希望水银柱成放大 6 倍的虚像，顶点 O 处曲率半径 R 应为多大？

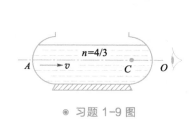

◎ 习题 1-9 图

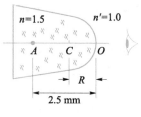

◎ 习题 1-10 图

1-11 有人将折射率 $n = 1.50$，半径为 10.0 cm 的玻璃球放在字典上看字.

(1) 试问：看到的字在什么地方，垂轴放大率为多少？

（2）若将该玻璃球切成两半，其一将半球平面置于字典上，另一将半球球面置于字典上，这时看到的字又在什么地方，垂轴放大率是多少？

1-12 高 5 cm 的实物，如果要在距物体 100 cm 处成高 2 cm 的实像，需使用凸面镜还是凹面镜？其焦距为多少？

1-13 曲率半径为 R、折射率为 1.50 的玻璃球，将半个球面镀上铝，置于空气中，若平行光从透光表面入射，问最后像成于何处？

1-14 制做薄透镜材料的折射率为 3/2，在空气中使用薄透镜，球面曲率半径为

（1）$r_1 = -40$ cm，$r_2 = -20$ cm；

（2）$r_1 = -20$ cm，$r_2 = -40$ cm；

试分别求出焦距，并绘出透镜的形状和焦点位置.

1-15 使用牛顿公式和作图法，求下列情况薄透镜成像的结果.

（1）第一种情况：$f = 3$ cm，$f' = +2$ cm；

① $x = 2f$，② $x = f$，③ $x = (2/3)f$，④ $x = 0$，⑤ $x = -f/3$，⑥ $x = -2f$.

（2）第二种情况：$f = -3$ cm，$f' = -2$ cm；

⑦ $x = -2f$，⑧ $x = 0$，⑨ $x = f$.

1-16 焦距为 4 cm 的薄透镜 L，其右侧 5 cm 处垂轴放置一平面反光镜 M，物置于 L 左侧 8 cm 处. 若将整个装置置于空气中，求最后像，并用作图法验证.

1-17 薄凸透镜 L_1 和凹透镜 L_2 共轴置于空气中，焦距绝对值均为 4 cm，L_2 在 L_1 右侧. L_1 左侧 6 cm 处放物，最后像为位于 L_1 左侧 4 cm 处的放大、正立、虚像. 求两薄透镜的间距 d.

1-18 （1）在光具座上，物和屏的间距 L 固定，薄凸透镜置于它们之间某个位置，使物在屏上成像，问透镜焦距 f' 在什么范围内会存在两个、一个或不存在这样的位置.

（2）在上述装置中，透镜对高 1 cm 的物成高 0.5 cm 的像，若将透镜移至适当位置时，屏上像高为何？

1-19 薄透镜 L_1 对某物成一实像，放大率为 -1，用薄透镜 L_2 紧贴在 L_1 上，像则向透镜方向移动 20 mm，垂轴放大率为原先的 3/4. 求两透镜的焦距各为多少？

1-20 照相机的物镜为焦距 12 cm 的薄透镜，其底片距透镜最大伸长量为 20 cm，若拍摄物镜前 15 cm 处的景物，需在物镜上贴加一个多大焦距的薄透镜？

1-21 按下列数据，试用作图法求共轴球面系统的成像情况，并用牛顿公式验证.

（1）$d = HH' = 1$ cm，$f = 1$ cm，$f' = 2$ cm，$x = -2$ cm；

（2）$d = HH' = 2$ cm，$f = 3$ cm，$f' = -2$ cm，$x = -6$ cm；

（3）$d = HH' = -1$ cm，$f = 2$ cm，$f' = 3$ cm，$x = -2$ cm；

（4）$d = HH' = -1$ cm，$f = 3$ cm，$f' = -2$ cm，$x = -6$ cm.

1-22 惠更斯目镜由两个平凸薄透镜组成，置于空气中使用，凸面迎着入射光线，两透镜相距 $d = (f_1' + f_2')/2$. 已知场透镜焦距 $f_1' = 3a$，接目镜焦距 $f_2' = a$.

（1）求目镜的主点 H、H' 和焦距 f、f'；

（2）若在接目镜上有一虚物（该虚物实际上是物镜对观察物所成初像），试利用目镜系统基点和基面，并用作图法求得最后像；

（3）试将该虚物依次先对场透镜成像，再对接目镜成像，并用作图法求得最后的像.

1-23 拉姆斯登目镜由两个焦距相同的平凸薄透镜组成. 其二透镜凸面相对，置于空气中使用. 若两透镜间距 $d = (f_1' + f_2')/3$，且 $f_1' = f_2' = a$，试分别用作图法和计算方法求目镜的主点和焦点位置.

1-24 如习题 1-24 图所示，$A'B'$ 是物 AB 通过两共轴理想系统 I 和 II 成的像，试用作图法确定组合系统的主平面和焦点.

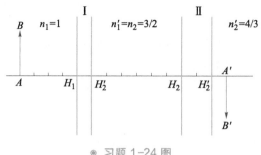

◎ 习题 1-24 图

1-25 使用折射率 $n=1.52$ 的玻璃制成的平凸透镜，置于空气中，球面半径为 26 cm，厚度为 3.04 cm，平面迎着入射光方向.

(1) 试用矩阵方法计算该透镜的焦距和主点位置；

(2) 将物置于透镜平面前 75 cm 处，用牛顿公式、高斯公式和作图法求成像情况.

1-26 薄透镜 L_1 和 L_2 共轴置于空气中，其焦距分别为 $f'_1=20$ cm，$f'_2=30$ cm，两者相距 10 cm，物在 L_1 左侧 10 cm 处，试用矩阵方法求：

(1) 像的位置、虚实和放大率，组合系统的主点、焦点，并用作图法验证之；

(2) 若物在 L_1 左侧 100 cm 处，情况会怎样？

1-27 试用矩阵法求例 1.5.2 中球透镜的主点和焦矩，并用作图法解该题.

1-28 试用矩阵法求例 1.3.1 两薄透镜组合系统的主点和焦距，并对组合系统使用高斯公式和作图法求成像结果.

1-29 如习题 1-29 图所示，焦距为 30 mm 的玻璃透镜 L，其孔径 $D_1D'_1$ 为 30 mm. 在 L 后 10 mm 处放置孔径 24 mm 的光阑 $D_2D'_2$. $P_2P'_2$ 是 $D_2D'_2$ 对 L 的物方共轭. 连接 $D_1D'_1$、$P_2P'_2$ 边缘线交光轴于点 A_0，若 $D_1D'_1$、$D_2D'_2$ 边缘线交光轴于点 A'_0（点 A_0、A'_0 对 L 共轭），求点 A_0、A'_0 位置，分别有 (1) 轴上物点在 A_0 左侧，(2) 轴上物点在 A_0 右侧两种情况，确定系统的孔径光阑、入瞳、出瞳、视场光阑、入窗和出窗.

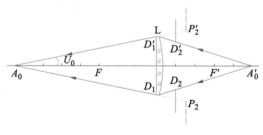

◎ 习题 1-29 图

1-30 两相同薄透镜 L_1 和 L_2 置于空气中，焦距 $f_1=f_2=2a$，两透镜相距 a，试分别在：(1) 轴上物点在 F_1 左侧，(2) 轴上物点在 F_1 右侧两种情况下，确定系统的孔径光阑、入瞳、出瞳、视场光阑、入窗和出窗？

1-31 将 $f'=4$ cm、孔径为 6 cm 的薄透镜作放大镜用，设人眼瞳孔距透镜 12 cm.

(1) 求系统的孔径光阑、入瞳、出瞳、视场光阑、入窗、出窗；

(2) 若报纸置于放大镜物方焦平面上，人眼能看到报纸上多大范围？

1-32 选冕玻璃 K_5 ($n_D = 1.510\ 0$) 加工成一个在空气中使平行光会聚的薄透镜,焦距为 50.00 cm,要求有最小球差.试计算该透镜两球面的曲率半径.

1-33 求置于空气中的双凸薄稳定镜的像方焦距 f'_C、f'_D 和 f'_F 及轴向色差 $\Delta L'_{CF}$ ($=f'_C-f'_F$).已知,透镜用冕玻璃 K_9 ($n_C = 1.513\ 90$,$n_D = 1.516\ 30$,$n_F = 1.521\ 96$)制成,透镜面的曲率半径 $r_1 = -r_2 = 10^3$ mm.

1-34 惠更斯目镜场透镜 L_1、接目镜 L_2 的焦距比 $f'_1 : f'_2 = 3 : 1$,间距 $d = \dfrac{f'_1+f'_2}{2}$,目镜焦距 $f' = 25.0$ mm,透镜材料使用冕玻璃 K_9 ($n_D = 1.516\ 3$).

(1) 试计算两透镜凸面半径 r_1、r_2;

(2) 若在 L_1、L_2 中间放置目镜视场光阑 $D_1 D'_1$,其孔径为 10 mm,试求该目镜入窗的位置和大小.

1-35 使用冕玻璃 K_9 ($n_D = 1.516\ 3$,$\nu = 64.1$) 和火石玻璃 F_4 ($n_C = 1.619\ 9$,$\nu = 36.3$)制造一个空气中使用的消色差薄胶合透镜.若选定其中负透镜非胶合面为平面,试求:

(1) 胶合透镜 $f'_D = 10.0$ cm 时,各界面的曲率半径;

(2) 胶合透镜 $f'_D = -10.0$ cm 时,各界面的曲率半径.

1-36 放置在空气中、厚度为 d 的对称双凸厚透镜,$r_1 = -r_2 = R$.

(1) 试证明对谱线 C 光、F 光焦距相等的条件为

$$d = \frac{2n_F n_C}{n_F n_C - 1}R$$

(2) 若使用冕玻璃 K_9 ($n_C = 1.516\ 3$,$n_D = 1.513\ 9$,$n_F = 1.522\ 0$)制造对谱线 C 光、F 光焦距相同的厚透镜,$R = 10$ cm,求厚度 d 和 f'_D.

1-37 对称性镜头相机,焦距 $f = 100$ mm,最大相对孔径 1:2.8,已调节好距离,拍摄 $s_1 = 10.0$ m 处人物能在底片上成清晰像,若要求 $s_2 = -8.00$ m 处景物在底片上不发生显著模糊(底片上的斑点直径 d 不超过 0.10 mm),试计算应使用多大光圈(D/f)?

1-38 使用 $n = 3/2$ 材料加工薄透镜 ($r_1 = -r_2 = 10$ cm) 当放大镜,透镜的直镜为 5 cm,若人眼瞳孔矩透镜 20 cm.

(1) 放大镜的视角放大率为多大?

(2) 指出视场光阑、入窗、出窗、孔径光阑、入瞳、出瞳及视场角 ω 为多大?

(3) 当物置于放大镜 F 点,像成在无穷远处;当物从 F 点向放大镜移近 x_0 (cm) 时,像成在瞳孔前 25 cm 处,求 x_0 值.

(4) 用该放大镜看报,报纸置于放大镜物方焦平面处,线视场半径 R_F 为多大?

1-39 国产 XJ-16 型金相显微镜有三个惠更斯目镜,其性能参数见表 1-7-3.若分别与 45× 消色差物镜配合使用,显微镜的线视场各为多少?

1-40 设开普勒望远镜和伽利略望远镜的 ($f'_{ob}+f'_{oc}$) 均为 10 cm,放大倍数均为 3×,试分别计算物镜、目镜的焦距.

1-41 入射平行光束的共轭出射光束仍为平行光束的系统叫做望远镜系统或无焦系统.该系统有一特点:垂轴放大率 β 和角放大率 γ 均为与共轭面位置无关的常量.试使用焦距分别为 f'_{ob}、f'_{oc} 的两薄透镜在空气中组成的开普勒望远镜系统,证明

$$\beta = \frac{1}{\gamma} = -\frac{f'_{oc}}{f'_{ob}}$$

1-42 试证:光线通过一顶角 α 很小且置于空气中的三棱镜时,如果在棱面上的入射角很小,则偏向角 $\delta_0 = \alpha(n-1)$.

1-43 试证明:如习题 1-43 图所示棱镜 ABC 是最小偏向角 $\delta_0 = 60°$ 的恒偏向棱镜.

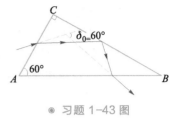

◎ 习题 1-43 图

1-44 桌上有一本书,书与灯至桌面垂线的垂足相距 0.5 m,若灯泡可上下移动,灯在桌面上多高时,书上照度最大?

1-45 设氦氖激光器中放电管直径为 1 mm,发出波长 632.8 nm 的激光束,发散角 $\theta = 10^{-3}$ rad,辐射通量为 3 mV,光谱光视效率取 0.240,求:

(1) 光通量、发光强度、沿管轴线方向的亮度;

(2) 距氦氖激光器 10 m 远处观察屏上照明区中心点的照度;

(3) 若人眼只宜看 1 cd·m^{-2} 的亮度,保护眼镜的透射系数 τ 应选多大?

1-46 照射在一张 20×30 cm^2 的白纸(近似看成余弦辐射体)上的光通量为 120 lm,若白纸漫射系数 $\rho = 0.75$,

(1) 求纸面的照度、光出射度和亮度;

(2) 要使纸面亮度为 1 cd/cm^2,纸面照度需为多大?

1-47 太阳表面的辐射亮度 B_e 为 3×10^6 W/(sr·m^2),用孔径 $D = 10$ cm、焦距 $f' = 12.5$ cm 的放大镜对太阳聚焦,地面上看太阳的视角是 32′.

(1) 太阳像的直径为多大?

(2) 设放大镜的透射系数 $\tau = 0.85$,求太阳像面的辐照度和投射到太阳像面上的辐射通量;

(3) 上述太阳像的辐照度是太阳直接正射地面时辐照度的多少倍?

1-48 如果天空各处的亮度为常量 B,求半个天球照射下的水平面上的照度.

1-49 阳光垂直照射时地面的照度约为 10^5 lx,若认为太阳是余弦辐射体,忽略大气对光的吸收,地球轨道半径为 1.5×10^8 km,太阳直径为 1.4×10^6 km. 求太阳亮度.

1-50 有一半径为 a、亮度为 L 的均匀余弦辐射体圆盘. 过盘心垂轴线上、高度为 h 处的 P 点,有一与盘面平行的受光屏,求屏上 P 点的照度.

1-51 录像机拍摄天空中飞行目标,光电探测器要求最低的像面照度为 20 lx,若天空亮度为 0.25 cd/cm^2,光学系统的透射系数 $\tau = 0.7$,录像机镜头的光圈应选哪一挡?

1-52 某 16 mm 电影放映机,采用临界照明系统,光源为 250 W 的溴钨灯,发光效率为 30 lm/W,灯丝外形面积为 7×5 mm^2,可近似看作是均匀的两面发光面,灯泡后面加有球面反射镜,使灯丝平均亮度提高 50%,聚光透镜的透射系数 = 0.7,放映镜头的透射系数 = 0.8,放映镜头的 D/f 比为 1:2,片门尺寸为 10×7 mm^2,若在银幕上成 2.5 m 宽的像,求:

(1) 光源发出的光通量 Φ_v,光源的平均光出射度 $\overline{M}_v$,平均亮度 $\overline{L}_0$,经球面镜加强后的平均亮度 $\overline{L}_1$;

(2) 片门处的亮度 L_2;

(3) 银幕上的照度 E_v [计算时可取 $\sin^2 U = (1/4)(D/f)^2$ 近似].

1-53 某相机的光圈选用 f 2,用 0.01 s 快门拍摄某一景物,当底片采用 21°DIN(100ASA)时,摄得的像底在光度方面很令人满意. 为了提高景深和减小底片成像的颗粒度,光圈拟改为 f 2.8,底片改为感光速度慢一倍的 18°DIN(50ASA)(感光速度慢一倍的意思是指在一切条件相同时,要得到同等曝光量,必须把曝光时间增加一倍)时,问快门该用多少?

上一章从光线的概念出发,根据光线传播的实验定律,暂且不涉及光的波动性,讨论了光的传播和成像问题.但是,光作为一种电磁波,必定会表现出许多波动的特性,这些特性可概括为干涉、衍射、偏振和色散等现象.从光的波动性出发来研究这部分内容,通常称为波动光学.第 2、第 3、第 4 章属于波动光学范围.

授课视频 2-1

光学的发展较电磁理论的发展更早一些.但是,在光的电磁波动理论建立之后,人们对光才有了较深刻的认识.本章中不再赘述历史,从物理学的思想体系出发,基于光是经典电磁波这一前提介绍波动光学.值得指出的是,经典电磁波动理论仅能正确地反映光的波动性质,没有直接反映光的波粒二象性.

历史上最早为光的波动性提供证据的是光的干涉现象.油膜或肥皂泡在阳光照耀下部分变为彩色,是日常生活中常见的光的干涉现象.一般来说,两光波或若干光波在一定条件下叠加后出现稳定的、光强有强弱分布的现象称为光的干涉.

§2.1　光波的叠加　相干光的条件

- 1. 光矢　波函数　光强
- 2. 光波的叠加和干涉
- 3. 相干光的必要条件

1. 光矢　波函数　光强

波是振动在空间的传播.在机械波中,发生振动的是弹性介质中质点的位移矢量;在光波中,发生振动的是电场强度矢量 E 和磁场强度矢量 H.描述光波能量传播状态的是能流密度矢量 $S=E\times H$[①],在无限大均匀介质中,E 和 H 互相垂直,它们又都与 S 的方向垂直,形成

---

① 见赵凯华、陈熙谋主编《电磁学》(第三版)(8.56)式.

右手螺旋体系,如图 2-1-1 所示.

光波是横波,各向同性介质中电场和磁场的数值大小存在下列关系:

$$\sqrt{\varepsilon_0 \varepsilon_r} E = \sqrt{\mu_0 \mu_r} H \qquad (2\text{-}1\text{-}1)$$

ε_r、μ_r 为光波所在介质的相对介电常量(relative dielectric constant)和相对磁导率(relative permeability),ε_0、μ_0 为真空介电常量和真空磁导率.光波的传播速度 v 为

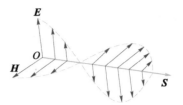

◎ 图 2-1-1　电磁波的传播

$$v = \frac{1}{\sqrt{\varepsilon_0 \varepsilon_r \mu_0 \mu_r}} = \frac{c}{\sqrt{\varepsilon_r \mu_r}} \qquad (2\text{-}1\text{-}2)$$

$(\sqrt{\varepsilon_0 \mu_0})^{-1}$ 为真空中光速 c,将(2-1-2)式和(1-1-3b)式比较,可得介质的折射率 n 为

$$n = \sqrt{\varepsilon_r \mu_r} \qquad (2\text{-}1\text{-}3\text{a})$$

对于非铁磁性介质,$\mu_r \approx 1$,因此光学介质的折射率常简写为

$$n = \sqrt{\varepsilon_r} \qquad (2\text{-}1\text{-}3\text{b})$$

光波与物质存在相互作用时,带电粒子所受的电场力与磁场力之比等于真空中光速 c 与带电粒子速度 v_0 之比,而 v_0 常远小于 c,故电场力是主要的.在本书中我们提到光矢量、光振动时,如果没有特别声明,均指电场强度矢量.

先讨论单色平面光波的波函数,所谓单色光是指具有一定频率 ν(或真空中波长 λ)的光波;平面波是指波面(等相面)是平面,即在任一时刻,与平面波传播方向垂直的平面上,各点的光振动状态是相同的.沿 x 轴正方向传播的单色平面光波的波函数 E 可写为

$$E = E_0 \cos \left[\omega \left(t - \frac{x}{v} \right) - \varphi_0 \right]$$

$$E = E_0 \cos (\omega t - kx - \varphi_0) \qquad (2\text{-}1\text{-}4)$$

式中 E_0 是光矢的振幅矢量,φ_0 表示 $x=0$ 波面上光振动初相位为负.

$$k = \frac{\omega}{v} = \frac{2\pi}{\lambda'} = \frac{2\pi n}{\lambda} \qquad (2\text{-}1\text{-}5)$$

k 称为圆波数,它表示沿传播方向 2π 长度内的波长(介质中波长 λ')数.波函数(2-1-4)式,一方面表示波场中某时刻光场的电矢量(简称光矢)随空间分布的周期性,另一方面也表示波场中某点光场的电矢量随时间变化的周期性.

再讨论单色球面光波的波函数.如果在各向同性均匀介质中放置一单色点光源,从点光源 O 发出的光波将以相同的速率向各个方向传播.经过一段时间后,光振动所到达各点将构成一个以点光源为中心的球面.若取点 O 为球坐标原点,r 为球坐标径矢,E_0 表示离 O 点单位距离处光矢的振幅,则单色球面光波波函数为

$$E = \frac{E_0}{r} \cos \left[\omega \left(t - \frac{r}{v} \right) - \varphi_0 \right] = \frac{E_0}{r} \cos (\omega t - kr - \varphi_0) \qquad (2\text{-}1\text{-}6)$$

只要光源足够远且考察的空间范围又比较小,球面波就可以近似地看作平面波.

光的能流密度 S[坡印廷(Poynting)矢量]对时间的平均值称为光强(或称辐照度)I,即

$$I = \overline{S} \qquad (2\text{-}1\text{-}7)$$

考虑到 $\boldsymbol{E} \perp \boldsymbol{H}$,并利用(2-1-1)式和(2-1-3b)式,$S$ 可写为

$$S = EH = \sqrt{\frac{\varepsilon_0 \varepsilon_r}{\mu_0 \mu_r}} E^2 = c\varepsilon_0 n E^2 \tag{2-1-8}$$

因此,光强 I 可表示为

$$I = c\varepsilon_0 n \overline{E^2} \tag{2-1-9a}$$

对于波场中某点 $k \cdot x$ 为定值,光波波函数可以写为 $E = E_0 \cos(\omega t - \varphi)$ 形式,则

$$I = c\varepsilon_0 n \left\{ \frac{1}{T} \int_0^T \left[E_0 \cos(\omega t - \varphi) \right]^2 \mathrm{d}t \right\} = \frac{1}{2} c\varepsilon_0 n E_0^2 \tag{2-1-9b}$$

由于 $c\varepsilon_0 n/2$ 在同一均匀介质中是常量,所以为了表达简便而又不失一般性,光学上也常常用 E_0^2 表示光强(相对光强).

2. 光波的叠加和干涉

授课视频 2-2

一列光波在空间传播时,将引起波场中每一点的光振动,当两列(或 N 列)光波在同一空间传播时,波场中各点都参与了每列光波引起的光振动,波场中某点的光振动 $\boldsymbol{E}$ 就是各列波单独在该点产生的分光振动 $\boldsymbol{E}_1, \boldsymbol{E}_2, \cdots$ 的矢量和,即

$$\boldsymbol{E} = \boldsymbol{E}_1 + \boldsymbol{E}_2 + \cdots \tag{2-1-10}$$

这就是光波的叠加原理.光波的叠加原理实质上揭示了光波传播的独立性.即每一列光波独立地产生作用,这种作用不因其他光波的存在而受影响.因而光波相遇后又分开,每一光波仍保持原有特性(频率、波长、振动方向等)继续沿原传播方向前进,好像未相遇过一样.值得指出:叠加原理在强光光学范围(例如 $E = 10^{12}$ V/m 的激光)内不成立,因为叠加原理是介质对光波作线性响应的一种反映,而在强光范围内将产生非线性效应.

光振动遵守叠加原理,光强是否也一定遵守叠加原理呢? 若用 I 代表(合)光矢 $\boldsymbol{E}$ 所对应光强;$I_1, I_2, \cdots$ 代表各叠加光矢 $\boldsymbol{E}_1, \boldsymbol{E}_2, \cdots$ 在波场中同一点单独产生的分光强.我们称波场中任一点均有

$$I = I_1 + I_2 + \cdots \tag{2-1-11a}$$

关系时为不相干叠加(简称不相干).波场中除个别点外,出现

$$I \neq I_1 + I_2 + \cdots \tag{2-1-11b}$$

关系时为相干叠加(简称干涉).因此,干涉是光波叠加时,光强分布不同于 $I = I_1 + I_2 + \cdots$ 而重新分布的一种现象.

不相干的情况是非常普遍的,两个普通光源(例如两盏电灯)发出的光波即使叠加,也不能产生干涉现象,它们产生的光强分布等于分光强之和.随着激光技术的发展和激光产品的普及,相干叠加的光学现象也越来越多.事实上,要产生光的干涉现象,叠加的光波必须满足某些必要条件,满足相干必要条件的光叫做相干光.

3. 相干光的必要条件

设有两个点光源 S_1 和 S_2,其波函数分别为

$$\boldsymbol{E}_1 = \boldsymbol{E}_{10} \cos(\omega_1 t - k_1 r_1 - \varphi_{10}) = \boldsymbol{E}_{10} \cos(\omega_1 t - \varphi_1)$$
$$\boldsymbol{E}_2 = \boldsymbol{E}_{20} \cos(\omega_2 t - k_2 r_2 - \varphi_{20}) = \boldsymbol{E}_{20} \cos(\omega_2 t - \varphi_2)$$

设 P 为两光波叠加区域中某一点,如图 2-1-2 所示.式中 E_{10}、E_{20} 和 φ_1、φ_2 分别为两叠加光波在 P 点的振幅矢量和负初相位,ω_1、ω_2 和 φ_{10}、φ_{20} 为光源 S_1、S_2 的角频率和负初相位.

按波的叠加原理,P 点(合)光矢 E 应为

$$E = E_1 + E_2$$

平方后得

$$E^2 = E_1^2 + E_2^2 + 2E_1 \cdot E_2 \qquad (2\text{-}1\text{-}12)$$

当 $E_1 \perp E_2$ 时,$E^2 = E_1^2 + E_2^2$

即

$$I = I_1 + I_2$$

◉ 图 2-1-2 讨论相干光
必要条件示意图

上式表明,两正交振动光波叠加,不会产生干涉.当 $E_1 /\!/ E_2$ 时,(2-1-12)式可写为

$$
\begin{aligned}
E^2 &= E_1^2 + E_2^2 + 2E_1 E_2 \\
&= E_1^2 + E_2^2 + 2E_{10} E_{20} \cos(\omega_1 t - \varphi_1)\cos(\omega_2 t - \varphi_2) \\
&= E_1^2 + E_2^2 + E_{10} E_{20}\{\cos[(\omega_1+\omega_2)t-(\varphi_1+\varphi_2)] + \cos[(\omega_1-\omega_2)t-\delta]\}
\end{aligned}
$$

式中

$$\delta = \varphi_1 - \varphi_2 = (k_1 r_1 - k_2 r_2) + (\varphi_{10} - \varphi_{20}) \qquad (2\text{-}1\text{-}13)$$

在实际情况中,光强探测器都具有响应时间,我们使用仪器探测到的光强都是光场在仪器响应时间范围内的积分.假定光强接收器的响应时间是 τ_0,将上式对光强接收器的时间常量 τ_0 求平均可以获得仪器探测到的光强的分布.由于对光波而言 ω_1、$\omega_2 \sim 10^{15}$ s^{-1},即使采用最灵敏的皮秒器件($\tau_0 \sim 10^{-12}$ s),$\cos[(\omega_1+\omega_2)t-(\varphi_1+\varphi_2)]$ 也是一个快变函数,因此该项对 τ_0 的平均值为零.因此有

$$\overline{E^2} = \overline{E_1^2} + \overline{E_2^2} + E_{10} E_{20}\overline{\cos[(\omega_1-\omega_2)t-\delta]} \qquad (2\text{-}1\text{-}14)$$

若考虑光波叠加区域介质为非色散介质①(折射率不随波长而改变的介质),且折射率为 n,用 $c\varepsilon_0 n$ 乘上式两端得

$$I = I_1 + I_2 + 2\sqrt{I_1 I_2}\,\overline{\cos[(\omega_2-\omega_1)t-\delta]} \qquad (2\text{-}1\text{-}15)$$

若光波叠加区域各点,相位差 $[(\omega_1-\omega_2)t-\delta]$ 在 τ_0 时间内作随机的迅速变化,(2-1-15)式中余弦函数多次经历从 +1 到 -1 之间的一切可能值,因此,该项平均值只能为零,即

$$I = I_1 + I_2$$

上式表示,相位差不稳定,不会产生干涉.

综上所述,产生相干光的两个必要条件如下:

① 叠加光波具有互相平行的光振动分量;

② 光波在叠加区域的相位差稳定,至少在相对光强接收器的时间常量 τ_0 范围内是稳定的.

产生相干光的必要条件中,最主要的是相位差稳定,其中尤其关键的是初相位差稳定.这是什么道理呢?

普通光源(指激光以外的光源)自发发射占支配地位,光源中原子每一次发光持续时间 τ,即使对发光持续时间最长的低压气体放电管来说,其持续时间也不超过 $10^{-9} \sim 10^{-8}$ s.在这段时间内,原子发射长度为 τc 的波列,停顿若干时间之后(停顿时间与发光持续时间具有相

---

① 这一考虑纯属为推理方便引入,无非要求对 ω_1、ω_2 介质有同一折射率.从下文可以看出,相干光波基本要求 $\omega_1 = \omega_2$,至少也要求 $(\omega_1-\omega_2)$ 远小于 τ_0^{-1},因而非色散介质,事实上并不成为讨论相干必要条件的限制.

同数量级)再发出另一波列,不管是由同一原子或不同原子发出的波列,它们的相位是各自独立的,没有固定相位差.或者说,最多在发光持续时间($10^{-9} \sim 10^{-8}$ s)内各波列的相位差才可认为是稳定的.激光光源不同于普通光源,它是受激发射占支配地位的光源,激光器中不仅原子发光的持续时间特别长(一般可达 10^{-4} s),即相当长时间内初相位可认为是稳定的,而且各发光中心是相关联的,也就是说,激光的时间相干性和空间相干性都很好.

实现相干光的必要条件,主要途径是将准单色点光源发出的光波分出两束(或多束),再使它们不同程度地($<\tau c$)在某区域叠加.在时间 τ 内,必有 $\omega_1 = \omega_2$, $\varphi_{10} - \varphi_{20} =$ 常量.此外,在实际使用的干涉装置中,总是保证满足 $\boldsymbol{E}_1$、$\boldsymbol{E}_2$ 有平行分量.在此情况下,(2-1-15)式变为

$$I = I_1 + I_2 + 2\sqrt{I_1 I_2} \cos \delta \qquad (2-1-16)$$

其中 $\qquad \delta = (k_1 r_1 - k_2 r_2) + (\varphi_{10} - \varphi_{20}) = 2\pi \dfrac{n(r_1 - r_2)}{\lambda} + (\varphi_{10} - \varphi_{20})$

既然 δ 与时间无关,只是观察点位置的函数,因而在观察屏上得到明暗相间的、稳定的干涉花样.光强的极大、极小值分别为

$$I_{\max} = (\sqrt{I_1} + \sqrt{I_2})^2 \qquad (2-1-17)$$
$$I_{\min} = (\sqrt{I_1} - \sqrt{I_2})^2$$

因此,将同一准单色点光源发出的光波分出两束(或多束),只要它们在叠加区域的光程差小于波列长度(τc),总是可以相干的.现在的问题是,两个相同的独立光源发出的光波,叠加后能否相干呢?回答这个问题,一方面要看光源本身单色性的程度,另一方面还要看光强接收器响应的时间常量.也就是说要把光源的相干性和观察干涉实验的条件结合起来分析.

通常的低压气体放电管所发出的光波,其初相位可保持为常量的时间 τ 一般不会超过 $10^{-9} \sim 10^{-8}$ s,即使用单色性很好的激光光源,其初相位保持为常量的时间 τ,目前也只能达到 10^{-4} s 左右.一般生活中常见的光强接收器,例如眼睛的时间常量 τ_0 约为 10^{-1} s,照相器材的响应时间一般不超过 10^{-3} s.显然,只有在接收器的时间常量 τ_0 范围内光强分布有稳定值,才有可能观察到光的干涉花样.所以对于一般光强接收器(眼睛、照相器材等),$\tau_0 \gg \tau$,在 τ_0 时间内求平均,(2-1-15)式变为 $I \equiv I_1 + I_2$,即对于一般光强接收器,两个独立光源不发生干涉.但是,随着快速光电接收器件的发展,τ_0 缩短至 10^{-9} s,有的甚至可达 10^{-12} s,对于激光光源 $\tau = 10^{-4}$ s 而言,$\tau_0 \ll \tau$,在 τ_0 时间内,不仅 $\varphi_{10} - \varphi_{20}$ 几乎没有任何变化,由于 $(\omega_1 - \omega_2)t$ 项的变化频率 $\dfrac{\omega_1 - \omega_2}{2\pi} = \Delta\nu = \dfrac{1}{\tau}$ [参考(2-3-22)式证明],所以 $(\omega_1 - \omega_2)t$ 项的变化在 τ_0 时间内也是很小的,即(2-1-15)式中余弦项(常称干涉项)一般不会是零,出现了干涉现象.事实上科学家也观察到了两个独立光源得到的干涉现象.例如,1949 年 G. F. Hull 首先看到了两个独立的微波束的干涉现象;1954 年 A. T. Forrester 等三人用光电混频方法观察到了 Hg^{202} 的光谱线(546.1 nm)在磁场中塞曼分裂的两条谱线的干涉现象;1963 年 A. Magyar 和 L. Mandel 进一步用触发管(trigger tube)——它是一个时间常量可达 $10^{-9} \sim 10^{-8}$ s 的开关式像增强管,拍摄到了两个红宝石激光器产生的干涉条纹.

虽然如此,目前绝大多数的干涉装置,主要还是将同一光源发出的光束分成两束(或多束),然后使这些光束经过不同的光程后叠加产生干涉.从同一个光束分离出几个光束的方法一般有分波面法和分振幅法两种.

§2.2　分波面双光束干涉　空间相干性

- 1. 双孔（缝）干涉
- 2. 双棱镜　双面镜干涉
- 3. 劳埃德镜
- 4. 光源线度的影响　空间相干性

授课视频 2-3

授课视频 2-4

分波面法是将点光源波面划分成两个（或多个）部分，使其相干叠加后产生干涉，杨氏双孔（缝）干涉是分波面法中双光束干涉的典型例子.

1. 双孔（缝）干涉

1801 年，托马斯·杨首先采用双孔实验研究了光的干涉现象，装置示意图如图 2-2-1 所示.用单色光源 B 照亮小孔 S，作为单色点光源，由它发出球面波，照亮小双孔 S_1、S_2，小双孔间距 d 很小（小于 1 mm），在与双孔相距为 L（通常在 1 m 以上）的地方放置观察屏，屏上出现亮暗相间的干涉条纹.后来，为提高干涉条纹的亮度，用三个垂直于图面的狭缝代替图中三个小孔，所以实验又称杨氏双缝干涉实验.若用激光作光源，则可以省却第一个小孔，用激光直接照射双孔（缝）来进行实验.

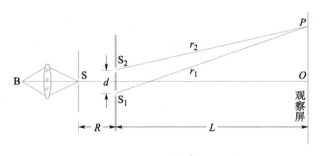

◎ 图 2-2-1　双孔（缝）干涉示意图

在图 2-2-1 所示情况下，双孔是由点光源 S 的波面上取出的次波波源，所以 S_1、S_2 可看成相干光源，它们的初相位差 $\varphi_{10}-\varphi_{20}=0$. 按（2-1-16）式，屏上观察点 P 的干涉光强分布为

$$I = I_1 + I_2 + 2\sqrt{I_1 I_2}\cos\delta$$

式中 $\delta=2\pi\dfrac{n(r_1-r_2)}{\lambda}$. S_1、S_2 到观察点 P 的相位差为 δ，光程差为 Δ.

当 $\delta=2k\pi$，或 $\Delta=n(r_1-r_2)=k\lambda$ 时，$k=0,\pm1,\pm2,\cdots$，出现极大光强 $I_{\max}$.

当 $\delta=(2k+1)\pi$ 或 $\Delta=n(r_1-r_2)=(2k+1)\lambda/2$ 时，$k=0,\pm1,\pm2,\cdots$，出现极小光强 $I_{\min}$.

满足 $r_1-r_2=$ 常量的 P 点轨迹是以 S_1、S_2 为轴的回转双曲面族，观察屏截出的轨迹是双曲线族，不过在近轴区域（屏上 O 点附近）实际上是一簇平行线.

上述讨论，直接引用了双光束干涉光强的普遍表示式［（2-1-16）式］，由于本问题的典型性,同时为了介绍复数振幅(简称复振幅)概念,值得将上述讨论再处理一遍.

(1) 干涉场的光强分布

两相干光源 S_1、S_2 发出的两相干光波在叠加区域 P 点的分光振动分别为

$$E_1 = E_{10}\cos(\omega t - kr_1 - \varphi_{10}) = E_{10}\cos(\omega t - \varphi_1)$$
$$E_2 = E_{20}\cos(\omega t - kr_2 - \varphi_{20}) = E_{20}\cos(\omega t - \varphi_2)$$

$k = 2\pi n/\lambda$,λ 为真空中波长,n 为光波叠加区域介质的折射率,按叠加原理,P 点的合光振动为

$$
\begin{aligned}
E &= E_1 + E_2 \\
&= E_{10}\cos(\omega t - \varphi_1) + E_{20}\cos(\omega t - \varphi_2) \quad^{①} \\
&= \mathrm{Re}\left[\, (\tilde{E}_{10} + \tilde{E}_{20})\, \mathrm{e}^{-\mathrm{i}\omega t} \right] \\
&= \mathrm{Re}\left[\, \tilde{E}_0 \mathrm{e}^{-\mathrm{i}\omega t} \right] = \mathrm{Re}\left[\, E_0 \mathrm{e}^{-\mathrm{i}(\omega t - \varphi)} \right] \\
&= E_0\cos(\omega t - \varphi)
\end{aligned}
$$

式中 Re 是取复数实部的符号,E_0、φ 由下式决定:

$$E_{10} + E_{20} = E_0 \tag{2-2-1}$$

上式表示:同方向、同频率简谐振动的合振动仍然是简谐振动,其合振动的振幅 E_0 和(负)初相与原来分振动的振幅 E_{10}、E_{20} 和(负)初相 φ_1、φ_2 的关系由(2-2-1)式决定. 若引入:分振动 E_1 的复振幅 $\tilde{E}_{10}$,分振动 E_2 的复振幅 $\tilde{E}_{20}$,合振动 E 的复振幅 $\tilde{E}_0$.

复数的模表示振幅,幅角表示(负)初相. 则(2-2-1)式可理解为:同方向、同频率两简谐分振动的复振幅之和等于合振动的复振幅. 即合振幅与分振幅之间,合振动初相与分振动初相之间,不满足代数运算,满足复数运算.

由于一个复数对应一个复平面上的矢量,所以(2-2-1)式也可理解为同方向、同频率两简谐振动的复振幅矢量(矢量之模表示振幅大小,矢量与实数轴的夹角表示振动(负)初相位)之和等于合振动的复振幅矢量,图 2-2-2 是复振幅运算(2-2-1)式的几何表示.

参考图 2-2-2 得

$$E_0^2 = E_1^2 + E_2^2 + 2E_{10}E_{20}\cos\delta \tag{2-2-2a}$$

$$\varphi = \tan^{-1}\frac{E_{10}\sin\varphi_1 + E_{20}\sin\varphi_2}{E_{10}\cos\varphi_1 + E_{20}\cos\varphi_2} \tag{2-2-2b}$$

(2-2-2a)式中相位差 δ 在 $\varphi_{10} - \varphi_{20} = 0$ 的情况下为

$$\delta = \varphi_1 - \varphi_2 = 2\pi\frac{n(r_1 - r_2)}{\lambda} = 2\pi\frac{\Delta}{\lambda} \tag{2-2-3}$$

其中,光程差 $\Delta = n(r_1 - r_2)$.

将 $c\varepsilon_0 n/2$ 乘(2-2-2a)式,得到屏上 P 点光强 I 为

◉ 图 2-2-2 **复振幅运算的几何表示**

---

① 一般来说,复振幅有两种不同定义方法:

$$E_0\cos(\omega t - \varphi) = \mathrm{Re}\left[E_0 \mathrm{e}^{\mp\mathrm{i}(\omega t - \varphi)}\right] = \mathrm{Re}\left[(E_0 \mathrm{e}^{\pm\mathrm{i}\varphi})\mathrm{e}^{\mp\mathrm{i}\omega t}\right]$$

指数因子取负号时,复振幅定义为 $\tilde{E}_0 = E_0 \mathrm{e}^{\mathrm{i}\varphi}$,幅角>0 表示相位滞后,幅角<0 表示相位超前. 这是本书和多数教科书的定义方法.

指数因子取正号时,复振幅定义为 $\tilde{E}_0 = E_0 \mathrm{e}^{-\mathrm{i}\varphi}$,幅角>0 表示相位超前,幅角<0 表示相位滞后. 这是电磁学领域常用的方法. 在一些专用软件中,存在不同的定义,需要注意.

$$I = I_1 + I_2 + 2\sqrt{I_1 I_2}\cos\delta \qquad (2\text{-}2\text{-}4a)$$

或 $$I = I_1 + I_2 + 2\sqrt{I_1 I_2}\cos\frac{2\pi\Delta}{\lambda} \qquad (2\text{-}2\text{-}4b)$$

可见,上式和(2-1-16)式完全一致.

相干光源的强度相等时,$I_1 = I_2$,由(2-2-4)式得

$$I = 2I_1(1+\cos\delta) = 4I_1\cos^2\frac{\delta}{2} \qquad (2\text{-}2\text{-}5a)$$

或 $$I = 4I_1\cos^2\frac{\pi}{\lambda}\Delta \qquad (2\text{-}2\text{-}5b)$$

表达式(2-2-4)式和(2-2-5)式的光强分布分别如图2-2-4(a)和图2-2-4(b)所示.

（2）亮暗条纹条件

① 亮条纹

当 $\Delta = k\lambda$ 或 $\delta = 2k\pi$ 时,$k = 0, \pm1, \pm2, \cdots$,光强有极大值,$k$ 称为干涉级次,即

$$I_{\max} = \begin{cases} \left(\sqrt{I_1}+\sqrt{I_2}\right)^2 & (I_1 \neq I_2) \\ 4I_1 & (I_1 = I_2) \end{cases} \qquad (2\text{-}2\text{-}6a)$$

当光程差等于波长的整数倍或相位差等于 2π 的整数倍时,相当于波峰（谷）与波峰（谷）叠加情况,干涉相长,合光强大于两分光强之和（$I > I_1 + I_2$）.图2-2-3中零级亮条纹位于屏上的 O 点处,上下分别出现 $\pm1, \pm2, \cdots$ 级间距相等的亮条纹.

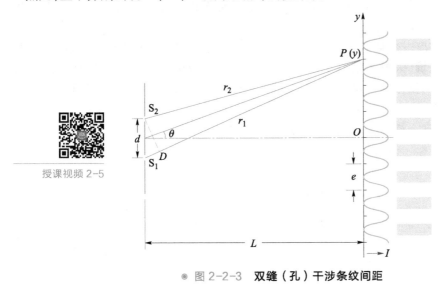

授课视频 2-5

◎ 图2-2-3 双缝（孔）干涉条纹间距

② 暗条纹

当 $\Delta = \pm(2k+1)\dfrac{\lambda}{2}$ 或 $\delta = \pm(2k+1)\pi$ 时,$k = 0, 1, 2, \cdots$,光强有极小值,即

$$I_{\min} = \begin{cases} \left(\sqrt{I_1}-\sqrt{I_2}\right)^2 & (I_1 \neq I_2) \\ 0 & (I_1 = I_2) \end{cases} \qquad (2\text{-}2\text{-}6b)$$

当光程差等于半波长的奇数倍或相位差等于 π 的奇数倍时,相当于波峰（谷）与波谷（峰）叠加情况,干涉相消,合光强小于两分光强之和（$I < I_1 + I_2$）.

（3）条纹位置和间距

图 2-2-3 中 P 点坐标 y 与 r_1-r_2 的关系在傍轴近似下为

$$r_1-r_2 = d\sin\theta = d\tan\theta = d\frac{y}{L} \qquad (2-2-7)$$

设整个装置置于空气中$(n=1)$，$\Delta = (r_1-r_2)$ 为光程差.

由
$$\Delta = \frac{d}{L}y_b = k\lambda, \quad k = 0, \pm 1, \pm 2, \cdots$$

条件得到屏上第 k 级亮条纹坐标为

$$y_b = \frac{L}{d}k\lambda \qquad (2-2-8a)$$

类似的，由
$$\Delta = \frac{d}{L}y_d = \pm(2k+1)\frac{\lambda}{2}, \quad k = 0,1,2,\cdots$$

条件得到屏上暗条纹坐标为

$$y_d = \pm\frac{L}{d}(2k+1)\frac{\lambda}{2} \qquad (2-2-8b)$$

令 e 表示相邻亮（或暗）条纹间距，从（2-2-8）两式皆可容易得出

$$e = \frac{L}{d}\lambda \qquad (2-2-9)$$

上式表明，相邻两亮（或暗）条纹的间距是相等的，d 越小，L 越大，条纹间距越大. 如果是肉眼观察条纹，e 不宜小于 2 mm，例如：用钠灯做双缝实验，$\lambda = 5.9\times10^{-4}$ mm，观察屏位于 $L = 2$ m 处，若希望 $e = 2$ mm，按（2-2-9）式双缝间距 d 应为 0.59 mm，假若 d 取 5.9 mm，则条纹间距会密集到只有 0.2 mm，此时如果观察条纹需要借助 CCD 等辅助设备.

（4）条纹的可见度

双光束干涉的光强 I 与光程差 Δ（或相位差 δ）的关系，见（2-2-4a）式和（2-2-4b）式. 其相应曲线分别如图 2-2-4（a）和图 2-2-4（b）所示.

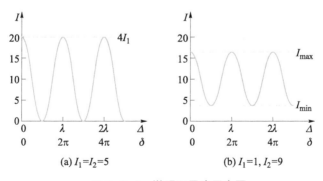

◎ 图 2-2-4　说明可见度示意图

干涉场中某处干涉条纹亮暗反衬的程度，取决于该处光强相对其本底光强高出或低下的程度，引入可见度（visibility）V 来表示干涉条纹的反衬程度. 令 I_{max}、I_{min} 分别表示干涉条纹某点附近极大、极小光强，可见度定义为

$$V = \frac{I_{\max} - I_{\min}}{I_{\max} + I_{\min}} \tag{2-2-10}$$

影响可见度的因素有三个:叠加光波的相对强度、光源的线度和光源的单色性.后两个因素属于光源的空间相干性和时间相干性,是较为本质的因素,留在§2.2节、§2.3节中再讨论.这里先讨论第一个因素对可见度的影响.

将(2-1-17)式代入(2-2-10)式,得到理想单色点光源条件下,双光束干涉条纹的可见度 V[①] 为

$$V = \frac{2\sqrt{I_1}\sqrt{I_2}}{I_1 + I_2} \tag{2-2-11}$$

当 $I_1 = I_2$ 时,$V = 1$,这相当于干涉条纹亮暗反衬最明显的情况,见图 2-2-4(a).

当 $I_1 = 1$,$I_2 = 9$(或 $I_2 = 1$,$I_1 = 9$),$V = 0.6$,干涉条纹叠加在一定亮度的背景之上,见图 2-2-4(b),这时干涉条纹亮暗反衬较差.I_1 与 I_2 相差越大,V 越小,条纹的亮暗反衬越差.当 $V \approx 0$ 时,就完全看不出干涉条纹了.

2. 双棱镜　双面镜干涉

1818 年,菲涅耳(Augustin-Jean Fresnel,1788—1827)继杨氏双缝干涉实验后,做了两个新实验.图 2-2-5 所示是菲涅耳双棱镜实验示意图,系统由两个相同的、顶角很小(约 0.5°)的棱镜组成.从点(或线)光源 S 发出的光束,经双棱镜折射后分成两束,交叠后产生干涉,两叠加光等价于从 S 对棱镜所成虚像 S_1、S_2 发出的光,即 S_1、S_2 可看作两相干光源.

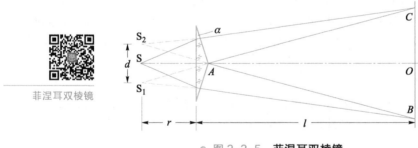

菲涅耳双棱镜

◉ 图 2-2-5　**菲涅耳双棱镜**

设棱镜的折射率为 n,置于空气中使用,由于小棱角棱镜的偏向角为 $(n-1)\alpha$(参考习题 1-42),S_1、S_2 之间的距离 d 为 $2r(n-1)\alpha$,r 为 S 到双棱镜的距离.若 l 为双棱镜到屏 BC 的距离,按(2-2-9)式,屏上亮(或暗)条纹间距 e 为

$$e = \frac{(r+l)}{d}\lambda = \frac{(r+l)}{2r(n-1)\alpha}\lambda$$

[①]　在非理想单色点光源条件下,双光束干涉条纹的可见度 V 可写成更一般形式:

$$V = \frac{2\sqrt{I_1}\sqrt{I_2}}{I_1 + I_2}|\gamma_{12}|$$

式中 $|\gamma_{12}|$ 为相干度,它取决于光源线度和光源单色性.对理想单色点光源来说,相干度 $|\gamma_{12}| = 1$.2.2 节之 4、2.3 节之 4 讨论光源线度和光源单色性对干涉条纹可见度的影响时,实际上均假定 $I_1 = I_2$,在此条件下,可见度 V 等于相干度 $|\gamma_{12}|$,并且规定 $|\gamma_{12}| = 1$ 为相干,$0 < |\gamma_{12}| < 1$ 为部分相干,$|\gamma_{12}| = 0$ 为不相干.

图 2-2-6 所示是菲涅耳双面镜干涉装置示意图. 由两块夹角 θ 很小的反射镜 M_1 和 M_2 组成. 由点(或线)光源 S 发出的光波, 经 M_1 和 M_2 反射后分割为两束相干光波, 它们投射到屏上形成干涉条纹. 这两束相干光波, 也可看成是由 S 在 M_1 和 M_2 镜中的虚像 S_1 和 S_2 发出的, 即 S_1 和 S_2 相当于相干光源. 从图 2-2-6 中的几何关系不难得出干涉条纹间距表达式.

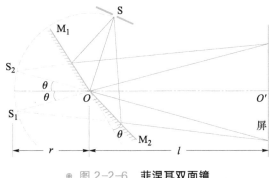

菲涅耳双面镜

◎ 图 2-2-6　**菲涅耳双面镜**

用单色平面光波照射菲涅耳双面镜, 可实现两相干平面波的干涉. 如图 2-2-7 所示, 激光经扩束后照射双面镜 M_1、M_2, 将光波分为两相干平面波, 在叠加区域屏幕上出现干涉条纹.

先引入波矢 $\boldsymbol{k}$ 概念, 波矢的模即圆波数, 波矢的方向即波速的方向. 用 $\boldsymbol{k}_1$ 表示经 M_1 反射的平面波波矢, $\boldsymbol{k}_2$ 表示经 M_2 反射的平面波波矢. 两波矢夹角为两平面镜夹角 θ 的两倍, 见图 2-2-8. 屏幕上 O 点为两平面波波面 1、2 在此相交且光程差为零的点, 屏上 $C(x)$ 点处两相干平面波的光程差 Δ_c 为

$$\Delta_c = 2OC\sin\theta = 2x\sin\theta$$

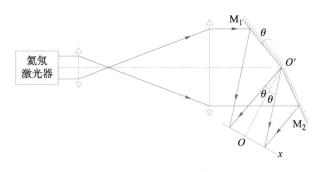

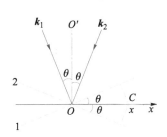

◎ 图 2-2-7　**相干平面波的干涉**　　　　◎ 图 2-2-8　**计算平面波干涉的光程差**

当 $\Delta_c = k\lambda$ 时, $k = 0, \pm1, \pm2, \cdots$ 时出现亮条纹, 所以亮条纹位置 x 为

$$x = k\frac{\lambda}{2\sin\theta}, \quad k = 0, \pm1, \pm2, \cdots$$

亮纹间隔

$$e = x_{k+1} - x_k = \frac{\lambda}{2\sin\theta} \tag{2-2-12}$$

亮纹间隔(暗纹间隔也一样)与波长成正比, 与两波矢夹角(2θ)的一半的正弦成反比. 例如, $\lambda = 632.8$ nm, $\theta = 15°$ 时, $e = 1.23$ μm, 即每毫米约有 810 个亮条纹或暗条纹, 利用上述装置将这些条纹恰当地记录下来, 就可以制造复振幅透过率为正弦函数的正弦光栅.

3. 劳埃德镜

1834 年，劳埃德（Humphrey Lloyd，1800—1881）[①]用一块平面镜得到相干的双光束，图 2-2-9 所示为干涉装置示意图.

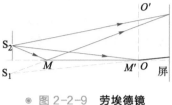

◎ 图 2-2-9　劳埃德镜

从线光源 S_2 发出的光波一部分直接射到屏上，另一部分经平面镜 MM' 上表面反射（镜下表面涂黑）后再射到观察屏上，这两束相干光如同光源 S_2 和镜面虚像 S_1 发射出来的. 把 S_1、S_2 看作杨氏实验中相干光源. 观察屏上条纹间距，并可用（2-2-9）式计算.

劳埃德镜干涉实验有一个特点. 当观察屏与镜端相接触时，即图 2-2-9 中 OO' 位置，则平面镜与屏接触点处是暗条纹中心，而不是亮条纹中心. 这个事实表明入射光掠入射（入射角接近 90°时的入射）时，反射光波相对入射光波有相位跃变 π，也就是说光程差跃变了半个波长，即我们经常说的发生了半波损失，这部分将在菲涅耳反射系数部分进一步讨论.

授课视频 2-6

4. 光源线度的影响　空间相干性

（1）光源线度对可见度的影响

以上对干涉情况的分析都是以点光源为基础的，实际的普通光源都是扩展光源，它由许多不相干的点光源组成，每个点光源有一套干涉条纹，各套条纹的非相干叠加，才可能得到扩展光源产生的干涉条纹.

授课视频 2-7

将杨氏实验中小孔，变为相互平行的无限窄狭缝时，线光源 S 上的各点光源在屏上近轴区域产生干涉条纹，其位置彼此不错开，结果是亮纹更亮，暗纹仍暗，干涉条纹更为清晰明亮，但是，若将狭缝 S 加宽到 b，S_1 和 S_2 狭缝不变，见图 2-2-10. 线光源 S_0 在屏上产生干涉条纹，零级条纹在 $y=0$ 处；$x>0$ 的线光源 $S(x)$ 在屏上产生的干涉条纹，零级条纹由 $y=0$ 处向下平移；$x<0$ 的线光源 $S(x)$ 在屏上产生的干涉条纹，零级条纹由 $y=0$ 处向上平移，这些亮暗位置彼此错开的条纹的非相干叠加，使干涉条纹模糊，可见度下降.

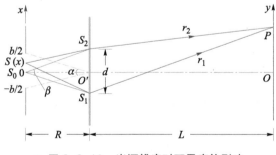

◎ 图 2-2-10　光源线度对可见度的影响

下面定量计算当宽度为 b 的带光源照亮双狭缝时，在屏上的干涉光强分布. 设单位宽度的带光源单独照射双狭缝之一时在屏上产生的光强为 I'，则在 $S(x)$ 处，$\mathrm{d}x$ 宽度的线光源在

---

① 劳埃德，爱尔兰物理学家，1867—1881 年期间曾担任都柏林三一学院教务长，英国皇家学会成员，曾担任皇家爱尔兰学院院长，曾用实验验证了哈密顿（William Rowan Hamilton，1805—1865）提出的光通过双轴晶体后的偏折现象.

屏上 P 点产生的干涉光强 $\mathrm{d}I_P$ 按(2-2-5a)式为

$$\mathrm{d}I_P = 2I'(1+\cos\delta_x)\,\mathrm{d}x$$

式中

$$\delta_x = \frac{2\pi}{\lambda}\Delta_x = \frac{2\pi}{\lambda}n[(SS_1+r_1)-(SS_2+r_2)] = \frac{2\pi}{\lambda}n[(r_1-r_2)+(SS_1-SS_2)]$$

在 y、d 均远小于 L 条件下,由(2-2-7)式有

$$r_1-r_2 = d\frac{y}{L}$$

同理,在 x、d 均远小于 R 条件下,应有

$$SS_1-SS_2 = d\frac{x}{R} = \beta x$$

$\beta = d/R$ 称为干涉孔径角.利用上两式,由 $S(x)$ 点发出的、经双缝到达 P 点的两相干光束的相位差 δ_x 为

$$\delta_x = \frac{2\pi}{\lambda'}[(r_1-r_2)+\beta x] = \delta_0 + \frac{2\pi}{\lambda'}\beta x$$

式中 λ' 表示介质中波长,$\delta_0 = 2\pi(r_1-r_2)/\lambda'$ 表示 $x=0$ 时的相位差.将上式代回 $\mathrm{d}I_P$ 表示式,对整个缝宽积分,得到屏上 P 点干涉光强 I_P 为

$$I_P = 2I'\int_{-b/2}^{b/2}\left[1+\cos\left(\delta_0+\frac{2\pi}{\lambda'}\beta x\right)\right]\mathrm{d}x$$

因

$$\int_{-b/2}^{b/2}\left(\sin\delta_0\sin\frac{2\pi}{\lambda'}\beta x\right)\mathrm{d}x = 0$$

所以

$$I_P = 2I'\int_{-b/2}^{b/2}\left(1+\cos\delta_0\cos\frac{2\pi}{\lambda'}\beta x\right)\mathrm{d}x$$

$$= 2I'\left(b+\frac{\sin\dfrac{\pi}{\lambda'}\beta b}{\dfrac{\pi}{\lambda'}\beta}\cos\delta_0\right)$$

即

$$I_P = 2I_1\left(1+\frac{\sin\dfrac{\pi}{\lambda'}\beta b}{\dfrac{\pi}{\lambda'}\beta b}\cos\delta_0\right) \tag{2-2-13}$$

$$(I_P)_{\max} = 2I_1\left(1+\frac{\left|\sin\dfrac{\pi}{\lambda'}\beta b\right|}{\dfrac{\pi}{\lambda'}\beta b}\right)$$

$$(I_P)_{\min} = 2I_1\left(1-\frac{\left|\sin\dfrac{\pi}{\lambda'}\beta b\right|}{\dfrac{\pi}{\lambda'}\beta b}\right)$$

式中 $I_1 = I'b$ 表示整个带光源单独照射双狭缝之一时,在屏上的光强.

干涉条纹的可见度为

$$V = \frac{I_{\max} - I_{\min}}{I_{\max} + I_{\min}} = \frac{\left| \sin \dfrac{\pi}{\lambda'} \beta b \right|}{\dfrac{\pi}{\lambda'} \beta b} \qquad (2-2-14)$$

可见度 V 随光源线度和干涉孔径角乘积 βb 的变化趋势见图 2-2-11. V 的第一个极小值(零点)对应于 $\beta b = \lambda'$,这时的光源宽度称为临界宽度 b_c,即

$$b_c = \frac{\lambda'}{\beta} \qquad (2-2-15a)$$

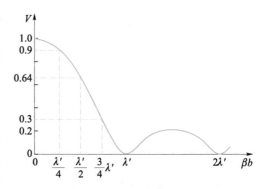

◉ 图 2-2-11　可见度与光源线度和干涉孔径角乘积的关系

设杨氏双缝干涉实验中,$\lambda = 0.59\ \mu m$(Na 的 D 线),$d = 0.59\ mm$,$R = 200\ mm$,按上式算出 $b_c = 0.2\ mm$. 从这里可以看出,图 2-2-1 所示杨氏干涉装置中,使用普通单色光源时,要采用狭缝(或小孔)S 作光源的原因.

由于 $\beta b = 0$ 时,$V = 1$,$\beta b = \lambda'$ 时,$V = 0$. 虽然 $\beta b > \lambda'$ 时,还有可能 $V \neq 0$,但 V 的幅度不会超过 0.21,故约定干涉场中满足 $0 \leqslant \beta b \leqslant \lambda'$ 限制的区域,其深度为面光源干涉场的定域深度,而受 $\beta b = 0$ 限制的地方,称为面光源干涉场的定域中心.

(2)空间相干性

可以从另一角度来研究空间相干性的优劣,将 $\beta = d/R$ 代入(2-2-15a)式得

$$b_c = \frac{\lambda' R}{d} \qquad (2-2-15b)$$

上式表示对给定的 λ'、R、d 而言,要得到 $V > 0$ 条纹,光源线度的最大限度为 b_c.

对给定的 λ'、R、b 而言,要得到 $V > 0$ 条纹,波场中光源 S_1、S_2 间距的最大限度为 d_c,可将上式改写得到

$$d_c = \frac{\lambda' R}{b} \qquad (2-2-16a)$$

若引入 S_1、S_2 中点 O' 对面光源 S 的张角(又称视角),参考图 2-2-10,$\alpha = b/R$,则上式又可写为

$$d_c = \frac{\lambda'}{\alpha} \qquad (2-2-16b)$$

d_c 称为横向临界相干宽度. d_c 越大,空间相干性越好. 更详细的理论可以证明,若面光源是亮度均匀的圆盘,则上式还要乘因子 1.22,即

$$d_c = 1.22 \frac{\lambda'}{\alpha} \qquad (2-2-16c)$$

对于边缘比中心暗的圆盘,上式中数字因子还要比 1.22 更大些.

§2.3 分振幅双光束干涉 时间相干性

- 1. 等倾干涉
- 2. 等厚干涉
- 3. 迈克耳孙干涉仪
- 4. 光源非单色性的影响 时间相干性

从上节对分波面双光束干涉的分析中知道:采用普通点光源,干涉条纹虽有好的可见度,但亮度不高.而采用普通的面光源虽可提高干涉条纹的亮度,但其可见度又会下降.为了解决干涉条纹的亮度和可见度的矛盾,本节研究分振幅法中的双光束干涉.所谓分振幅法,是从光源入射透明板(或膜)的光束中,经过透明板两个界面的多次反射和折射,得到一组反射相干光束和一组透射相干光束的方法.这些相干光束的光强是从入射光束分出来的,而入射光束的光强与振幅平方成正比,故称为分振幅法.

分振幅法既可使用面光源,获得高亮度干涉条纹,又可在定域中心(干涉孔径角 $\beta = 0$ 决定的地方)保证高可见度,解决了亮度和可见度之间的矛盾.分振幅干涉是制做现代干涉仪和发展干涉计量技术的基础.

1. 等倾干涉

(1) 光源线度对平板干涉可见度的影响

将厚度为 h、折射率为 n 的平行平板,置于折射率为 n_0 的介质中.先设想光源是单色点光源 Q,无论观察点 P 位于板上方何处,总可以从 Q 点发出的光线中找到两条经过平板上下界面反射的光线在 P 点相交,见图 2-3-1(a).从对称性考虑,在与平板面平行的平面内,干涉条纹是以板面法线 QN 为轴的同心圆,得到的是亮度不高的非定域干涉.若改用普通面光源,则面光源上另一点光源 Q' 产生的干涉条纹是以板面法线 $Q'N'$ 为轴的同心圆,由于面光源上各非相干点光源各自产生的干涉条纹,亮暗位置彼此错开,故其非相干叠加的结果,虽然提高了条纹的亮度却降低了可见度.

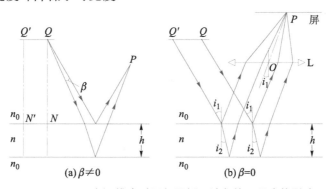

◎ 图 2-3-1 **光源线度对平行平板干涉条纹可见度的影响**

采用面光源,但选择干涉孔径角 $\beta = 0$ 的地方(即定域中心区)进行观察,则可得到比用点光源更亮而可见度又不会降低的干涉条纹.其中道理可用图 2-3-1(b)说明:当 $\beta = 0$ 时,定域中心在无穷远处,若用屏来接收干涉条纹,屏要置于透镜 L 像方焦平面上.从面光源上不同点 Q、Q' 发出的光线,方向相同者经平板上下表面反射后仍维持彼此平行,最后将被透镜会聚到焦面上的同一点 P.另一方面,由于这些光线对平板的入射角相同,上下表面反射光之间的光程差也相同,因而在屏上的强度也相同.换句话说,面光源上各个点在透镜像方焦平面上所形成的各套干涉条纹完全重合.它们非相干叠加的结果将使亮条纹更加明亮,暗条纹仍是暗的,因而干涉条纹的可见度没有降低.

在定域中心观察平行平板干涉时,面光源是有利的.干涉的定域性是由面光源引起的,而光源降低了平板非定域中心区域的可见度,但对于定域中心区的干涉,其可见度不会降低.

（2）定域中心光程差公式

为了计算定域中心两相干光束的光程差 Δ,参考图 2-3-2 有

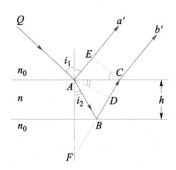

$$\begin{aligned}
\Delta &= n(\,|AB| + |BC|\,) - n_0|AE| \\
&= n(\,|FB| + |BC|\,) - n_0|AE| \\
&= n|FD| + (n|DC| - n_0|AE|\,) \\
&= 2nh\cos i_2 + |AC|\,(n\sin i_2 - n_0\sin i_1) \\
&= 2nh\cos i_2
\end{aligned}$$

◎ 图 2-3-2　定域中心光程差计算图

即

$$\Delta = 2nh\cos i_2, \qquad \delta = \frac{4\pi}{\lambda}nh\cos i_2 \qquad\qquad (2-3-1)$$

上两式还不能完全代表平行平板定域中心两相干光束全部的光程差 Δ 和相位差 δ,因为上述计算中完全没有考虑反射时可能引起的半波损失（或相位跃变）.

斯托克斯（Sir George Gabriel Stokes,1819—1903）根据光的可逆性原理,巧妙地得出有关复振幅反射比、透射比的两个公式.如图 2-3-3(a)所示,设入射光的复振幅为 $\tilde{E}_0$,在折射率为 n_0 的介质中,反射光和折射光的复振幅分别为 $r\tilde{E}_0$ 和 $t\tilde{E}_0$. r 为复振幅反射比,t 为复振幅透射比.[1]

设光在折射率为 n 的介质中传播,当以 i_2 为入射角时,其复振幅反射比为 r',复振幅透射比为 t'.若将图 2-3-3(a)中的折射光方向逆转,对于复振幅为 $t\tilde{E}_0$ 的入射光,其反射光和折射光的复振幅分别为 $r't\tilde{E}_0$ 和 $t't\tilde{E}_0$,如图 2-3-3(b)中带点虚线所示;对于复振幅为 $r\tilde{E}_0$ 的入射光,其反射光和折射光的复振幅分别为 $r^2\tilde{E}_0$ 和 $tr\tilde{E}_0$,

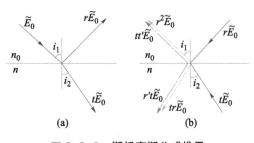

◎ 图 2-3-3　斯托克斯公式推导

---

① Sir George Gabriel Stokes,1st Baronet,PRS(/stoʊks/;13 August 1819—1 February 1903),was a physicist and mathematician. Born in Ireland,Stokes spent all of his career at the University of Cambridge,where he served as Lucasian Professor of Mathematics from 1849 until his death in 1903. In physics,Stokes made seminal contributions to fluid dynamics(including the Navier-Stokes equations) and to physical optics. In mathematics he formulated the first version of what is now known as Stokes'theorem and contributed to the theory of asymptotic expansions. He served as secretary,then president,of the Royal Society of London.

如图 2-3-3(b)中虚线所示.只要介质无吸收,要使图 2-3-3(a)、(b)不与光的可逆性原理相矛盾,必有

$$tr\tilde{E}_0 + r't\tilde{E}_0 = 0$$
$$t't\tilde{E}_0 + r^2\tilde{E}_0 = \tilde{E}_0$$

即

$$r' = -r \tag{2-3-2a}$$
$$tt' = 1-r^2 \tag{2-3-2b}$$

上两式称为斯托克斯公式.折射率为 n 的平行平板,置于折射率为 n_0 的介质中,参考图 2-3-2.
(2-3-2a)式表示入射光在上界面和下界面反射时必有一次相位跃变 π[①];(2-3-2b)式表示光经过上界面和下界面两次折射绝不会引起相位跃变[②].换句话说,置于同一介质中的平行平板,设其定域中心相干光束为 a'、b',由于界面反射的影响,要引入附加相位跃变 π(或附加光程跃变半波长),因此(2-3-1)式应该用下式表达:

$$\Delta = 2nh\cos i_2 + \frac{\lambda}{2}, \quad \delta = \frac{4\pi}{\lambda}nh\cos i_2 + \pi \tag{2-3-3}$$

对平行平板而言,折射率 n 和厚度 h 均为常量,由上式可以看出,光程差(或相位差)仅仅是板内倾斜角 i_2 的函数,由于角 i_2 和 i_1 互相制约,也可说 Δ(或 δ)仅仅是入射角 i_1 的函数.由入射角相同的光所形成的反射,在透镜像方焦平面上应有相同的相位差,因而有相同的光强,光强相同点的轨迹就是干涉条纹.所以,平行平板(膜)的干涉条纹是由具有相同入射角的光形成的,我们称这种干涉为等倾干涉.

(3) 等倾干涉条纹

图 2-3-4(a)所示是观察等倾干涉条纹常用的实验装置,而光源发出的光经过半反半透镜片照射到平板表面,从平板上下表面反射回来的两光波,透过半反镜后在透镜像方焦平面上得到等倾干涉条纹,凡是以相同入射角 i_1 入射平板的光线,在透镜的像方焦平面上,均位于以透镜像方焦点 F' 为中心的圆周上,见图 2-3-4(b).显然,入射角 i_1 小的光线(i_2 也小)所形成的中央圆环干涉级次高;i_2 大的光线所形成的外层圆环干涉级次小.

从光程差公式 $\Delta = 2nh\cos i_2 + \dfrac{\lambda}{2}$ 可以看出,当 h 增大时,要维持 Δ 不变,$\cos i_2$ 应减小,即 i_2 应增大.按照折射定律,i_1 也相应增大.因此,平板厚度增大时,圆环的半径增大.这时观察到的情景,犹如水从泉眼中冒出,圆环一个个从中心冒出来,不断向外扩展.当平板厚度减小时,情景刚好相反,圆环向内收缩,不断向中心湮没.

每冒出(或湮没)一个圆环,中心处光程差应改变一个波长,即平行平板厚度 h 应改变 $\lambda/2n$.因此只要记下圆环在中心冒出(或湮没)的数目,就可以知道平行平板厚度 h 的改变值.

下面计算图 2-3-4 中观察屏上等倾圆环的半径分布.

该等倾干涉圆环最里面的亮环干涉级为整数 k_1,对应平行平板内的倾斜角 i_{21},则有

$$2nh\cos i_{21} + \frac{\lambda}{2} = k_1\lambda$$

---

① $r/r' = -1 = +1\mathrm{e}^{\mathrm{i}\pi}$,相位跃变为 π.

② 因 $0 < r^2 < 1$,tt' 为正实数,所以 $tt' = |tt'|\mathrm{e}^{\mathrm{i}0}$,相位跃变为零.

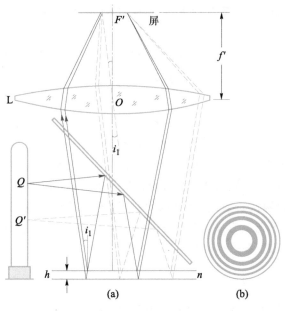

◎ 图 2-3-4　等倾干涉装置和干涉条纹

只要等倾干涉圆环中心点不刚好是主亮点（光强极大点），则与中心点（$i_1 = i_2 = 0$）对应的干涉级次应为 $k_1 + \varepsilon$，ε 为大于零的小数，即

$$2nh + \frac{\lambda}{2} = (k_1 + \varepsilon)\lambda$$

而等倾圆环从里向外数第 m 个亮环，干涉级次为整数 k_m，对应板内倾斜角 i_{2m}，则有

$$2nh\cos i_{2m} + \frac{\lambda}{2} = k_m\lambda$$

将上两式相减得

$$2nh(1 - \cos i_{2m}) = (k_1 - k_m + \varepsilon)\lambda$$

因 i_{2m} 不大，可近似用 $\cos i_{2m} = 1 - \frac{1}{2}i_{2m}^2$ 代入上式，得

$$i_{2m}^2 = (k_1 - k_m + \varepsilon)\frac{\lambda}{nh}$$

若引入从中心向外数的亮环序号 m 来代替干涉级次，则有

$$k_1 - k_m = m - 1, \quad m = 1, 2, 3, \cdots$$

因此

$$i_{2m} = \sqrt{(m - 1 + \varepsilon)\frac{\lambda}{nh}}$$

近轴近似下，有

$$n_0 i_{1m} = n i_{2m}$$

所以

$$i_{1m} = \frac{1}{n_0}\sqrt{(m - 1 + \varepsilon)\frac{n\lambda}{h}}$$

从图 2-3-4 中容易看出,与序号 m 对应的第 m 个亮环半径 r_m 为

$$r_m = f'\tan i_{1m} = f'i_{1m} = \frac{f'}{n_0}\sqrt{\frac{n\lambda}{h}}\sqrt{m-1+\varepsilon} \qquad (2-3-4a)$$

相邻的两亮环间径向间距 e_m 为

$$e_m = r_{m+1} - r_m = \frac{f'}{n_0}\sqrt{\frac{n\lambda}{h}}\left(\sqrt{m+\varepsilon}-\sqrt{m-1+\varepsilon}\right) \qquad (2-3-4b)$$

若中心点刚好是主亮点,则 $\varepsilon=0$;若中心点刚好是主暗点,则 $\varepsilon=1/2$.

从(2-3-4a)式和(2-3-4b)式可以看出:对同一序号 m 的等倾干涉环来说,h 越大,半径越小,间隔也越密.对厚度为某 h 值的不同序号的等倾圆环来说,内圈圆环间隔比外圈圆环间隔要稀疏一些.

根据(2-3-4a)式和(2-3-4b)式,可利用等倾圆环条纹来检验平板质量.用眼睛代替图 2-3-4 中透镜,由于眼睛的视场角很小($6°\sim 8°$),因此只能看到平板一小部分所产生的干涉圆环.当平板移动时(或眼睛移动时),平板的另一部分发生作用,如果平板是理想的平行平板,当平板移动时各环大小和间距不变.如果平板不是理想的平行平板,当平板移向较厚部分时,干涉圆环半径变小,间隔变密;当平板移向较薄部分时,干涉圆环半径变大,间隔变疏.若采用单色性很好的激光光源,则可以用来检查厚度很大的平板的质量.

2. 等厚干涉

设有折射率为 n、楔角 θ 很小的楔形透明板,置于折射率为 n_0 的介质中,Q 为单色点光源,见图 2-3-5.对任一观察点 P 都有两条来自光源 Q 并经楔形板两表面反射的相干光相交,光程差的精确计算是很复杂的,当楔形板可看成小角度薄膜时,可用平行平板的(2-3-3)式进行计算,即

$$\Delta = 2nh\cos i_2 + \frac{\lambda}{2}$$

式中 h 可理解为图 2-3-5 中 A 点处的厚度,h 在这里是变量.

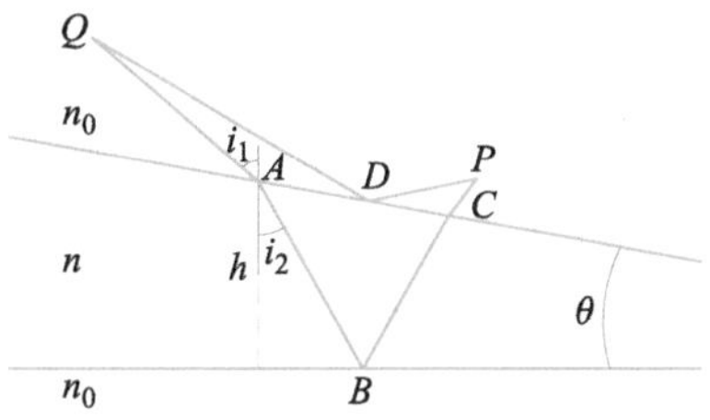

◎ 图 2-3-5　**小角度楔形透明板的干涉**

用点光源 Q 照射楔形薄膜,可以得到非定域干涉条纹,对给定的观察点 P,h、i_2 随 Q 点位置而变,所以光源稍有扩展,可以使 P 点的光程差变化范围很大,使干涉条纹的可见度下降,甚至完全看不到条纹.但是,若 P 点选择在薄膜表面上,面光源上不同点对膜表面 P 点的成对相干光来说,h 实际上没有变化(这是因为 P 在膜表面时,图 2-3-5 中 P、A、C、D 四点是非常接近的),不同位置的点光源,对 P 点光程差的变化范围,主要由 $\cos i_2$ 的变化决定.若限制 $\cos i_2$ 在足够小的范围内变化(只要对 P 点的 Δ 值变化远小于 λ,便算足够小),使用面光源,也会得到亮度大、可见度好的定域干涉条纹.在理想情况下,限制 $\cos i_2 =$ 常量.只要面光源距薄膜较远,或观察干涉条纹所用的仪器(眼睛或低倍显微镜)的入射光瞳很小,就能保证整个视场内光线的 $\cos i_2$ 可视为不变常量,这时膜上 P 点的相位差只取决于 P 点膜层的厚度 h,因而干涉条纹和膜层等厚线重合,我们称这种干涉为等厚干涉.

图 2-3-6 是观察等厚干涉——牛顿环实验装置的示意图.在一块平晶上放一块平凸透镜,凸球面与平晶接触并构成很薄的空气膜,等厚线是以接触点 O 为圆心的同心圆环,所以干涉条纹(牛顿环)也是以 O 点为圆心的同心环,由于反射时存在半波损失,即环形的中心

是暗点. 图中牛顿环照片是用氦氖激光当光源得到的, 若用普通单色光源, 能看到的牛顿环条纹数目会大为减少, 条纹清晰情况也不及此.

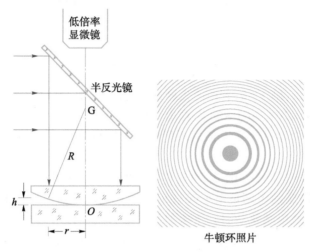

◎ 图 2-3-6　牛顿环实验装置

牛顿环亮环和暗环所在处的空气膜厚度, 分别用 h_b 和 h_d 表示. 它们由下式决定:

$$2h_b n\cos i_2 + \frac{\lambda}{2} = k\lambda, \quad 2h_d n\cos i_2 + \frac{\lambda}{2} = (2k+1)\frac{\lambda}{2}$$

$n=1$(空气), $i_2 \approx 0$(近乎垂直入射), 所以上式又可写为

$$2h_b = \left(k - \frac{1}{2}\right)\lambda, \quad k=1,2,3,\cdots \tag{2-3-5a}$$

$$2h_d = k\lambda, \quad k=1,2,3,\cdots \tag{2-3-5b}$$

利用勾股定理可求出空气层厚度 h、干涉环半径 r 和平凸透镜凸面半径 R 之间关系:

$$r^2 = R^2 - (R-h)^2 = 2Rh - h^2$$

实际上 R 常常比 h 大几个数量级(例如, $R=1$ m, $h=0.1$ mm), h^2 相对 $2Rh$ 可略去, 即

$$r^2 = 2Rh \tag{2-3-6}$$

将(2-3-5)式分别代入上式, 可得牛顿环亮暗圆环半径为

$$r_b = \sqrt{\left(k - \frac{1}{2}\right)R\lambda}, \quad k=1,2,3,\cdots \tag{2-3-7a}$$

$$r_d = \sqrt{kR\lambda}, \quad k=0,1,2,\cdots \tag{2-3-7b}$$

当单色光垂直照射折射率 n 的楔形薄膜时, 干涉图案则是一组平行于楔棱 AB 的亮暗交替的条纹, 如图 2-3-7 所示.

设 h_k、h_{k+1} 分别表示楔形薄膜上第 k 级和第 $k+1$ 级暗条纹处膜的厚度, 则

$$2nh_k + \frac{\lambda}{2} = (2k+1)\frac{\lambda}{2}$$

$$2nh_{k+1} + \frac{\lambda}{2} = 2[(k+1)+1]\frac{\lambda}{2}$$

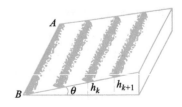

◎ 图 2-3-7　楔形薄膜的等厚干涉

两式相减可得相邻暗条纹处的厚度差 Δh 为

$$\Delta h = h_{k+1} - h_k = \frac{\lambda}{2n}$$

不难看出,上式也代表相邻亮条纹处的厚度差.要了解厚度改变时条纹移动的规律,可以观察光程差为某定值的点是怎样移动的.例如图 2-3-8 中,观察光程差为某定值的点 P_k,厚度减小时,P_k 移到 P_k',因为它们有相同的光程差.也就是说,薄膜厚度减小时,干涉条纹朝厚度增加方向平移.反之,薄膜厚度增加时,条

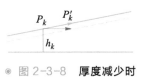

◎ 图 2-3-8　**厚度减少时条纹移动的规律**

纹朝厚度减小方向平移.厚度只要改变 $\lambda/2n$,条纹就会移动一个间距.因此,观察条纹的移动,可以非常灵敏地观察到百纳米级的厚度变化.

3. 迈克耳孙干涉仪

1881 年,迈克耳孙(Albert Abraham Michelson,1852—1931)为检验"以太"是否存在而设计了双光束干涉仪,它是基于近代干涉仪原理制造的.现代干涉计量中所采用的光路,在原理上也常常就是一台迈克耳孙干涉仪.

迈克耳孙实验仿真

(1)结构与光路

迈克耳孙干涉仪的结构简图如图 2-3-9 所示,光线 1 和 1′、光线 2 和 2′、光线 1″和 2″等本应重合,为了显示清晰而分开绘出.G_1 和 G_2 是两块折射率和厚度都相同的平行的平面玻璃板,分别称为分光板和补偿板.G_1 的背面镀了一层半反射膜.从面光源来的光线 a 在这里分为强度相等的反射光 1 和透射光 2,光线 1 射向平面镜 M_1,反射后成为光线 1′,再透过玻璃板 G_1 成为光线 1″,进入观察系统 E(人眼或其他观察仪器);光线 2 通过玻璃板 G_2 后,经平面镜 M_2 反射成为光线 2′,再通过 G_2 射向 G_1 板,经其反射后成为光线 2″而进入观察系统 E.由于光线 1″、2″是来自同一光线 a,因而是相干的.

两相干光束光程差的计算可参考图 2-3-10,M_2' 是平面镜 M_2 对分光板 G_1 的半反射膜所成的虚像,两相干光束 1″、2″好像是从平面镜 M_1 和 M_2' 构成的虚平行平板(虚空气层)的上下表面反射的.因此有

迈克耳孙干涉仪

授课视频 2-9

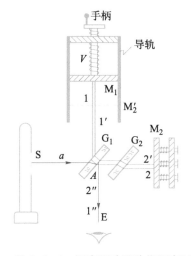

◎ 图 2-3-9　**迈克耳孙干涉仪示意图**

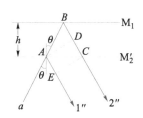

◎ 图 2-3-10　**光程差计算**

$$\Delta = (AB+BC) - AE = 2\frac{h}{\cos\theta} - (2h\tan\theta)\sin\theta = 2h\cos\theta$$

即

$$\Delta = 2h\cos\theta \quad \text{或} \quad \delta = \frac{4\pi}{\lambda}h\cos\theta \tag{2-3-8}$$

上式和(2-3-1)式形式相似,只是角 θ 要理解为光线在镜面 M_1(或 M_2')上的入射角或反射角.

(2)干涉条纹

既然两相干光束可看成由平面镜 M_1 和 M_2' 反射而来,因此,迈克耳孙干涉仪所产生的干涉条纹与 M_1 和 M_2' 构成的虚平行平板(或虚楔形板)所产生的干涉条纹一样,平面镜 M_2 的后面有螺旋,用来调节方位.如果调节螺旋,使得 M_1 和 M_2' 精确平行,眼睛对无穷远调焦时,就会看到等倾圆环条纹.如果调节螺旋,使 M_1 和 M_2' 成一楔角很小的楔形薄膜,眼睛对膜面调焦时,就会看到等厚干涉条纹——平行于楔棱的等距直线.

补偿作用是指,在平面反射镜 M_1 和 M_2 距分光板 G_1 的半反射膜中心距离相等时,由平面镜 M_1 和 M_2 反射回来的两束光有相等的光程,即两者均三次通过厚度和折射率均相同的平板玻璃.这对于白光干涉是必要的,因为玻璃折射率与波长有关,若没有补偿板 G_2,即使两光路有相等的几何距离,对各种波长的光将产生不同的相位差.换句话说,加补偿板 G_2 的作用是:只要两相干光束几何程差为零,其对各种波长的光程差(不包括相位跃变的附加程差)均同样为零.

若平面镜 M_1 和 M_2' 成虚楔形薄板时使用白光,则其中不同波长的色光均有一套带色的等厚干涉条纹,不同色光的条纹间距各不相同(λ 大,则间距大),因此各色光条纹的亮暗位置是错开的.但是在平面镜 M_1、M_2' 交线上(即 $h=0$ 处),对各种色光来说,都是几何程差为零的地方.若有补偿板 G_2,则对各种色光来说相位差均为零,若考虑反射半波损失,则 $h=0$ 处对各种色光都是暗条纹[①](黑线),在其两侧出现彩色的等厚条纹.实验上常用此法确定平面镜 M_1 和 M_2' 相交的位置,亦即 M_1 和 M_2 至分光板 G_1 半反射膜的等光程位置.

(3)波长和长度的测量

迈克耳孙干涉仪的优点是可将两相干光束分得很开,一个沿南北走向时,另一便沿东西走向,便于在光路中安置被测样品而不影响另一光束的传播.此外平面镜 M_1 和 M_2' 的距离和平行度可以调节,M_1 和 M_2' 可以互相交截、重叠等,这些特点为其应用提供了广泛的可能性,这里就有关波长或长度计量方面进行简要介绍.

当平面镜 M_1 和 M_2' 平行时,出现的是等倾干涉圆环,M_1 镜每移动 $\lambda/2$ 距离,视场中心就冒出(h 增大时)或湮没(h 减小时)一个圆环.视场中心冒出或湮没圆环数目 N 和 M_1 镜移动距离 l 之间关系为

$$l = N\frac{\lambda}{2} \tag{2-3-9}$$

上式表明,已知波长 λ,记录 N,便可计算出 M_1 镜移动的距离.这就是利用已知波长测量长度的原理.当然,要测得准长度,首先要求光源波长单纯而且稳定,为此需要采用激光和

---

① 光束 1 在分光板 G_1 背面是内反射,光束 2 在 G_1 背面是外反射,若 G_1 背面未镀金属膜,相位跃变为 π,若 G_1 背面镀有金属膜,相位跃变在 $0\sim\pi$ 之间.常用的一种迈克耳孙干涉仪,G_1 材质为 K_9 玻璃,背面镀铝,计算表明,此时在白光等厚干涉几何中央位置呈现紫色,干涉图样也不是严格的彩色对称.

稳频技术;其次要求 N 记录得准确,只要想到用 632.8 nm 光波长测量 6.3 mm 长度, $N \sim 10^4$,记录准确也非易事,为此采用光电自动计数器进行记录, N 的数值可读到 0.02,长度测量精度可达到 $\lambda/50$.

若已存在标准长度,通过 M_1 镜移动某标准长度 l,读出干涉条纹的变动数 N,便可通过 $(2-3-9)$ 式算出光源的波长.这就是利用干涉仪测量波长的原理.

1973 年,国际计量局米定义咨询委员会建议使用甲烷稳定的 3.35 μm 氦氖激光系统（He-Ne:CH_4）和碘稳定的 633 nm 氦氖激光系统（He-Ne:I_2）所产生的单色辐射作为波长基准,它们在真空中的波长为

$$3\ 392\ 231.40 \times 10^{-12}\ m \qquad (\text{He-Ne}:CH_4)$$
$$632\ 991.339 \times 10^{-12}\ m \qquad (\text{He-Ne}:I_2)$$

4. 光源非单色性的影响　时间相干性

实际中的光源都具有一定体积,它们发出的光波也都有一定的谱线宽度,因此都不是理想的单色点光源,这就影响到其干涉条纹的可见度.我们把光源大小对可见度的影响称为空间相干性,把非单色性光源对可见度的影响称为时间相干性.光源的时间相干性和空间相干性概念在现代光学技术中具有重要的实际意义.

沿 x 轴正向传播的理想单色平面光波是一无始无终、振幅和频率都不随时间改变的简谐波,其波函数的复数表示为

$$E(x,t) = E_0 \exp \left[-i2\pi \left(\nu_0 t - \frac{1}{\lambda_0} x \right) \right] \qquad (2-3-10a)$$

上式在 $x=0$ 处振动曲线的复数表示式为

$$E(t) = E_0 \exp(-i2\pi\nu_0 t) \qquad (2-3-10b)$$

$(2-3-10a)$ 式在 $t=0$ 时波形曲线的复数表示式为

$$E(x) = E_0 \exp \left(i2\pi \frac{1}{\lambda_0} x \right) \qquad (2-3-10c)$$

该理想单色平面光波的振动曲线、波形曲线如图 2-3-11(a)、(c) 所示;其光强按频率或波长分布的谱密度 $i(\nu) = \mathrm{d}I_\nu/\mathrm{d}\nu$ 或 $i(\lambda) = \mathrm{d}I_\lambda/\mathrm{d}\lambda$,如图 2-3-11(b)、(d) 所示,$\mathrm{d}I_\nu$ 表示频率在 ν 到 $\nu+\mathrm{d}\nu$ 之间光的强度,$\mathrm{d}I_\lambda$ 表示波长在 λ 到 $\lambda+\mathrm{d}\lambda$ 之间光的强度.

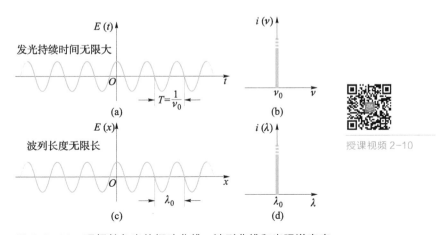

◎ 图 2-3-11　理想单色光的振动曲线、波形曲线和光强谱密度

实际使用的所谓单色光,严格地说,只能叫做准单色光. 对准单色光有两种等价的看法:

① 将准单色光看成是由一段段振幅为常量的有限长简谐波列组成的. 各段之间无固定的相位关系,每一有限长波列长度 L_0 和发光中心发光持续时间 τ 之间存在 $L_0 = c\tau$ 关系,有限长波列振动曲线的复数表示为

$$
\begin{cases}
E(t) = E_0 \exp\left(-\mathrm{i}2\pi\nu_0 t\right) & |t| \leqslant \dfrac{\tau}{2} \\
E(t) = 0 & |t| > \dfrac{\tau}{2}
\end{cases}
\tag{2-3-11}
$$

有限长波列波形曲线的复数表示为

$$
\begin{cases}
E(x) = E_0 \exp\left(\mathrm{i}2\pi\dfrac{1}{\lambda_0}x\right) & |x| \leqslant L_0/2 \\
E(x) = 0 & |x| > L_0/2
\end{cases}
\tag{2-3-12}
$$

与准单色光对应的振动曲线、波形曲线如图 2-3-12(a)、(c)所示.

② 将准单色光看成是不仅包含中心频率 ν_0(或中心波长 λ_0)的理想单色光,而是主要由频率在 ν_0(或 λ_0)附近、$\Delta\nu$(或 $\Delta\lambda$)范围内的无限多不同频率(或波长)的理想单色光按一定谱密度分布组合而成的,如图 2-3-12(b)、(d)所示. 常用谱线频带宽度 $\Delta\nu$ 或波带宽度 $\Delta\lambda$ 来表征光的单色性程度. 借助傅里叶变换可由给定的有限长简谐波列确定谱密度按频率(或波长)的分布.

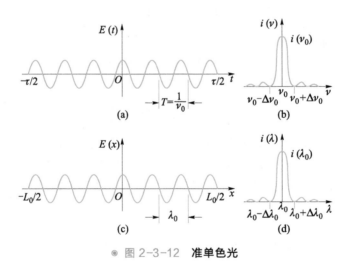

◎ 图 2-3-12　准单色光

(1) 波列长度对可见度的影响

可用迈克耳孙干涉仪来分析波列长度 L_0 对光波可见度的影响. 图 2-3-13 所示为迈克耳孙干涉仪,S 为准单色光源,为了简化,假定光源发出的各波列长度均为 L_0,设第 j 个波列 ab 经分光板 G_1 分为强度相等的两波列 a_1b_1 和 a_2b_2,它们各自经过平面镜 M_1、M_2 反射后,又经分光板透射和反射成为光强均为 i_j 的两波列 $a'_1b'_1$、$a'_2b'_2$,并射向接收仪器 P.

当两波列在 P 点的光程差 $\Delta = k\lambda$ 时,k 取整数. 两等幅波列叠加部分的光强为 $4i_j$,时间为 $(L_0 - k\lambda)/c$;由于两波列拉开距离为 $k\lambda$,而前后两端各有 $k\lambda$ 长度的波列是各自独有的,光强为 i_j 的时间为 $2k\lambda/c$. 因此,在 P 点单位面积上接收到的第 j 个波列的能量为

$$W_{\Delta=k\lambda} = 4i_j\left(\frac{L_0-k\lambda}{c}\right) + i_j\frac{2k\lambda}{c} = 2(2L_0-k\lambda)\frac{i_j}{c}$$

$$(2-3-13a)$$

当两波列在 P 点的光程差 $\Delta = (2k+1)\lambda/2$ 时，k 取整数. 两等幅波列叠加部分的光强为零；由于两波列拉开距离为 $(2k+1)\lambda/2$，而前后两端各有 $(2k+1)\lambda/2$ 长度的波列是各自独有的，光强为 i_j 的时间为 $(2k+1)\lambda/c$. 因此，在 P 点单位面积上接收到的第 j 个波列的能量为

$$W_{\Delta=(2k+1)\frac{\lambda}{2}} = (2k+1)\lambda\left(\frac{i_j}{c}\right) \quad (2-3-13b)$$

同理，当 $\Delta > L_0$ 时，在 P 点单位面积上接收到的第 j 个波列的能量为

$$W_{\Delta>L_0} = 2L_0\left(\frac{i_j}{c}\right) \quad (2-3-13c)$$

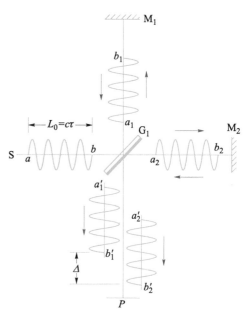

◎ 图 2-3-13　波列长度对可见度
影响示意图

设准单色光源在单位时间内发出 N 个波列，则波列到达接收器 P 时的光强，是 N 列波非相干叠加的结果，按 Δ 不同，分别为

$$I_{\Delta=k\lambda} = 2(2L_0 - k\lambda)\sum_{j=1}^{N}\frac{i_j}{c} = I_1 \quad (2-3-14a)$$

$$I_{\Delta=(2k+1)\frac{\lambda}{2}} = (2k+1)\lambda\sum_{j=1}^{N}\frac{i_j}{c} = I_2 \quad (2-3-14b)$$

$$I_{\Delta>L_0} = 2L_0\sum_{j=1}^{N}\left(\frac{i_j}{c}\right) \quad (2-3-14c)$$

按 (2-2-10) 式可推得，当 $k\lambda \leqslant L_0$ 时，可见度表示式为

$$V = \frac{I_1-I_2}{I_1+I_2} = \frac{4L_0-4k\lambda-\lambda}{4L_0+\lambda}$$

由于 $\lambda \ll L_0$，上式分子、分母中 λ 均可略去，即

$$V \approx 1 - \frac{k\lambda}{L_0} \quad (k\lambda \leqslant L_0 \text{ 时}) \quad (2-3-15)$$

当 $k\lambda > L_0$ 时，从 (2-3-14c) 式容易看出 $V = 0$. 这就是说，$k\lambda$ 越接近 L_0，条纹的可见度越低，$k\lambda \geqslant L_0$ 时，条纹可见度为零，如图 2-3-14 所示.

显然，可以令

$$L_0 = k_c\lambda = \Delta_c = c\tau \quad (2-3-16)$$

k_c 和 Δ_c 分别表示干涉条纹可见度不为零时最大允许干涉级次和光程差上限. 因此，L_0（或 Δ_c）可称为相干长度，发光持续时间 τ 可称为相干时间.

◎ 图 2-3-14　波列长度对可见度的影响

（2）相干时间与谱线宽度的关系

由上述讨论可知，光源发出的波列越长，相干长度和相干时间就越大，时间相干性也就

越好. 但是, 相干时间(或相干长度)与谱线宽度 $\Delta\nu$(或 $\Delta\lambda$)是有联系的. 即光源的时间相干性和单色性是有联系的. 现在用傅里叶变换来确定其中关系.

相干时间为 τ 的波列, 如图 2-3-12 所示. 其振动曲线的复数表示式, 参考(2-3-12a)式为

$$
\left.
\begin{aligned}
\tilde{E}(t) &= E_0 \mathrm{e}^{-\mathrm{i}2\pi\nu_0 t} \qquad |t| \leqslant \frac{\tau}{2} \\
\tilde{E}(t) &= 0 \qquad\qquad\quad |t| > \frac{\tau}{2}
\end{aligned}
\right\}
\tag{2-3-17}
$$

按傅里叶变换理论, 一个非周期振动, 可分解为无限多个不同频率的简谐振动之和, 即

$$
\tilde{E}(t) = \int_{-\infty}^{+\infty} \tilde{F}(\nu) \mathrm{e}^{-\mathrm{i}2\pi\nu t} \mathrm{d}\nu
\tag{2-3-18}
$$

式中 $\tilde{F}(\nu)\mathrm{d}\nu$ 是频率为 ν 到 $\nu+\mathrm{d}\nu$ 的简谐振动的复振幅, 并且有

$$
\tilde{F}(\nu) = \int_{-\infty}^{+\infty} \tilde{E}(t) \mathrm{e}^{\mathrm{i}2\pi\nu t} \mathrm{d}t
\tag{2-3-19}
$$

(2-3-19)式读作 $\tilde{F}(\nu)$ 是 $\tilde{E}(t)$ 的傅里叶变换; (2-3-18)式读作 $\tilde{E}(t)$ 是 $\tilde{F}(\nu)$ 的傅里叶反变换. 附录Ⅱ中用直接代入法证明了傅里叶变换关系的正确性.

将(2-3-17)式代入(2-3-19)式得

$$
\tilde{F}(\nu) = \int_{-\frac{\tau}{2}}^{\frac{\tau}{2}} E_0 \exp\left[\mathrm{i}2\pi(\nu-\nu_0)t\right]\mathrm{d}t = E_0\tau\frac{\sin\left[\pi(\nu-\nu_0)\tau\right]}{\pi(\nu-\nu_0)\tau}
\tag{2-3-20}
$$

谱密度 $i(\nu)$ 相当于单位频率间隔的光强度, 而 $\tilde{F}(\nu)$ 相当于单位频率间隔的复振幅, 按光强与振幅关系式(2-1-9a)应有

$$
i(\nu) = \frac{1}{2}c\varepsilon_0 n |\tilde{F}(\nu)|^2 = i(\nu_0)\frac{\sin^2\left[\pi(\nu-\nu_0)\tau\right]}{\left[\pi(\nu-\nu_0)\tau\right]^2}
\tag{2-3-21a}
$$

式中

$$
i(\nu_0) = \frac{1}{2}c\varepsilon_0 n E_0^2 \tau^2
\tag{2-3-21b}
$$

(2-3-21a)式所代表的曲线即准单色光频谱密度分布曲线, 如图 2-3-12(b)所示. 从该曲线可以看出, 有限长波列(准单色光)是由频率在中心频率 ν_0 附近的无穷多理想无限长波列(单色光)组成的. 谱密度的第一对极小出现的条件为

$$
\pi(\nu-\nu_0)\tau = \pm\pi
$$

即

$$
\nu = \nu_0 \pm \frac{1}{\tau}
$$

习惯上, 取频谱密度曲线中左右第一个极小值间隔的一半, 来表示准单色光的谱线宽度 $\Delta\nu$, 即

$$
\tau = \frac{1}{\Delta\nu} \qquad 或 \qquad \tau\Delta\nu = 1
\tag{2-3-22}
$$

上式是相干时间 τ 与谱线宽度 $\Delta\nu$ 之间的关系表示式. 由此可导出相干长度 Δ_c 与 $\Delta\lambda$ 之间的关系. 按 $\lambda = c/\nu$ 得

$$
\Delta\lambda = -c\frac{\Delta\nu}{\nu_0^2} = -\frac{\lambda_0^2}{\tau c} = -\frac{\lambda_0^2}{\Delta_\mathrm{c}}
$$

略去上式中不重要的负号,得

$$\Delta_c = \frac{\lambda_0^2}{\Delta\lambda} \qquad\qquad (2\text{-}3\text{-}23)$$

上式便是相干长度 Δ_c 与谱线宽度 $\Delta\nu$ 之间的关系式.从(2-3-22)式和(2-3-23)式可以看出,光源的单色性越好($\Delta\nu$,$\Delta\lambda$ 小),相干时间和相干长度就越大,时间相干性就越好.几种准单色光源的谱线宽度及相干长度列于表 2-3-1 中.

■ 表 2-3-1　（准）单色光源的谱线宽度及相干长度

元素	波长/nm	谱线宽度 $\Delta\lambda$/nm	相干长度 Δ_c
氪 Kr^{86}	605.78(红)	0.000 47	~77 cm
镉 Cd	643.85(红)	~0.001 3	~30 cm
汞 Hg	546.1(绿)	~0.01	~20 cm
氦氖激光 （单模稳频）	632.8(红)	~10^{-8}	几十公里

§2.4　分振幅多光束干涉　法布里–珀罗干涉仪[①]

- 1. 法布里–珀罗干涉仪的结构
- 2. 减幅多光束干涉的光强分布
- 3. 标准具性能参数

上文讨论的不论是分波面还是分振幅,都是双光束干涉.本节以法布里–珀罗（Fabry–Perot）干涉仪为例,讨论分振幅法中的减幅多光束干涉,等幅多光束干涉相关内容,则将在 §3.5 节衍射光栅中讨论.

§2.3 节中讨论薄膜干涉时,只考虑了上下表面各作一次反射所得到的等幅双光束的干涉.事实上,这只是在反射率很小的情况下,将振幅递减的无穷多光束的干涉简化为等幅双光束干涉来进行处理.

1. 法布里–珀罗干涉仪的结构

仪器主要由两块内表面平行,并镀有 $r = 0.90\sim0.98$ 的高反射膜的平面板 G_1、G_2 组成,如图 2-4-1 所示.为了避免外表面反射光的干扰,G_1、G_2 板各自做成夹角很小($5'\sim30'$)的楔形.

法布里–珀罗干涉仪

---

① 原文可以参照阅读以下文章:

Perot, A., Fabry, Charles. On the Application of Interference Phenomena to the Solution of Various Problems of Spectroscopy and Metrology, Astrophysical Journal, vol. 9, p. 87, 1899.

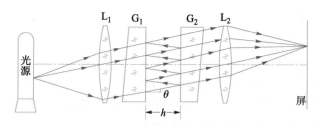

◎ 图 2-4-1　**法布里-珀罗干涉仪示意图**

法布里-珀罗干涉仪中平板间距 h 是可调节的,调节的方法有多种:如将一块平板固定,另一块平板置于由精密丝杆推动的导轨上;或者用压电陶瓷材料作间隔器,加上不同电压就可改变平板间距;或者保持平板间距不变,但将平板间空气抽空或加进高压气体,以改变平板间光程(气体扫描).

平板 G_1、G_2 内表面用厚度 h 一定的间隔器固定的仪器叫做法布里-珀罗标准具.间隔器常用铟钢(膨胀系数很小的镍铁合金)或熔石英制成,其厚度在 $1 \sim 200$ mm 之间.

单色面光源位于透镜 L_1 的物方焦平面上,在透镜 L_2 像方焦平面上观察平行平面产生的等倾干涉圆环,与迈克耳孙干涉仪产生的等倾干涉圆环相似,见图 2-4-2,只是条纹要尖锐得多.

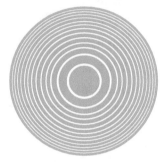

◎ 图 2-4-2　**法布里-珀罗干涉仪干涉条纹**

2. 减幅多光束干涉的光强分布

设 G_1、G_2 板的折射率为 n_0,两板内表面间距为 h,板间介质折射率为 n,光束入射角为 i,折射角为 θ,见图 2-4-3.由 n_0 介质到 n 介质的复振幅透射比为 t,复振幅反射比为 r;由 n 介质到 n_0 介质的复振幅透射比为 t',复振幅反射比为 r';各反射光、折射光振幅已标注在图上.

相邻两反射光间的相位差 δ 由(2-3-1)式决定.注意这里不引用(2-3-3)式,是因为由反射引起的相位跃变,复振幅反射比包含在 r 中.

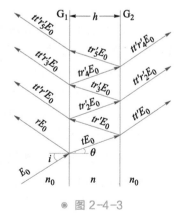

◎ 图 2-4-3

$$\delta = \frac{2\pi}{\lambda}\Delta = \frac{2\pi}{\lambda}2nh\cos\theta \qquad (2\text{-}4\text{-}1)$$

各反射光束的复振幅依次为

$$E_1 = rE_0\mathrm{e}^{\mathrm{i}0}$$
$$E_2 = tt'r'E_0\mathrm{e}^{\mathrm{i}\delta}$$
$$E_3 = tt'r'^3E_0\mathrm{e}^{\mathrm{i}2\delta}$$
$$E_4 = tt'r'^5E_0\mathrm{e}^{\mathrm{i}3\delta}$$
$$\cdots\cdots\cdots$$

叠加后的合反射光复振幅 E_R 为

$$E_R = \sum_{j=1}^{\infty} E_j = \left[r + tt'r'\mathrm{e}^{\mathrm{i}\delta}(1 + r'^2\mathrm{e}^{\mathrm{i}\delta} + r'^4\mathrm{e}^{\mathrm{i}2\delta} + \cdots)\right]E_0 = \left(r + \frac{tt'r'\mathrm{e}^{\mathrm{i}\delta}}{1 - r'^2\mathrm{e}^{\mathrm{i}\delta}}\right)E_0$$

利用(2-3-2)式,可将上式中 r'、tt' 用 r 表示,得

$$E_R = \frac{r(1 - \mathrm{e}^{\mathrm{i}\delta})}{1 - r^2\mathrm{e}^{\mathrm{i}\delta}}E_0 \qquad (2\text{-}4\text{-}2)$$

将上式与其复数共轭相乘,即得合反射光振幅的平方为

$$E_R E_R^* = \frac{r^2(1-e^{i\delta})(1-e^{-i\delta})}{(1-r^2 e^{i\delta})(1-r^2 e^{-i\delta})} E_0^2 = \frac{2r^2(1-\cos\delta)}{1+r^4-2r^2\cos\delta} E_0^2 = \frac{4r^2\sin^2\dfrac{\delta}{2}}{(1-r^2)^2+4r^2\sin^2\dfrac{\delta}{2}} E_0^2$$

从上式得反射光强 I_R 与入射光强 I_0 的比值为

$$\frac{I_R}{I_0} = \frac{E_R E_R^*}{E_0^2} = \frac{4r^2\sin^2\dfrac{\delta}{2}}{(1-r^2)^2+4r^2\sin^2\dfrac{\delta}{2}} \tag{2-4-3}$$

同理,可得图 2-4-3 中合透射光振幅为

$$\tilde{E}_T = tt'(1+r'^2 e^{i\delta}+r'^4 e^{i2\delta}+\cdots)E_0 = \frac{tt'}{1-r'^2 e^{i\delta}} E_0$$

利用(2-3-2)式,可将上式中 r'、tt' 用 r 表示,得

$$\tilde{E}_T = \frac{(1-r^2)}{1-r^2 e^{i\delta}} E_0$$

$$\tilde{E}_T \tilde{E}_T^* = \frac{(1-r^2)^2}{(1-r^2 e^{i\delta})(1-r^2 e^{-i\delta})} E_0^2$$

$$= \frac{(1-r^2)^2}{1+r^4-2r^2\cos\delta} E_0^2 = \frac{(1-r^2)^2}{(1-r^2)^2+4r^2\sin^2\dfrac{\delta}{2}} E_0^2$$

从上式得透射光强 I_T 与入射光强 I_0 的比值为

$$\frac{I_T}{I_0} = \frac{E_T E_T^*}{E_0^2} = \frac{(1-r^2)^2}{(1-r^2)^2+4r^2\sin^2\dfrac{\delta}{2}} \tag{2-4-4}$$

引入光强反射率 $R=r^2$,则(2-4-3)式和(2-4-4)式可分别写为

$$\frac{I_R}{I_0} = \frac{4R\sin^2\dfrac{\delta}{2}}{(1-R)^2+4R\sin^2\dfrac{\delta}{2}} \tag{2-4-5}$$

$$\frac{I_T}{I_0} = \frac{(1-R)^2}{(1-R)^2+4R\sin^2\dfrac{\delta}{2}} \tag{2-4-6}$$

上两式称为艾里(George Biddell Airy,1801—1892)公式,不出所料,反射光强 I_R 和透射光强 I_T 是互补的.因此,可将上两式光强随相邻光束相位差 δ 分布同时绘于图 2-4-4 中.当

$$\delta=2k\pi \text{ 时}, \quad I_{T\max}=I_0, \quad I_{R\min}=0$$

$$\delta=(2k+1)\pi \text{ 时}, \quad I_{T\min}=\left(\frac{1-R}{1+R}\right)^2 I_0, \quad I_{R\max}=\frac{4R}{(1+R)^2} I_0$$

当 $R\ll1$ 时(普通玻璃置于空气中,$R\approx4\%$ 就属此种情况),(2-4-5)式分母中 $4R\sin^2(\delta/2)$ 远小于 $(1-R)^2$,可以忽略,因此得

$$I_R = I_0 4R \sin^2 \frac{\delta}{2} = 4I_1 \sin^2 \frac{\delta}{2}$$

这正是我们熟悉的等幅双光束干涉光强的表达式,参考(2-2-5a)式,这里出现正弦而不是余弦,是由于分波面双光束干涉没有出现相位跃变 π,而分振幅反射光束干涉中要考虑相位跃变 π 的缘故.由此看来,平行平板的反射率很小时,考虑反射光强,把本来是减幅多光束的干涉近似为等幅双光束干涉是合理的.

当 R 较大时,如图 2-4-4 所示,随着 R 增大,透射光强的极大(或反射光强的极小)越来越锐.R 增大意味着后面无穷光束的作用越来越不可忽略.因此,多光束干涉的效果之一是使干涉条纹变锐,这也多光束干涉的普遍特征.下一章讨论光栅中等幅多光束干涉因子时还会再一次看到这一特征.

3. 标准具性能参量

(1) 条纹的半强度宽度和精细度

为了直观比较条纹的细锐程度,可将 I_T/I_0 绘成随角度 θ 的分布,如图 2-4-5 所示.

法布里-珀罗标准具

$$\theta_k = \cos^{-1} \frac{k\lambda}{2nh}, \text{ 即 } \delta = k2\pi \text{ 时}, \frac{I_T}{I_0} = 1$$

$$\theta = \theta_k \pm \frac{\Delta \theta_{\mathcal{H}}}{2}, \text{ 即 } \delta = k2\pi \pm \frac{\Delta \delta_{\mathcal{H}}}{2} \text{ 时}, \frac{I_T}{I_0} = \frac{1}{2}$$

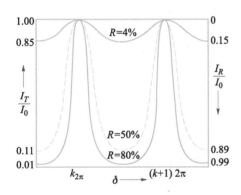

◉ 图 2-4-4　减幅多光束干涉光强分布与反射率的关系

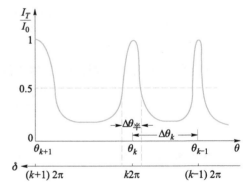

◉ 图 2-4-5　标准具条纹的半强度宽度和精细度

$\Delta \theta_{\mathcal{H}}$ 称为条纹的半强度宽度,与其相应的 $\Delta \delta_{\mathcal{H}}$ 称为条纹的半强相位宽度.显然,$\Delta \theta_{\mathcal{H}}$ 比 $\Delta \delta_{\mathcal{H}}$ 更为直接地反映条纹的细锐程度.因为

$$\delta = \frac{4\pi}{\lambda} nh \cos \theta$$

所以

$$d\delta = -\frac{4\pi}{\lambda} nh \sin \theta d\theta \tag{2-4-7}$$

上式中负号来源于 $d\theta > 0$,$d\delta < 0$.由于只需考虑宽度的大小,略去负号,有

$$\Delta \theta_{\mathcal{H}} = \frac{\lambda}{4\pi nh \sin \theta_k} \Delta \delta_{\mathcal{H}} \tag{2-4-8}$$

将 $\delta = k2\pi \pm \Delta\delta_{\text{半}}/2, I_T/I_0 = 1/2$ 代入(2-4-6)式,注意此时有

$$\sin^2\left[\frac{1}{2}\left(k2\pi \pm \frac{\Delta\delta_{\text{半}}}{2}\right)\right] = \sin^2\frac{\Delta\delta_{\text{半}}}{4} \approx \left(\frac{\Delta\delta_{\text{半}}}{4}\right)^2$$

可得

$$\frac{1}{2} = \frac{(1-R)^2}{(1-R)^2 + 4R\left(\frac{\Delta\delta_{\text{半}}}{4}\right)^2}$$

即

$$\Delta\delta_{\text{半}} = \frac{2(1-R)}{\sqrt{R}} \tag{2-4-9}$$

将上式代入(2-4-8)式得

$$\Delta\theta_{\text{半}} = \frac{\lambda}{2\pi nh\sin\theta_k}\frac{1-R}{\sqrt{R}} \tag{2-4-10}$$

上式表明,标准具第 K 级条纹的半强角宽度随 R、h 的增加而减少.

条纹的精细度 F(finesse)定义为 k 和 $k-1$ 级条纹的角距离 $\Delta\theta_k$ 与半强角宽度 $\Delta\theta_{\text{半}}$ 的比值,即

$$F = \frac{\Delta\theta_k}{\Delta\theta_{\text{半}}} \tag{2-4-11}$$

由 $2nh\cos\theta_k = k\lambda$ 可得

$$-2nh\sin\theta_k\Delta\theta = \Delta k\lambda$$

令上式中 $\Delta k = -1$,可得到 k 到 $k-1$ 级条纹的角距离

$$\Delta\theta_k = \frac{\lambda}{2nh\sin\theta_k} \tag{2-4-12}$$

将(2-4-12)式和(2-4-10)式的结果代回(2-4-11)式得

$$F = \frac{\pi\sqrt{R}}{1-R} \tag{2-4-13}$$

从(2-4-10)式和(2-4-12)式可以看出,$\Delta\theta_{\text{半}}$ 和 $\Delta\theta_k$ 均随 θ_k 增加而减小,如图 2-4-5 所示,但精细度 F 却与 θ_k 无关.例如,当 $R = 0.90$ 时,$F \approx 30$;当 $R = 0.95$ 时,$F \approx 61$.对于任何一级条纹来说都是一样的.

由于法布里-珀罗标准具的精细度很高,它常被用于光谱线超精细结构的研究.由于原子核自旋的影响,有的光谱线分裂成几条十分接近(相差 10^{-3} nm 数量级)的谱线,这叫做谱线的超精细结构.标准具作为高分辨率分光仪器,其性能参量主要有角色散、自由光谱范围和色分辨本领.

(2) 角色散

不同波长的同级干涉条纹(谱线)有不同的角位置,角色散 D_θ 即同级光谱中,谱线主极强角位置对波长的改变率.由 I_T 亮条纹条件(即谱线主极强角位置方程)

$$2nh\cos\theta = k\lambda$$

得

$$-2nh\sin\theta\mathrm{d}\theta = k\mathrm{d}\lambda$$

所以

$$\frac{\mathrm{d}\theta}{\mathrm{d}\lambda} = \frac{-k}{2nh\sin\theta} = \frac{-2nh\cos\theta}{\lambda} \cdot \frac{1}{2nh\sin\theta}$$

即

$$D_\theta = \frac{1}{\lambda\tan\theta} \tag{2-4-14}$$

式中负号表示波长大的谱线更靠近中心.

（3）自由光谱范围

参考图 2-4-6，设波长为 λ 的第 k 级谱线与波长为 $\lambda+\Delta\lambda$ 的第 $(k-1)$ 级谱线刚好重叠时，则波长在 λ 到 $\lambda+\Delta\lambda$ 范围内，k 级谱线不会与其他级谱线重叠，$\Delta\lambda$ 就称为自由光谱范围（free spectral range），记为 $\Delta\lambda_{sr}$.

按

$$k\lambda = (k-1)(\lambda+\Delta\lambda)$$

条件得

$$\Delta\lambda_{sr} = \frac{\lambda}{k-1} \approx \frac{\lambda}{k}$$

设标准具平板间介质为空气，即 $n=1$. 若只考虑中央条纹（$\cos\theta \approx 1$），则 $k = 2h/\lambda$，因此有

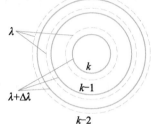

◎ 图 2-4-6　自由光谱范围

$$\Delta\lambda_{sr} = \frac{\lambda^2}{2h} \tag{2-4-15}$$

当标准具间隔 $h = 10 \text{ mm}$，波长 $\lambda = 600.0 \text{ nm}$ 时，$\Delta\lambda_{sr} = 0.018 \text{ nm}$.

（4）色分辨本领

谱线有一定的宽度，两谱线靠得很近时，会因重叠过多而分不清是一条谱线还是重叠着的两条谱线，如图 2-4-7(a)所示.

泰勒判据：设波长为 λ、$\lambda'(=\lambda+\Delta\lambda)$ 的同级谱线，强度基本相同，谱线主极大的距离为 $\Delta\theta$，谱线半强度宽度为 $\Delta\theta_\mp$，当 $\Delta\theta > \Delta\theta_\mp$ 时分辨无困难；当 $\Delta\theta < \Delta\theta_\mp$ 时不可分辨；当 $\Delta\theta = \Delta\theta_\mp$ 时恰好能分辨，如图 2-4-7 所示.

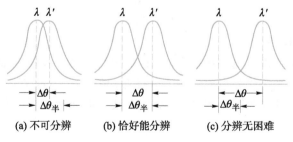

(a) 不可分辨　　(b) 恰好能分辨　　(c) 分辨无困难

◎ 图 2-4-7　色分辨标准的示意图

同级谱线角距离 $\Delta\theta$ 为

$$\Delta\theta = \frac{\mathrm{d}\theta}{\mathrm{d}\lambda}\Delta\lambda = D_\theta\Delta\lambda$$

按泰勒判据，当 $\Delta\theta = \Delta\theta_\mp$ 时，则 $-\Delta\lambda = \delta\lambda$，$\delta\lambda$ 称为最小可分辨波长差，即

$$\delta\lambda = \frac{\Delta\theta_{\text{半}}}{-D_\theta}$$

将(2-4-10)式和(2-4-14)式代入上式,化简得

$$\delta\lambda = \frac{(1-R)\lambda}{\pi k\sqrt{R}} = \frac{\lambda}{kF} \tag{2-4-16}$$

最小可分辨波长差 $\delta\lambda$ 越小,标准具的分辨能力越大.通常定义 λ 与 $\delta\lambda$ 的比值为分光仪器的色分辨本领 A,标准具的色分辨本领为

$$A = \frac{\lambda}{\delta\lambda} = kF \tag{2-4-17}$$

光强反射率 $R = 90\%$ 时, $F \approx 30$. 对中央条纹而言, $k = 2hn/\lambda$ 是一个很大的数. 若 $h = 100$ mm, $n = 1$, $\lambda = 500$ nm,则 $k = 4\times10^4$,分辨本领可达 1.2×10^6,最小可分辨波长 $\delta\lambda = 0.042$ nm. 比最好光栅的分辨本领还要大.

以上讨论假定了标准具两个内表面是理想的平面,也就是说对谱线角宽度而言,只考虑了反射率 R 的影响. 实际上,表面不平缺陷所带来的影响常常超过了反射率的影响. 因此,单纯提高反射率 R 不一定能收到良好的效果.

§2.5 薄膜光学简介

- 1. 正入射时光强反射率和透射率
- 2. 单层增透膜和增反膜
- 3. 多层介质反射膜
- 4. 干涉滤光片

三个透镜组成的相机镜头,若不采用薄膜工艺,界面反射损失的光能流可占入射光能流的 30%. 现代光学仪器常在透光界面镀增透膜,反光界面镀增反膜. 也有镀冷光膜制成冷光镜的,冷光膜对可见光增反(反射率 0.95 以上),对红外光增透(透射率 0.80 以上). 还可利用镀膜技术制成高质量的干涉滤光片等. 现代科学中,光学薄膜的应用极为广泛,相应创立了光学的一个分支——薄膜光学. 本节不准备讨论薄膜光学中的一般理论问题,而只是应用多光束干涉原理对薄膜系统的光学性质作些简要介绍.

1. 正入射时光强反射率和透射率

折射率分别为 n_1、n_2 的两介质,由平面界面分开,单色平面波从折射率为 n_1 的介质入射. 反射光强与入射光强的比值 R 称为光强反射率,折射光强与入射光强的比值 T_1 称为光强透射率. 为求得正入射时 R 和 T_1 的表示式,须先求得正入射时复振幅反射比 r 和复振幅透射比 t.

图 2-5-1 中,E、E' 和 E'' 分别表入射、反射和折射光电振动复振幅;H、H' 和 H'' 分别表入射、反射和折射光磁振动复振幅. 入射光线、反射光线和折射光线本应重合,为了便于标注

⊛ 图 2-5-1　正入射时复振幅
正向规定

各复振幅正指向规则,故意分开绘制.

平面电磁波中,有

$$\sqrt{\varepsilon_0 \varepsilon_r} E = \sqrt{\mu_0 \mu_r} H$$

对非铁磁性介质,$\mu_r = 1$,利用 $n = \sqrt{\varepsilon_r}$ 关系,可将上式改写为

$$H = n \sqrt{\frac{\varepsilon_0}{\mu_0}} E \qquad (2-5-1)$$

在电介质界面上,光波中电、磁振动矢量要满足切向分量连续的边值关系[①].在图 2-5-1 所示情况下,对电矢量取 y 轴为切向,对磁矢量取 x 轴为切向比较简便,边值关系可写为

$$E_y + E_y' = E_y'', \qquad H_x + H_x' = H_x''$$

即

$$E + E' = E'', \qquad -H + H' = -H'' \qquad (2-5-2)$$

利用(2-5-1)式,有

$$H = n_1 \sqrt{\frac{\varepsilon_0}{\mu_0}} E, \qquad H' = n_1 \sqrt{\frac{\varepsilon_0}{\mu_0}} E', \qquad H'' = n_2 \sqrt{\frac{\varepsilon_0}{\mu_0}} E''$$

利用上式,可将(2-5-2)式写为

$$E + E' = E'', \qquad -n_1 E + n_1 E' = -n_2 E''$$

解上两式得正入射时,复振幅反射比、复振幅透射比为

$$r = \frac{E'}{E} = \frac{n_1 - n_2}{n_1 + n_2} \qquad (2-5-3a)$$

$$t = \frac{E''}{E} = \frac{2n_1}{n_1 + n_2} \qquad (2-5-3b)$$

从(2-5-3a)式可以看出:当 $n_1 > n_2$ 时,$r > 0$,表示正入射时,内反射无相位跃变 π(无半波损失);当 $n_1 < n_2$ 时,$r < 0$,表示正入射时,外反射有相位跃变 π(有半波损失).(2-5-3b)式中 t 恒为正实数,表示折射不会有相位跃变.(2-5-3a)式和(2-5-3b)式是菲涅耳公式(见 §4.2 节)在正入射时的形式.

利用(2-5-3)式、(2-1-9b)式可得正入射时光强反射率和光强透射率为

$$R = \frac{I'}{I} = r^2 = \left(\frac{n_1 - n_2}{n_1 + n_2} \right)^2 \qquad (2-5-4a)$$

$$T_1 = \frac{I''}{I} = \frac{n_2}{n_1} t^2 = \frac{4 n_1 n_2}{(n_2 + n_1)^2} \qquad (2-5-4b)$$

式中 I、I' 和 I'' 分别表示入射、反射和折射光强.设光从空气($n_1 = 1.0$)正入射到折射率 $n_2 = 1.5$ 的玻璃界面时,$r = -20\%$,$R = 4\%$,$t = 80\%$,$T_1 = 96\%$.

2. 单层增透膜和增反膜

覆盖在玻璃表面上的单层透明薄膜,类似 §2.4 节中讨论的情况,在其上下两表面多次

[①]　见赵凯华、陈熙谋所著《电磁学》(第三版)(8.17)式、(8.15)式.

反射和透射的光,将发生多光束干涉,如图 2-5-2
所示.

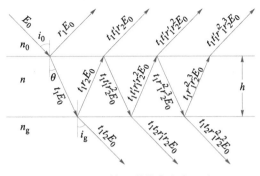

设玻璃基板的折射率为 n_g,膜层的折射率
为 n,膜层厚度为 h,膜层外侧介质折射率为
n_0. 光束自折射率为 n_0 介质进入薄膜,复振幅
透射比为 t_1,复振幅反射比为 r_1;光束自薄膜进
入折射率为 n_0 介质,复振幅透射比为 t_1',复振
幅反射比为 r_1';光束自薄膜进入基板,复振幅透
射比 t_2,复振幅反射比为 r_2.

◉ 图 2-5-2　**单层膜的多光束干涉**

相邻两反射光束间的相位差 δ 由(2-3-1)式决定,注意这里不引用(2-3-3)式,是因为
由反射引起的相位跃变,由复振幅反射比 r_1、r_1' 和 r_2 反映了.

$$\delta = \frac{2\pi}{\lambda}\Delta = \frac{2\pi}{\lambda}2nh\cos\theta \qquad (2-5-5)$$

各反射光束的复振幅依次为

$$E_1 = r_1 E_0 e^{i0}$$
$$E_2 = t_1 t_1' r_2 E_0 e^{i\delta}$$
$$E_3 = t_1 t_1' r_1' r_2^2 E_0 e^{i2\delta}$$
$$E_4 = t_1 t_1' r_1'^2 r_2^3 E_0 e^{i3\delta}$$
$$\cdots\cdots\cdots\cdots$$

叠加后的合反射光复振幅 E_R 为

$$\begin{aligned}
E_R &= E_1 + E_2 + E_3 + E_4 + \cdots \\
&= \left[r_1 + t_1 t_1' r_2 e^{i\delta} (1 + r_1' r_2 e^{i\delta} + r_1'^2 r_2^2 e^{i2\delta} + \cdots) \right] E_0 \\
&= \left(r_1 + \frac{t_1 t_1' r_2 e^{i\delta}}{1 - r_1' r_2 e^{i\delta}} \right) E_0 \qquad (2-5-6)
\end{aligned}$$

按(2-3-2)式有

$$r_1' = -r_1, \qquad t_1 t_1' + r_1^2 = 1$$

将上式代入(2-5-6)式,消去 r_1'、$t_1 t_1'$ 得

$$E_R = \frac{r_1 + r_2 e^{i\delta}}{1 + r_1 r_2 e^{i\delta}} E_0$$

膜层反射光强 E_R 与入射光强 I_0 的比值为

$$\frac{I_R}{I_0} = \frac{E_R E_R^*}{E_0^2} = \frac{(r_1 + r_2 e^{i\delta})(r_1 + r_2 e^{-i\delta})}{(1 + r_1 r_2 e^{i\delta})(1 + r_1 r_2 e^{-i\delta})}$$

即

$$\frac{I_R}{I_0} = \frac{r_1^2 + 2r_1 r_2 \cos\delta + r_2^2}{1 + 2r_1 r_2 \cos\delta + r_1^2 r_2^2} \qquad (2-5-7)$$

从 $dI_R/d\delta = 0$ 得膜层反射光强有极值的条件为

$$\delta = k\pi, \qquad k = 0, 1, 2, \cdots \qquad (2-5-8)$$

正入射情况，$\delta = 4\pi nh/\lambda$. I_R 存在极值的条件相当于膜层光学厚度 nh 为 $\lambda/4$ 的整数倍，即

$$nh = k\frac{\lambda}{4}, \quad k = 0,1,2,\cdots \tag{2-5-9}$$

正入射情况，复振幅反射比 r_1、r_2，按（2-5-3a）式为[①]

$$r_1 = \frac{n_0 - n}{n_0 + n}, \quad r_2 = \frac{n - n_g}{n + n_g} \tag{2-5-10}$$

将上两式代入（2-5-7）式，得正入射时，膜层反射光强与入射光强的比值为

$$\frac{I_R}{I_0} = \frac{(n_0 - n_g)^2\cos^2\dfrac{\delta}{2} + \left(\dfrac{n_0 n_g}{n} - n\right)^2\sin^2\dfrac{\delta}{2}}{(n_0 + n_g)^2\cos^2\dfrac{\delta}{2} + \left(\dfrac{n_0 n_g}{n} + n\right)^2\sin^2\dfrac{\delta}{2}} \tag{2-5-11}$$

$$\frac{I_R}{I_0} = \left(\frac{n_0 n_g - n^2}{n_0 n_g + n^2}\right)^2, \quad nh = \left(奇数倍\frac{\lambda}{4}\right) \tag{2-5-12a}$$

$$\frac{I_R}{I_0} = \left(\frac{n_0 - n_g}{n_0 + n_g}\right)^2, \quad nh = \left(偶数倍\frac{\lambda}{4}\right) \tag{2-5-12b}$$

图 2-5-3 是 $n_0 = 1.0$，$n_g = 1.5$ 的情况下，对给定 λ 和不同折射率 n 的镀膜材料，I_R/I_0 随 nh 变化的曲线.

从图 2-5-3 曲线不难看出如下结论：

① 要镀单层增反射膜，宜选用高折射率材料（$n > n_g$），膜层光学厚度 $nh = \lambda/4$ 或其奇数倍. 镀膜材料折射率比基板折射率越大，增反效果越好. 例如，在折射率为 1.50 的玻璃基板上镀硫化锌 ZnS（$n = 2.34$）的 $\lambda/4$ 膜层时，$I_R/I_0 = 32.5\%$.

② 要镀单层增透射膜，宜选用低折射率材料（$n > n_g$），膜层光学厚度 $nh = \lambda/4$ 或其奇数倍. 但不是镀膜材料折射率比基板折射率越小，增透效果就越好. 从（2-5-12a）式容易看出，当

$$n = \sqrt{n_0 n_g}\ 时，\quad I_R = 0 \tag{2-5-13}$$

◉ 图 2-5-3 正入射时不同折射率膜层的反射光强随光学厚度的变化

对折射率 $n_g = 1.50 \sim 1.60$ 的光学玻璃，按（2-5-13）式，$n = 1.23 \sim 1.27$. 目前还找不到折射率这么低的适宜镀膜的透明材料，镀增透膜常使用 $n = 1.38$ 的氟化镁（MgF_2）.

③ 从图 2-5-3 可以看出，单层膜的光学厚度为半波长时，不管该膜层折射率大于或小于基板的折射率，半波长膜层对光的反射能力与未镀膜时相同. 换句话说，镀膜的光学厚度增减半波长，对该波长光的反射或透射能力没有影响.

———————————————

① 这里故意回避了入射光中光矢的偏振状态对复振幅反射比的影响，详见 §4.2 节中菲涅耳公式. 但在正入射条件下，入射光偏振态只影响 r 的符号而不影响其绝对值，在（2-5-7）式中 r_1、r_2 不是以平方项出现，就是以 $r_1 r_2$ 形式出现，故 r 的符号不会影响结果.

3. 多层介质反射膜

镀高折射率的 $\lambda/4$ 膜层有增反效果,而且镀膜材料的折射率越高,增反效果越好.目前常用的增反膜材料是 ZnS($n = 2.34$),一般只能把 I_R/I_0 从未镀膜时的 4% 提高到 33% 左右.若要进一步提高,譬如达到 94% 以上,膜层折射率要求大于 10,这是目前办不到的.金属膜有很高的反射率,但它的吸收比较大.多层介质膜具有反射率高而吸收小的特点.它是由光学厚度 nh 为 $\lambda/4$ 的高折射率膜 H 和光学厚度为 $\lambda/4$ 的低射率膜 L 交替组成的膜系.如图 2-5-4 所示,膜系两端与玻璃板和空气接触的都是 H 膜,膜系的符号是 GHLH…LHA,或 GH(LH)^{p}A.其中 G 代表玻璃,A 代表空气,$2p+1$ 为膜系有膜层数.膜层数越多反射率越高,最高可达 99% 以上.

为什么这种膜系可以有这么高的反射率呢?我们可用等幅双光束干涉的原理定性地说明三层膜系 GHLHA 的情况.讨论只限于正入射,为了看清楚各条反射光束,故意绘成斜入射,如图 2-5-5 所示.三层膜系共有四个界面,从界面反射的光束依次为 a、b、c、d.它们之间的相位关系是:a 光束自界面 A 点反射是正入射外反射,有半波损失,或说有 $\lambda/2$ 的附加程差;b 光束自界面 B 点反射是正入射内反射,无半波损失,或说无附加程差,但在 H 层中来回一次有 $\lambda/2$ 程差,因此 a、b 同相位;以 b 光束为参考,再看 c 光束经界面 C 点反射时,有 $\lambda/2$ 附加程差,在 L 层中来回一次有 $\lambda/2$ 程差,故共有 λ 程差.所以 b、c 同相位.与上面类似,c、d 光束也同相位.由此看来这样的 H、L 交替薄膜,膜层数越多,参与相长干涉的光束数也越多,反射光也越强.

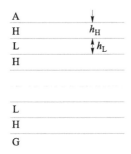

◎ 图 2-5-4　$\lambda/4$ 膜系

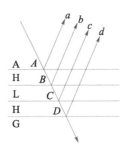

◎ 图 2-5-5　三层膜系

4. 干涉滤光片

干涉滤光片是利用多光束干涉原理制成的,它是从白光中提取单色光的多层膜系.滤光片比棱镜或光栅单色仪要轻便得多.普通有色玻璃滤光片的优点是透射率大,缺点是透过谱线的半强宽度太大.有一种用精胶加有机染料制成的精胶滤光片,虽可得到半强宽度很窄的谱线,但透射率只有 1% ~ 10%.干涉滤光片则兼有两者的优点.随着镀膜技术的发展,干涉滤光片的光学性能日益提高,在光电测试、激光测距等新技术中已广泛应用.

常用的干涉滤光片有两类.

① 全介质干涉滤光片.它实际上是在玻璃基板上镀有两组高反射膜系 H(LH)$^{P-1}$ 和 (LH)$^{P-1}$H,中间夹一个低折射率间隔层,最后加上保护玻璃,如图 2-5-6 所示.图中斜线薄层代表 H 层,空白薄层代表 L 层.

② 金属反射膜干涉滤光片,如图 2-5-7 所示.在玻璃基板上镀一层高反射率金属膜,金

属膜上镀一层透明介质膜作间隔层,然后再镀一层高反射率金属膜,最后加保护玻璃.

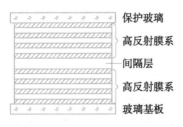

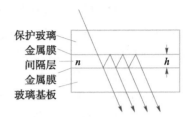

◎ 图 2-5-6　全介质干涉滤光片　　　　　　　◎ 图 2-5-7　金属反射膜干涉滤光片

对比图 2-5-6 和图 2-5-7 可以看出,它们在实际上可看作间隔层很薄的法布里-珀罗标准具.全介质干涉滤光片加工比较困难,实用上多用金属反射膜干涉滤光片.由于两者基本原理相似,下面只讨论全介质干涉滤光片的光学性质.

表征干涉滤光片的性能参量主要有三个:a.　中心波长 λ_0,即透射率最大的波长;b.　峰值透射率 τ;c.　透射带的半强宽度 $\delta\lambda$,即容许透过的波长范围,是表征滤光片单色性的参量.

(1) 中心波长

用一束平行白光,正入射到间隔层折射率和厚度分别为 n 和 h 的干涉滤光片上,按平行平板透射光多光束干涉的极大条件

$$2nh = k\lambda_{0k}^{①}, \quad k = 0, 1, 2, \cdots$$

可得滤光片透射率最大的第 k 级波长 λ_{0k} 为

$$\lambda_{0k} = \frac{2nh}{k}, \quad k = 0, 1, 2, \cdots \tag{2-5-14}$$

换句话说,白光正入射干涉滤光片后,得到多个透射带,各透射带的中心波长为 λ_{01},$\lambda_{02}, \lambda_{03}, \cdots$,由上式决定,$\lambda_{0k}$ 取决于间隔层的光学厚度 nh 和干涉级 k.若干涉滤光片间隔层光学厚度等于若干个可见光半波长,则可见光区各透射带中心波长是低干涉级的;如在波长上相隔很开,再借助于辅助的吸收型滤光器,或者依靠光强接收器的选择性波长响应,通常可抑制其他透射带而仅让中心波长为 λ_{0k} 的透射带通过.例如,若需一块只让中心波长 λ_0 为 632.8 nm 的透射带通过的滤光片,其他中心波长的透射带属抑制之列,应怎样选择间隔层的光学厚度呢?

如果选取间隔层光学厚度 $nh = \lambda_0/2 = 316.4$ nm. 按(2-5-14)式有一系列中心波长 λ_{0k} 的透射带通过,即

$$\lambda_{01} = 2nh = \lambda_0 = 632.8 \text{ nm}(一级)$$

$$\lambda_{02} = nh = \frac{1}{2}\lambda_0 = 316.4 \text{ nm}(二级)$$

$$\lambda_{03} = \frac{2}{3}nh = \frac{1}{3}\lambda_0 = 210.9 \text{ nm}(三级)$$

$$\cdots\cdots\cdots$$

在整个可见光区内只有中心波长 $\lambda_{01} = 632.8$ nm $= \lambda_0$ 的一级透射带,其余的各级透射带都在紫外区,而且基片强烈吸收紫外光,结果只剩下可见光区中心波长 $\lambda_{01} = 632.8$ nm 的透

---

① 对金属反射膜干涉滤光片,要考虑反射相位跃变的修正项.

射带通过,正符合要求.

如果选取间隔层的光学厚度 $nh=\lambda_0=632.8\ \mathrm{nm}$,按(2-5-14)式有一系列中心波长 λ_{0k} 的透射带通过,即

$$\lambda_{01}=2nh=2\lambda_0=1\,265.6\ \mathrm{nm}(一级)$$

$$\lambda_{02}=nh=\lambda_0=632.8\ \mathrm{nm}(二级)$$

$$\lambda_{03}=\frac{2}{3}nh=\frac{2}{3}\lambda_0=421.9\ \mathrm{nm}(三级)$$

$$\lambda_{04}=\frac{2}{4}nh=\frac{1}{2}\lambda_0=316.4\ \mathrm{nm}(四级)$$

由此看出,当光学厚度增加时,可见光区透射带的数目也随之增加,如果只要与中心波长 λ_0 相应的透射带通过,则要用附加滤光片将 $\lambda_{03}(421.9\ \mathrm{nm})$ 透射带滤掉.

若要求通过干涉滤光片的中心波长为 λ_0,则间隔层光学厚度为 $nh=\lambda_0/2$ 的叫做一级干涉滤光片;为 $nh=2\lambda_0/2$ 的叫做二级干涉滤光片……依此类推.常用的多是一、二级滤光片.

(2)峰值透射率

滤光片对中心波长 λ_0 的透射光强度 I_T 与入射光强度 I_0 之比称为峰值透射率 τ,即

$$\tau=\frac{I_T}{I_0} \tag{2-5-15}$$

当不考虑滤光片的吸收和散射损失时,如图 2-4-4 所示,$I_{T\max}$ 等于 I_0,即峰值透射率 $\tau=1$,由于玻璃及介质膜的吸收和散射,峰值透射率不可能等于 1.特别是金属反射膜滤光片,吸收更为严重,峰值透射率常在 30% 以下.

(3)透射带的半强宽度

干涉滤光片的主要优点是它有较窄的透射带半强光谱宽度 $\delta\lambda$,计算 $\delta\lambda$ 可将图 2-4-4 中 I_T/I_0-δ 曲线改换为 I_T/I_0-λ 曲线,如图 2-5-8 所示.δ 和 λ 的关系为

$$\delta=\frac{4\pi}{\lambda}nh$$

因此

$$\mathrm{d}\delta=-\frac{4\pi}{\lambda^2}nh\mathrm{d}\lambda=\frac{-2\pi K}{\lambda}\mathrm{d}\lambda$$

当 $\mathrm{d}\delta=\Delta\delta_{\text{半}}$ 时,则 $-\mathrm{d}\lambda=\delta\lambda$,即

$$\delta\lambda=\frac{\lambda_0}{2\pi k}\Delta\delta_{\text{半}}$$

按(2-4-9)式,有

$$\Delta\delta_{\text{半}}=\frac{2(1-R)}{\sqrt{R}}$$

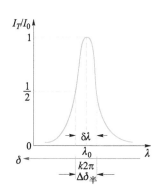

◎ 图 2-5-8　透射带半强光谱宽度

消去上两式中 $\Delta\delta_{\text{半}}$ 得

$$\delta\lambda=\frac{\lambda_0(1-R)}{\pi k\sqrt{R}}=\frac{\lambda_0}{kF} \tag{2-5-16}$$

上式说明了透射带半强光谱宽度 $\delta\lambda$ 与干涉级及高反射膜反射率的关系,k 和 R 越大,$\delta\lambda$ 越小,滤光片的单色性越好.值得指出:虽然(2-5-16)式和(2-4-16)式有相同的形式,但不能

认为干涉滤光片透射带半强光谱宽度和法布里-珀罗标准具的最小可分辨波长有相同数量级. 例如, $\lambda_0 = 610$ nm, $R = 95\%$, 则 $F = 61$, 对一级干涉滤光片而言 $\delta\lambda = 10$ nm, 对二级干涉滤光片而言, $\delta\lambda = 5$ nm. 对法布里-珀罗标准具而言, k 是一很大的数, 因而最小可分辨波长差比滤光片光谱宽度要小得多.

*§2.6 **一维光子晶体简介**

光子晶体是指折射率不同的介质在空间中周期性分布而成的结构, 这种结构具有调制光波传播行为的特性. 光子晶体的这种周期性结构使得其具有光子通带和光子带隙. 在光子带隙的频率窗口内, 光波在光子晶体里沿任何方向都不能传播; 而位于光子通带频率范围内的电磁波则可以几乎无损耗地传播. 例如, 光学多层介质膜, 通常可以看作一维光子晶体的一个特例 (见图 2-6-1), 是指由光学厚度为 $\lambda/4$ 的两种不同折射率材料组成的"原胞"周期性重复的多层薄膜结构. 这种光学多层介质膜结构常应用于制造抗反膜 (增透膜)、高反膜、带通滤光片等.

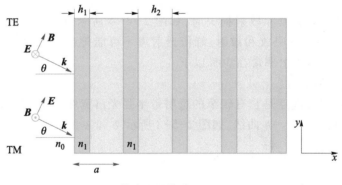

◎ 图 2-6-1 **一维光子晶体** (Science, Vol 282, 1678)

经典的反射镜多为金属反射镜, 如镀铝、银、金等的反射镜. 金属反射镜能够在很宽的波长范围 (可见光到近红外) 内实现几乎全角度反射, 但金属反射镜普遍存在由于吸收导致的能量损失问题. 相比之下, 多层介质膜反射镜由于不包含金属材料, 其吸收损耗极低. 因此, 多层介质膜反射镜能够在高增益激光器和低损耗滤光器中起到重要的作用. 但这种介质镜对入射角度十分敏感, 随着入射角度的增大, 反射带向高频移动, 而且不同偏振方向的电磁波的反射带会分离. 一维光子晶体虽然不存在真正意义上的完全带隙, 但拥有能完全反射所有入射角度和偏振方向电磁波的性质, 通常人们称之为"光子全向带隙", 如图 2-6-2 中黑色区域所示. 图中黑色实线是光锥 (light cone), 满足 $\omega = ck_y$, 只有在其之上的模式才能够在空气中传播. 人们利用多层介质膜结构光子全向带隙的特性, 制造了全向反射镜. 然而, 一维光子晶体的光子全向带隙的频率范围是非常有限的. 为了展宽一维光子晶体的全向带隙, 通过采用异质结结构或者引入准周期结构, 都能够有效地展宽全向带隙的范围. 例如, 中山大学研究小组通过将一维光子晶体结构与斐波那契准周期结构组合构成异质结构, 设计出宽带全角反射镜.

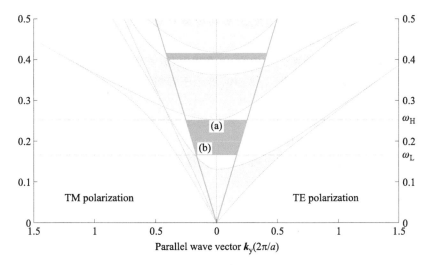

◉ 图 2-6-2　光子全向带隙（Science，Vol 282，1678）

此外，人们往一维光子晶体中引入缺陷，缺陷的出现改变了电磁波在光子晶体内部的干涉过程，因此在光子带隙内会出现缺陷模.对于有限周期的一维光子晶体结构，缺陷的引入导致在光子带隙内缺陷态对应的频率位置出现透射峰.与带隙内的相比，缺陷模的频率随着入射角度变化的改变量相对较小.根据一维光子晶体的这种特性，含有缺陷的一维光子晶体有望应用于能在较大入射角度范围内乃至所有入射角度范围内均能够使用、且性能保持不变的窄带滤波片.例如全介质法布里–珀罗干涉滤波片，即为窄带滤波片，但这种缺陷态对应的频率仍是入射角度的函数.

复习思考题

2-1 试述光的叠加原理.叠加和干涉有何区别和联系？能说出现亮暗相间条纹的就一定是光的干涉，未出现亮暗相间条纹的就一定不是光的干涉吗？

2-2 相干光的必要条件有哪些？实现相干光条件的主要矛盾在哪？影响干涉条纹可见度的有哪些因素？试比较之.

2-3 在真空中，有两个同初相位、同频率的相干点光源，波长为 λ，间距为 d.求两点光源所在平面的光强（极大值或极小值）分布.若从三维空间来看，光强分布又如何？

2-4 如果把图 2-2-1 所描述的杨氏双缝干涉装置作如下几种改变，屏上条纹会怎样变化？（采用单色光源.）

(1) 将双缝间距逐渐减小；

(2) 双缝间距不变，双缝与屏的距离逐渐减小；

(3) 将整个装置放置在水里；

(4) 屏和双缝 S_1、S_2 位置不变，将线光源 S 向下平移；

(5) 将光源 S 的狭缝慢慢张开.

2-5 海岸的峭壁上的雷达站，为什么容易发现从海面上空飞来的飞机，却难以发现贴近海面飞来的飞机？

2-6 图 2-2-7、图 2-2-8 所示相干平面波的干涉中，观察屏 Ox 的法线 ON 与 k_1、k_2 等分角

线 OO' 重合,现改为夹一小角度 ε(即将屏绕 O 轴转过 ε 角度).观察屏上亮条纹位置和亮条纹间距会怎样改变.

2-7 杨氏双孔干涉中,若用两个独立的、强度相同、波长相同的普通单色点光源 S_1、S_2(分别位于 $x=0$,$x=x$ 处),参考图 2-2-10,屏上干涉条纹可见度与两点光源间距 x 的关系为何?

2-8 怎样用牛顿环来测量光在空气中、水中的波长?已知光在空气中的速度,如何利用牛顿环测出光在水中的速度?

2-9 为何入射角变化,对很薄的膜相干光束光程的差影响不大,但对很厚的膜影响却很大?平常为何看不到窗玻璃的等厚干涉?

2-10 在透镜的磨制过程中,观察透镜加工面与样规间牛顿环的数目和移动特征,怎样判断透镜加工面曲率和样规曲率还差多少?是偏大还是偏小?

2-11 楔形薄膜和牛顿环的等厚干涉条纹、条纹间距有何不同,厚度增减时条纹怎样移动?间距会变化么?

2-12 吹肥皂泡时,初时很小,看不到什么彩色,肥皂泡吹大到一定程度时,才出现彩色;随着泡的增大,彩色会有变化;泡上出现暗斑的地方,最容易破裂.这些现象如何解释?

2-13 平常看牛顿环多从反射光方向看,若从透射光方向看,也能看到牛顿环吗?两者有何不同?

2-14 试讨论迈克耳孙干涉仪中,M_1 和 M_1' 的虚平板间距 h、光线入射角 θ、干涉级次 k 与干涉花样之间(单色光条件下)的各种变化关系.

(1) h 增加或减少时,注视某条纹,条纹是向中心收缩还是向外冒出,为什么?

(2) h 一定时,条纹的干涉级次从中心向外增加还是减少?θ 越大,条纹间距是越大还是越小?和等厚干涉中牛顿环比较,有何不同?为什么?

(3) h 的大小对条纹疏密有何影响?

2-15 怎样理解光的时间相干性?对准单色光有哪两种等价看法?相干长度(波列长度)和频谱宽度有何关系?

2-16 迈克耳孙星体干涉仪是一种利用空间相干性原理测量星体视角的装置,如思考题 2-16 图所示,从遥远星体来的两束光(平行光),射到可沿垂直于星光方向移动的两平面镜 M_1 及 M_2 上,再经两平面镜 M_3 及 M_4 反射,通过望远镜前面的双狭缝,在物镜 ob 像方焦平面 P 上叠加,M_1 和 M_2 的距离可以调节.试分析该装置能观测星体视角的道理.

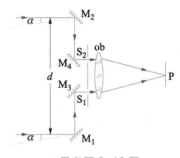

◉ 思考题 2-16 图

2-17 (1) 法布里-珀罗标准具的反射率 R 越大,$(I_R/I_0)_{max}$ 也越大,但 $(I_T/I_0)_{max}$ 却始终等于 1,R 增加表示反射光辐射通量增加,透射光辐射通量减少,何以能保持 $(I_T/I_0)_{max}$ 保持不变呢?

(2) 法布里-珀罗干涉仪(或标准具)两楔形玻璃板对相邻两透射光程差 $\Delta = 2nh\cos\theta$ 没有影响吗?

(3) 中央条纹和边缘条纹,哪一个分辨率高?哪一个半强角宽度大?两者似乎存在矛盾!试分析之.

2-18 试对牛顿环、迈克耳孙干涉仪等倾圆条纹、法布里-珀罗干涉仪圆条纹三者进行比较.从下表左列选答内容中挑选一个正确答案,将其数码填入同行的三个空格内.

选答内容	牛顿环	迈克耳孙干涉仪	法布里-珀罗干涉仪
(1) 分波面法　(2) 分振幅法			
(1) 等倾干涉　(2) 等厚干涉			
(1) 双光束　(2) 多光束　(3) 多光束按双光束处理			
(1) 定域中心在膜表面　(2) 不定域　(3) 定域中心在无穷远处			
中央条纹比边缘条纹的级次 (1) 高　(2) 低			
h 增加条纹(1)外帽(2)收缩			
h 增加条纹 (1) 变细　(2) 变粗　(3) 不变			
条纹中心 (1) 暗　(2) 亮　(3) 不定			
能否作高分辨率仪器? (1) 能　(2) 不能　(3) 不一定			

2-19 牛顿环实验若按思考题 2-19 图装置:玻璃板是由两部分拼成(冕牌玻璃 $n_1 = 1.50$ 和火石玻璃 $n_2 = 1.75$),透镜用冕牌玻璃($n_3 = 1.50$)制成,透镜与玻璃板之间充满二硫化碳($n_4 = 1.62$).试按单色光正入射情况下的复振幅反射比(2-5-3)式讨论相干光附加相位跃变,并画出牛顿环亮暗环分布示意图.

2-20 (1) 试证明:正入射时复振幅反射比、透射比表示式

$$r = \frac{n_1 - n_2}{n_1 + n_2}, \qquad t = \frac{2n_1}{n_1 + n_2}$$

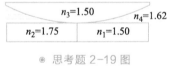

◈ 思考题 2-19 图

满足斯托克斯公式(2-3-2).

(2) 若折射率为 n_1、n_2 的介质无吸收,试证明在正入射情况下,要满足能流守恒(入射辐射通量恒等于反射辐射通量与折射辐射通量之和),必满足 $1 = r^2 + tt'$,即(2-3-2b)式.

2-21 考虑光正入射情况,有人认为:若在玻璃基板上镀光学厚度为 $\lambda/2$ 的低折射率膜,上下界面反射都有相位跃变 π,所以两表面反射光叠加同相位,因而反射光得到加强;若镀光学厚度为 $\lambda/2$ 的高折射率膜,由于上表面反射有相位跃变 π,下表面反射无相位跃变,所以两表面反射光叠加有相位差 π,因而反射光得到减弱.

简言之,有人认为:镀低折射率 $\lambda/2$ 膜有增反效果;镀高折射率 $\lambda/2$ 膜有增透效果.你认为正确吗? 为什么?

2-22 (2-5-12a)式和(2-5-12b)式分别表示镀 $\lambda/4$ 和 $\lambda/2$ 单层膜时,试写出 I_R/I_0 取极值的表示式.试指出什么条件下表示极大值,什么条件下表示极小值;什么条件下表示增反,什么条件下表示增透.

2-23 干涉滤光片有哪些主要的性能参量和优点?

习题

2-1 已知机械波波函数为 $y = 2\cos[\pi(0.5x - 200t)]$.
    (1) 判断其为平面波还是球面波?
    (2) 什么情况下该波函数表示纵波,什么情况下又表示横波?
    (3) x、y 以 cm 计,t 以 s 计,求振幅、波长、波速、频率和圆波数.
    (4) 写出 $x = 1$ cm 处的复振幅表示式.

2-2 已知机械波的波函数和介质中弹性势能密度为

$$y = A\cos\omega\left(t - \frac{x}{v}\right) \text{ 和 } \omega_p = \frac{1}{2}\rho A^2 \omega^2 \sin^2\omega\left(t - \frac{x}{v}\right)$$

上式中 ρ 为介质密度. 试求波的能量密度 ω、能流密度的瞬时值 I_t 和平均能流密度 I.

2-3 试证杨氏双缝干涉实验中,屏上光强因干涉而重新分布后,能量守恒并未被破坏.

2-4 设菲涅耳双棱镜的折射率 $n = 1.5$,顶角 $\alpha = 0.5°$,线光源 S 置于距双棱镜 $r = 100$ mm 之处,在距双棱镜 $l = 1.0$ m 远的屏上,获得干涉条纹的间距 $e = 0.8$ mm,整个装置如图 2-2-5 所示,置于空气中. 求光源波长. 若在双棱镜的上半部插入极薄的玻璃片,屏上干涉条纹有何变化?

2-5 菲涅耳双面镜干涉装置中,参考图 2-2-6,若光源和屏到两镜相交处的距离分别为 1 cm 和 100 cm,所用光波长为 0.60 μm,这时在屏上看到干涉条纹的间距为 1 mm,求两镜夹角 θ 和屏上亮条纹总数 N.

2-6 将焦距为 f' 的薄透镜,对半切开后,得到两片半透镜 L_1 和 L_2,如习题 2-6 图所示. S 为波长为 λ 的单色点光源,由 S 发出经透镜 L_1 的光线变成平行光束,由 S 发出经透镜 L_2 的光线在 S' 会聚后继续发散. 在平面波和球面波叠加区放置观察屏,屏上会出现一族同心半圆干涉条纹.
    (1) 求第 k 级亮环半径的表示式;
    (2) 求相邻亮环间距的表示式;
    (3) 讨论屏向右平移时,干涉花样有何变动.
    (注:本题计算时,不要求考虑光束在通过会聚点时,本应发生的 π 相位跃变,理由见玻恩、沃耳夫编写的《光学原理》8.8.4 节.)

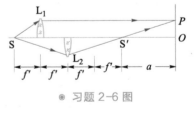

◉ 习题 2-6 图

2-7 菲涅耳双面镜干涉装置中,参考图 2-2-6,单色光源宽度为 b,波长为 λ. 求:
    (1) 屏上观察点 O' 处相干光的干涉孔径角 β;
    (2) 光源的临界宽度 b_c;
    (3) 按习题 2-5 数据,b_c 值为多大?

2-8 沿着与肥皂泡膜面法线成 35° 的方向观察,可见膜呈绿色($\lambda = 500$ nm). 设肥皂水的折射率为 1.33,求:
    (1) 肥皂泡膜的厚度;
    (2) 垂直方向观察时,膜又是什么颜色?

2-9 观察牛顿环装置,当透镜凸面顶点和平板间存在间隙 h 时,若采用干涉圆环的序数 m,中央亮点(或暗点)的序数为 0,依次向外数,亮环(或暗环)的序数是 $1, 2, 3, \cdots$,如习题 2-9 图所示.波长为 λ 的光正入射,透镜和平板为同种材料,透镜和平板之间介质折射率为 n.

(1) 若 h_0、n 使得中央条纹恰为亮点时,求各亮环半径 r_m 和各相邻亮环间距 e_m 的表示式;

(2) 若 h_0、n 使得中央条纹恰为暗点时,求各亮环半径 r_m 和各相邻亮环间距 e_m 的表示式.

2-10 精密测量角度的一种方法如习题 2-10 图所示,MN 为基准平面,A 为玻璃块规,角 θ_0 已精确测定,θ_x 为工件 B 的待测角.测量时,A、B 相互靠近,光线由右向左正入射,在 A、B 间的空气膜上产生等厚干涉,现用钠 D 线($\lambda = 589.3$ nm)测得条纹间距 $e = 2.00$ mm,已知 $\theta_0 = 90°0'12''$,求 θ_x 角.

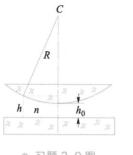

◎ 习题 2-9 图

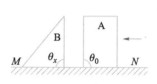

◎ 习题 2-10 图

2-11 (1) 用彼此凸面紧贴的两平凸透镜观察牛顿环.光波长为 λ,两平凸透镜凸面曲率半径分别为 R_1、R_2,求第 k 级暗环的半径.

(2) 凸面曲率半径为 R_1 的平凸透镜,凸面置于凹透镜凹面上,凹面曲率半径 $R_2 > R_1$,用以观察牛顿环.光波长为 λ,求第 k 级暗环的半径.

2-12 如习题 2-12 图所示,将迈克耳孙干涉仪作如下改变:单色点光源 S 位于透镜 L 物方焦点上,M_1 为平面镜,M_2 为半径为 R_2 的凹面镜,整个装置置于空气中,分光板 G 镀了金属膜(不要求考虑光反射时的相位跃变). 开始时,M_2 经分光板 G 所成虚像 M_2' 与 M_1 相切.问:

(1) 干涉条纹形状为何?属等倾干涉还是等厚干涉?

(2) 试导出亮环半径表示式.

(3) M_1 镜向上平移时,条纹会怎样移动?

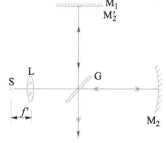

◎ 习题 2-12 图

2-13 使用迈克耳孙干涉仪做实验时,开始时在补偿片一侧有一层水膜,水膜逐渐蒸发过程中,观察到移动了 100 个干涉条纹.求水膜的厚度.光源为钠光灯($\lambda = 589.3$ nm),水的折射率 $n = 4/3$,补偿片和入射光成 45° 角.

2-14 准单色光的谱线宽度可用 $\Delta\lambda$、$\Delta\nu$ 表示,试证明:

$$\left|\frac{\Delta\nu}{\nu}\right| = \left|\frac{\Delta\lambda}{\lambda}\right|$$

若波长 $\lambda = 633$ nm,$\Delta\lambda = 2\times10^{-8}$ nm,试计算谱线宽度 $\Delta\nu$,相干长度 Δ_c 和相干时间 τ.

2-15 使用水银灯发出的绿光($\lambda = 546.0$ nm)进行干涉实验时,测得相干长度为 0.45 cm,求条纹的最高干涉级 k_c 和谱线宽度 $\Delta\lambda$.

2-16 已知波列长度为 L_0、中心波长为 λ_0 的准单色光,其波形曲线的复数表示式为

$$E(x) = E_0 e^{i2\pi x/\lambda_0}, \quad |x| \leqslant \frac{L_0}{2}$$

$$E(x) = 0, \qquad |x| > \frac{L_0}{2}$$

试用傅里叶变换,求该准单色光的谱线宽度 $\Delta\lambda$ 和波列长度 L_0 的关系式.

2-17 陆末-格尔克片使用长 $L = 300$ mm、厚度 $h = 10$ mm、折射率 $n = 1.52$ 的平板玻璃制成,如习题 2-17 图所示.试估计能得到的相干光线数目是多少.干涉主极强方向可能取哪些数值?(提示:图中 i_1 非常接近临界角,计算 α 时可近似取 i_1 为临界角.)

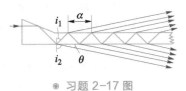

◉ 习题 2-17 图

2-18 一组法布里-珀罗标准具的间距分别为 1.0 mm、10.0 mm、60.0 mm 和 120 mm. 对 $\lambda = 550$ nm 光波而言,求其相应的自由光谱范围 $\Delta\lambda_{sr}$,若标准具反射面的光强反射率 $R = 90\%$,求其相应的最小可分辨波长差 $\delta\lambda$.

2-19 若法布里-珀罗干涉仪振幅反射比为 $r = 0.90$,试求:

(1) 该仪器最小的分辨本领;

(2) 要分辨氢红外线 $H\alpha$(656.3 nm)的双线($\Delta\lambda = 0.013\,60$ nm),用法布里-珀罗干涉仪研究时,其间隔应不小于多少?

2-20 将一块平板玻璃 K9($n = 1.516$)置于空气中,当辐射通量为 Φ_0 的光正入射时,求反射辐射通量和透射辐射通量各为多少?

2-21 当在折射率为 n_g 的玻璃基片上涂一层光学厚度 $nh = \lambda/4$ 的薄膜时:

(1) 当 $n_0 < n < n_g$ 时,波长为 λ 的光垂直入射,反射光取极小值;

(2) 当 $n > n_0, n > n_g$ 时,波长为 λ 的光垂直入射,反射光取极大值.

试绘出 $n_0 = 1.0, n_g = 1.5, nh = \lambda/4$ 时,$I_{R\min}$ 和 $I_{R\max}$ 与 n 的关系曲线.

2-22 有 A、B 两个法布里-珀罗型干涉滤光片,其透射光中心波长为 632.8 nm. A 为光学厚度 $(nh)_A = 632.8$ nm/2 的第一级滤光片,B 为光学厚度 $(nh)_B = 632.8$ nm 的第二级滤光片.反射率 R 分别为 0.90 和 0.98 两种情况下,这两个滤光片的透射带半强光谱宽度 $\delta\lambda_A$、$\delta\lambda_B$ 各为多少?

2-23 加工法布里-珀罗型第一级($k = 1$)干涉滤光片时,中心波长为 632.8 nm,反射率 $R = 0.98$,膜间距 (nh) 的误差 $\Delta(nh)$ 应控制在多大范围内,才可保证因此引起的透射光中心波长误差 $(\Delta\lambda_0) \leqslant$ 透射带半强光谱宽度 $(\delta\lambda)$.

第 3 章

光的衍射

光的衍射,原本的含义是指光波在传播过程中遇到障碍物(遮光屏或开孔之类)时,不再遵循几何光学传播规律的现象.如果几何光学定律严格成立,在障碍物后面应有光的阴影区,光与影之间有清晰的界限.而光存在衍射现象,也就说明光可以传播到障碍物的影区,光与影的界限也不像几何光学中描绘的那样清晰.

授课视频 3-1

遮光屏、开孔之类障碍物,只是改变障碍物前、后光场的振幅分布;大孔径的理想透镜、相位光栅之类的障碍物,只是改变障碍物前、后光场的相位分布;更普遍情况下的障碍物,既能改变相位分布,也能改变振幅分布.衍射理论中,凡是能改变光场复振幅分布的平面障碍物统称为衍射屏.衍射屏将整个光场分为前后两部分,前场为入射光波场,后场为衍射光波场.光波在传播过程中,由于衍射屏的存在,后场不同于无衍射屏时自由光场复振幅分布的现象均可称为衍射现象.

本章先介绍处理衍射现象的理论基础,然后讨论五个方面内容:圆孔的菲涅耳衍射和波带片,圆孔和多缝的夫琅禾费衍射,空间光栅,全息照相原理和傅里叶变换光学.

§3.1　光的衍射现象　惠更斯-菲涅耳原理

- 1. 光的衍射现象及其分类
- 2. 惠更斯-菲涅耳原理

1. 光的衍射现象及其分类

声波和无线电波的波长较长,在日常生活中可以明显地观察到它们的衍射现象.光波的波长很短,较为不易观察到衍射现象.在实验室条件下,可利用如图 3-1-1 所示装置演示一些光的衍射现象.将一束单色平行激光投射到可调圆孔光

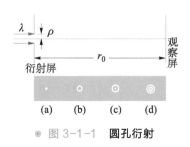

◎ 图 3-1-1　圆孔衍射

阑(衍射屏)上,在观察屏上看到的并不是简单的亮斑,而是按圆孔半径或观察屏位置的不同,观察屏上有时出现中央为亮斑,周围有亮暗交替圆环;有时出现中央为暗斑,周围有亮暗交替圆环.

若用 $\lambda = 632.8\ \text{nm}$ 的氦氖激光照射,在衍射屏和观察屏间距 $r_0 = 1.58\ \text{m}$ 的条件下:当圆孔半径 $\rho = 1\ \text{mm},1.14\ \text{mm},1.73\ \text{mm},2\ \text{mm}$ 时,观察屏上出现的衍射图案如图 3-1-1 中(a),(b),(c),(d)所示,若按几何光学的观点,观察屏上应该出现和圆孔大小一致、界限分明的亮斑.而事实上,光遇到衍射屏时都或多或少地偏离了几何光学传播规律,产生了衍射.

根据光源、衍射屏和观察屏三者间的位置关系可将衍射分为两类:一类叫做菲涅耳衍射或近场衍射,是光源和观察屏两者或两者之一到衍射屏距离不大的情形,见图 3-1-2;另一类叫做夫琅禾费(Joseph von Fraunhofer,1787—1826)衍射或远场衍射,是光源和观察屏距离衍射屏无穷远时的情形,见图 3-1-3,这时入射波和衍射波都可看作平面波.夫琅禾费衍射的实验装置如图 3-1-4 所示,点光源置于透镜 L_1 的物方焦点上,观察屏置于透镜 L_2 的像方焦平面上.

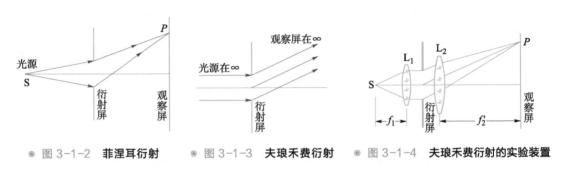

◎ 图 3-1-2 菲涅耳衍射　　◎ 图 3-1-3 夫琅禾费衍射　　◎ 图 3-1-4 夫琅禾费衍射的实验装置

2. 惠更斯-菲涅耳原理

1678 年,惠更斯为了说明波在空间各点逐步传播的机制,提出了如下假设:波所到达的各点都可看作发出球面子波的次波波源,这些次波的包络就是新的波阵面.

惠更斯原理虽然可以用来确定光波的传播方向,但它不能确定光波沿不同方向传播的振幅,因而无法确定衍射图案中的光强分布.

1818 年,菲涅耳在总结了前人研究成果的基础上,吸取了惠更斯原理中"次波"这一合理思想,在杨氏双缝干涉实验的启发下,加入了"次波相干叠加"的内容,将它发展为更完善的惠更斯-菲涅耳原理:点光源 S 对场点 P 的作用,可以看成 S 和 P 之间某波面 Σ' 上各点发出的次波在 P 点相干叠加的结果.

图 3-1-5 中 Σ' 为点光源 S 和场点 P 之间的一个波面,波面上的点 Q 元面积 $\mathrm{d}\sigma$ 对 P 点复振幅的贡献 $\mathrm{d}\tilde{E}(P)$ 为

$$\mathrm{d}\tilde{E}(P) \propto \begin{cases} \tilde{E}(Q) & \text{——次波源复振幅;} \\ \mathrm{d}\sigma & \text{——次波源的元面积;} \\ e^{ikr}/r & \text{——次波源发射球面波;} \\ F(\theta) & \text{——倾斜因子,菲涅耳假定 } \theta \leqslant \pi/2 \text{ 时,} \\ & \quad F(\theta) = \cos\theta; \theta \geqslant \pi/2 \text{ 时,} F(\theta) = 0. \end{cases}$$

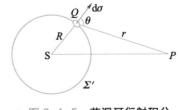

◎ 图 3-1-5 菲涅耳衍射积分

场点 P 处的复振幅 $\tilde{E}(P)$ 为

$$\tilde{E}(P) = K \int_{\Sigma'} \tilde{E}(Q) \frac{1}{r} e^{ikr} F(\theta) d\sigma \qquad (3-1-1)$$

上式称为菲涅耳衍射积分公式,1882 年,基尔霍夫(Gustav Robert Kirchhoff,1824—1887)用严格的数学理论,在 $kr \gg 1$ 近似下,求解了标量波的波动方程,得到场点 P 的复振幅 $\tilde{E}(P)$ 为

$$\tilde{E}(P) = \frac{1}{i\lambda} \int_{\Sigma} \tilde{E}(Q) \frac{e^{ikr}}{r} \frac{\cos\theta_0 + \cos\theta}{2} d\sigma \qquad (3-1-2)$$

上式称为菲涅耳-基尔霍夫衍射公式,要注意(3-1-2)式中的 Σ 面不一定是波面(等相位面),它可以是任何包围光源 S 的闭合曲面,如图 3-1-6 所示. θ_0 为 SQ 和面元 $d\sigma$ 法线间的夹角,θ 为 $d\sigma$ 法线和 QP 间的夹角.对比(3-1-1)式和(3-1-2)式,可以看出,比例因子

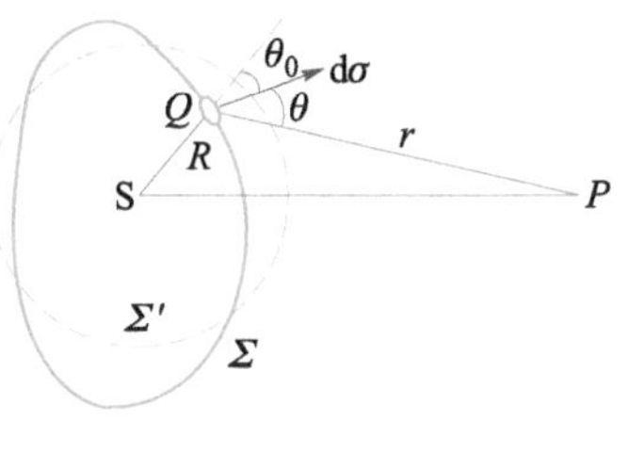

$$K = \frac{1}{i\lambda} = \frac{1}{\lambda} e^{-i\pi/2} \qquad (3-1-3)$$

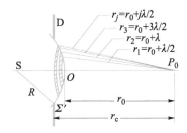
◎ 图 3-1-6　基尔霍夫衍射积分

这表明次波源相位比入射波超前 $\pi/2$,而倾斜因子

$$F(\theta_0, \theta) = \frac{\cos\theta_0 + \cos\theta}{2} \qquad (3-1-4)$$

当积分曲面 Σ 取波面 Σ' 时,$\theta_0 = 0$,$F(\theta) = (1 + \cos\theta)/2$,和菲涅耳当时的假设并不一致.

(3-1-2)式中的积分,一般来说是很复杂的,只有在某些简单的情形下,才能求得问题的准确解.但是,在部分具有对称性的简单问题中,可以用"半波带法"将积分运算简化为代数运算,从而求得问题的近似解.在(3-1-2)式中,用以表示复数量的符号"~",以后一律略去.

§3.2　圆孔的菲涅耳衍射　波带片

- 1. 圆孔的菲涅耳衍射
- 2. 波带片及其应用

1. 圆孔的菲涅耳衍射

图 3-2-1 中,S 是单色点光源,D 是圆孔衍射屏,场点 P_0 位于过 S 且垂直衍射屏 D 的轴线上.这里主要介绍应用半波带法半定量地解释圆孔的菲涅耳衍射现象.

(1)半波带法

利用菲涅耳-基尔霍夫衍射公式求图中 P_0 点的复振幅,数学上需要进行复杂的积分计算.为了简化运算,将波面 Σ' 上面元 $d\sigma$ 用 $\Delta\sigma_j$ 来代替,使得从 $\Delta\sigma_j$ 到 P_0 点的平均光程为 $\lambda/2$,这样的小面积 $\Delta\sigma_j$ 称为半波带.与圆孔密接的波面 Σ'(球面),其半径为 R,P_0 点距该球面顶点 O 的距离为 r_0,以 P_0 点为球心,以

◎ 图 3-2-1　圆孔波面上的半波带

$$r_j = r_0 + j\frac{\lambda}{2}, \quad j = 1, 2, 3, \cdots, n$$

为半径作球面,这些球面与波面 Σ' 相截,并将其分成许多环状半波带,如图 3-2-1 所示,$\Delta\sigma_j$ 表示第 j 个半波带面积.

取闭合曲面 $\Sigma = \Sigma' + \Sigma_1 + \Sigma_2$,$\Sigma_1$ 表示衍射屏上的遮光部分,由于 Σ_1 上 $E(Q) = 0$,对积分无贡献.Σ_2 可理解为以 P_0 中心,和 Σ_1 密接的大球部分球面(图中未绘出).玻恩(Max Born, 1882—1970)对此作了详尽的推导,证明其对积分贡献为零[1].即(3-1-2)式只需对与衍射屏上圆孔密接的波面部分 Σ' 求积分,即

$$E(P_0) = \int_{\Sigma'} dE(P_0) = \frac{-i}{2\lambda} E(Q) \sum_{j=1}^{n} (1+\cos\bar{\theta}_j)\frac{\Delta\sigma_j}{\bar{r}_j}\exp(ik\bar{r}_j) = \sum_{j=1}^{n} E_j(P_0)$$

$$(3-2-1)$$

式中 n 表示圆孔所包含的半波带总数,$E(Q)$ 是波面 Σ' 上复振幅,这里是复常量,$\bar{\theta}_j$ 表示第 j 个半波带的平均倾角,$\bar{r}_j$ 表示第 j 个半波带到 P_0 点的平均距离,$E_j(P_0)$ 表示第 j 个半波带在场点 P_0 的复振幅,由于相邻带 $\bar{r}_j$ 相差 $\lambda/2$,即相邻带复振幅的幅角相差 π,故可将(3-2-1)式改写为

$$|E(P_0)| = |E_1(P_0)| - |E_2(P_0)| + \cdots + (-1)^{n-1}|E_n(P_0)| \qquad (3-2-2)$$

令 $\qquad |E(P_0)| = A_n, |E_1(P_0)| = a_1, |E_2(P_0)| = a_2, \cdots, |E_n(P_0)| = a_n$

$$|E_j(P_0)| = a_j \propto (1+\cos\bar{\theta}_j)\frac{\Delta\sigma_j}{\bar{r}_j} \qquad (3-2-3)$$

其中 A_n 表示 P_0 点振幅,a_j 表示第 j 个半波带对 P_0 点贡献的振幅,则(3-2-2)式可写为

$$A_n = a_1 - a_2 + a_3 - a_4 + \cdots + (-1)^{n-1}a_n \qquad (3-2-4)$$

上式表明,若引入半波带,则对 P_0 点振幅的复数积分计算可近似用各半波带实振幅 a_j 的代数运算代替.

(2)A_n 的进一步估计

为了对(3-2-4)式作进一步的简化,必须先依据(3-2-3)式估计不同 a_j 之间的相对大小,这么一来,又必须分别比较 $\Delta\sigma_j$、$\bar{r}_j$ 和 $(1+\cos\bar{\theta}_j)$ 随 j 的变化规律.

由图 3-2-2 容易看出,第 j 个半波带面积 $\Delta\sigma_j$ 中的无穷小环带面积 $d\sigma$ 为

$$d\sigma = 2\pi(R\sin\varphi)Rd\varphi$$

按余弦定理有

$$r^2 = R^2 + (R+r_0)^2 - 2R(R+r_0)\cos\varphi$$

对上式微分得

$$2rdr = 2R(R+r_0)\sin\varphi d\varphi$$

将上式代入 $d\sigma$ 式,消去 $\sin\varphi d\varphi$,得

$$d\sigma = 2\pi\frac{R}{(R+r_0)}rdr$$

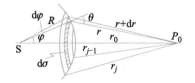

◉ 图 3-2-2　计算第 j 个半波带面积

---

[1]　详见《光学原理》(第 7 版),[德]马科斯·玻恩,[美]埃米尔·沃耳夫著,杨葭荪译.

$$\Delta\sigma_j = \frac{2\pi R}{(R+r_0)}\int_{r_{j-1}}^{r_j} r\,\mathrm{d}r = \frac{\pi R\lambda}{(R+r_0)}\left(r_0+j\frac{\lambda}{2}-\frac{\lambda}{4}\right) \tag{3-2-5}$$

上式表明半波带面积 $\Delta\sigma_j$ 随着 j 的增大也稍微有所增加.

从图 3-2-1 容易求出第 j 个半波带到 P_0 点的平均距离 $\overline{r_j}$ 为

$$\overline{r_j} = \frac{1}{2}(r_j+r_{j-1}) = \frac{1}{2}\left[\left(r_0+j\frac{\lambda}{2}\right)+r_0+(j-1)\frac{\lambda}{2}\right] = r_0+j\frac{\lambda}{2}-\frac{\lambda}{4} \tag{3-2-6}$$

将(3-2-5)式和(3-2-6)式代入(3-2-3)式,得

$$a_j \propto (1+\cos\overline{\theta_j})\frac{\pi R\lambda}{R+r_0}$$

上式表明,各半波带在 P_0 处的振幅贡献只与倾角有关,半波带序号 j 越大,倾角 $\overline{\theta_j}$ 亦越大,因各半波带在 P_0 处的振幅贡献将随 j 的增大而单调减小,即 $a_1>a_2>a_3>\cdots>a_n$. 对单调下降序列,近似有

$$a_2 = \frac{a_1}{2}+\frac{a_3}{2}, \quad a_4 = \frac{a_3}{2}+\frac{a_5}{2}, \quad \cdots \tag{3-2-7}$$

当 n 为奇数时,(3-2-4)式可写为

$$A_n = \frac{a_1}{2}+\left(\frac{a_1}{2}-a_2+\frac{a_3}{2}\right)+\cdots+\left(\frac{a_{n-2}}{2}-a_{n-1}+\frac{a_n}{2}\right)+\frac{a_n}{2}$$

当 n 为偶数时,(3-2-4)式可写为

$$A_n = \frac{a_1}{2}+\left(\frac{a_1}{2}-a_2+\frac{a_3}{2}\right)+\cdots+\left(\frac{a_{n-3}}{2}-a_{n-2}+\frac{a_{n-1}}{2}\right)+\frac{a_{n-1}}{2}-a_n$$

利用(3-2-7)式,上两式可简化为

$$A_n = \begin{cases} \dfrac{a_1}{2}+\dfrac{a_n}{2} & (n\text{ 为奇数时}) \\[2mm] \dfrac{a_1}{2}+\dfrac{a_{n-1}}{2}-a_n = \dfrac{a_1}{2}-\dfrac{a_n}{2} & (n\text{ 为偶数时}) \end{cases} \tag{3-2-8}$$

上式表明,对所考察的 P_0 点而言,当圆孔露出的波面上包含奇数个半波带时,P_0 点有极大光强;当其包含偶数个半波带时,P_0 点有极小光强. 若 n 为很小整数,a_1 与 a_n 相差甚微,(3-2-8)式又可近似为

$$A_n = \begin{cases} a_1 & (n\text{ 为很小的奇数时}) \\ 0 & (n\text{ 为很小的偶数时}) \end{cases} \tag{3-2-9}$$

利用图 3-2-3 不难求出半波带总数 n 和 R、r_0、λ 以及圆孔半径 ρ_n 之间的关系. 由于

$$R^2-(R-h)^2 = \left(r_0+j\frac{\lambda}{2}\right)^2-(r_0+h)^2$$

解得

$$h = \frac{j\lambda\left(r_0+j\dfrac{\lambda}{4}\right)}{2(R+r_0)} \approx \frac{j\lambda r_0}{2(R+r_0)}$$

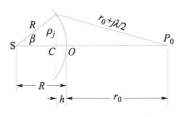

◎ 图 3-2-3 **计算半波带数**

而

$$h = \frac{\rho_j^2}{2R}$$

上式推导可参考(2-3-6)式,消去上两式中 h 得

$$j = \frac{\rho_j^2(R+r_0)}{\lambda r_0 R} \tag{3-2-10}$$

令上式中 $\rho_j = \rho_n$(圆孔半径),则 $j = n$(半波带总数),即

$$n = \frac{\rho_n^2(R+r_0)}{\lambda r_0 R} \tag{3-2-11}$$

（3）圆孔菲涅耳衍射花样

上述半波带法也可以应用到衍射场中任一点. 例如,可用半波带法来研究不通过对称轴线 SO 上的任意点 P_1,如图 3-2-4 所示,连接 SP_1 交波面于 O_1 点,以 O_1 点为中心对 P_1 点作半波带,用①、②、③等依次表示各露出的半波带面积,连线 SP_1 对圆孔不对称,故最边缘有几个带不完全,图 3-2-5 所示的⑤、⑥就是这种情形,这些带对 P_1 点振幅的贡献就不单纯取决于带数,也取决于各带残缺情况. 精确计算不容易,但也不难想象,由 P_1 点逐渐往外,有些地方光较强,另一些地方光较弱. 在图 3-2-5 所示情形,①和②的作用相消,③和④的作用基本相消,⑤和⑥的作用大部分相消,所以它们对 P_1 点合振幅的贡献很小,P_1 点处基本上是暗的.

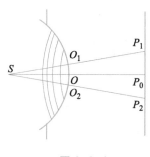

◎ 图 3-2-4

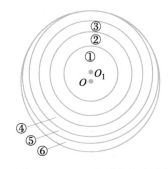

◎ 图 3-2-5　P_1 点对应的半波带

若再往外考察 P_2 点,这时露出的半波带如图 3-2-6 所示,①和②的作用相消,③>④,⑤>⑥,而且还多出一块⑦,故 P_2 点比 P_1 点要亮些. 当考察远轴点时,露出的半波带就会如图 3-2-7 所示,基本上是均匀排列的,互相抵消得更明显. 所以,离 P_0 点远的区域是暗的. 只要注意到整个图形对 SO 轴有回转对称性,则不难理解 P_0 点周围将呈现亮暗交替圆环条纹.

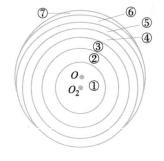

◎ 图 3-2-6　P_2 点对应的半波带

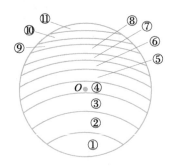

◎ 图 3-2-7　远轴点对应的半波带

2. 波带片及其应用

设想制作与图 3-2-1 中露出波面 Σ' 重合的球帽状波带片,将序号为偶数的半波带涂黑,只让光从序号为奇数的半波带中通过,它们在 P_0 点处相位只差 2π 整倍数,因而振幅的贡献都是相长的,若有 m 个奇数序号的半波带,P_0 点的振幅约为 ma_1,是波面完全未受阻时的振幅 $a_1/2$ 的 $2m$ 倍.光强是波面完全未受阻时的 $4m^2$ 倍.通常将相邻序号半波带的振幅(或相位)改变的衍射屏称为波带片.激光准直仪中的波带片就是在玻璃板上涂制一定的黑白图案制成的.不同的是不用球帽形玻璃,而是用平板玻璃.

由平板玻璃上涂有环形黑带构成的波带片称为环形波带片,图 3-2-8 为计算环形波带片各环带半径公式的参考图,S 表示单色点光源,P_0 表示观察点,环形波带片 AA' 与 SP_0 连线正交,交点 C 为波带片中心.

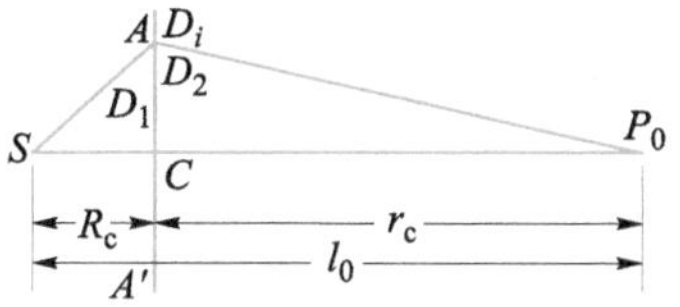

◎ 图 3-2-8　环形波带片中各环带半径的计算

设 $SC = R_c$,$CP_0 = r_c$,$SP_0 = R_c + r_c = l_0$,$D_1,D_2,\cdots,D_j,\cdots$ 表示各环带边缘点.按半波带要求应有

$$SD_1 + D_1 P_0 = l_0 + \frac{\lambda}{2}$$

$$SD_2 + D_2 P_0 = l_0 + 2\frac{\lambda}{2}$$

$$\cdots\cdots\cdots\cdots$$

$$SD_j + D_j P_0 = l_0 + j\frac{\lambda}{2} \qquad (3\text{-}2\text{-}12)$$

令 $\rho_j = CD_j$,则(3-2-12)式可写为

$$\sqrt{R_c^2 + \rho_j^2} + \sqrt{r_c^2 + \rho_j^2} = (R_c + r_c) + j\frac{\lambda}{2} \qquad (3\text{-}2\text{-}13)$$

实际装置中常满足 $r_c \gg \rho_j$,所以有

$$\sqrt{r_c^2 + \rho_j^2} = r_c\left(1 + \frac{\rho_j^2}{2r_c^2} + \cdots\right) \approx r_c + \frac{\rho_j^2}{2r_c}$$

将上式代入(3-2-13)式,平方后整理得

$$\rho_j = \sqrt{\frac{jR_c r_c \lambda}{R_c + r_c}} \qquad (3\text{-}2\text{-}14)$$

值得指出,上式和(3-2-10)式在形式上虽然相似,但要注意 R_c 和 R,r_c 和 r_0 的区别,波带片环带尺寸要十分精确,常采用精缩照相制版的办法.先在一张白纸上按(3-2-14)式绘出放大的波带片图样(例如 $1:20$),这样可以得一很精确的图样,然后用照相的办法将此图案精缩(缩小倍率为 $20:1$)制版,显影定影后即得到一个波带片.波带片通常有十几个到上百个环带,环带越多,所得光点越小、越强.

有趣的是,若将(3-2-14)式改写为下列形式:

$$\frac{1}{r_c} + \frac{1}{R_c} = \left(\frac{\rho_j^2}{j\lambda}\right)^{-1}$$

上式与几何光学中薄透镜物像关系式十分类似,若令

$$f'\,(=f) = \frac{\rho_j^2}{j\lambda} \qquad (3\text{-}2\text{-}15)$$

为波带片(又称菲涅耳透镜)焦距,则(3-2-14)式可写为

$$\frac{1}{r_c} + \frac{1}{R_c} = \frac{1}{f'} \quad \text{或} \quad \frac{f'}{r_c} + \frac{f}{R_c} = 1 \qquad (3\text{-}2\text{-}16)$$

形式.只要注意 $s'=r_c, s=R_c$,则上式和高斯公式形式上完全相同,因此(3-2-16)式又称菲涅耳透镜公式.由此可知,使用同一片波带片,调节光源 S 的距离 R_c,便可改变光点 P_0 的距离 r_c.

从(3-2-15)式不难看出波带片的焦距与波长成反比,是色差严重的"透镜",也须使用时间相干性(单色性)很好的光源.

值得指出:菲涅耳透镜除了有主实焦点外,还有 $f'/3, f'/5, f'/7, \cdots$ 次实焦点;焦距为 $-f'$ 的主虚焦点和焦距为 $-f'/3, -f'/5, -f'/7, \cdots$ 的次虚焦点.

菲涅耳透镜相比普通透镜的优越之处在于通光面积大、轻便、可折叠,它还不具有普通透镜的球差、彗差等单色像差,不难制造出长焦距菲涅耳透镜,而长焦距玻璃透镜的设计和加工都困难.再者,用照相复制方法制造菲涅耳透镜亦比光学玻璃冷加工更高效.尤其是易于制作微波、红外、紫外、X 射线波段的波带片,大大开拓了菲涅耳透镜的应用范围.

激光衍射闪直仪的基本结构如图 3-2-9 所示,倒置的望远镜,一方面作为激光扩束器,另一方面使激光聚焦于 S 点,可作为波带片的点光源(虚物).图 3-2-9(a)中 S 在右侧无穷远处,图 3-2-9(b)中 S 在波带片的 F 上.当 R_c 改变时,r_c 的值也随着变化,对望远镜调焦起着调节像点 P_0 位置的作用.波带片紧贴望远镜物镜条件下,要使波带片成实像点 P_0 于波带片右侧,S 必须是虚物点,这时波带片的 f' 至少要等于实际所需要的准直距离.

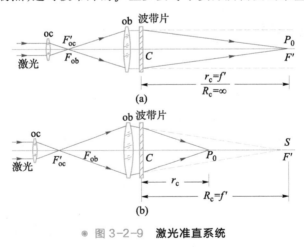

◎ 图 3-2-9　激光准直系统

§3.3　单缝的夫琅禾费衍射

— 1. 实验装置和现象
— 2. 衍射光的强度分布

夫琅禾费衍射是光学仪器中最常见的衍射现象,单缝、圆孔等夫琅禾费衍射尤为常见.

为了简单且不失一般性,先讨论单缝的夫琅禾费衍射.

1. 实验装置和现象

实验装置如图 3-3-1 所示,单色点光源 S 置于透镜 L_1 的物方焦点上,经 L_1 转换为平行光,若波面未受限制,将在透镜 L_2 的像方焦点 P_0 处会聚成一亮点.如果在两透镜之间插入单狭缝来限制成像光波的波面(透镜的边框也会限制波面,这里设想透镜通光口径很大,忽略这种限制带来的衍射效应),这时在屏上出现的不再是亮点,而是与狭缝正交方向上扩展的一组明暗相间的短亮线.

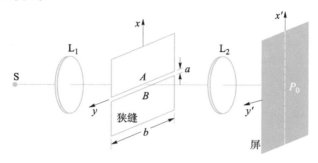

◎ 图 3-3-1　单缝的夫琅禾费衍射实验装置示意图

若使用与狭缝平行的单色线光源,线光源可看成由不相干点光源组成,各点光源形成一组图 3-3-1 屏上的衍射花样,只是位置沿 y' 方向彼此错开,它们不相干叠加的结果,见图 3-3-2,其特征是中央有一特别明亮的条纹,两侧对称地排列着一些强度越来越弱的,方向与狭缝平行的明暗相间条纹.两侧亮纹大体上是等宽的,而中央亮纹的宽度约为两侧亮纹的两倍.

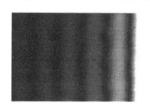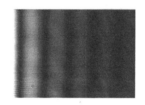

◎ 图 3-3-2　线光源时单缝的夫琅禾费衍射条纹

2. 衍射光的强度分布

用半波带法、振幅矢量图解法和复振幅积分法三种方法来讨论单缝夫琅禾费衍射的光强分布.第一种方法可以很简单地得到定性的结果,后两种方法可以给出定量的衍射光强度分布公式.

（1）半波带法

设图 3-3-1 所示装置中,狭缝长度 b 与宽度 a 相比、以及 b 与波长 λ 相比均为无限大,则可认为在狭缝长度方向不发生衍射.因此,只需考虑与狭缝正交截面上的衍射光强分布,图 3-3-3 就是图 3-3-1 装置的截面图.

狭缝 AB 上每个次波源朝各个方向发射光波,同方向光波的光线会聚于屏上同一点.先考虑衍

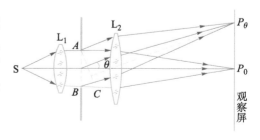

◎ 图 3-3-3　单缝夫琅禾费衍射装置截面图

射角 θ 为零的一组平行的衍射线,它们在透镜 L_2 的像方焦点 P_0 处叠加,由于光程彼此相等,在 P_0 点处各振动互相加强,所以这里具有主极大光强.

再考虑衍射角 θ 不为零的一组平行衍射光线,在屏上 P_θ 点处叠加,但光程彼此不同.从狭缝 A 点作这些衍射线的垂线 AC,AC 上各点到点 P_θ 的光程彼此相等,而 AB 又是等相面(波面),所以狭缝边缘衍射线之间有光程差 $\Delta = a\sin\theta$,随 θ 角的增加而增加.若 θ 增大到恰好 $\Delta = \lambda$,如图 3-3-4(a)所示,则可将狭缝平分为两个半波面,两半波带对应点衍射线到点 P_θ 的光程差为 $\lambda/2$,为相消干涉.也就是说,在衍射角满足 $a\sin\theta = \lambda$ 的特定方向上光强为零,屏上相应地出现第一条暗纹.

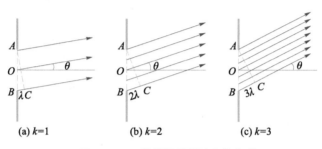

◎ 图 3-3-4　单缝衍射的暗条纹条件

同理,当衍射角满足

$$a\sin\theta = k\lambda, \quad k = \pm1, \pm2, \pm3, \cdots \tag{3-3-1}$$

条件时,可以将狭缝分为偶数($2k$)个半波带,图 3-3-4 中(b)、(c)分别对应 $k=2$、$k=3$ 情况.而每对相邻半波带的作用是相消干涉,从而在屏上相应 P_θ 点出现第 k 级暗条纹.(3-3-1)式可看成单缝衍射的暗条纹条件.

(2)振幅同步矢量图解法

按惠更斯-菲涅耳原理,可以将波面 AB 分割成 N(很大的正整数)个等宽的窄带,在近轴近似条件下,将它们看作振幅都相同的次波源,将每一窄带发出的衍射线在 P_θ 点的振幅贡献用一些等长的小矢量代表,如图 3-3-5 所示.两相邻窄带向 P_θ 点发出的衍射线相位差 dδ 为

$$\mathrm{d}\delta = \frac{\delta}{N} = \frac{2\pi}{\lambda}\frac{a\sin\theta}{N}$$

求 N 个窄带发出的衍射线在 P_θ 点引起的合振幅 A_θ,实际上就是将 N 个长度相等的小矢量,逐个转过相同的角度 dδ 首尾衔接起来,如图 3-3-5 所示.显然从 A 到 B 各小矢量组成等多边形的一部分,当 $N \to \infty$ 时,是一段圆弧.设圆弧的圆心为 O,半径为 R,圆弧所张圆心角 $\angle AOB$ 等于点 A、B 处圆弧切线间的夹角,根据振幅矢量作图法,它应当等于狭缝边缘衍射线在 P_θ 点的相位差 δ,于是 A_θ 为

$$A_\theta = |AB| = 2R\sin\frac{\delta}{2}$$

而

$$R = \frac{|\widehat{AB}|}{\delta}$$

所以

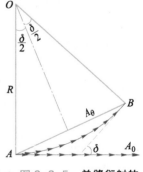

◎ 图 3-3-5　单缝衍射的
振幅矢量图解法

$$A_\theta = \left| \widehat{AB} \right| \frac{\sin(\delta/2)}{\delta/2} = \left| \widehat{AB} \right| \operatorname{sinc} \frac{\delta}{2} \qquad (3\text{-}3\text{-}2)$$

通常称 $\sin(\delta/2)/(\delta/2)$ 为 $(\delta/2)$ 的 sinc 函数.

当 $\theta \to 0$ 时, $\delta \to 0$, 由小矢量连接而成的弧形链条舒展成一根直线, 但其长度不变, 该长度就是 P_0 点的合振幅 A_0. 也就是说, $\left| \widehat{AB} \right|$ 等于 A_0. 因此, (3-3-2)式可写为

$$A_\theta = A_0 \operatorname{sinc} \frac{\delta}{2} = A_0 \operatorname{sinc} \alpha \qquad (3\text{-}3\text{-}3)$$

$$\alpha = \frac{\delta}{2} = \frac{\pi a \sin \theta}{\lambda} \qquad (3\text{-}3\text{-}4)$$

P_0 点和 P_θ 点的光强分别与 A_0^2 和 A_θ^2 成正比, 故

$$I_\theta = I_0 \operatorname{sinc}^2 \alpha = I_0 \operatorname{sinc}^2 \frac{\delta}{2} \qquad (3\text{-}3\text{-}5)$$

上式是单缝夫琅禾费衍射的强度分布公式. 图 3-3-6 绘出了单缝衍射的相对强度分布因子 $\operatorname{sinc}^2 \alpha$ 对 $\sin \theta$ 的分布曲线.

讨论: ① 当 $\delta = 0$, 即 $\sin \theta = 0$ 时

$$\lim_{\delta \to 0} \operatorname{sinc}^2 \frac{\delta}{2} = \left(\frac{\delta}{2} \right)^2 \left(\frac{\delta}{2} \right)^{-2} = 1$$
$$I = I_0 (\text{主极强})$$

② 当 $\delta = \pm 2k\pi$, 即 $\sin \theta = \pm k \dfrac{\lambda}{a}, k = 1, 2, 3, \cdots$ 时

$$I = 0$$

③ 相邻暗条纹之间有一次极强, 次极强的位置可通过对(3-3-5)式求导数并令其等于零求出, 即由

$$\frac{\mathrm{d}}{\mathrm{d}\delta} \operatorname{sinc}^2 \frac{\delta}{2} = 0$$

得

$$\tan \frac{\delta}{2} = \frac{\delta}{2}$$

上式是次极强出现的条件, 解此方程可利用作图法: 在同一坐标系中作 $y = \tan \dfrac{\delta}{2}$ 和 $y = \delta/2$ 的图线, 如图 3-3-7 所示. 两图线的交点即为上式的解. 其数值见表 3-3-1 所示.

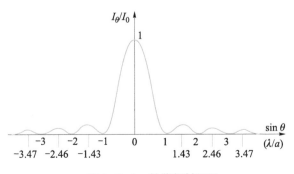

◎ 图 3-3-6　单缝衍射因子

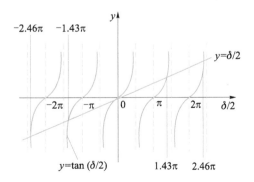

◎ 图 3-3-7　$\tan(\delta/2) = \delta/2$ 的作图法求解

§3.3　单缝的夫琅禾费衍射　　**137**

表 3-3-1　次极强的位置和相对强度

次极强位置	$\delta/2$	$\pm 1.43\pi$	$\pm 2.46\pi$	$\pm 3.47\pi$	$\pm 4.48\pi$
	$\sin\theta$	$\pm 1.43\lambda/a$	$\pm 2.46\lambda/a$	$\pm 3.47\lambda/a$	$\pm 4.48\lambda/a$
相对强度 I/I_0		0.047 2	0.016 9	0.008 3	0.005 0

由表 3-3-1 可以看出：即使第一对次极强，其强度也不到主极强的 5%；次极强的角位置可近似写为

$$\sin\theta = \pm(2k+1)\frac{\lambda}{2a}, \quad k=1,2,3,\cdots$$

（3）复振幅积分法

根据菲涅耳-基尔霍夫衍射公式（3-1-2）有

$$E(P) = \frac{1}{\mathrm{i}\lambda}\int_{\Sigma} E(Q)\frac{\mathrm{e}^{\mathrm{i}kr}}{r}\frac{\cos\theta_0 + \cos\theta}{2}\mathrm{d}\sigma$$

如图 3-3-8 所示，取单缝这一平面衍射屏为积分面 Σ，对开孔类衍射屏，实际上只需在单缝（AB）区进行积分. 由于单色光正入射单缝，所以 $\theta_0=0$，$E(Q)=E_0$（复常量）. 若只考虑近轴区衍射，则 $\theta\approx 0$.（3-1-2）式被积函数分母中 $r\approx r_0$（常量）. r_0 为单缝中心 O 点到观察点 P_θ 的距离，则（3-1-2）式可简化为

$$E_\theta = \frac{E_0}{\mathrm{i}\lambda r_0}\int_{(AB)}\mathrm{e}^{\mathrm{i}kr}\mathrm{d}\sigma$$

单缝中窄带元面积 $\mathrm{d}\sigma = b\mathrm{d}x$，$r = r_0 - x\sin\theta$，上式又可写为

$$E_\theta = \frac{E_0 b}{\mathrm{i}\lambda r_0}\mathrm{e}^{\mathrm{i}kr_0}\int_{-a/2}^{a/2}\mathrm{e}^{-\mathrm{i}kx\sin\theta}\mathrm{d}x$$

令复常量 $C = \dfrac{E_0 b}{\mathrm{i}\lambda r_0}\mathrm{e}^{\mathrm{i}kr_0}$

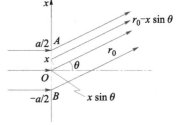

◎ 图 3-3-8　单缝衍射的复振幅积分法

则

$$E_\theta = C\int_{-a/2}^{a/2}\mathrm{e}^{-\mathrm{i}kx\sin\theta}\mathrm{d}x = C\frac{\mathrm{e}^{-\mathrm{i}kx\sin\theta}}{-\mathrm{i}k\sin\theta}\Bigg|_{-a/2}^{a/2} = aC\mathrm{sinc}\left(\frac{ka\sin\theta}{2}\right)$$

即

$$cE_\theta = aC\mathrm{sinc}\left(\frac{\delta}{2}\right) = aC\mathrm{sinc}\,\alpha$$

由于 $I_\theta \propto |E_\theta|^2$，引入系数 I_0 后，得

$$I_\theta = I_0\mathrm{sinc}^2\frac{\delta}{2} = I_0\mathrm{sinc}^2\alpha$$

这和用振幅矢量图解法求出的结果一致.

最后讨论一下，光源采用与单缝平行的线光源时，缝宽对中央亮纹的半角宽度 $\Delta\theta$ 的影响. 从图 3-3-6 可以看出，$\Delta\theta$ 实际上即第一级暗条纹的角位置，因此有

$$\Delta\theta = \arcsin\frac{\lambda}{a} = \frac{\lambda}{a}$$

当 λ 一定时, $\Delta\theta$ 与 a 成反比. a 越小, $\Delta\theta$ 越大, 表示对光束存在越强的限制, 衍射线越弥散, 中央亮纹越宽, 衍射明显; 反之, a 越大, $\Delta\theta$ 越小, 表示对光束的限制越小, 衍射线越集中, 中央亮纹越窄. 当 $\lambda/a \to 0$ 时, $\Delta\theta \to 0$, 表示完全看不到衍射效应, 衍射线按几何光学沿直线分布.

当 a 一定时, $\Delta\theta$ 与 λ 成正比. λ 越大, $\Delta\theta$ 越大, 表示长波衍射效应比短波明显; 反之, 当 $\lambda \to 0$ 时, $\Delta\theta \to 0$, 表示波长趋于零时, 完全看不到衍射效应. 所以说, 几何光学是光波衍射规律的短波近似行为.

§3.4　圆孔的夫琅禾费衍射　成像仪器的分辨本领

－ 1. 圆孔衍射
－ 2. 成像仪器的分辨本领

授课视频 3-2

1. 圆孔衍射

如果将图 3-3-1 中的单狭缝换成半径为 r 的圆孔, 如图 3-4-1(a) 所示. 点光源 S 置于准直透镜 L_1 的物方焦点处, 在透镜 L_2 像方焦平面处放置观察屏, 图 3-4-1(b) 就是屏上得到的圆孔夫琅禾费衍射花样. 按几何光学规律, 通过圆孔的光束经物镜 L_2 聚焦后在观察屏上应该是一个亮点, 由于圆孔衍射作用, 中央有一亮斑, 称为艾里[①]斑 (Airy disk), 周围有越来越暗的亮环. 约 84% 的光能集中在中央亮斑上, 第一亮环的光能占 7.2%, 第二亮环的光能占 2.8%, 第三亮环的光能占 1.5%.

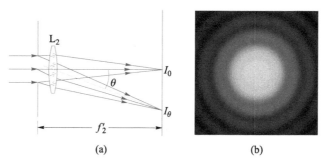

◎ 图 3-4-1　圆孔的夫琅禾费衍射

研究圆孔衍射的方法和单缝类似. 由于圆孔的轴对称性, 不难想象其衍射花样应该是与光轴对称分布的亮暗交替的圆环, 计算时只要考虑衍射光强的径向分布就可以了. 由于计算过程比较复杂, 这里只写出它的结果[②]. 图 3-4-2 是该计算结果的图示.

---

　① 艾里, 英国科学家, 皇家天文学家. 艾里于 1827 首次采用柱透镜对人眼视力进行矫正. 他还发现点光源经过衍射后形成的中心亮斑, 该中心亮斑后来被命名为艾里斑.

　② 可参考母国光、战元龄编写的《光学》(第 3 版), 高等教育出版社 2009 年出版, ISBN: 9787040266481.

$$\frac{I_\theta}{I_0} = \left[1 - \frac{1}{2}\left(\frac{m}{1!}\right)^2 + \frac{1}{3}\left(\frac{m^2}{2!}\right)^2 - \frac{1}{4}\left(\frac{m^3}{3!}\right)^2 + \frac{1}{5}\left(\frac{m^4}{4!}\right)^2 - \cdots \right]^2$$

其中

$$m = \frac{\pi r \sin\theta}{\lambda}$$

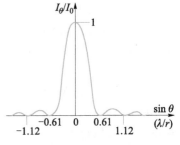

◎ 图 3-4-2　圆孔的夫琅禾费
衍射光强分布

表 3-4-1 列出了圆孔衍射光强的极大、极小位置及其光强的相对值.

■ 表 3-4-1　圆孔的夫琅禾费衍射光强分布

	中央主极大	第一极小	第一极大	第二极小	第二极大	第三极小	第三极大
$\sin\theta$	0	$0.61\dfrac{\lambda}{r}$	$0.81\dfrac{\lambda}{r}$	$1.12\dfrac{\lambda}{r}$	$1.33\dfrac{\lambda}{r}$	$1.62\dfrac{\lambda}{r}$	$1.85\dfrac{\lambda}{r}$
I_θ/I_0	1	0	0.017 5	0	0.004 15	0	0.001 6

圆孔的夫琅禾费衍射花样中央是亮斑,周围亮环的强度下降比单缝时要快,实际上只能看到一两个亮环,从表 3-4-1 所列数据中可得中央亮斑(艾里斑)角半径 Θ 为

$$\Theta = \frac{0.61}{r}\lambda = \frac{1.22}{d}\lambda \tag{3-4-1}$$

式中 d 是圆孔直径,r 是半径.

2. 成像仪器的分辨本领

在几何光学中,物点经理想透镜作用后能得到一个像点.由于存在衍射,几何光学中所谓的像点实际上是艾里斑.物点成的像是艾里斑,这就限制了成像系统分辨两相近物点的能力.通常用分辨本领或最小可分辨物点间距来表征这种能力.

（1）瑞利判据

如果两物点是强度相同的同频点光源,当它们离得很远,且经成像系统后两个艾里斑角距离 $\Delta\theta$ 大于艾里斑角半径 Θ 时,毫无分辨困难,如图 3-4-3(a)所示;如果两物点很靠近,艾里斑重叠到 $\Delta\theta < \Theta$ 时,则完全不能分辨,如图 3-4-3(b)所示,图中虚线是两个艾里斑非相干叠加时合光强的分布,和单一物点的艾里斑没有区别.

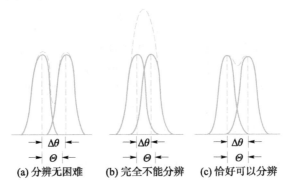

(a) 分辨无困难　　(b) 完全不能分辨　　(c) 恰好可以分辨

◎ 图 3-4-3　瑞利判据说明图

如果两物点所成两艾里斑的角距离 $\Delta\theta$ 刚好等于艾里斑角半径 Θ 时,如图 3-4-3(c)所示,这时合光强分布曲线中凹陷处强度为两侧峰值的 74%,正常眼均能分辨出这是两个部分重叠的艾里斑. 瑞利提出:$\Delta\theta=\Theta$ 可作为成像系统对两物点恰可被分辨的判断依据,这个准则通常被称作瑞利判据.

　　按瑞利判据,恰可被分辨两物点的角距离 $\delta\theta$,或称最小可分辨角为

$$\delta\theta=\frac{0.61}{r}\lambda=\frac{1.22}{d}\lambda$$

上式中 r、d 分别为仪器通过光孔的半径和直径,从上式出发下面讨论几种成像系统的分辨本领.

　　(2)眼睛

　　用眼睛观察远处物体时,视网膜上的像,实际上就是自物体发出的光通过眼睛瞳孔而产生的夫琅禾费圆孔衍射. 如图 3-4-4 简化眼模型所示,满足瑞利判据要求的两物点 A、B 对简化眼节点 C 的张角由(3-4-1)式给出,此即人眼的最小可分辨角. 若物体置于明视距离处,则最小可分辨物点间距 $\delta y_e=l_{明}\,\delta\theta_e$.

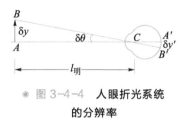

◎ 图 3-4-4　人眼折光系统的分辨率

　　光照充足时(约 100 lux 照度下),人眼瞳孔直径 d 约为 2.3 mm,取人眼最灵敏的波长 $\lambda=550$ mm,由(3-4-1)式得到人眼的最小可分辨角 $\delta\theta_e$ 和最小可分辨物点间距 δy_e 分别为

$$\delta\theta_e=\frac{1.22}{d}\lambda=2.9\times10^{-4}\text{ rad}\approx1'$$

$$\delta y_e=\delta\theta_e\times250\text{ mm}=72.5\times10^{-3}\text{ mm}\approx75\ \mu\text{m}$$

　　人眼的分辨能力由眼睛折光系统的分辨能力和视网膜的分辨能力两者决定. $\delta\theta_e$、δy_e 只反映了前者,后者与视网膜上感光细胞的大小和间隔有关. 为了能分辨是两个像点,至少要求它们不能落在同一视神经细胞上,简化眼节点 C 到视网膜距离为 17.1 mm,视角为 2.9×10^{-4} rad 的两物点,落在视网膜上的间距 $\delta y'$ 为

$$\delta y'=17.1\times2.9\times10^{-4}\text{ mm}=5\ \mu\text{m}$$

　　这恰好等于视神经细胞的间隔(视神经细胞直径为 $1\sim3\ \mu$m). 人眼最小可分辨角和视神经细胞分布如此巧妙匹配,显示了人眼对自然规律的适应,人体结构的精美.

　　虽然上面算出的人眼最小可分辨角 $\delta\theta_e\approx1'$,最小可分辨物点间距 $\delta y_e\approx75\ \mu$m,但实际上人们常取

$$\delta\theta_e=2'\sim4',\quad \delta y_e=150\sim300\ \mu\text{m}$$

　　(3)望远镜

　　望远镜总是用来观察远处物体的,其物镜的边框为入瞳,具有衍射作用. 物镜的最小可分辨角由(3-4-1)式决定. 设物镜入瞳直径为 D,则

$$\delta\theta_o=\frac{1.22\lambda}{D} \tag{3-4-2}$$

　　任何一个实际使用的望远镜,其物镜的入瞳直径 D 总是大大超过人眼瞳孔直径 d,所以用望远镜观察远处物体时,会明显提高对物体的分辨本领. 所提高的倍数,显然是 D/d. 物镜越大,则分辨本领提高的倍数亦越大. D 为 6 m 的天文望远镜物镜,最小可分辨角约为 $0.02''$.

　　望远镜的分辨本领主要由物镜的分辨本领决定,目镜的作用只是将物镜所成初像再行放

大,以保证将物镜的最小可分辨角放大到人眼最小可分辨角的程度.换句话说,为充分发挥物镜的分辨能力,望远镜的视角放大率应等于 $\delta\theta_e/\delta\theta_o$,并称为正常(有效)放大率,记为 M_n,即

$$M_n = \frac{\delta\theta_e}{\delta\theta_o}$$

(4)显微镜

显微镜是用来观察置于物镜(ob)物方焦点附近的细小物体的,因而物点发出的光束经物镜后几乎是一组平行光束,而位于物镜像方焦平面处的孔阑(兼出瞳)起衍射孔的作用,如图 3-4-5 所示.物镜像平面和出瞳距离(显微镜光学间隔 Δ)比物镜出瞳直径 $P_1'P_2' = D'$ 要大得多,因此可看成夫琅禾费圆孔衍射,只是这个圆孔要理解为物镜的出瞳,(3-4-1)式中 d 用出瞳直径 D' 代替,就得到显微镜物镜的最小可分辨像点角距离,即

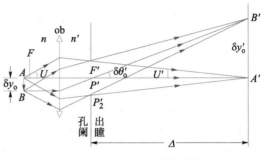

◎ 图 3-4-5　显微镜物镜的分辨本领

$$\delta\theta_o' = \frac{1.22\lambda}{D'} \tag{3-4-3}$$

显微镜的分辨本领常用物镜的最小可分辨物点间距 δy_o 表示.图 3-4-5 中 $\delta y_o'$ 表示与 δy_o 共轭的最小可分辨像点间距,即

$$\delta y_o' = \delta\theta_o'\Delta = 1.22\lambda \frac{\Delta}{D'} = \frac{0.61\lambda}{\sin U'}$$

上式中利用了 $\tan U' = \sin U'$ 近轴近似,校正了彗差的物镜基本上满足正弦条件:

$$\delta yn\sin U = \delta y'n'\sin U'$$

而显微镜中 n' 总是等于 1,比较上两式可得物镜最小可分辨物点间距为

$$\delta y_o = \frac{0.61\lambda}{\text{N. A.}}, \quad \text{N. A.} = n\sin U \tag{3-4-4}$$

N. A. 为物镜的数值孔径,干燥物镜 N. A. 在 1 以下,$\delta y_o \geq 0.61\lambda$;油浸物镜的 N. A. 可达到 1.6,$\delta y_o$ 可达到 0.4λ.

物镜的最小可分辨角 $\delta\theta_o = \delta y_o/l_\text{明}$.显微镜的有效放大率 M_n 可由将视角 $\delta y_o/l_\text{明}$ 恰好放大到 $\delta\theta_e$ 得出,即

$$M_n = \frac{\delta\theta_e l_\text{明}}{\delta y_o} = \frac{\delta y_e(\text{N. A.})}{0.61\lambda} \tag{3-4-5a}$$

若选取 $\delta y_e = 150\sim300~\mu\text{m}, \lambda = 0.55~\mu\text{m}$,上式可写为

$$M_n = 447\sim895~\text{N. A.} \tag{3-4-5b}$$

为方便记忆,在实际中常近似地将上式写为

$$M_n = 500\sim1\,000~\text{N. A.} \tag{3-4-5c}$$

$500\sim1\,000$ N. A. 的范围称为"有效放大倍数范围".物镜一经选定,选择目镜放大倍数应该使得 $(\beta_\text{ob} \cdot M_\text{oc})$ 在 $500\sim1\,000$ N. A. 之间.目镜选得不合适:$(\beta_\text{ob} \cdot M_\text{oc})$ 不足 500 N. A.,表示未能充分发挥物镜分辨本领;$(\beta_\text{ob} \cdot M_\text{oc})$ 超过 1 000 N. A.,则称为"无效放大",在此情况下不能看到有效放大倍数内未能分辨的细节,由于像差更为严重,不仅无益反而有害.显

微镜的作用是分辨细节,不能仅由放大率表征,若不考虑物镜数值孔径 N.A,常会造成实际操作中出现错误.

（5）照相机

除翻拍相机外,照相机通常是在物距较焦距大许多倍的情况下成像.普通相机物镜的焦距为 $50 \sim 100\ \mu m$,相机底片上的像是由物镜入瞳产生的夫琅禾费衍射花样.物镜的最小可分辨角 $\delta\theta_0$ 可用（3-4-1）式计算,相机分辨本领既取决于照相物镜的最小可分辨角,也取决于底片上感光乳剂的结构和性质.为充分利用照相物镜的分辨本领:要求感光乳剂对于相差不多的光强有足够灵敏的变黑反应,即有较高的反衬灵敏度;乳剂结构还应该足够细密,使得乳剂面上感光元的大小和相邻两感光元间的距离都要小于物镜所产生的艾里斑直径.当乳剂满足上述两方面的要求时,照相机的分辨本领才可以说取决于物镜的分辨本领.

相对孔径为 D/f' 的照相物镜,其最小可分辨像点间距为

$$\delta y_0' = f'\delta\theta_0 = 1.22\lambda\frac{f'}{D}$$

为充分利用物镜的分辨本领,感光乳剂单位长度内能分辨的线条数为

$$\frac{1}{\delta y_0'} = \frac{1}{1.22\lambda}\frac{D}{f'} \tag{3-4-6}$$

上式表示,相对孔径越大的照相物镜,其分辨本领越大.为充分利用它的分辨本领,要求底片单位长度内能分辨的线条数也越多.例如,最大相对孔径为 $1:3.5$ 的照相物镜,若取 $\lambda = 0.55\ \mu m$,则要求采用每毫米能分辨 420 条线的底片.一般的照相物镜剩余像差很大,它显著地降低了物镜的分辨本领,因而对感光底片的要求可较 420 条/mm 小许多,一般要求 200 条/mm 就足够了.

§3.5　多缝的夫琅禾费衍射　光栅

授课视频 3-3

- 1. 多缝衍射
- 2. 透射光栅
- 3. 闪耀光栅

§3.3 节中讨论了单缝的夫琅禾费衍射,现在研究 $N(\geqslant 2)$ 缝的夫琅禾费衍射,最后讨论透射光栅和闪耀光栅.

1. 多缝衍射

多缝夫琅禾费衍射的装置和图 3-3-1 所示相同,只是将单缝改为 N 缝.设各单缝的宽度为 a,缝间不透明部分宽度为 b,缝间间距为 d,缝数为 N.图 3-5-1（a）是实验装置截面示意图,图 3-5-1（b）是 N 缝各参量示意图.

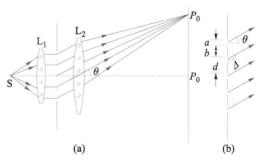

◎ 图 3-5-1　多缝的夫琅禾费衍射

单色平行光正入射 N 缝夫琅禾费衍射装置表面时，单缝沿衍射角 θ 方向发出振幅为 $A_{1\theta}$ 的衍射光，按(3-3-3)式应为

$$A_{1\theta} = A_{10}\operatorname{sinc}\alpha, \quad \alpha = \frac{\pi a \sin\theta}{\lambda}$$

式中增加脚标"1"是为了强调单缝的情况，以区别于 N 缝. N 个狭缝沿衍射角 θ 方向发出 N 束衍射线在透镜 L_2 像方焦平面上 P_0 点叠加，合复振幅 $A_{N\theta}$ 为

$$A_{N\theta} = A_{1\theta}e^{i0} + A_{1\theta}e^{i\delta} + A_{1\theta}e^{i2\delta} + \cdots + A_{1\theta}e^{i(N-1)\delta} \tag{3-5-1}$$

上式中 δ 为相邻缝间对应点衍射线间的相位差，即

$$\delta = \frac{2\pi d}{\lambda}\sin\theta$$

用 $(1-e^{iN\delta})/(1-e^{i\delta})$ 乘(3-5-1)式右端，得

$$A_{N\theta} = A_{1\theta}\frac{1-e^{iN\delta}}{1-e^{i\delta}} = A_{1\theta}\frac{e^{-iN\delta/2}-e^{-iN\delta/2}}{e^{-i\delta/2}-e^{-i\delta/2}} \cdot \frac{e^{iN\delta/2}}{e^{i\delta/2}} = A_{1\theta}\frac{\sin\dfrac{N}{2}\delta}{\sin\dfrac{1}{2}\delta}e^{i(N-1)\delta/2}$$

令

$$\beta = \frac{\pi d}{\lambda}\sin\theta \tag{3-5-2}$$

表示相邻缝间对应点衍射线间的相位差之半 $\delta/2$，并将(3-5-2)式代入 $A_{1\theta}$，得

$$A_{N\theta} = A_{10}\operatorname{sinc}\alpha\,\frac{\sin(N\beta)}{\sin\beta}e^{i(N-1)\delta/2} \tag{3-5-3}$$

取上式模的平方，I_{10} 表示单缝衍射主极强，N 缝衍射光强 $I_{N\theta}$ 为

$$I_{N\theta} = I_{10}\operatorname{sinc}^2\alpha\,\frac{\sin^2(N\beta)}{\sin^2\beta} \tag{3-5-4}$$

上式中有两个随 θ 变化的因子：一个是 $\operatorname{sinc}^2\alpha$，它来源于单缝衍射，所以叫做单缝衍射因子；另一个是 $\sin^2(N\beta)/\sin^2\beta$，它来源于缝间干涉，所以叫做多缝干涉因子. 当 $N=1$ 时，(3-5-4)式退化为单缝衍射光强分布，如图 3-5-2(a)所示. 图 3-5-2 中(b)、(c)、(d)分别绘出 $N=$ 2、3、4，$d/a=4$ 时的多缝夫琅禾费衍射光强分布，下面讨论它们的特征.

（1）主极强

如果 $\qquad\qquad d\sin\theta = k\lambda, \quad k = 0, \pm 1, \pm 2, \cdots \tag{3-5-5}$

则

$$\left(\frac{\sin N\beta}{\sin\beta}\right)^2 = N^2$$

$$I_{N\theta} = N^2 I_{1\theta}$$

上式表示主极强是单缝衍射光强 $I_{1\theta}$ 的 N^2 倍.(3-5-5)式决定主极强角位置，并表明主极强的位置与缝数 N 无关. 因 $|\sin\theta| < 1$，所以主极强的最大级次 $|k| < d/\lambda$. 若 $\lambda > d$，除零级外不可能有其他主极强，这时光沿直线传播.

（2）零点位置

如果 $\qquad d\sin\theta = \left(k + \dfrac{m}{N}\right)\lambda, k = 0, \pm 1, \pm 2, \cdots; m = 1, 2, \cdots, N-1 \tag{3-5-6}$

则

$$\left(\frac{\sin N\beta}{\sin \beta}\right)^2 = 0$$

$$I_{N\theta} = 0$$

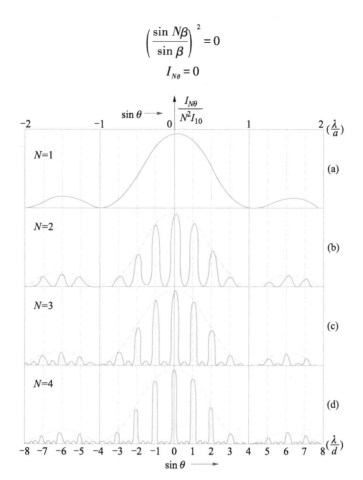

◎ 图 3-5-2　N 缝衍射花样 $d/a = 4$

（3）次极强

每两个主极强亮线之间有 $N-1$ 条暗线，相邻暗线间有一个次极强，故两亮线之间有 $N-2$ 个次极强，在 $N\gg1$ 条件下，当

$$d\sin \theta \approx \left(k + \frac{2m'+1}{2N}\right)\lambda \tag{3-5-7}$$

$m = 1, 2, \cdots, N-2$ 时，

$I_{N\theta} = $ 次极强

$m' = -1$ 和 $(N-2)$ 的次极强 $0.045(N^2I_{1\theta})$；

$m' = -2$ 和 $(N-3)$ 的次极强 $0.016(N^2I_{1\theta})$；

$m' = -3$ 和 $(N-4)$ 的次极强 $0.008(N^2I_{1\theta})$；……

（4）缺级

(3-5-5)式是出现第 k 级主极强的必要条件，当第 k 级主极强位置 $\sin \theta = k\lambda/d$ 刚好和单缝衍射零点位置 $\sin \theta = k'\lambda/a$ 重叠时，光强为零，称为缺级．显然，主极强缺级的级次 k 为

$$k = k'\frac{d}{a}, \quad k' = 0, \pm 1, \pm 2, \cdots \tag{3-5-8}$$

图 3-5-2 中，$d/a = 4$，所以 $k = \pm 4, \pm 8, \pm 12, \cdots$ 为缺级．

（5）亮纹的半角宽度

按（3-5-5）式，第 k 级主极强角位置 θ_k 由

$$\sin \theta_k = k \frac{\lambda}{d}$$

决定.按（3-5-6）式，第 k 级主极强旁第 1 个（$m=1$）零点位置（$\theta_k + \Theta$）由

$$\sin(\theta_k + \Theta) = \left(k + \frac{1}{N}\right)\frac{\lambda}{d}$$

决定，式中 Θ 称为 k 级亮纹半角宽度.将上两式相减得

$$\sin(\theta_k + \Theta) - \sin \theta_k = \frac{\lambda}{Nd}$$

当 $N \gg 1$ 时，Θ 总是很小的，所以上式可写为

$$\Theta \left(\frac{d\sin\theta}{\mathrm{d}\theta}\right)_{\theta=\theta_k} = \frac{\lambda}{Nd}$$

即

$$\Theta\cos\theta_k = \frac{\lambda}{Nd}$$

所以

$$\Theta = \frac{\lambda}{Nd\cos\theta_k} \tag{3-5-9}$$

上式表明亮纹的半角宽度同 N 缝宽度（Nd）成反比.即 Nd 越大，亮纹越细.

归纳起来，多缝夫琅禾费衍射光强分布有下列一些特征：① 多缝夫琅禾费衍射光强取决于单缝衍射和缝间干涉两个因子的乘积.缝间干涉因子决定亮纹主极强位置，因此又叫做位置因子，单缝衍射因子决定了强度曲线的外部"轮廓"，因此又叫做强度因子；② 与单缝夫琅禾费衍射相比出现了一系列新的主极强和次极强；③ 主极强的位置与缝数 N 无关，但亮纹半角宽度随 N 缝宽度 Nd 增大而减小；④ 相邻主极强间有 $N-1$ 个极小，$N-2$ 个次极大；⑤ 主极强干涉级次 k 为 d/a 的正负整数倍时，出现缺级.

2. 透射光栅

任何一种装置或结构，只要它能对入射光的振幅或相位产生周期性的空间调制，都可以称为光栅.早在 1785 年，美国天文学家里顿豪斯（David Rittenhouse，1732—1796）首先创制光栅，但当时未受到人们重视.随后，1821 年，夫琅禾费再度创制光栅.最初他将细线绕在两个平行螺丝上制成每毫米 2~14 条的线绕透射光栅，其后又在镀金属膜的玻璃上划刻每毫米 35 条刻痕，最后改为用金刚石刀在透明平板玻璃上划刻平行等距的刻痕，制成宽半英寸、每毫米 300 条刻痕的平面透射光栅，刻痕部分将光散射，不能透光，无刻痕部分透光，相当于狭缝.缝多且密集，缝的平行度和均匀性要求也很高，因此刻制一个好的光栅比较困难.实验室大量使用的是复制光栅，复制方法是在原刻光栅上涂一层精制胶，缓慢干燥后，置于蒸馏水内，使胶层与光栅面脱离，然后将胶层撕下，与光栅接触的面向上，贴上预先涂好一层胶的玻璃板，干燥后便成复制光栅，或称重摹光栅（replica）.现代常见光栅为 600 条/mm 和 120 条/mm，宽为数厘米到数十厘米.

图 3-5-1 中 N 缝夫琅禾费衍射装置中的 N 缝实际上就是透射光栅.不过以上都假定单

色光源,衍射光有一系列主极强,角位置满足(3-5-5)式

$$d\sin\theta = k\lambda, \quad k = 0, \pm 1, \pm 2, \cdots \tag{3-5-10}$$

在光栅理论中,上式称为光栅方程,d 称为光栅常量.因为它决定了复色光源中每种波长各级衍射光主极强(或说各级谱线)的角位置.按光栅方程可以判定:除零级外,各级谱线的位置因波长而异.如果复色光源中包含 λ 和 $\lambda'(>\lambda)$ 两种波长,其各级谱线如图 3-5-3 所示.

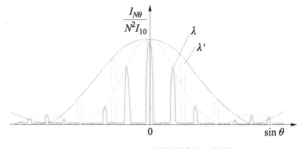

◎ 图 3-5-3　**光栅的各级光谱**

如果光源发出的是具有连续谱的白光,则在光栅光谱中除零级仍为一条白色亮条纹外,非零级各色谱线都排列成连续的光谱带,如图 3-5-4 所示.

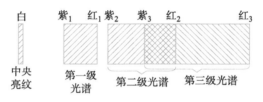

◎ 图 3-5-4　**光栅的各级连续谱**

光栅相当一个分光元件,主要有三个性能参量:角色散、色分辨本领和自由光谱范围(或称色散范围).

(1) 角色散和线色散

光栅的角色散 D_θ 是指同级光谱中,谱线主极强角距离对波长差的比率.光栅摄谱仪中,光栅后面有照相物镜,因此有必要引入线色散 D_l,它表示同级光谱中,谱线在屏上线距离对波长差的比率,即

$$D_\theta = \frac{\mathrm{d}\theta}{\mathrm{d}\lambda}, \quad D_l = \frac{\mathrm{d}l}{\mathrm{d}\lambda} \tag{3-5-11}$$

单位分别为 rad/nm 和 mm/nm.

设照相物镜的像方焦距为 f',在 θ 较小时有 $\mathrm{d}l = f'\mathrm{d}\theta$,所以

$$D_l = f'D_\theta \tag{3-5-12}$$

根据光栅方程,求 θ 对 λ 的一阶导数得

$$D_\theta = \frac{\mathrm{d}\theta}{\mathrm{d}\lambda} = \frac{k}{d\cos\theta} \tag{3-5-13}$$

从上式可以看出:① 零级($k=0$)无色散;② 光栅常量越小,光谱级次越高,色散本领越大;③ 衍射角很小时,$\cos\theta \approx 1$,$D_\theta = k/d$,$D_l = f'k/d$ 是一与波长无关的常量,谱线位置和波长成线性关系.换句话说,光栅光谱是匀排光谱.对棱镜来说,按(1-7-20)式 D_θ 随 n 和 $|\mathrm{d}n/$

$\mathrm{d}\lambda$ 的增大而增大. 而光学玻璃、石英, 在可见光区 n 和 $|\mathrm{d}n/\mathrm{d}\lambda|$ 均随波长增大而减小, $|\mathrm{d}n/\mathrm{d}\lambda|$ 约从 1.3×10^{-4} nm^{-1} 减小至 0.3×10^{-4} nm^{-1}. 因此, 棱镜对紫光色散是对红光色散的 4~5 倍. 换句话说, 棱镜色散与波长有关, 不是匀排光谱. 所以棱镜摄谱仪常用波长详细标定过的铁光谱与待测谱线并列摄谱, 比照测量.

（2）色分辨本领

要分辨波长相近的两条谱线, 单靠色散本领大是不够的, 还需要谱线锐. 既要求谱线主极强分得开, 又要求谱线半角宽度 Θ 足够小. 如图 3-5-5 所示, 三块光栅的角色散相同, 即波长分别为 λ 和 $\lambda'=\lambda+\Delta\lambda$ 的两谱线主极强角距离 $\Delta\theta$ 相同, 但谱线的半角宽度不同. 图 3-5-5(a) 中 $\Theta>\Delta\theta$, 两谱线的合强度如虚线所示, 看起来像一条宽谱线; 图 3-5-5(c) 中 $\Theta<\Delta\theta$, 两谱线的合强度如虚线所示, 中间明显下凹, 容易分辨是两条稍有重叠的谱线; 图 3-5-5(b) 中 $\Theta=\Delta\theta$, 按瑞利判据, 是恰好能分辨为两谱线的极限情况.

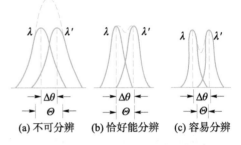

◎ 图 3-5-5　色分辨标准示意图

波长差 $\Delta\lambda$ 很小的两谱线主极强分开的角距离 $\Delta\theta$ 与 D_θ 和 $\Delta\lambda$ 关系为

$$\Delta\theta=\frac{\mathrm{d}\theta}{\mathrm{d}\lambda}\Delta\lambda=D_\theta\Delta\lambda$$

按瑞利判据, 当 $\Delta\theta=\Theta$ 时, 则 $\Delta\lambda$ 等于最小可分辨波长差 $\delta\lambda$, 即

$$\delta\lambda=\frac{\Theta}{D_\theta} \qquad (3-5-14)$$

将 (3-5-9) 式和 (3-5-13) 式代入上式得

$$\delta\lambda=\frac{\lambda}{kN} \qquad (3-5-15)$$

最小可分辨波长差 $\delta\lambda$ 越小, 光栅分辨相近波长谱线的本领越强. 和定义法布里-珀罗标准具色分辨本领一样, 利用上式得到光栅的色分辨本领 A 为

$$A=\frac{\lambda}{\delta\lambda}=kN \qquad (3-5-16)$$

一般光栅使用的光谱级次为 1 到 3 级, 但光栅的缝数 (相干光束数) N 很大, 所以有很高的分辨本领. 例如, 对 10 cm 宽、每毫米 1 000 条缝的光栅来说, 一级光谱分辨本领 $A=10^5$, 在 600.0 nm 附近, 最小可分辨波长差为 0.006 nm. 这样的分辨本领三棱镜是达不到的.

法布里-珀罗标准具的色分辨本领, 按 (2-4-17) 式为 $A=kF$, 将它和 (3-5-16) 式类比, 可以认为标准具的精细度 F 相当于有效相干光束数 N. 标准具的有效光束数虽不大, 但干涉级次很高, 所以可以有比光栅更高的色分辨本领.

例 3.5.1 试比较光栅和棱镜摄谱仪的色分辨本领.

解　请扫描二维码获取解答过程 (见图 3-5-6).

$$A=\frac{\lambda}{\delta\lambda}=\frac{t}{n_0}\cdot\frac{\mathrm{d}n}{\mathrm{d}\lambda} \qquad (3-5-17)$$

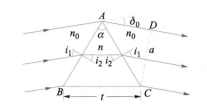

例 3.5.1 解题过程

◎ 图 3-5-6　**棱镜摄谱仪的色分辨本领**

（3）自由光谱范围

参考图 3-5-4，设波长为 $\lambda+\Delta\lambda$ 的 k 级光谱与波长为 λ 的 $k+1$ 级光谱刚好重叠时，则波长在 $\lambda \sim \lambda+\Delta\lambda$ 范围内，k 级光谱不会与其他级谱线重叠，$\Delta\lambda$ 就称为该光栅第 k 级光谱的自由光谱范围，记以 $\Delta\lambda_{sr}$，按

$$k(\lambda+\Delta\lambda_{sr})=(k+1)\lambda$$

条件可求得

$$\Delta\lambda_{sr}=\frac{\lambda}{k} \tag{3-5-18}$$

光栅总是在低级次下使用，在可见光范围内为几百纳米，和棱镜类似可做大波段的光谱分析。干涉仪则多在高级次下使用，它只能在很窄的光谱区使用，表 3-5-1 列举了几种分光仪器的性能参量。

▣ 表 3-5-1　**几种分光仪器的性能参量**（$\lambda \approx 500.0$ nm）

仪器	k	N	A	$\delta\lambda$/nm	$\Delta\lambda_{sr}$/nm
法布里-珀罗标准具 $h=25$ mm，$r=0.95$	10^5	30	3×10^6	0.000 16	0.005
迈克耳孙干涉仪 （$h=25$ mm 时）	10^5	2	3×10^5	0.002 5	0.005
洛兰光栅	3	10^5	3×10^5	0.002	200

3. 闪耀光栅

上述透射光栅的零级谱线无色散，在第一个缺级之前，谱线强度随级次增加而减小，但色散和色分辨本领却随级次增加而增大。换句话说，分光性能好的谱线强度低，分光性能差的谱线强度高，完全不能分光的零级谱线强度最高。显然，作为分光仪器来说，强度的这种分布是很不好的。

决定谱线位置的是干涉因子，决定强度分布的是衍射因子，要想改变谱线强度的分布，使分光性能好的某级谱线占据最多光能，得从改变衍射因子入手。闪耀光栅就是按照这种指导思想设计的。平面反射闪耀光栅通过控制刻槽的形状使衍射因子中央主极强向期望强化的某级谱线定向，所以反射闪耀光栅又称为反射定向光栅。它是在铝膜上刻划断面为锯齿形的槽，光栅基板用光学玻璃或熔凝石英制成，在铝膜和基板之间常镀上一层铬膜或钛膜以增加铝膜和基板的黏合性能。在紫外区工作的光栅，为了提高反射能力，铝膜上常镀一层氟化镁；在红外区工作的则镀金。每个刻槽面，都是一个宽度为 a 的小平面镜，它们是闪耀光栅的衍射单元,在满足反射定律的方向有最大衍射光强,对应衍射因子中央主极强.刻槽面与光栅平面间的夹角 θ_B 为闪耀角,如图3-5-7所示.要强化(闪耀)波长为 λ 的 k 级谱线,如何决定闪耀角呢?下面分两种常见照射方式来讨论.

（1）平行光束正入射光栅平面

平行光束正入射光栅平面时,决定槽间干涉主极强位置的条件为槽间相邻光束的光程差 AB 等于波长 λ 的整数倍.从图3-5-7可以看出

$$AB = d\sin\theta$$

式中 d 为槽间间距,即光栅常量,θ 为衍射角(衍射线与光栅平面法线的夹角).因此,平行光束正入射光栅平面时的光栅方程为

$$d\sin\theta = k\lambda, \quad k = 0, \pm1, \pm2, \cdots \qquad (3\text{-}5\text{-}19)$$

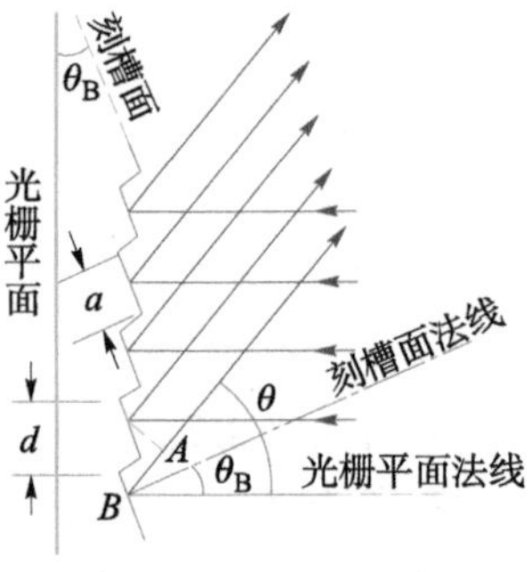

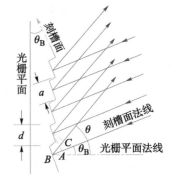

◎ 图3-5-7　闪耀光栅（正入射光栅平面）

控制刻槽面与光栅平面夹角 θ_B,使得波长为 λ 的 k 级谱线主极强角位置 θ 刚好和单槽面满足反射定律的方向重合,即

$$\theta = 2\theta_B$$

则单槽衍射主极强就刚好转移到闪耀波长为 λ 的第 k 级光谱上,闪耀波长为 λ 的其他级谱线,因 $d \approx a$,基本上为缺级,将上式代入(3-5-19)式得

$$d\sin 2\theta_B = k\lambda$$

$$\theta_B = \frac{1}{2}\arcsin\frac{k\lambda}{d} \qquad (3\text{-}5\text{-}20)$$

上式表示,平行光束正入射光栅平面时,对闪耀波长为 λ 的第 k 级谱线有最大强度,闪耀角 θ_B 应满足(3-5-20)式.从(3-5-20)式可以看出,对波长 λ 的一级谱线闪耀的光栅,也会对波长为 $\lambda/2$ 的二级、波长为 $\lambda/3$ 的三级……谱线闪耀.由于衍射因子的主极强存在一定宽度,在闪耀波长附近一定波长范围内的同级谱线强度也都比较大,同时这些波长的其他级谱线也都很弱.所以闪耀光栅可以在一定波段内将光能集中到某级光谱上去.

（2）平行光束正入射刻槽面

平行光束正入射刻槽平面时,决定槽间干涉主极强位置的条件为槽间相邻光束的光程差 $|AB| + |BC|$ 等于波长 λ 的整数倍,从图3-5-8可以看出

$$|AB| + |BC| = d(\sin\theta_B + \sin\theta)$$

因此,正入射刻槽平面时的光栅方程为

$$d(\sin\theta_B + \sin\theta) = k\lambda \qquad (3\text{-}5\text{-}21)$$

◎ 图3-5-8　闪耀光栅（正入射刻槽平面）

控制刻槽面与光栅平面夹角 θ_B,使得波长为 λ 的 k 级谱线主极强角位置 θ 恰好与单槽面满足反射定律的方向重合,即

$$\theta = \theta_B$$

则单槽衍射主极强就刚好转移到闪耀波长为 λ 的 k 级光谱上,闪耀波长为 λ 的其他级谱线,因 $d \approx a$,基本上为缺级,将上式代入(3-5-21)式得

$$\theta_B = \arcsin\frac{k\lambda}{2d} \tag{3-5-22}$$

上式表明,平行光束正入射刻槽面时,对闪耀波长为 λ 的第 k 级谱线有最大强度,闪耀角 θ_B 应满足(3-5-22)式.

§3.6　空间光栅　布拉格条件

授课视频 3-4

- 1. 布拉格条件
- 2. 晶体衍射的实验方法

　　人工制造的光栅,其光栅常量只能达到 10^{-3} mm 数量级,比可见光波长大数倍,用于观察可见光衍射是合适的.但是,对波长只有亚纳米数量级的 X 射线来说,人工光栅的光栅常量就太大了.1912 年,劳厄(Max Von Laue,1879—1960)提出一种设想:假设晶体内部的原子是周期性规则排列的,且间隔为 nm 数量级,是否可以直接作为三维光栅?1912 年,实验得到证实:晶体内原子是规则排列的,它的晶格可作为适用于 X 射线的空间光栅,能得到光栅衍射.

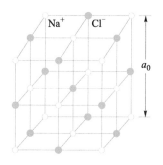

◎ 图 3-6-1　NaCl 晶胞模型

　　NaCl 晶体结构是大家所熟悉的,如图 3-6-1 所示为 NaCl 晶胞模型,黑球代表 Cl 离子,小圆圈代表 Na 离子,晶胞是晶体周期性重复排列结构中的最小单元.NaCl 晶胞的立方体边长 a_0 为 0.562 737 nm.

　　图 3-6-2 绘出了 NaCl 晶体结构的一个截面,它显示了构成晶体粒子(Na^+、Cl^-)的排列情况,相应晶胞用标有影线的正方块代表.如果把每个晶胞用一个小黑点来代表,如图 3-6-3 所示,这个代表晶胞的点叫做格点.当然,每个晶胞的代表点都必须选择在相同的位置,这个位置是任意的,它可以是晶胞的质心,图 3-6-3 就是选晶胞的质心为格点;也可以是晶胞上某一个粒子.这样,格点在空间中的周期性排列,也就代表了晶胞分布的周期性.这些格点的集合称为布拉维(Bravais)晶格或布拉维格子,图 3-6-3 所绘就是 NaCl 的布拉维晶格,图上绘的直线,是直线晶格(从二维平面看),若从三维看这些直线,它们又代表和图面正交的二维晶格平面(简称晶面),d_1、d_2 是相应晶格平面间距.

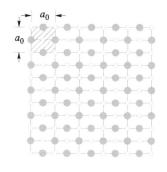

◎ 图 3-6-2　NaCl 晶体结构

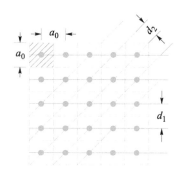

◎ 图 3-6-3　NaCl 的布拉维晶格

晶胞是晶体这个空间光栅的衍射单元,它决定了衍射谱线的强度分布,各衍射单元之间的干涉,决定了衍射谱线主极强的方向.换句话说,向哪个方向衍射取决于晶体的布拉维晶格类型,而衍射线的强度分布取决于晶胞的衍射特征.晶胞对 X 射线的衍射,基本上是电子衍射,绝大多数情形下原子核的衍射可以忽略不计.因此,晶胞的衍射特征由该晶胞体积内电子的分布情形来决定.对 X 射线衍射束的方向进行研究,可以弄清楚晶体的基本对称性,对 X 射线衍射束的强度进行研究,则有助于弄清楚晶胞内电子的分布.

1. 布拉格条件

讨论空间光栅的光栅方程要比一维光栅复杂一些,下面分三步进行:直线晶格的衍射条件;平面晶格的零级衍射条件;面间干涉——布拉格条件.

（1）直线晶格的衍射条件

如图 3-6-4（a）所示,波长为 λ 的 X 射线,与周期为 a 的直线晶格成 α_0 角入射,每个格点相当于一个散射中心.各散射中心发出的与直线晶格成角度的各条衍射线,当相邻两衍射线的光程差 $a(\cos \alpha_0 - \cos \alpha)$ 等于波长的整数倍时,即

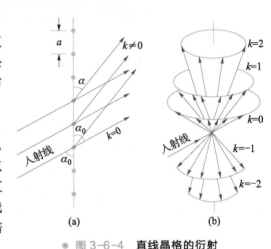

◎ 图 3-6-4　**直线晶格的衍射**

$$a(\cos \alpha_0 - \cos \alpha) = k\lambda, \quad k = 0, \pm 1, \pm 2, \cdots \tag{3-6-1}$$

时,便得到点间相长干涉的主极强,上式实际上也就是直线点阵衍射光栅的光栅方程.图 3-6-4（b）所示的 $k=0, \pm 1, \pm 2$ 等五组衍射线构成的圆锥面,其中零级主极强所构成的圆锥面,是以直线晶格为轴、以 α_0 为半顶角的圆锥面.零级主极强方向 $\alpha = \alpha_0$ 与波长 λ 和晶格常量 a 无关,这是零级主极强与其他级主极强的一个重要区别.

（2）平面晶格的零级主极强条件

图 3-6-5 所示为一个二维晶格平面(简称晶面),我们感兴趣的是该平面晶格的零级主极强条件,可以证明:平面晶格的零级主极强条件或说零级主极强方向是以晶面当镜面的反射线方向.为此,设入射线 AO 和晶面的夹角为 θ,直线 BB' 为入射线 AO 对晶面的垂直投影线.对 BB' 直线晶格来说,零级主极强是一个以 OB' 为轴、半顶角为 θ 的圆锥面.平面上其他直线晶格,例如 CC' 直线晶格,它与入射线的夹角为 φ（当然 $\varphi > 0$）,CC' 直线晶格对入射线的零级主极强是一个以 OC' 为轴、半顶角为 φ 的圆锥面.这两个圆锥面在晶面的入射线一侧的交线为 OA'.下面讨论 OA' 的方向有什么特点.

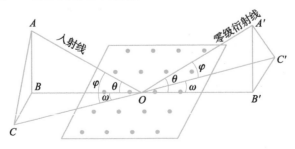

◎ 图 3-6-5　**平面晶格的零级主极强方向**

过 A 点作与 BB' 直线正交的平面,该平面截 BB'、CC' 直线于 B、C 两点,连接 A、B、C 三点,得三角锥面 $OABC$,作 $OA' = OA$,$OB' = OB$,$OC' = OC$,连接 A'、B'、C' 三点,又得三角锥面 $OA'B'C'$.三角锥面 $OA'B'C'$ 的三个顶角 θ、φ、ω 与三角锥面 $OABC$ 的相应顶角相等,故而这两个三角锥面是完全相同的.因此 $\angle ABC = \angle A'B'C' = \pi/2$,$OA'$ 直线在入射面 OAB 平面内,且与 OB' 直线成 θ 角,犹如入射线 AO 对晶面作镜面反射.但是交线 OA' 的方向与角 ω 无关,所以晶面上过 O 点的任何直线的零级主极强圆锥面都相交于 OA' 线,即 OA' 线是该晶面上各散射中心发出的衍射线的零级主极强方向.

（3）面间干涉——布拉格条件

上面证明了每个晶面的零级主极强方向是以晶面为镜面的反射线方向.对空间晶格来说,还要考虑各晶面零级主极强之间的干涉.

图 3-6-6 所示是晶体中晶面间距为 d 的一簇晶面,入射线与晶面夹角 θ 称为掠射角,相邻晶面零级衍射线之间的光程差 $\Delta = |BC| + |CD| = 2d\sin\theta$,各晶面的零级主极强叠加后产生主极强的条件,亦即面间干涉的主极强条件为

$$2d\sin\theta = k\lambda, \quad k \text{ 为正整数} \tag{3-6-2}$$

上式首先由 W. L. 布拉格（William Lawrence Bragg, 1890—1971）和他的父亲 W. H. 布拉格（Wolliam Henry Bragg, 1862—1942）导出,故称为布拉格条件.

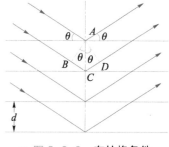

◎ 图 3-6-6　布拉格条件

上述推导中,为什么只考虑各晶面零级主极强之间的相长干涉,不考虑各晶面非零级主极强之间的相长干涉呢?这是因为零级主极强的方向与波长无关,而非零级主极强的方向与波长有关.要求同一波长同时满足二维点间干涉和面间干涉两个极强条件,一般说来是不可能的.也就是说,二维晶格产生的高级主极强在面间干涉时是相消干涉,不必考虑.

理解和使用布拉格条件时,要注意三点:

① 晶体的布拉维晶格有许多晶面族,图 3-6-3 中只绘出了晶面间距为 d_1、d_2 的两族,因此对同一入射光来说,各晶面族有各自的掠射角 θ_1,θ_2,…,对其中每一个晶面族有一个布拉格条件:

$$2d_1\sin\theta_1 = k_1\lambda, \quad 2d_2\sin\theta_2 = k_2\lambda$$

即给定了入射光方向,对同一个空间光栅有一系列的布拉格条件.

② 如果入射的是单色 X 射线,以某一掠射角 θ 入射到特定的晶面族上,一般不产生衍射的 X 射线束.因为在入射方向、晶体取向、入射波长三者都给定了之后,一般情况下不满足布拉格条件,因而不出现主极强.总之,要得到满足布拉格条件的衍射主极强,λ 和 θ 两者中,只能有一个选定,另一个是连续分布的.

③ 由于 $\sin\theta \leqslant 1$,从布拉格条件可得 $\lambda \leqslant 2d/k$.令 $k = 1$ 得极限波长 $\lambda_c = 2d$.即 $\lambda < \lambda_c = 2d$ 时,才有可能产生非零级衍射主极强;当 $\lambda > 2d$ 时,除了产生零级主极强外,不能产生任何非零级衍射主极强.零级衍射主极强,对应于原入射线的透射方向.只是零级衍射主极强无色散,不能用于分光测量.

2. 晶体衍射的实验方法

拍摄 X 射线在晶体上的衍射照片,通常有两类方法,一类是给定晶体方位,使用连续谱 X 射线,以劳厄法为代表;另一类是用单色 X 射线,连续改变晶体方位,以旋转晶体法和德拜法为代表.

（1）劳厄法

实验装置示意图如图 3-6-7 所示，A、B 为铅质小孔光阑，让由钨靶发出的连续谱 X 射线通过，投射于单晶体 K 上，F 是 X 射线底片.

单晶体 K 中有许多晶面族，具有各自的晶面间距 d 和掠射角 θ，满足每个晶面族布拉格条件的波长总可从连续谱中找到，在这些晶面族的反射方向上出现主极强，对应每一个主极强方向，底片上出现一个亮斑，常称为劳厄斑，这样的一张劳厄斑照片叫做劳厄相，用劳厄相可以决定晶体的宏观对称性和晶轴方向.

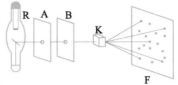

◎ 图 3-6-7　**劳厄法**

（2）旋转晶体

实验装置示意图如图 3-6-8 所示，R 为单色 X 射线源，A 为铅质狭缝光阑，单晶体 K 可绕 OO' 轴旋转，X 光底片置于以 OO' 为轴的圆柱面上.

实验时，波长 λ 一定，晶体旋转时对保持与转轴平行的某一晶面族而言，由于掠射角 θ 连续变化，总可挑选到刚好

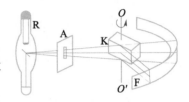

◎ 图 3-6-8　**旋转晶体法**

满足布拉格条件的各级次掠射角，相应地在底片上得到各级次的谱线. 若入射 X 射线中包含有几种波长，则相应得到各级的光谱. 所以图 3-6-8 所示装置又称为旋转晶体式 X 射线摄谱仪.

（3）粉末法（德拜法）

若在图 3-6-7 所示装置中：用多晶粉末代替单晶 K，每粒粉末是一个小单晶（晶粒），各晶粒排列是随机的，所以整体相当于一个多晶；而且用单色 X 射线代替连续谱的 X 射线，也可得到 X 射线的衍射照片. 用此法得到的照片叫做粉末图或德拜相，用德拜相可以决定晶格常量，图 3-6-9 是产生德拜相的装置示意图，设入射 X 射线与某晶面族掠射角 θ 符合布拉格条件，则在 OP 方向产生衍射，OP 与入射方向 OO' 的夹角是 2θ. 每粒粉末是一个小单晶体，在这些不同取向的小晶体中，晶面族与入射线夹角为 θ 的也非常多，它们产生的衍射线都与入射线成 2θ 角，组成以 OO' 为轴、半顶角为 2θ 的圆锥面. 圆锥面与围成圆柱形的底片相交，就得到一系列成对的弧线，如图 3-6-10 所示.

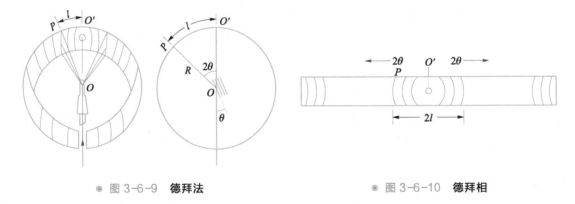

◎ 图 3-6-9　**德拜法**　　　　　◎ 图 3-6-10　**德拜相**

总之，熟悉 X 射线波长，利用晶体对 X 射线的衍射相，可以分析晶体的结构. 反之，已知晶体结构，利用这些衍射相，可以确定 X 射线的光谱.

§3.7 全息照相

授课视频 3-5

- 1. 概述
- 2. 物点的共轴全息图
- 3. 全息照相的一般性原理

普通照相是使物体发出的光波(简称物光)通过照相物镜成像在感光底片上,而底片上记录的只是物光的强度(或说物光的振幅). 一般来说,物光所携带的全部信息,由物光的振幅和相位二者反映,振幅只反映了物体的明暗,相位则反映物点的位置分布,普通照相由于丢弃了相位信息,因而缺乏立体感.

早在 1948 年以前,伽博(Dennis Gabor, 1900—1979)就提出了无透镜两步成像法:第一步,利用干涉方法记录(或说储存)物光的全部信息(振幅和相位),拍摄全息图(hologram),这个词来自希腊文"holos",意思是"全部的";第二步,利用衍射方法再现物光波场. 当初没有理想的强相干光源,全息照相(holograph)技术未被重视,进展缓慢. 1960 年激光问世,关于全息术的研究才进入了一个新阶段,相继出现了多种全息方法;全息照相的应用范围也日益扩大[1]. 伽博对全息术的贡献,使他获得了 1971 年度的诺贝尔物理学奖.

1. 概述

(1) 波场再现的思想

按惠更斯-菲涅耳原理,波场中某平面 Σ 上的每个面元 $d\sigma$ 都可看作发射次波的波源. 空间中某点的光振动是所有这些次波在该点相干叠加的结果. 这里包含了如下含义:由波源 P 发出的波场,可以由它在波场中 Σ 面上形成的振幅分布 $A(x,y)$ 和相位分布 $\phi(x,y)$ 唯一地决定,这就是说,如果我们把真正波源 P 拿掉,设法在 Σ 面上再现原来的复振幅分布,并以它们为次波波源,它们在 Σ 后面波场中相干叠加形成的光振动,将与原来景物(波源 P)直接形成的一样. 如果人眼对着再现的波场看过去,就会感到在原来波源 P 处出现了个虚像. 因此三维空间的波场再现问题,转化为在二维平面 Σ 上的复振幅分布再现问题.

全息照相术实质上就是波场再现的技术.

(2) 全息照相的过程——记录和再现

全息照相的过程分两步:第一步,利用干涉方法记录物光的全部信息,拍摄全息图;第二步,利用衍射方法再现物光波场,简言之,第一步记录,第二步再现.

拍摄全息图要使用空间相干性和时间相干性都很好的激光光源. 将扩束后的激光束分为两束,一束经反射镜 M 投射到底片 Σ 上,称为参考光 R;另一束投射到景物上,经景物漫反射(或透射)后,产生物光 O,也投射到底片上,如图 3-7-1 所示. 参考光和物光相干叠加,在底片上形成干涉花样,经线性冲洗[2]后就是一张全息图,它是一张记录(储存)了物光全部信息(振幅和相位)的干涉花样图.

---

① 参见 E. 赫克特,A. 赞斯所著《光学》(下册)14. 3. 2 节,高等教育出版社 1980 年出版.
② 线性冲洗指的是冲洗过程中,底片的曝光量正比于冲洗后的透过率.

若令全息图所用参考光正入射 Σ 面,如图 3-7-1 所示.用一束与参考光波长和传播方向完全相同的再现光 R' 照射全息图,如图 3-7-2 所示,则在全息图后面衍射场中主要包含三列波:其一,再现光波照直线前进的几何光学透射波(0级波);其二,再现物光波(+1级波),迎着再现的物光波,透过全息图可观察到物体的三维虚像,宛如透过窗口观察景物一样,若改变观察方位,可以看到原物体不同侧面的形象;其三,物光波的共轭波(-1级波),它是与原物镜像对称的会聚波,与三维虚像镜像对称的位置出现三维实像.

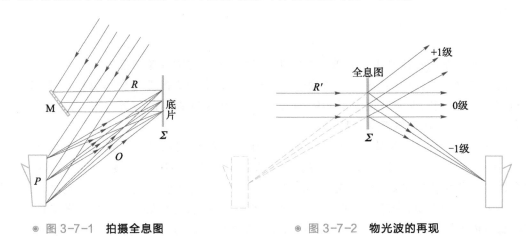

◉ 图 3-7-1 **拍摄全息图**　　　　　◉ 图 3-7-2 **物光波的再现**

必须指出,上述讨论基于再现光 R' 和参考光 R 均为完全相同的正入射平面波.但事实上,全息术并不对 R' 和 R 作此限制,它们可以是相同的也可以是不相同的,可以一个是平面波,另一个是球面波,甚至可以有不同波长,R' 和 R 的不同,其效果不过是虚像和实像产生移位和缩放.当 R' 和 R 均为球面波时,由于装置具体布局不同,±1 级衍射波可能导致出现都是会聚的实像或都是发散的虚像[①]的情况.

激光全息照再现

2. 物点的共轴全息图

设景物只是一个物点 P,参考光 R、再现光 R' 为完全相同的正入射平面波.我们以这个简单情况为例,分析全息术记录与再现的原理.

（1）球面波的复振幅分布

全息记录和波场再现,实际上是在全息底片 Σ 上记录和再现物光波场的复振幅分布,所以从 Σ 面上的复振幅分布去识别记录、再现的是什么波场是十分重要的,这里只讨论波面曲率中心(简称中心)在 z 轴上时,发散球面波或会聚球面波在 xOy 面(Σ 面)近轴区的复振幅分布.

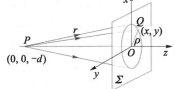

如图 3-7-3 所示,中心 P 在 $(0,0,-d)$ 处的发散球面波在 xOy 面 Σ 上任一点 $Q(x,y)$ 的复振幅 $E(Q)$ 为

$$E(Q) = \frac{A_1}{r} \exp[\,\mathrm{i}(kr + \varphi_0)\,] \qquad (3\text{-}7\text{-}1)$$

◉ 图 3-7-3 **发散球面波在**
Σ 面上的复振幅分布

---

① 见钟锡华著《光波衍射与变换光学》(189 页)高等教育出版社(1985 年版).

式中 $r=PQ$, k 为圆波数, φ_0 表示求 P 点负初相, 而

$$r=(x^2+y^2+d^2)^{1/2}=d\left(1+\frac{x^2+y^2}{d^2}\right)^{1/2}$$

$$=d\left(1+\frac{x^2+y^2}{2d^2}-\cdots\right)$$

在满足 $(x^2+y^2)\ll d^2$ 近轴条件时, (3-7-1) 式指数中 r 和振幅中 r 应分别取下述近似:

$$r=d+\frac{x^2+y^2}{2d} \quad \text{(相位因子中)}$$

$$r=d \quad \text{(振幅因子中)}$$

将上两式代入 (3-7-1) 式得

$$E(Q)=\frac{A_1}{d}\exp\left[\mathrm{i}\left(\varphi_0+kd+k\frac{x^2+y^2}{2d}\right)\right]$$

若取 Σ 面上坐标原点处负初相为零 (即 $\varphi_0+kd=0$), 令 $A=A_1/d$, 则中心位于点 $P(0,0,-d)$ 的发散球面波, 在 Σ 面上近轴区的复振幅分布 $E(Q)$ 为

$$E(Q)=A\exp\left(\mathrm{i}k\frac{x^2+y^2}{2d}\right)=A\exp\left(\mathrm{i}k\frac{\rho^2}{2d}\right) \tag{3-7-2}$$

式中 $\rho=(x^2+y^2)^{1/2}$.

如图 3-7-4 所示, 再看中心 P' 在 $(0,0,d)$ 处的会聚球面波在 Σ 面上点 $Q(x,y)$ 的复振幅 $E(Q)$, 令 φ_0 为 Q 点负初相, $P'Q=r$, 则

$$E(Q)=\frac{A_1}{r}\exp\left[\mathrm{i}(-kr+\varphi_0)\right] \tag{3-7-3}$$

在近轴近似下, 相位因子中, 有

$$r=d+\frac{x^2+y^2}{2d}$$

振幅因子中, 有

$$r=d$$

将上两式代入 (3-7-3) 式得

$$E(Q)=\frac{A_1}{d}\exp\left[-\mathrm{i}\left(kd-\varphi_0+k\frac{x^2+y^2}{2d}\right)\right]$$

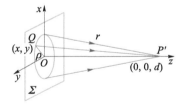

◉ 图 3-7-4 **会聚球面波在 Σ 面上的复振幅分布**

若取 Σ 面上坐标原点处负初相为零 (即 $kd-\varphi_0=0$), 令 $A_1/d=A$, 则中心位于点 $P'(0,0,d)$ 的会聚球面波, 在 Σ 面上近轴区的复振幅分布 $E(Q)$ 为

$$E(Q)=A\exp\left(-\mathrm{i}k\frac{x^2+y^2}{2d}\right)=A\exp\left(-\mathrm{i}k\frac{\rho^2}{2d}\right) \tag{3-7-4}$$

再现光照射全息图时, 若在全息图 Σ 出射面上出现 (3-7-2) 式和 (3-7-4) 式所描述的复振幅分布, 则表示出射面一侧出现了中心在 $P(0,0,-d)$ 的发散球面波场和中心在 $P'(0,0,d)$ 的会聚球面波场, 从该例可看出, Σ 面上出现什么样的复振幅分布和 Σ 面一侧出现什么样的 (衍射) 光波场是一一对应的. 从前者判断后者, 关键在于识别复振幅分布中相因子的分布特征.

（2）物点的共轴全息图

图 3-7-5 为拍摄单个物点的共轴全息图示意图. 用平行激光束正入射全息底片 $\Sigma(xOy$

面)并照射物点 $P(0,0,-d)$，这时参考光 R 是波面与 Σ 面平行的平面波，物光 O 是以 P 点为中心的发散球面波，它们在 Σ 面上近轴区 $Q(x,y)$ 点的复振幅分布分别为

$$E_R(Q) = A_R \exp(i\phi_R) = A_R$$
$$E_0(Q) = A_0 \exp(ik\rho^2/2d)$$

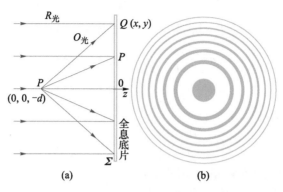

◎ 图 3-7-5 　拍摄单个物点共轴全息图

A_R、A_0 分别表示 Σ 面上参考光、物光的实振幅，设物光在 Σ 面原点负初相为零，ϕ_R 表示参考光在 Σ 面负初相也应为零，参考光和物光在 Σ 面上相干叠加后，总的复振幅分布 $E(Q)$ 为

$$E(Q) = E_R(Q) + E_0(Q) = A_R + A_0 \exp(ik\rho^2/2d)$$

强度分布 $I(Q)$ 为

$$I(Q) = E(Q)^* E(Q) = A_R^2 + A_0^2 + 2A_R A_0 \cos\delta(x,y) \tag{3-7-5}$$

式中

$$\delta(x,y) = k\rho^2/2d \tag{3-7-6}$$

$\delta(x,y)$ 在此表示 R、O 光在 Q 点的相位差，$\delta = 2k\pi$ 时为亮环，$\delta = (2k+1)\pi$ 时为暗环. 亮环半径 ρ_k 满足下式：

$$\frac{2\pi}{\lambda} \cdot \frac{\rho_k^2}{2d} = 2k\pi, \quad k = 1, 2, \cdots$$

即

$$\rho_k = \sqrt{2k\lambda d} = \sqrt{k}\rho_1 \tag{3-7-7}$$

式中 $\rho_1 = \sqrt{2\lambda d}$ 表示第一亮环半径，上式中 ρ_k 表示与菲涅耳波带片环带半径公式 (3-2-14)式有相似形式，上式表明物光（球面波）和参考光（平面波）在全息底片 Σ 上的干涉条纹，是中心在原点的同心圆环. 若物光强度发生改变，干涉条纹的可见度则发生变化；若物点 P 距底片的距离改变，干涉条纹的疏密则发生变化. 即干涉条纹的可见度反映了物光的振幅信息，其形状和疏密反映了物光的相位信息.

为了记录下 $I(Q)$ 分布，应控制记录介质——全息底片的曝光量和显影过程，使冲洗后的全息底片复振幅透过率 $t(x,y)$ 与曝光强度 $I(x,y)$ 成线性关系，即

$$t(x,y) = t_0 + \beta I(x,y) \tag{3-7-8}$$

式中 t_0 是底片的灰雾度（本底振幅透过率），β 是与 x、y 无关的常量，负片 $\beta<0$；正片 $\beta>0$. 将 (3-7-5)式代入上式得全息底片复振幅透过率为

$$t(x,y) = t_b + \beta A_0^2 + 2\beta A_R A_0 \cos(k\rho^2/2d) \tag{3-7-9a}$$

式中

$$t_b = t_0 + \beta A_R^2 \qquad (3\text{-}7\text{-}9b)$$

从(3-7-9a)式可以看出,全息图的振幅透过率随ρ^2呈现余弦形式变化,这和§3.2节中菲涅耳波带片的振幅透过率的变化规律不同,前者常称为正弦波带片,后者常称为黑白波带片.

全息图以干涉条纹的方式记录了物光在Σ面上的全部信息,这就有了物光波场再现的物理基础,再现的方法是用再现光去照射它.对再现光波来说,全息图就是一块透射率不均匀的复杂光栅,再现光波经过它发生衍射.按惠更斯-菲涅耳原理,全息图后面有怎样的衍射波场,完全由全息图后表面的振幅和相位分布唯一确定.所以不必直接分析衍射波,只需分析再现光R'照射全息图Σ后,在它后表面上造成的振幅和相位分布,就可判断全息图后面衍射波场的情况.

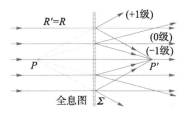

◉ 图 3-7-6　物点共轴全息图
的物光波场再现

若用一束除初相位以外和参考光 R 完全相同的光作再现光 R',使其正照射全息图 Σ,如图 3-7-6 所示,则全息图后表面的复振幅分布 $E_H(x,y)$ 为

$$\begin{aligned}
E_H(x,y) &= tE_{R'} = tE_R = tA_R \exp(\mathrm{i}\phi_R) \\
&= (t_b + \beta A_O^2)A_R \exp(\mathrm{i}\phi_R) + 2\beta A_R^2 A_O \exp(\mathrm{i}\phi_R)\cos(k\rho^2/2d) \\
&= (t_b + \beta A_O^2)A_R \exp(\mathrm{i}\phi_R) + \beta A_R^2 \exp(\mathrm{i}\phi_R)A_O \exp(\mathrm{i}k\rho^2/2d) + \\
&\quad \beta A_R^2 \exp(\mathrm{i}\phi_R)A_O \exp(-\mathrm{i}k\rho^2/2d) \qquad (3\text{-}7\text{-}10)
\end{aligned}$$

现在分别讨论上式右端三项的意义:

第一项中,t_b 是与 x、y 无关常量,故 $t_b A_R \exp(\mathrm{i}\phi_R)$ 表示再现波照直线前进的几何光学透射波(相当于零级衍射波),而 $\beta A_O^2 A_R \exp(\mathrm{i}\phi_R)$ 表示振幅波调制的再现光波,$A_O^2(x,y)$ 为记录时物光波在全息图上的强度分布,它虽不均匀,但强度常远小于再现光强,因此可看成一个干扰不大的"噪声"本底.

第二项中,除了复常量 $\beta A_R^2 \exp(\mathrm{i}\phi_R)$ 这一因子外,其他和物点 $P(0,0,-d)$ 的发散球面波在 Σ 面上复振幅分布一致,因此这一项表示原物光波场的再造,这个再造的物光波常称为 +1 级衍射波,对着全息图这个"窗口"看过去,将在 $P(0,0,-d)$ 处,看到原物点的虚像.

第三项除了复常量 $\beta A_R^2 \exp(\mathrm{i}\phi_R)$ 外,记录了共轭物光波在 Σ 面上的复振幅分布,与(3-7-4)式进行对比,它相应于中心在 $P'(0,0,d)$ 点的会聚球面波.即在 $P'(0,0,d)$ 点可得到点物的实像,这个共轭的物光波常称为全息图的 -1 级衍射波.

3. 全息照相的一般性原理

上面分析了最简单的情形——单个物点的全息照相.对一个实际的复杂景物全息照相,全息图上的干涉花样当然会杂乱得多,但基本道理还是一样的.下面用相干光波叠加理论,一般性地讨论一下全息照相的原理.

（1）全息记录

如前所述,为了记录物光在 Σ 平面上的振幅分布和相位分布,需要另一与之相干的参考光和它一起投射到全息底片上进行叠加,如图 3-7-1 所示.设物由 n 个物点组成,每个物点在相干光照射下各自发出球面物光波,它们在全息底片 Σ 上分别产生分复振幅 $E_{Oj}(Q)$,而整个物光场在 Σ 上产生的合复振幅 $E_O(Q)$ 为

$$E_O(Q) = \sum_{j=1}^{n} E_{Oj}(Q) = A_O e^{i\phi_O}$$

A_O、ϕ_O 表示物光 O 在全息底片上的振幅分布和相位分布.

参考光在全息底片上的复振幅 $E_R(Q)$ 为

$$E_R(Q) = A_R e^{i\phi_R}$$

A_R、ϕ_R 表示参考光 R 在全息底片上的振幅分布和相位分布,物光和参考光在 Σ 面上相干叠加后的复振幅分布 $E(Q)$ 为

$$E(Q) = E_R(Q) + E_O(Q) = A_R e^{i\phi_R} + A_O e^{i\phi_O}$$

强度分布 $I(Q)$ 为

$$I(Q) = E(Q)^* E(Q) = (A_R e^{i\phi_R} + A_O e^{i\phi_O})(A_R e^{-i\phi_R} + A_O e^{-i\phi_O})$$

即

$$I(Q) = A_R^2 + A_O^2 + A_R A_O [e^{i(\phi_R - \phi_O)} + e^{-i(\phi_R - \phi_O)}] \tag{3-7-11a}$$

或

$$I(Q) = A_R^2 + A_O^2 + 2A_R A_O \cos(\phi_O - \phi_R) \tag{3-7-11b}$$

从上式可看出,Σ 面上干涉条纹的形状、间隔等几何特征,反映了物光相对参考光的相对相位分布 $(\phi_O - \phi_R)$,条纹的可见度反映了物光相对参考光的相对振幅分布.换句话说,物光在 Σ 面上的振幅和相位两部分信息都被干涉条纹记录(储存)下来了.将全息底片线性曝光冲洗,使全息图的复振幅透过率 $t(x,y)$ 与曝光时强度 $I(x,y)$ 成线性关系,即

$$t(x,y) = t_0 + \beta I(x,y) = (t_b + \beta A_R^2 + \beta A_O^2) + \beta A_R A_O (e^{i(\phi_R - \phi_O)} + e^{-i(\phi_R - \phi_O)})$$

(2)波场再现

设再现光 R' 在全息图上的复振幅 $E_R' = A_R' \exp(i\phi_R')$,可以不同于参考光在 Σ 面上的复振幅.全息图后表面复振幅 $E_H(Q)$ 为

$$\begin{aligned}
E_H(Q) &= t(Q) E_R' \\
&= (t_0 + \beta A_R^2 + \beta A_O^2) E_R'(Q) + \\
&\quad \beta A_R A_R' \exp[i(\varphi_R' - \varphi_R)] E_O(Q) + \\
&\quad \beta A_R A_R' \exp[i(\varphi_R' + \varphi_R)] E_O^*(Q)
\end{aligned} \tag{3-7-12}$$

现在分别讨论上式右端三项的意义:

第一项 $(t_0 + \beta A_R^2 + \beta A_O^2) E_R'(Q)$ 中 t_0 为常量,参考光常采用均匀照明,A_R 也近似为常量.因而 $(t_0 + \beta A_R^2)$ 仅改变再现光振幅的缩放比例,出现负值时仅使再现光相位分布增加常量 π.也就是说,$(t_0 + \beta A_R^2)$ 不改变再现光复振幅分布特征.A_O^2 虽然不是均匀分布,但 A_O^2 常远小于 A_R^2,故 $\beta A_O^2 E_R'(Q)$ 项可被当作一种干扰不大的"噪声"本底.总之,第一项基本上是再现光沿直线传播的零级衍射光.

第二项称为 +1 级衍射波.当再现光与参考光是完全相同的平面波或球面波时,$\phi_R' = \phi_R$,$A_R' = A_R$,这一项变为 $\beta A_R^2 E_O(Q)$,表示纯粹的物光场再现,透过全息图这个"窗口"在原物处可以看到逼真的虚像.

当再现光与参考光不相同时,$E_O(Q)$ 前的因子不是复常量,因而会改变物光的振幅或相位二者或二者之一的分布特征,+1 级衍射波再现的就不是那么纯粹的物光场了.

第三项称为 -1 级衍射波.即使再现光与参考光完全相同,即 $\phi_R' = \phi_R$,但 $(\phi_R' + \phi_R)$ 不一定

等于常量,只有再现光与参考光均为相同的正入射平面波时,$(\phi'_R+\phi_R)$才等于常量,这时±1级衍射波才严格对全息图平面镜像对称,一个是虚像、一个是实像,如图3-7-2所示.

再现光和参考光不受上述限制的一般情况下,对±1级衍射波的影响不过是虚像和实像有所位移和缩放,当R'和R均为球面波时,由于装置的具体布局不同,±1级衍射波可能出现都是会聚的实像或都是发散的虚像.因为这些问题比较专业,这里就不再讨论了[①].

值得指出的是,上述全息图是假定记录介质的厚度比全息图中干涉条纹的间距小很多,即全图息是一幅在厚度方向无条纹的平面全息图.当记录介质的厚度大于干涉条纹间距很多时,全息图是一幅在厚度方向也有条纹的立体全息图,相当于一块空间光栅,满足布拉格条件时才有再现物光场.这就是说,当再现光为单色光时,只有在某些特定的方位才有再现物光场;当再现光为白光时,固定观察方向,只有某些特定波长才能再现物光场.这就是说,体全息图对再现光具有角度选择性、波长选择性(或说白光重现).此外,体全息图还涉及同一张底片拍摄多张全息图、多重全息图、彩色全息图等许多全息技术应用课题.

*§3.8 相干成像理论

- 1. 阿贝相干成像理论
- 2. 夫琅禾费衍射和频谱函数
- 3. 阿贝–波特实验

本书第1章从几何光学的角度讨论了透镜成像问题.这一节研究阿贝相干成像理论.分析物体在相干光照射下,经透镜相干成像的过程.从而认识到透镜具有二维傅里叶变换本领,启迪人们利用空间滤波器改变物的空间频谱,改造光信息,奠定了现代变换光学中空间滤波技术和信息处理技术的物理基础.下一节介绍一个典型的相干光学信息处理系统——4f系统.

1. 阿贝相干成像理论

1873年,阿贝在显微镜相干成像理论的阐述中,首先提出了空间频谱的概念,并将透镜的相干光成像分为利用夫琅禾费衍射分频和利用干涉综合两步.1906年,波特(A. B. Porter)用一系列实验证实了阿贝的理论,掀开了研究傅里叶光学的序幕.

图3-8-1所示为显微镜物镜,设该物镜L口径很大,而且是理想光学系统,用单色平行相干光束正照射其物平面.按阿贝成像理论,物平面如同一个衍射光栅,它在物镜L的像方焦平面上得到夫琅禾费衍射斑;这些衍射斑,又可再一次看作是相干的次波源,它们在物镜像平面上叠加而成物平面的像.这就是说,把物镜的相干成像过程分为两步完成:第一步是正入射相干光经物平面的夫琅禾费衍射,相当于将物平面发出的复杂衍射场分解为一系列具有不同传播方向(用波矢$\boldsymbol{k}$方位角α、β表示)的平面衍射波,而波矢$\boldsymbol{k}$的数值是空间圆频率($k=2\pi/\lambda$),令$f=k/2\pi$表示空间频率(矢量),$f=1/\lambda$.空间频率(矢量)的方向即波矢方向,因$f_x=f\cos\alpha=\cos\alpha/\lambda$,$f_y=f\cos\beta=\cos\beta/\lambda$.所以同一波长$\lambda$的单色平面波有不同传播方向时,虽具有相同的$f$,但有不同的$f_x$、$f_y$;一组$(f_x,f_y)$与一组$(\cos\alpha,\cos\beta)$对应.换句话说,相

---

① 参见钟锡华编写的《光波衍射与变换光学》一书,由高等教育出版社(1985年)出版.

干成像第一步的实质是分频——将复杂物平面衍射波分成一系列具有不同空间频率(f_x, f_y 的频谱)的平面波,而物镜像方焦平面就是频谱平面.相干成像第二步的实质是合频(综合).如果在这一分一合的过程中,频谱没有丢失,则像和物相似、清晰.如果在此过程中丢失了部分频谱,像将模糊、变形,甚至缺少某些结构.

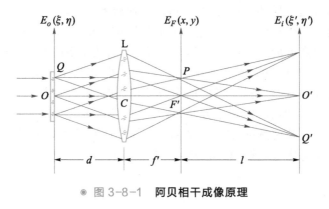

◎ 图 3-8-1　阿贝相干成像原理

2. 夫琅禾费衍射和频谱函数

设(ξ, η)为物平面上坐标,(ξ', η')为像平面上坐标,(x, y)为物镜 L 像方焦平面(或称后焦面)的坐标.三组坐标的坐标轴互相平行,原点均在光轴上.物平面与物镜 L 的距离为 d,像平面与后焦面的距离为 l,用 $E_o(\xi, \eta)$ 表示物平面后表面的复振幅分布,或称为物函数;用 $E_F(x, y)$ 表示后焦面上的复振幅分布.用 $E_i(\xi', \eta')$ 表示像平面上的复振幅分布,或称为像函数.

按二维傅里叶变换,物函数 $E_o(\xi, \eta)$ 和其频谱函数 $E(f_x, f_y)$ 的关系为

$$E(f_x, f_y) = \int_{-\infty}^{+\infty} \int_{-\infty}^{+\infty} E_o(\xi, \eta) \, \mathrm{e}^{-\mathrm{i}2\pi(f_x\xi + f_y\eta)} \, \mathrm{d}\xi \mathrm{d}\eta \tag{3-8-1}$$

上式表示复振幅同步分布为 $E_o(\xi, \eta)$ 的物平面发出的复杂的物光场,利用上式可分解为一系列空间频率为 f_x ($=f\cos\alpha$), f_y ($=f\cos\beta$)(α、β 为平面波传播方向的方向角)的平面波.频谱函数 $E(f_x, f_y)$ 是相应空间频率为(f_x, f_y)的平面波的复振幅.

使用夫琅禾费衍射装置,可以将物光场分解为一系列空间频率(f_x, f_y)各异的衍射平面波场,并在后焦面上接收它们,后焦面上接收到的复振幅分布 $E_F(x, y)$ 和频谱函数 $E(f_x, f_y)$ 有何关系呢? 为此可参考图 3-8-2.

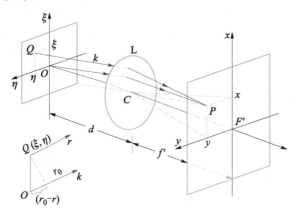

◎ 图 3-8-2　夫琅禾费衍射后焦面上的复振幅分布

设物镜的通光孔径充分大,即假定不计物镜的衍射效应,按菲涅耳－基尔霍夫公式(3-1-2),得

$$E_F(x,y)=\frac{1}{i\lambda}\iint\limits_{\Sigma}E_0(\xi,\eta)\frac{e^{ikr}}{r}\frac{\cos\theta_0+\cos\theta}{2}d\xi d\eta$$

使用单色相干光正入射垂轴小物平面,在近轴近似下 $\cos\theta_0=\cos\theta=1, 1/r=$ 常量, $kr=k(r-r_0)+kr_0$,其中 $kr_0(x,y)$ 为物平面坐标原点 O 到频谱面 $P(x,y)$ 点的光程.上式可简化为

$$E_F(x,y)=Ce^{ikr_0}\iint\limits_{\Sigma}E_0(\xi,\eta)e^{ik(r-r_0)}d\xi d\eta$$

上式中 C 为与 (x,y) 无关的复常量,有

$$k(r-r_0)=-k(r_0-r)$$
$$=-\overrightarrow{OQ}\cdot\boldsymbol{k}-2\pi(\xi f_x+\eta f_y)$$
$$=-\overrightarrow{OQ}\cdot\frac{2\pi}{\lambda}\frac{\overrightarrow{CP}}{CP}$$
$$=-2\pi\left(\xi\frac{x}{\lambda f'}+\eta\frac{y}{\lambda f'}\right)$$

上式中利用了近轴近似条件 $|CP|=f'$(物镜焦距).利用上式, $E_F(x,y)$ 的表示式又可写为

$$E_F(x,y)=Ce^{ikr_0}\int_{-\infty}^{+\infty}\int_{-\infty}^{+\infty}E_0(\xi,\eta)e^{-i2\pi(f_x\xi+f_y\eta)}d\xi d\eta \qquad (3-8-2)$$

式中

$$f_x=\left(\frac{x}{\lambda f'}\right),\quad f_y=\left(\frac{y}{\lambda f'}\right) \qquad (3-8-3)$$

积分限本应是物面 Σ,但在 Σ 面之外,各点的 $E_0(\xi,\eta)$ 为零,所以积分限可以取 $(-\infty,+\infty)$.复常量 C 对频谱面上的复振幅的相对分布无影响,但 kr_0 与频谱面上 $P(x,y)$ 点的坐标有关,因此 $(3-8-2)$ 式说明:夫琅禾费衍射场中,复振幅分布 $E_F(x,y)$,严格说来,还不完全是物函数的傅里叶频谱 $E(f_x,f_y)$ [$(3-8-1)$ 式].但是,当物平面和透镜 L 的物方焦平面重合时, kr_0 属等程情况,见图 3-8-3.这时不论 P 点在 $P(0,0)$、$P(x_1,y_1)$ 或 $P(x,y)$ 点, kr_0 均相同,即 $Ce^{ikr_0}=C'$(复常量).只有在此条件下,$(3-8-1)$ 式才可写为

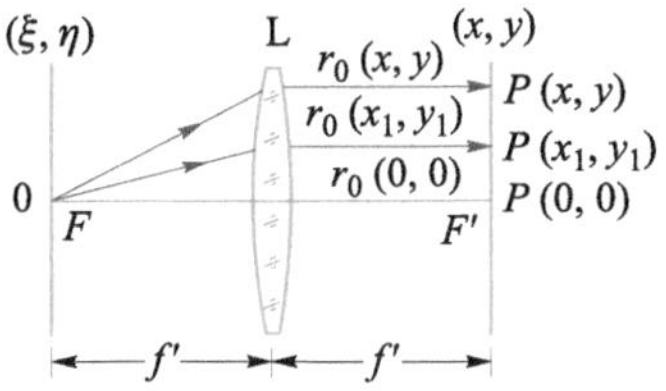

图 3-8-3 kr_0 等光程情形

$$E_F(x,y)=C'\int_{-\infty}^{+\infty}\int_{-\infty}^{+\infty}E_0(\xi,\eta)e^{-i2\pi(f_x\xi+f_y\eta)}d\xi d\eta \qquad (3-8-4)$$

上式表示,当物平面置于透镜的物方焦平面(或称前焦面)时,经夫琅禾费衍射,在后焦面上的复振幅分布 $E_F(x,y)$ 才是物函数 $E_0(\xi,\eta)$ 的傅里叶变换.换句话说,后焦面上 $P(x,y)$ 点的光场复振幅 $E_F(x,y)$ 与物函数 $E_0(\xi,\eta)$ 中空间频率为 f_x、f_y 的平面波成分的复振幅成正比.因此,夫琅禾费衍射装置可看成是从物函数求频谱函数的光学计算机,或傅里叶频谱分析器.

3. 阿贝-波特实验

阿贝相干成像理论表明,透镜的成像过程,是对频谱的分解与综合的过程.若物函数所有频谱都能参加综合,则可在像平面上得到理想像.若在频谱面上放置各种遮拦物(狭缝、小孔、圆屏、相位板……)挑选或改变物的频谱,综合之后便得不到物、像复振幅完全相似的像.这些放在频谱面上改变空间频谱的器件,统称为空间滤波器.

阿贝（1874 年）和波特（1906 年）先后做了一系列空间滤波实验，生动地验证了阿贝相干成像理论．图 3-8-4 所示是用透射光栅当作物，平行相干光正射光栅，在透镜后焦面上出现的夫琅禾费衍射斑，它们的角位置 $\theta = \arcsin(k\lambda/d)$，式中 d 为光栅常量，θ 为衍射角．

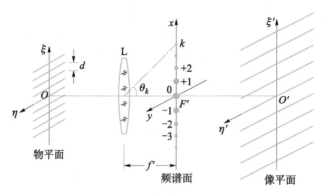

◎ 图 3-8-4　阿贝-波特空间滤波实验

由于空间频率 f_x、f_y 和波矢方向角 α、β 及其余角 θ、φ 有下列关系：

$$f_x = f\cos\alpha = \frac{1}{\lambda}\sin\theta$$

$$f_y = f\cos\beta = \frac{1}{\lambda}\sin\varphi$$

在图 3-8-4 所示情况下，$\sin\theta = k\lambda/d$，$\beta = \pi/2$，θ 即衍射角．所以有

$$f_x = k\frac{1}{d}, \quad f_y = 0$$

从上式可以看出：零级衍射波，对应空间频率 $f_x = 0$，$f_y = 0$；± 1 级衍射波，对应空间频率 $f_x = \pm 1/d$，$f_y = 0$；± 2 级衍射波，对应空间频率 $f_x = \pm 2/d$，$f_y = 0$；依此类推．取基频 $f_0 = 1/d$，则 k 级衍射波，对应 k 的倍数 kf_0．

讨论几种滤波情况．

① 若在频谱面上让所有频谱通过，则在像平面上得到物（光栅）的理想像，如图 3-8-5（a）所示．当然，由于透镜的孔径有限，k 太大的高频成分，因其衍射角太大会从透镜边缘滤掉，使得像的细节变模糊、棱角不清晰，推动反映物细节的高频信息，是物镜孔径影响分辨本领的根本原因．

② 若在频谱面上放置低通滤波器，只让零级衍射斑通过，即只让物信息中的零频成分通过，这时像平面被均匀照射，物周期性结构的"交流"信息完全不出现，如图 3-8-5（b）所示．

③ 若将低通滤波器张开些，让 0，± 1 级衍射斑通过，即让物信息中的零频和基频成分通过，这时像平面出现光栅的像，但亮暗过渡没有那么明锐，类似正弦光栅的像，如图 3-8-5（c）所示．

④ 若采用带通滤波器，让 0，± 2 级衍射斑通过，即让物信息中的零频和二级信频成分通过，这时像平面上出现的像也类似正弦光栅，但光栅常量只有图 3-8-5（c）中的一半．

⑤ 若采用高通滤波器，挡掉零级衍射斑，只让 ± 1，± 2，…级衍射斑通过，即让物信息中的基频和各级倍频成分通过，除物透光部分变暗些外，原来不透光的部分却变亮了，而且很可能后者比前者更亮，出现所谓衬度反转的现象，如图 3-8-5（e）所示．

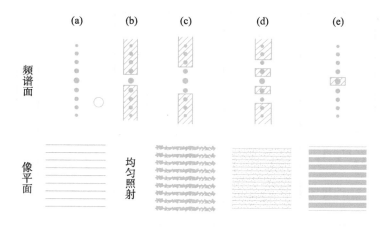

◎ 图 3-8-5　以光栅作为物的阿贝-波特滤波实验的几种情况

*§3.9　相干光图像处理系统

- 1. 4*f* 系统
- 2. 图像信息处理举例

阿贝-波特实验装置,可看成是利用空间滤波器,挑选图像频谱处理图像光信息的最简单的相干光图像处理系统. 现代相干光图像处理系统有许多种,这里只介绍较为基本的 4*f* 系统,对频谱的处理也不限于改变振幅,也可能改变相位,或两者同时改变.

1. 4*f* 系统

图 3-9-1 为 4*f* 相干光图像处理系统示意图. 透镜 L_1 和 L_2 组成无焦系统,即透镜 L_1 的后焦面与透镜 L_2 的前焦面重合. 透镜 L_1 的前焦面 (ξ, η) 为物平面,图像由此输入,透镜 L_2 的后焦面 (ξ', η') 为像平面,透镜 L_1、L_2 的共焦面 (x, y) 为频谱面. 为简单计,假定透镜 L_1 和 L_2 的焦距相等.

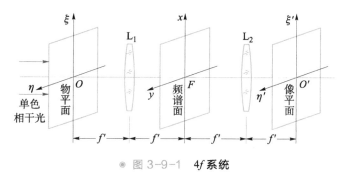

◎ 图 3-9-1　4*f* 系统

将要处理的信息记录在照相底片上. 例如,一段文字、某个景物的照片、或者有声影片的音带等. 为了沿用光学术语,将待处理的信息称为"物体". 将物体置于物平面上,用波长为 λ

的相干平行光垂直照射物体,通过物产生衍射,根据(3-8-4)式,物函数 $E_0(\xi,\eta)$ 的频谱函数 $E_F(x,y)$ 为

$$E_F(x,y)=\int_{-\infty}^{+\infty}\int_{-\infty}^{+\infty}E_0(\xi,\eta)\exp\left\{-\mathrm{i}2\pi\left[\left(\frac{x}{\lambda f'}\right)\xi+\left(\frac{y}{\lambda f'}\right)\eta\right]\right\}\mathrm{d}\xi\mathrm{d}\eta \qquad (3-9-1)$$

此处略去了不重要的复常量因子 C',如不计两个透镜有限孔径的衍射效应,则以此频谱函数作为物,在像平面上产生的像函数为 $E_i(\xi',\eta')$,则按(3-8-4)式得

$$E_i(\xi',\eta')=\int_{-\infty}^{+\infty}\int_{\infty}^{+\infty}E_F(x,y)\exp\left\{-\mathrm{i}2\pi\left[\left(\frac{\xi'}{\lambda f'}\right)x+\left(\frac{\eta'}{\lambda f'}\right)y\right]\right\}\mathrm{d}x\mathrm{d}y \qquad (3-9-2)$$

由于透镜 L_1、L_2 的焦距都等于 f',并且物平面与像平面共轭,其垂轴放大率 $\beta=-1$,所以有

$$\xi'=-\xi, \quad \eta'=-\eta$$

将此代入(3-9-2)式得

$$E_i(\xi',\eta')=E_i(-\xi,-\eta)$$
$$=\int_{-\infty}^{+\infty}\int_{-\infty}^{+\infty}E_F(x,y)\exp\left\{\mathrm{i}2\pi\left[\left(\frac{\xi}{\lambda f'}\right)x+\left(\frac{\eta}{\lambda f'}\right)y\right]\right\}\mathrm{d}x\mathrm{d}y \qquad (3-9-3)$$

将(3-9-1)式作一次反变换,并与(3-9-3)式比较,即可得

$$E_i(\xi',\eta')=E_i(-\xi,-\eta)=(\lambda f')^2 E_0(\xi,\eta) \qquad (3-9-4)$$

因此通过两次傅里叶变换得到物函数(除了差一常因子外),物像倒立、等大.如果在频谱面上将 (x,y) 插入滤波器,就可以改变频谱函数 $E_F(x,y)$,以获得关于物函数中有用的信息,或除去其中无用的信息.因此,这样的系统有处理图像光学信息的功能.

2. 图像信息处理举例

(1) 改善照片质量,检查光刻板疵点

利用滤波器可以改善照片的质量.例如,由于照相物镜的缺陷,使通过物镜后光波的频谱中的高频分量衰减得比较厉害,这样照出来的照片细节和棱角比较模糊.如果将这样的底片置于 4f 系统的物平面上,在频谱面上插入一个振幅透过率沿半径方向递增的圆形空间滤波板,并使圆形滤波板的中心与系统的光轴重合.于是光波频谱中低频部分衰减得多,而高频部分衰减得少,而且空间频率越高,衰减得越少,像平面得到的像,其细节和棱角都比较清楚了,改善了图像质量.

利用空间滤波器,对检查大规模微型集成电路光刻板疵点,提供了一个简洁而有效的方法.先把标准电路板的频谱做成负片,用此负片当作空间滤波器插入系统的频谱面,然后将待检的电路板置于系统的物平面上,它的频谱经空间滤波器后滤掉了所有合格部分的频谱,而只留下疵点的频谱在系统的像平面上成像,这样,像平面上只有疵点的像,一目了然.

(2) 策尼克相衬法

透明的未染色的生物切片,其复振幅透过率 $t(\xi,\eta)$ 是相位型的,相位移动量(相移) $\phi(\xi,\eta)$ 常远小于一弧度,因此有

$$t(\xi,\eta)=\exp[\mathrm{i}\phi(\xi,\eta)]$$
$$=1+\mathrm{i}\phi(\xi,\eta)-\frac{1}{2}\phi^2(\xi,\eta)+\cdots$$
$$=1+\mathrm{i}\phi(\xi,\eta) \qquad (3-9-5)$$

复振幅透过率满足上式的物体叫做相位物体,将这样的物体置于 4f 系统物平面上时,像平面上的图像反衬很小,很难看清楚,下面证明这一点.

设用振幅为 A 的平行相干光束正入射置于物平面上的透明相位物体,物函数

$$E_o(\xi,\eta) = At(\xi,\eta) = A[1+i\phi(\xi,\eta)] \tag{3-9-6}$$

若物的频谱全部都参加了综合,按(3-9-4)式,在像平面上得到的像函数为

$$E_i(\xi',\eta') = (\lambda f')^2 E_o(\xi,\eta) = (\lambda f')^2 A[1+i\phi(\xi,\eta)] \tag{3-9-7}$$

在像平面上的光强分布为

$$\begin{aligned} I_i(\xi',\eta') &= E_i(\xi',\eta')E_i^*(\xi',\eta') \\ &= (\lambda f')^4 A^2[1+\phi^2(\xi,\eta)] \end{aligned} \tag{3-9-8}$$

由于 ϕ^2 是一个二级小量,所以像的反衬是很小的,很难看清楚.这也是用显微镜看相位型生物切片难以看清楚的原因,生物学家采用染色方法,使相位物体变为振幅物体,但在染色的同时就杀死了标本中的相位物体,这样就看不到有机物的生命机能了.

1935 年,策尼克(Frits Zernike,1888—1966)提出了将物的相移 $\phi(\xi,\eta)$ 转换成像反衬度分布的相衬法.(3-9-6)式中第一项 A 代表物光中的本底光,相当于波面平行于频谱面并在频谱面原点 F' 会聚的零频成分,第二项 $iA\phi(\xi,\eta)$ 代表物光中的衍射光(非零频成分).衍射光之所以观察不到是由于它与很强的本底之间有 90° 的相位差,如果能够改变这个相位正交关系,那么这两项就会直接发生干涉,产生可观察的光强变化.因此,他提出在频谱平面上放置一块变相板以改变零频分量和衍射光之间的相位关系.

变相板可以在一块玻璃基片上涂上一小块光学厚度为 $\lambda/4$ 或 $3\lambda/4$ 的介质膜,使零频成分相位延迟 $\pi/2$ 或 $-\pi/2$,而其他非零频成分不发生改变.图 3-9-2 为策尼克变相板示意图.整个变相板复振幅透过率分为两部分,即

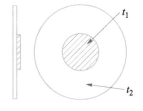

◎ 图 3-9-2　策尼克变相板

$$t_1 = \beta e^{\pm i\pi/2} = \pm i\beta$$
$$t_2 = 1$$

β 为介质膜吸收系数(常量).

加了策尼克变相板,在像平面上得到的像函数只将(3-9-7)式改为下列形式:

$$E_i(\xi',\eta') = (\lambda f')^2 A[\pm i\beta+i\phi(\xi,\eta)] \tag{3-9-9}$$

在像平面上的光强分布为

$$\begin{aligned} I_i(\xi',\eta') &= E_i(\xi',\eta')E_i^*(\xi',\eta') \\ &= (\lambda f')^4 A^2[\beta^2 \pm 2\beta\phi(\xi,\eta)] \end{aligned} \tag{3-9-10}$$

上式表明像的强度与相位 $\phi(\xi,\eta)$ 成线性关系,注意 $\xi'=-\xi,\eta'=-\eta$.当本底相位被延迟 $\pi/2$ 时,(3-9-10)式中取"+"号,称为正的相位反衬,或亮场相衬;而相位延迟 $3\pi/2$ 时,取"−"号,称为负的相位反衬,或暗场相衬.

相位反衬法是一种将空间相位调制转换成空间强度调制的方法,1947 年,蔡司工厂利用策尼克相衬法制成了相衬显微镜.策尼克因此而获得 1953 年度诺贝尔物理学奖.

(3) θ 调制实验

用白光照射若干块取向不同的光栅所拼成的透明图像时,频谱面上出现了各块光栅的不同波长的空间频谱,对各块光栅挑选不同波长的空间频谱通过,在像平面上将得到若干色彩迥异的图案,这种用白光照射由光栅拼成的图像,选色滤波后得到彩色像的方法叫做 θ 调制.

图 3-9-3(a)所示为用每毫米 50 到 100 条缝的三块平面透射光栅,分别剪成天空、城墙和草地的图案并拼成图像,三块光栅狭缝取向彼此错开 60°.频谱面上每块光栅的频谱系列也相交成 60°.除零级谱无色散,对应白色斑点外,非零级谱都是彩色斑,将一块用烟灰熏黑了的玻璃置于频谱面上作为滤波器,熏烟玻璃可以看到光栅的衍射斑,如图 3-9-3(b)所示,用小棍子抹去玻璃板上的部分烟灰,让相应天空频谱的 0,±1 级蓝色衍射光通过,相应城墙频谱的 0,±1 级红色衍射光通过,相应草地频谱的 0,±1 级绿色衍射光通过,在像平面上则得到蓝色的天空下,红色的城墙坐落在绿色草地上的图像.

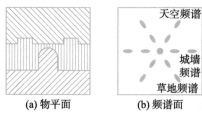

(a) 物平面　　　　(b) 频谱面　　　　(c) 像平面

◎ 图 3-9-3　θ 调制

复习思考题

3-1 惠更斯原理的内容是什么?试用惠更斯作图法证明光的反射定律和折射定律.

3-2 试述惠更斯-菲涅耳原理的要点.原理中次波源和真实点光源有哪些不同?

3-3 波长为 λ 的单色光正入射半径为 ρ 的圆孔,轴上有哪些位置是暗点?距圆孔最远的暗点有多远?

3-4 试述半波带法的基本思想.若用圆盘代替图 3-2-1 中的圆孔,试分析为何阴影中心始终有一亮点.

3-5 什么是波带片?它有何用途?若将菲涅耳波带片作为一种特殊形状的振幅光栅看待,当单色平行光正入射时,其衍射光分布有何特点?若将菲涅耳波带片作为一种特殊形式的透镜看待,又有何特点?

3-6 隔着山可以听到中波段的电台广播.超短波通信、电视广播极容易被山或高大建筑物挡住,而雷达几乎是直线传播的,这是为什么?

3-7 试用半波带法分析单缝夫琅禾费衍射的次极强随衍射角 θ 增加而减少的原理.

3-8 §3.3 节中讨论单缝夫琅禾费衍射光强分布时,采用了"半波带法""振幅矢量图解法"和"复振幅积分法".试采用"实数波函数积分法"——即将复振幅积分法中的复振幅改用实数波函数表示,导出衍射光强分布.

3-9 为什么在实际中不可能获得理想的平行光束?要使激光束发散得少一些,应采取什么办法?

3-10 在图 3-3-1 所示单缝夫琅禾费衍射装置中:

(1) 如果光源 S 是单色点光源,衍射花样如何?若将点光源向下平移一点点,衍射花样有何变化?

(2) 如果将光源 S 改为与狭缝平行的单色线光源,衍射花样有何变化?若再将狭缝转动 90°(由水平取向改为竖直取向),衍射花样又有何变化?

(3) 如果将狭缝往下移动一点点,衍射花样有何变化?

(4) 增大狭缝缝宽,对衍射花样有何影响?

(5) 增大光源波长,对衍射花样有何影响?

3-11 设物体距针孔相机很远,针孔距底片的距离为 f',用波长为 λ 的光成像,试估计针孔直径的最佳尺寸.

3-12 望远镜的垂轴放大率小于1,何以用了望远镜不仅视角放大率大于1,还能增大分辨本领呢?

3-13 什么是显微镜的有效放大率? 放大倍数为 45×、N.A. 为 0.65 的物镜,和 20×目镜配合使用,合适吗?

3-14 等幅多光束干涉有何特点? 试画出 $N=5$,等幅多光束干涉光强对相邻光束相位相差 δ 的分布曲线,并和等幅双光束干涉情况进行对比. 能定性说明光束数目增加,条纹变锐的原因吗?

3-15 光栅的主要性能参量有哪些? 它们由哪些因素决定?

3-16 设光栅常量为 d,总缝数为 N.

(1) 试分别说明 N 和 d 对光栅衍射花样主极强位置和半角宽度的影响,增加 N 能改变主极强的位置吗?

(2) 试分别说明 N 和 d 对光栅光谱仪色散本领和分辨本领的影响,增加 N 能提高色散本领吗? 减少 d 能提高分辨本领吗?

3-17 现有一台光栅光谱仪,备有同样大小的三块光栅:1 200 条/mm,600 条/mm,90 条/mm.试讨论:

(1) 光谱范围在可见光部分,应选用哪块光栅? 为什么?

(2) 光谱范围在红外 3~10 μm 波段,应选用哪块光栅?

3-18 设可见光光谱的两个极限波长是 430.0 nm 和 680.0 nm,在光正入射的条件下:

(1) 能否设计出这样一个光栅,一级光谱不和二级光谱重叠.

(2) 能否设计出这样一个光栅,二级光谱不和三级光谱重叠.

3-19 从光栅分辨本领 $A=kN$ 关系式来看,似乎提高衍射级次 k,分辨本领可任意提高,试加以讨论.

3-20 衍射光栅谱线的级次 k 越大,谱线就越宽(Θ 大).可是 k 越大,分辨本领却越高,这一矛盾如何解决?

3-21 若把单色光的双缝干涉条纹,单缝夫琅禾费衍射条纹及光栅衍射条纹拍摄下来,根据照片,你能区别它们吗?

3-22 若在衍射光栅实验中,将光栅遮掉一半,图像会发生什么变化?

3-23 对分光元件(1) 棱镜、(2) 法布里-珀罗标准具、(3) 衍射光栅的特征作一比较.

3-24 试从(1) 棱镜使用、(2) 面镜使用、(3) 光栅的色分辨本领、(4) 一定孔径成像系统的最小可分辨角等方面,比较 10.0 nm 波附近的光学与可见光光学之间的区别.

3-25 用什么办法,可以把照片里的笼中鸟解脱出来?

习题

3-1 菲涅耳圆孔衍射中,固定光源 S 及观察点 P 位置,试以圆孔半径为横坐标、观察点 P 处的光强为纵坐标,画出大致的光强变化曲线.

3-2 设有波长 632.8 nm 的单色平行光束正入射圆孔屏,孔后中心轴上距圆孔 $r_0 = 1$ m 处的 P_0 点出现一个亮点,假定这时小圆孔面积恰好等于第一个菲涅耳半波带.试求圆孔半径 ρ 及沿中心轴向圆孔移动时,第一个暗点的位置.

3-3 在菲涅耳圆孔衍射中,固定点光源 S 位置和圆孔半径 ρ.连续地增大屏幕与圆孔的距离 r_0,试以此距离为横坐标、屏上中心点 P 的光强为纵坐标,画出光强大致变化的曲线.

3-4 一束单色平行光正入射圆孔面积为 $33\pi \times 10^{-3}$ cm^2 的衍射屏,孔后中心轴上距圆孔 60 cm 处的幕上恰得一亮点,若将幕移近圆孔,距圆孔为 50 cm 时又相继得到另一亮点,试求光波波长.

3-5 一束平行光 ($\lambda = 589.3$ nm) 垂直入射于半径为 2 mm 的圆孔上,在距孔 5 m 的轴线上 P 点看,此圆孔包含多少个菲涅耳半波带?

3-6 如果上题中的光源是一个距孔 5 cm 的点光源,则从 P 点来看,此孔包含几个菲涅耳半波带?

3-7 在圆孔屏上开有直径 $D = 2.42$ mm 的圆孔,距圆孔 r_0 ($= 5$ m) 处与圆孔屏平行地放置一观察屏,平行钠光 ($\lambda = 589.0$ nm) 正入射,试求观察屏与圆孔中心轴线相交处 P 点的光强.(与圆孔屏不存在时该点光强相比较.)

3-8 某环状波带片对波长 0.50 μm 的光波而言,焦距为 10 m,中心是一个透光带.
    (1) 求波带片上,$j = 1$ 至 $j = 8$ 的半径 $\rho_1, \rho_2, \cdots, \rho_8$.
    (2) 用上述波带片当准直系统,当 $R_e = -2$ m 时,r_e 为多少?

3-9 试证明:菲涅耳透镜除了存在主实焦点外,还存在焦距为 $f'/3$、$f'/5$ 等的次虚焦点.

3-10 波长 $\lambda = 546.1$ nm 的平行光垂直照射在宽度 $a = 0.1$ mm 的单狭缝上,若将焦距 100 cm 的透镜置于缝后面,观察屏置于透镜的像方焦平面上.求由衍射花样的中央主极大到:(1) 第一极小,(2) 第一个次极大,(3) 第三个极小的距离各为多少?

3-11 在焦距 $f' = 1$ m 的会聚透镜的像方焦平面上,观察缝宽为 0.4 mm 的单缝夫琅禾费衍射,已知入射光包含两种波长 λ_1 和 λ_2,λ_1 的第四个极小与 λ_2 的第五个极小出现在距中央主极大 5 mm 的同一点,试由此求出 λ_1 和 λ_2.

3-12 若入射于单狭缝上的平行光束不是正入射,即对单狭缝的入射角 θ_0 不是 90°.
    (1) 试求单缝边缘衍射线间的光程差表示式;
    (2) 试证在此情况下,单缝夫琅禾费衍射光强公式为

$$I_\theta = I_0 \frac{\sin^2\left[\dfrac{\pi a (\sin\theta_0 - \sin\theta)}{\lambda}\right]}{\left[\dfrac{\pi a (\sin\theta_0 - \sin\theta)}{\lambda}\right]^2}$$

3-13 试用惠更斯–菲涅耳原理证明互补屏的巴比涅原理:若有两个衍射屏 Σ_1 和 Σ_2,其复振幅透过率分别为 t_1 和 t_2,若 $t_1 + t_2 = 1$,则 Σ_1、Σ_2 称为互补屏,两个互补屏单独产生的衍射场复振幅之和恒等于光波自由传播时的复振幅.

3-14 当缝宽为 (1) 一个波长,(2) 5 个波长,(3) 10 个波长时,这些单缝的夫琅禾费衍射的半值(指 $I = I_0/2$)角宽度有多大?
    提示:$\theta = \sin^{-1}(4\lambda/9a)$ 时,$I = I_0/2$.

3-15 图 3-3-1 中,透镜 L_1 和 L_2 的焦距均为 200 mm,线光源 S 发出波长为 546.1 nm 的汞灯的绿光.当缝宽为 1.0 mm 时,屏幕上衍射主极强的宽度为多少?

实验表明,光源宽度对镜 L_1 中心的张角只要大于衍射主极强的半宽度对镜 L_2 中心张角的 1/4,衍射图的细节就模糊不清了.问在上述系统中,线光源的最大允许宽度是多少?

3-16 设氦氖激光器放电管直径 $d = 1.0\ mm, \lambda = 632.8\ nm$.求发散角 θ 为多少?并分别求出在 100 m 和 100 km 的屏上,光斑半径有多大?

3-17 一束直径为 2 mm 的氦氖激光($\lambda = 632.8\ nm$),自地球射向月球.已知月球离地面的距离为 3.76×10^5 km,问在月球上得到的光斑为多大?不计大气的影响.若将这样的激光束经扩束器扩大到直径为 2 m 和 5 m,再射到月球上,则光斑各为多大?

3-18 夜间,一颗人造卫星拍摄地球照片,如果所用相机镜头的焦距为 50 mm, f 值为 2,试问在 100 km 以上高度能否分辨出汽车的两只车灯?设 $\lambda = 0.6\ \mu m$,车灯间距约 1 m.

3-19 在 50 km 外有两只弧光灯,用一通光孔径为 40 mm 的望远镜观察它们,物镜前置一可调狭缝,缝的宽度方向与两光源连线平行.令狭缝由满孔径逐渐减小宽度,发现宽度等于 30 mm 时,两光源刚刚能被分辨,缝再窄就分不清了,假定光波波长为 600.0 nm,求两弧光灯的间距 L.

3-20 迎面而来的汽车,汽车车头灯相距 1 m,问汽车离人多远时,它们刚能为人眼所分辨?假定瞳孔直径为 3.36 mm,可见光在空气中的平均波长为 $\lambda = 5\,500$ Å.

3-21 (1) 计算物镜直径 $D = 5.0$ cm 和 50 cm 的望远镜,对可见光平均波长 $\lambda = 550.0$ nm 的最小可分辨角 $\delta\theta_e$.

(2) 若取人眼最小可分辨角 $\delta\theta_e = 2'$(即 5.8×10^{-4} rad),求(1)问中两个望远镜的(视)放大率应以多大为宜?

3-22 国产 XJ-16 型金相显微镜有三个消色差物镜,标记为 $8 \times 0.25, 45 \times 0.65, 100 \times 1.33$($a \times b$ 标记中,a 表示物镜垂轴放大率的绝对值,$\times$ 表示"倍",b 表示该物镜的数值孔径 N.A.);有三个惠更斯目镜,视角放大倍数分别为 $6 \times, 10 \times$,和 $15 \times$.试分别以波长 $\lambda = 550.0$ nm 计算,该显微镜在采用不同物镜和目镜组合时的最小可分辨物点间距和有效放大率.

3-23 国产 XJG-04 大型金相显微镜,有 5 个平场消色差(PC)物镜,一个油浸(Y)物镜,标记为
PC 4×0.10, PC 10×0.20, PC 25×0.40, PC 40×0.65, PC 63×0.85, Y 100×1.25
有 4 个广角补偿目镜,目镜视角放大倍数分别为
$8 \times$, $10 \times$, $12.5 \times$, $16 \times$
试分别以波长 $\lambda = 550.0$ nm 计算,该显微镜在采用不同物镜和目镜组合时的最小可分辨物点间距和有效放大率.

3-24 有一天文望远镜,物镜直径 $D = 5$ m.若用它来观察月球表面,已知地球直径 $d = 1.27 \times 10^4$ km,月球表面与地球距离约为 30 倍地球直径 d,设 λ 为 5×10^{-5} cm,试求该天文望远镜能分辨月球表面物点的最小间距 δy.

3-25 在焦距 50 cm 的会聚透镜的像方焦平面上,观察双缝夫琅禾费衍射,已知中央主极大(零级谱线)在屏上的线宽度为 0.5 cm,又第 4 级谱线为第一个缺级,试计算缝的宽度 a 及两缝中心间距 d.(光波波长 $\lambda = 500.0$ nm.)

3-26 试绘出 $d = 4a$(d 为光栅常量,a 为缝的宽度),$N = 5$ 情况下,光栅的衍射光强 I_θ 随衍射角正弦($\sin\theta$)的变化曲线.

3-27 钠黄光包括 $\lambda = 589.00$ nm 和 $\lambda' = 589.55$ nm 两条谱线.使用 15 cm 长,每毫米内有 1 200 条缝的光栅.求一级光谱中两条谱线的位置、间隔和半角宽度各为多少?

3-28 波长 $\lambda_1 = 500.0$ nm 和 $\lambda_2 = 520.0$ nm 的光垂直入射到光栅常量为 2 μm 的光栅上,用焦距为 2 m 的透镜将光谱聚焦于幕上.求幕上这两条谱线在(1)第一级光谱中,(2)第二级光谱中各相距多少?

3-29 由波长 400.0 nm 到 750.0 nm 的光所组成的平行白光束,垂直入射到光栅常量 $d = 10$ μm 的光栅上,再用焦距为 2 m 的透镜将光谱线聚焦于幕上.

(1)在第二级光谱中,550.0 nm 附近线色散的倒数为多少?

(2)第一级光谱中红线(750.0 nm)与第二级光谱中蓝线(400.0 nm)间的距离为多少?

3-30 波长为 650.0 nm 的谱线被观察到为靠近的双线.如果使用 $N = 9 \times 10^4$ 条狭缝的光栅,在第三级光谱中刚好可以分辨,问这两条谱线的波长差为多少?

3-31 有一光栅,在 3 cm 内刻线 1.8×10^4 条,问可见光($400.0 \sim 760.0$ nm)一级光谱的角度范围,并求 $\lambda = 760.0$ nm 的红光在一级光谱中的角色散.

3-32 试对衍射光栅作下列研究:

(1)用光栅测定光波波长时,影响其准确度的因素有哪些?

(2)光栅光谱中的最大波长 λ_{max} 取决于什么?

(3)波长为 λ 的单色光,经过光栅常量为 d 的光栅衍射后,能观察到的光谱最高级次为何?

(4)设光栅常量 d 为狭缝宽度的① 2 倍、② 3 倍、③ 4 倍,试分别指出光谱缺级的情况.

3-33 (1)求光栅常量 $d = 5$ μm 的光栅,在第 3 级光谱中,$\lambda = 500.0$ nm 附近的角色散 D_θ.

(2)若要在光栅的第一级光谱中分辨钠双线($\lambda_1 = 589.55$ nm,$\lambda_2 = 589.00$ nm),光栅缝数 N 最少为多少?

(3)在 $\lambda = 5\,000$ Å 附近,光栅的第 3 级光谱的自由光谱范围是多少?

3-34 设计一个平面透射光栅,当用白光垂直照射时;能在 $30°$ 衍射角方向上观察到 600.0 nm 的第 2 级光谱;并能在该处分辨 $\delta\lambda = 0.005$ nm 的两条光谱线;可是在 $30°$ 衍射角方向上却测不到 400.0 nm 的第 3 级光谱线.

3-35 两同级光谱线各有波长 $\lambda, \lambda + \Delta\lambda$,其中,$\Delta\lambda \leqslant \lambda$,试证它们在光栅光谱仪中的角距离 $\Delta\theta$ 近似地由 $\Delta\theta = \Delta\lambda \left[\left(\dfrac{d}{k} \right)^2 - \lambda^2 \right]^{-1/2}$ 给出.其中 d 为光栅常量,而 k 为光谱的级次.

3-36 平行光垂直入射宽度为 4 cm 的理想透射平面光栅,已知在 $60°$ 衍射角方向上角色散为 0.5×10^{-2} rad/nm,求光栅在该方向的色分辨本领.

3-37 衍射光栅的色分辨本领 $A = \lambda/\delta\lambda = Nk$,试证明:

(1)刚能分辨的相应频率间隔 $\delta\nu = c/kN\lambda$;

(2)光栅可分辨的 $\delta\nu$ 和光栅两条最边缘光线光程差的飞行时间 $\delta\tau$ 的乘积等于 1.这一关系与光栅常量无关.

3-38 国产 31W1 型 1 m 平面光栅摄谱仪的技术数据如下:

物镜焦距	$1\,050$ mm
光栅刻划面积	60 mm×40 mm
闪耀波长	365.0 nm(1 级)
刻线	$1\,200$ 条/mm
理论分辨率	$7\,200$(1 级)

试根据这些数据计算一下:

（1）该摄谱仪能分辨的谱线间隔最小为多少？

（2）该摄谱仪的角色散为多大[以 A/(′)为单位]？

（3）光栅的闪耀角为多大？闪耀方向与光栅平面的法线方向成多大角度？

3-39 有一反射定向光栅(闪耀光栅)，参考图 3-5-7，每毫米有 100 条刻痕，当单色平行光束垂直光栅平面入射时，要对波长 $\lambda = 600.0$ nm 的第二级谱线闪耀，闪耀角 θ_B 应为多大？并分别绘出"单缝"衍射因子，"缝间"干涉因子和两因子乘积随衍射角 θ 的分布曲线。计算时，考虑 θ_B、θ 均很小，可取 $\sin\theta = \theta$，$\sin(\theta - \theta_B) = \theta - \theta_B$ 近似。

3-40 当入射平行光束与光栅平面法线的夹角为 $\theta_0(\neq 0)$ 时，要对波长 λ 的第 k 级光谱闪耀，试导出闪耀角 θ_B 的表达式？

3-41 设物光 O 为平面波，对全息底片的入射角为 θ_0，参考光 R 也是平面波，对全息底片正入射，如习题 3-41 图所示。

（1）试求全息底片 Σ 上的干涉光强分布及干涉条纹间距 d；

（2）线性冲洗后，试求全息图的复振幅透过率表示式；

（3）若用一束和原参考光完全相同的光当再现光正入射全息图，试求全息图后表面复振幅分布的表示式，并据此讨论衍射波场的情况。

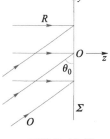

◎ 习题 3-41 图

计算时可设物光在 Σ 面上坐标原点负初相为零。

3-42 设物平面置于透镜 L 的物方焦平面上，该透镜的相对孔径 $D/f' = 1/3.5$，求此相干成像系统的截止(空间)频率，设正入射物平面的相干光波长为 0.63 μm.

第 4 章

光的偏振

光的干涉和衍射现象突显了光的波动特性,而光的偏振现象从实验上清楚地显示出光具有横波性,这一点和光的电磁波动理论一致.可以说,光的偏振现象为证实光的电磁波本性提供了进一步的证据.

光的偏振现象在自然界中是普遍存在的.光的反射、折射、散射以及光在晶体中传播时的双折射行为都有可能产生偏振光,利用光的这些效应可以制成各种偏振光元件.光在各向异性晶体中传播的规律可用于研究晶体的结构.在矿物分析中,常利用偏振光来判断矿物成分.在应力分析仪中,利用偏振光的干涉可以测定透明介质内部的应力分布.现代激光技术中,还广泛应用材料的电光效应和磁光效应,制成各种电光调制器和灵敏度极高的电光开关等.这些都与光的偏振现象有关,其他如量糖计、偏振光立体电影等偏振光的应用,则更是不胜枚举.

§4.1　自然光和偏振光

授课视频 4-1

在 §2.1 节中已经指出,光波是横波,即光振动矢量 E、H 和光线方向 S(即坡印廷矢量方向)正交,三者符合右手螺旋定则,如图 2-1-1 所示,光矢量 E 和光线方向所组成的平面叫做光矢量的振动面;磁振动矢量 H 和光线方向所组成的平面叫做偏振面,它们是相互正交的.

光的偏振态是指垂直于光线方向的二维平面上,光矢量的运动轨迹.按光的偏振态,可以将光分为自然光和偏振光两类.

普通光源(自发辐射为主导的光源)的大量发光原子中,各原子每一次辐射可以取不同的时间和不同的光振动方向,如果迎着光线方向看过去,如图 4-1-1(a)所示,光矢量以相等的振幅均匀地分布在垂直于光传播的平面上.这些振动或者同时存在,或者均匀无规则地出现,它们的特点是光振动方向是随机的,

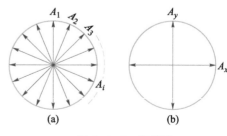

◎ 图 4-1-1　自然光

但相对统计来说,它们相对光线方向是对称的.这种普通光源所发出的光就叫做自然光.因为任何取向的光矢量都可以在两个互相垂直的方向上分解,因此自然光可以用两个互相没有稳定相位差,振动方向互相正交的,振幅 A_x、A_y 相等的光振动代替,其中 $A_x = [\sum (A_{ix})^2]^{1/2}$,$A_y = [\sum (A_{iy})^2]^{1/2}$.简言之,自然光可看作是两个在正交方向振动的、没有固定相位差的、等振幅的线偏振光的混合[如图 4-1-1(b)所示].

全偏振光指光矢量的振动方向不变,或具有某种规则变化的光波,对全偏振光细分,又可分为下面几种类型:

线偏振光(平面偏振光)——在垂直光线的平面上看,光矢量矢端轨迹为直线;

圆偏振光——在垂直光线的平面上看,光矢量矢端轨迹为圆;

椭圆偏振光——在垂直光线的平面上看,光矢量矢端轨迹为椭圆.

事实上,线偏振光、圆偏振光都可看成椭圆偏振光的特殊情形.

部分偏振光是指全偏振光和自然光的混合光:自然光和线偏振光的混合光叫做部分线偏振光;自然光和椭圆偏振光的混合光叫做部分椭圆偏振光;自然光和圆偏振光的混合光叫做部分圆偏振光.

椭圆偏振光

偏振光

在部分偏振光的总光强当中,全偏振光光强所占的比例 P 叫做该部分偏振光的偏振度(degree of polarization).部分偏振光的总光强 $I = I_p + I_n$,其中 I_p 代表全偏振光光强,I_n 为自然光光强.于是,部分偏振光的偏振度 P 为

$$P = \frac{I_p}{I} = \frac{I_p}{I_p + I_n} \tag{4-1-1}$$

对于自然光,$I_p = 0$,$P = 0$;对于全偏振光,$I_n = 0$,$P = 1$.部分偏振光的偏振度越接近于 1,偏振化程度越高.

在 §4.4 节中将介绍人造偏振片,光正入射偏振片时,垂直其透振方向的光振动不能透过,平行其透振方向的光振动完全透过(忽略反射和吸收损失).部分线偏振光正入射偏振片时,旋转偏振片观察透射光强变化,最大的透射光强 $I_{max} = I_{lp} + (I_n/2)$,最小的透射光强 $I_{min} = I_n/2$.此处 I_{lp} 表示入射部分线偏振光中线偏振光光强,解出 I_{lp}、I_n 代入(4-1-1)式,部分线偏振光的偏振度 P 可表为

$$P = \frac{I_{max} - I_{min}}{I_{max} + I_{min}} \tag{4-1-2}$$

记号规定:用带箭头的直线表示光线方向,用短横线、黑点、圆和椭圆分别表示该光线的偏振态.对自然光用相同数目的短横线和黑点表示.

§4.2　光在各向同性介质界面上的反射与折射

- 1. 菲涅耳公式
- 2. 实振幅反射比　实振幅透射比　相位跃变
- 3. 能流反射率和能流透射率
- 4. 布儒斯特角的应用

本节从电磁场边界条件出发,研究光在各向同性介质界面上反射与折射时的振幅、相

位、能流和偏振态等问题.

1. 菲涅耳公式

几何光学中的反射定律和折射定律只解决了入射光、反射光和折射光传播方向之间关系的问题,并未涉及三者振幅、相位和偏振态之间的关系.要研究这些关系,要用到下述两个边界条件[①]:

菲涅耳

$$E_{1t}=E_{2t}, \qquad H_{1t}=H_{2t} \tag{4-2-1}$$

对任意一种入射光(偏振光或自然光),都可以将其分解成光矢量互相垂直的两个成分.因此,应该分别研究光矢量垂直于入射面振动和平行于入射面振动这两种情况.

（1）光矢量垂直入射面

设 E_s 表示振动方向垂直于入射面的入射光的光矢量,根据平面电磁波的性质,相应的磁场强度方向在入射面内,用 H_p 表示.先规定入射光矢量 E_s 与磁场强度 H_p 的正方向:令光矢量 E_s 的正方向垂直纸面向外,按 $E \times H$ 与光线传播方向一致来规定 H_p 正方向;用同样方法规定反射光 E'_s、H'_p 与折射光 E''_s、H''_p 的正方向.如图 4-2-1 所示.

应用电磁场在各向同性电介质分界面上的边界条件(4-2-1)式得

$$E_s+E'_s=E''_s \tag{4-2-2}$$

$$H_p\cos i_1-H'_p\cos i_1=H''_p\cos i_2 \tag{4-2-3}$$

对光学透明介质有 $\mu_{r1}=\mu_{r2}=1$,并利用电磁波中,E 和 H 的大小存在以下关系:

$$H=\sqrt{\frac{\varepsilon_r\varepsilon_0}{\mu_r\mu_0}}E=\frac{\varepsilon_0}{\sqrt{\varepsilon_0\mu_0}}\sqrt{\varepsilon_r}E=c\varepsilon_0 nE$$

其中,折射率 $n=c\sqrt{\varepsilon\mu}=c\sqrt{\varepsilon_r\mu_r}\sqrt{\varepsilon_0\mu_0}=\sqrt{\varepsilon_r}$,$n_0=c\sqrt{\varepsilon_0\mu_0}=1$ 为真空的折射率.

因此(4-2-3)式可写为

$$n_1E_s\cos i_1-n_1E'_s\cos i_1=n_2E''_s\cos i_2$$

利用折射定律,上式又可写为

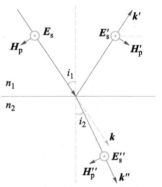

◎ 图 4-2-1　光矢量垂直入射面时的正向规定

$$(E_s-E'_s)\cos i_1\sin i_2=E''_s\sin i_1\cos i_2 \tag{4-2-4}$$

将入射光、反射光和折射光的波函数分别写成复数形式,即

$$E_s=E_{0s}\exp[-i(\omega t-\boldsymbol{k}\cdot\boldsymbol{r})]$$

$$E'_s=E'_{0s}\exp[-i(\omega t-\boldsymbol{k}'\cdot\boldsymbol{r})]$$

$$E''_s=E''_{0s}\exp[-i(\omega t-\boldsymbol{k}''\cdot\boldsymbol{r})]$$

将上三式分别代入边界条件(4-2-2)式和(4-2-4)式,要该边界条件在界面上任何时刻、任何地点均成立,必有

$$\boldsymbol{k}\cdot\boldsymbol{r}=\boldsymbol{k}'\cdot\boldsymbol{r}=\boldsymbol{k}''\cdot\boldsymbol{r} \tag{4-2-5}$$

因此得

$$E_{0s}+E'_{0s}=E''_{0s}$$

[①]　见赵凯华、陈熙谋所著《电磁学》(第三版)(8.17)式、(8.15)式.

$$(E_{0s}-E'_{0s})\cos i_1\sin i_2=E''_{0s}\sin i_1\cos i_2$$

上两式中的 E_{0s}、E'_{0s} 和 E''_{0s} 为包含常量相位因子的复振幅,联立求得

$$r_s=\frac{E'_{0s}}{E_{0s}}=\frac{-\sin(i_1-i_2)}{\sin(i_1+i_2)}$$

$$t_s=\frac{E''_{0s}}{E_{0s}}=\frac{2\cos i_1\sin i_2}{\sin(i_1+i_2)} \tag{4-2-6}$$

上两式给出了在入射波光矢量垂直于入射面的情况下,复振幅反射比 r_s、复振幅透射比 t_s 随入射角和介质折射率(通过 i_2 反映)变化的函数关系.

(2)光矢量平行入射面

设 E_p 表示振动方向平行入射面的入射波光矢量,根据平面电磁波的性质,相应的磁场强度矢量垂直于入射面,用 H_s 表示. E_p、H_s、E'_p、H'_s、E''_p、H''_s 的正方向规定如图 4-2-2 所示.

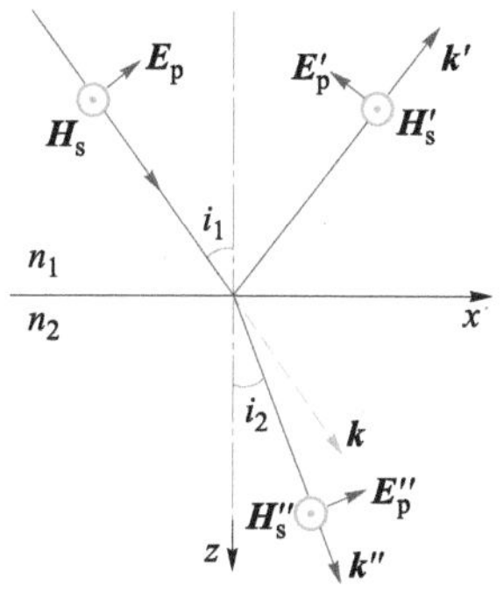

按电磁场在各向同性电介质分界面上的边界条件(4-2-1)式得

$$E_p\cos i_1-E'_p\cos i_1=E''_p\cos i_2 \tag{4-2-7}$$

$$H_s+H'_s=H''_s \tag{4-2-8}$$

利用 $H=c\varepsilon_0 nE$ 关系,(4-2-8)式可写为

$$n_1(E_p+E'_p)=n_2E''_p$$

利用折射定律,上式又可写为

$$(E_p+E'_p)\sin i_2=E''_p\sin i_1 \tag{4-2-9}$$

将波函数

$$E_p=E_{0p}\exp[-i(\omega t-\boldsymbol{k}\cdot\boldsymbol{r})]$$
$$E'_p=E'_{0p}\exp[-i(\omega t-\boldsymbol{k}'\cdot\boldsymbol{r})]$$
$$E''_p=E''_{0p}\exp[-i(\omega t-\boldsymbol{k}''\cdot\boldsymbol{r})]$$

代入(4-2-7)式和(4-2-9)式,并考虑(4-2-5)式关系,得

$$(E_{0p}-E'_{0p})\cos i_1=E''_{0p}\cos i_2$$
$$(E_{0p}+E'_{0p})\sin i_2=E''_{0p}\sin i_1$$

上两式中 E_{0p}、E'_{0p} 和 E''_{0p} 也都是包含常量相位因子的复振幅,联立求得

$$\frac{E'_{0p}}{E_{0p}}=\frac{\sin i_1\cos i_1-\sin i_2\cos i_2}{\sin i_1\cos i_1+\sin i_2\cos i_2}=\frac{\sin 2i_1-\sin 2i_2}{\sin 2i_1+\sin 2i_2}$$

$$\frac{E''_{0p}}{E_{0p}}=\frac{2\cos i_1\sin i_2}{\sin i_1\cos i_1+\sin i_2\cos i_2}=\frac{4\cos i_1\sin i_2}{\sin 2i_1+\sin 2i_2}$$

利用和差化积公式

$$\sin\alpha\pm\sin\beta=2\sin\left[\frac{1}{2}(\alpha\pm\beta)\right]\cos\left[\frac{1}{2}(\alpha\mp\beta)\right]$$

可把上两式化为下面的形式:

$$r_p=\frac{E'_{0p}}{E_{0p}}=\frac{\tan(i_1-i_2)}{\tan(i_1+i_2)}$$

$$t_p=\frac{E''_{0p}}{E_{0p}}=\frac{2\cos i_1\sin i_2}{\sin(i_1+i_2)\cos(i_1-i_2)} \tag{4-2-10}$$

◎ 图 4-2-2 **光矢量平行入射面时的正向规定**

上两式给出了在入射波光矢量平行于入射面的情况下,复振幅反射比 r_p、复振幅透射比 t_p 随入射角和介质折射率(通过 i_2 反映)变化的函数关系.

(4-2-6)式和(4-2-10)式是著名的菲涅耳公式,现汇总如下:

$$r_s = \frac{A'_s}{A_s}\exp(-i\delta'_s) = \frac{-\sin(i_1-i_2)}{\sin(i_1+i_2)} \tag{4-2-11a}$$

$$r_p = \frac{A'_p}{A_p}\exp(-i\delta'_p) = \frac{\tan(i_1-i_2)}{\tan(i_1+i_2)} \tag{4-2-11b}$$

$$t_s = \frac{A''_s}{A_s}\exp(-i\delta''_s) = \frac{2\cos i_1 \sin i_2}{\sin(i_1+i_2)} \tag{4-2-12a}$$

$$t_p = \frac{A''_p}{A_p}\exp(-i\delta''_p) = \frac{2\cos i_1 \sin i_2}{\sin(i_1+i_2)\cos(i_1-i_2)} \tag{4-2-12b}$$

(4-2-11a)式和(4-2-11b)式称为菲涅耳反射公式,(4-2-12a)式和(4-2-12b)式称为菲涅耳折射公式.其中 A 是实振幅,δ'_s、δ'_p 分别表示反射时 s 振动和 p 振动相对入射光振动的相位跃变(超前),δ''_s、δ''_p 分别表示折射时 s 振动和 p 振动相对入射光振动的相位跃变(超前).

从菲涅耳公式可以求出实振幅反射比、实振幅透射比、反射相位跃变和折射相位跃变是怎样随入射角变化而变化的.

2. 实振幅反射比　实振幅透射比　相位跃变

为了讨论在给定 n_1、n_2 的条件下,实振幅反射比、实振幅透射比和反射相位跃变与入射角 i_1 的关系,先讨论入射角 i_1 为 $0°$、$\tan^{-1}(n_2/n_1)$、$90°$(或 i_c)时菲涅耳公式的形式.从(4-2-12)式可以看出,折射相位跃变 $\delta''_s = \delta''_p \equiv 0$.

(1) $i_1 \approx 0$ 时,有

$$r_s = \frac{-(i_1-i_2)}{i_1+i_2} = \frac{-\left(\dfrac{i_1}{i_2}-1\right)}{\dfrac{i_1}{i_2}+1} = \frac{-(n_2-n_1)}{n_2+n_1} = \frac{n_1-n_2}{n_1+n_2} \tag{4-2-13a}$$

$$r_p = \frac{i_1-i_2}{i_1+i_2} = \frac{n_2-n_1}{n_2+n_1} \tag{4-2-13b}$$

$$t_s = \frac{2 \cdot 1 \cdot i_2}{i_1+i_2} = \frac{2n_1}{n_2+n_1} \tag{4-2-13c}$$

$$t_p = \frac{2 \cdot 1 \cdot i_2}{(i_1+i_2)\times 1} = \frac{2n_1}{n_2+n_1} \tag{4-2-13d}$$

(2) $i_1 = i_B = \arctan\dfrac{n_2}{n_1}$ 时

$i_1+i_2 = \pi/2$ 时的入射角 i_1 称为布儒斯特(David Brewster,1781—1868)角 i_B,显然 $i_1 = i_B$,反射光和折射光成直角,见图 4-2-3. i_B 的大小可利用折射定律求出.

因
$$\left.\frac{\sin i_1}{\sin i_2}\right|_{i_1=i_B} = \frac{\sin i_B}{\sin\left(\dfrac{\pi}{2}-i_B\right)} = \frac{n_2}{n_1}$$

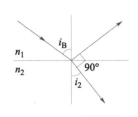

◉ 图 4-2-3　**布儒斯特角**

故有
$$i_B = \arctan \frac{n_2}{n_1} \tag{4-2-14}$$

$$r_s = \frac{-\sin\left[i_B - \left(\frac{\pi}{2} - i_B\right)\right]}{\sin(\pi/2)} = \cos 2i_B = 2\cos^2 i_B - 1 = \frac{2}{1+\tan^2 i_B} - 1 = \frac{n_1^2 - n_2^2}{n_1^2 + n_2^2} \tag{4-2-15a}$$

$$r_p = \frac{\tan(i_1 - i_2)}{\tan(i_1 + i_2)} = \begin{cases} 0e^{i0}, & \text{当 } i_1 \to i_B^- \text{ 时（当 } n_1 < n_2 \text{ 时）} \\ 0e^{-i\pi}, & \text{当 } i_1 \to i_B^+ \text{ 时（当 } n_1 < n_2 \text{ 时）} \\ 0e^{-i\pi}, & \text{当 } i_1 \to i_B^- \text{ 时（当 } n_1 > n_2 \text{ 时）} \\ 0e^{i0}, & \text{当 } i_1 \to i_B^+ \text{ 时（当 } n_1 > n_2 \text{ 时）} \end{cases} \tag{4-2-15b}$$

上式表示当 $i_1 = i_B$ 时，p 振动（光矢量平行于入射面的光振动）无反射，或者说 $i_1 = i_B$ 时，p 振动是完全透射的.

$$t_s = \frac{2\cos i_B \sin\left(\frac{\pi}{2} - i_B\right)}{\sin(\pi/2)} = 2\cos^2 i_B = \frac{2}{1+\tan^2 i_B} = \frac{2n_1^2}{n_1^2 + n_2^2} \tag{4-2-15c}$$

$$t_p = \frac{2\cos i_B \sin\left(\frac{\pi}{2} - i_B\right)}{\cos\left[i_B - \left(\frac{\pi}{2} - i_B\right)\right]} = \frac{1}{\tan i_B} = \frac{n_1}{n_2} \tag{4-2-15d}$$

（3）$n_1 < n_2$，$i_1 = 90°$ 时；$n_1 > n_2$，$i_1 = i_c$（即 $i_2 = 90°$）时.

$$r_s = \begin{cases} \dfrac{-\sin\left(\frac{\pi}{2} - i_2\right)}{\sin\left(\frac{\pi}{2} + i_2\right)} = 1e^{i\pi} & (n_1 < n_2 \text{ 时}) \\[4mm] \dfrac{-\sin\left(i_c - \frac{\pi}{2}\right)}{\sin\left(i_c + \frac{\pi}{2}\right)} = 1e^{i0} & (n_1 > n_2 \text{ 时}) \end{cases} \tag{4-2-16a}$$

$$r_p = \begin{cases} \dfrac{\tan\left(\frac{\pi}{2} - i_2\right)}{\tan\left(\frac{\pi}{2} + i_2\right)} = 1e^{-i\pi} & (n_1 < n_2 \text{ 时}) \\[4mm] \dfrac{\tan\left(i_c - \frac{\pi}{2}\right)}{\tan\left(i_c + \frac{\pi}{2}\right)} = 1e^{i0} & (n_1 > n_2 \text{ 时}) \end{cases} \tag{4-2-16b}$$

$$t_s = \begin{cases} \dfrac{2\cos\dfrac{\pi}{2}\sin i_2}{\sin\left(\dfrac{\pi}{2}+i_2\right)}=0 & (n_1<n_2 \text{ 时}) \\[4mm] \dfrac{2\cos i_c\sin\dfrac{\pi}{2}}{\sin\left(i_c+\dfrac{\pi}{2}\right)}=2 & (n_1>n_2 \text{ 时}) \end{cases} \tag{4-2-16c}$$

$$t_p = \begin{cases} \dfrac{2\cos\dfrac{\pi}{2}\sin i_2}{\sin\left(\dfrac{\pi}{2}+i_2\right)\cos\left(\dfrac{\pi}{2}-i_2\right)}=0 & (n_1<n_2 \text{ 时}) \\[4mm] \dfrac{2\cos i_c\sin\dfrac{\pi}{2}}{\sin\left(i_c+\dfrac{\pi}{2}\right)\cos\left(i_c-\dfrac{\pi}{2}\right)}=2\dfrac{n_1}{n_2} & (n_1>n_2 \text{ 时}) \end{cases} \tag{4-2-16d}$$

下面分 $n_1=1.00,n_2=1.50$ 和 $n_1=1.50,n_2=1.00$ 两种情况讨论并绘图如图 4-2-4 所示.

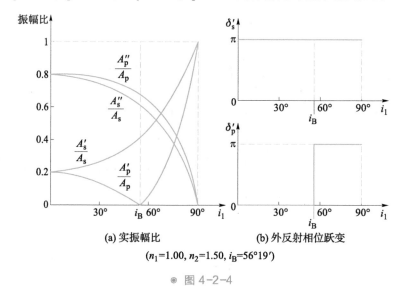

(a) 实振幅比　　　　　　　　(b) 外反射相位跃变

$(n_1=1.00, n_2=1.50, i_B=56°19')$

◉ 图 4-2-4

表 4-2-1 是按照 $n_1=1.00,n_2=1.50$ 情况算出的复振幅反射、透射比,图 4-2-4(a)、(b)分别是实振幅反射、透射和外反射(入射光在光疏介质的反射)时,相位跃变随入射角 i_1 变化的关系.显然,折射时在界面上没有相位跃变.

■ 表 4-2-1　$n_1=1.0$　$n_2=1.5$　$i_B=56°19'$

i_1	$\sim 0°$	$i_B(56°19')$	$\sim 90°$
r_s	$-\dfrac{1}{5}=0.2\mathrm{e}^{-\mathrm{i}\pi}$	$-\dfrac{5}{13}=0.385\mathrm{e}^{-\mathrm{i}\pi}$	$-1=1\mathrm{e}^{-\mathrm{i}\pi}$

	~0°	i_B	~i_0
r_p	$\dfrac{1}{5}=0.2e^{i0}$	$+0=0e^{i0}(i_1\to i_B^-)$ $-0=0e^{-i\pi}(i_1\to i_B^+)$	$-1=1e^{-i\pi}$
t_s	$\dfrac{4}{5}=0.8e^{i0}$	$\dfrac{8}{13}=0.615e^{i0}$	$0=0e^{i0}$
t_p	$\dfrac{4}{5}=0.8e^{i0}$	$\dfrac{2}{3}=0.667e^{i0}$	$0=0e^{i0}$

表 4-2-2 是在 $n_1=1.50, n_2=1.00$ 情况下算出的复振幅反射、透射比,图 4-2-5(a)、图 4-2-5(b) 分别是实振幅反射、透射和内反射(入射光在光密介质之反射)时相位跃变随入射角 i_1 变化的变化关系. 显然,折射时在界面上也没有相位跃变. 图 4-2-5 中 $i_1>i_c$ 时的相位跃变情况,即全内反射时的相位跃变情况,由于 i_2 出现虚数,要更复杂一些,现讨论如下:

▣ 表 4-2-2　$n_1=1.5$　$n_2=1.0$　$i_B=33°41'$　$i_0=41°49'$

i_1	~0°	$i_B(33°41')$	~$i_0=41°49'$
r_s	$\dfrac{1}{5}=0.2e^{i0}$	$\dfrac{5}{13}=0.385e^{i0}$	$+1=1e^{i0}$
r_p	$-\dfrac{1}{5}=0.2e^{-i\pi}$	$-0=0e^{-i\pi}(i_1\to i_B^-)$ $+0=0e^{i0}(i_1\to i_B^+)$	$+1=1e^{i0}$
t_s	$\dfrac{6}{5}=1.2e^{i0}$	$\dfrac{18}{13}=1.385e^{i0}$	$+2=2e^{i0}$
t_p	$\dfrac{6}{5}=1.2e^{i0}$	$\dfrac{3}{2}=1.5e^{i0}$	$+3=3e^{i0}$

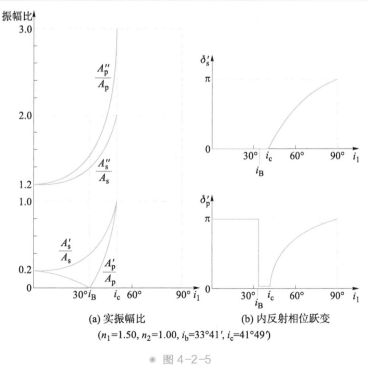

(a) 实振幅比　　　　(b) 内反射相位跃变

$(n_1=1.50, n_2=1.00, i_b=33°41', i_c=41°49')$

◉ 图 4-2-5

$$\cos i_2 = \pm\sqrt{1-\sin^2 i_2} = \pm\sqrt{1-\frac{n_1^2}{n_2^2}\sin^2 i_1} = \pm\frac{1}{n_{21}}\sqrt{n_{21}^2-\sin^2 i_1}$$

式中 $n_{21}=n_2/n_1$，$i_1>i_c$ 时，$\sin i_1>n_{21}$，所以有

$$\cos i_2 = \pm\frac{\mathrm{i}}{n_{21}}\sqrt{\sin^2 i_1-n_{21}^2} = \frac{\mathrm{i}}{n_{21}}\sqrt{\sin^2 i_1-n_{21}^2} \quad （选取正号） \tag{4-2-17}$$

由（4-2-11）式得

$$r_s = \frac{A'_s}{A_s}\exp(-\mathrm{i}\delta'_s) = \frac{-\sin(i_1-i_2)}{\sin(i_1+i_2)}$$

$$= \frac{-[\sin i_1\cos i_2-\cos i_1\sin i_2]}{\sin i_1\cos i_2+\cos i_1\sin i_2}$$

$$= \frac{-\left[\sin i_1\dfrac{\mathrm{i}}{n_{21}}\sqrt{\sin^2 i_1-n_{21}^2}-\cos i_1\dfrac{\sin i_1}{n_{21}}\right]}{\sin i_1\dfrac{\mathrm{i}}{n_{21}}\sqrt{\sin^2 i_1-n_{21}^2}+\cos i_1\dfrac{\sin i_1}{n_{21}}}$$

$$= \frac{\cos i_1-\mathrm{i}\sqrt{\sin^2 i_1-n_{21}^2}}{\cos i_1+\mathrm{i}\sqrt{\sin^2 i_1-n_{21}^2}}$$

$$= 1\cdot\exp\left(-\mathrm{i}2\arctan\frac{\sqrt{\sin^2 i_1-n_{21}^2}}{\cos i_1}\right)$$

即

$$\frac{A'_s}{A_s} = 1$$

$$\tan\frac{\delta'_s}{2} = \frac{\sqrt{\sin^2 i_1-n_{21}^2}}{\cos i_1} \quad （全反射时） \tag{4-2-18}$$

类似，

$$r_p = \frac{A'_p}{A_p}\exp(-\mathrm{i}\delta'_p) = \frac{\tan(i_1-i_2)}{\tan(i_1+i_2)}$$

$$= \frac{2\sin(i_1-i_2)\cos(i_1+i_2)}{2\sin(i_1+i_2)\cos(i_1-i_2)}$$

$$= \frac{\sin 2i_1-\sin 2i_2}{\sin 2i_1+\sin 2i_2}$$

$$= \frac{\sin i_1\cos i_1-\sin i_2\cos i_2}{\sin i_1\cos i_1+\sin i_2\cos i_2}$$

$$= \frac{\sin i_1\cos i_1-\dfrac{\sin i_1}{n_{21}}\left(\dfrac{\mathrm{i}}{n_{21}}\sqrt{\sin^2 i_1-n_{21}^2}\right)}{\sin i_1\cos i_1+\dfrac{\sin i_1}{n_{21}}\left(\dfrac{\mathrm{i}}{n_{21}}\sqrt{\sin^2 i_1-n_{21}^2}\right)}$$

$$= 1\cdot\exp\left[-\mathrm{i}2\arctan\frac{\sqrt{\sin^2 i_1-n_{21}^2}}{n_{21}^2\cos i_1}\right]$$

即
$$\frac{A'_p}{A_p}=1$$

$$\tan\frac{\delta'_p}{2}=\frac{\sqrt{\sin^2 i_1-n_{21}^2}}{n_{21}^2\cos i_1}\quad（全反射时）\qquad(4-2-19)$$

由(4-2-18)式和(4-2-19)式可得

$$\tan\frac{\delta'_p-\delta'_s}{2}=\frac{\cos i_1\sqrt{\sin^2 i_1-n_{21}^2}}{\sin^2 i_1}$$

利用图 4-2-4(b)和图 4-2-5(b)很容易证明,在薄膜干涉中计算反射的两相邻光束 a、b 的光程差时,要附加半波损失,现将几种可能情况绘于图 4-2-6 至图 4-2-9 中:

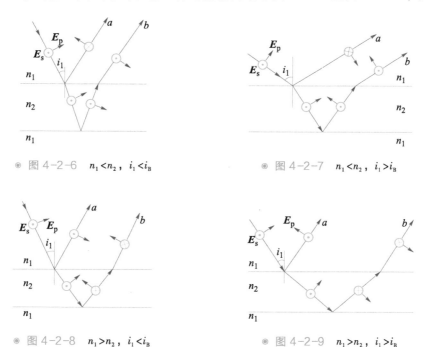

◎ 图 4-2-6　$n_1<n_2$，$i_1<i_B$　　　　　　◎ 图 4-2-7　$n_1<n_2$，$i_1>i_B$

◎ 图 4-2-8　$n_1>n_2$，$i_1<i_B$　　　　　　◎ 图 4-2-9　$n_1>n_2$，$i_1>i_B$

3. 能流反射率和能流透射率

为确定入射光、反射光和折射光的能流,必须注意光的能流等于光强与光能流的横截面积的乘积,设 σ 为入射光束所照射的界面面积,$\varPhi$、$\varPhi'$、$\varPhi''$ 分别表示入射光能流、反射光能流和折射光能流(见图 4-2-10),I、I'、I'' 分别表示入射光光强、反射光光强和折射光光强,则有

$$\varPhi=I\sigma\cos i_1=\frac{1}{2}c\varepsilon_0 n_1 A^2\sigma\cos i_1\qquad(4-2-20a)$$

$$\varPhi'=I'\sigma\cos i_1=\frac{1}{2}c\varepsilon_0 n_1 (A')^2\sigma\cos i_1\qquad(4-2-20b)$$

$$\varPhi''=I''\sigma\cos i_2=\frac{1}{2}c\varepsilon_0 n_2 (A'')^2\sigma\cos i_2\qquad(4-2-20c)$$

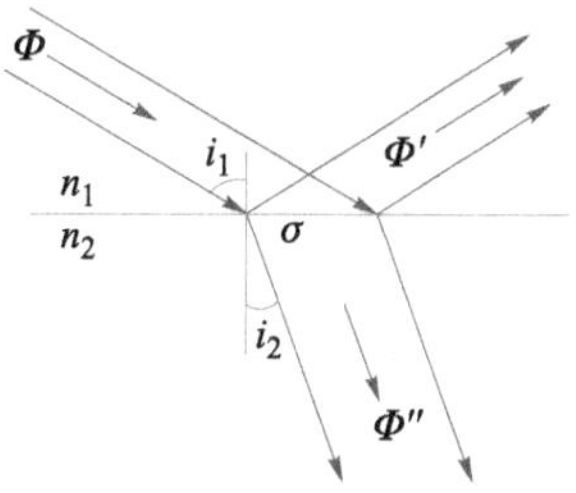

由于能量守恒,显然有

$$\varPhi=\varPhi'+\varPhi''\qquad(4-2-21)$$

◎ 图 4-2-10　能流反射率
和能流透射率

将能流反射率 R、能流透射率 T 分别定义为

$$R = \frac{\Phi'}{\Phi}, \quad T = \frac{\Phi''}{\Phi} \tag{4-2-22}$$

显然,将(4-2-20)式代入(4-2-22)式可得

$$R = \frac{\Phi'}{\Phi} = \frac{I'}{I} = \frac{(A')^2}{A^2} = |r|^2 \tag{4-2-23}$$

$$T = \frac{\Phi''}{\Phi} = \frac{I'' \cos i_2}{I \cos i_1} = \frac{(A'')^2 n_2 \cos i_2}{A^2 n_1 \cos i_1} = t^2 \frac{n_2 \cos i_2}{n_1 \cos i_1} \tag{4-2-24}$$

从上式可看出:能流反射率 Φ'/Φ 恒等于光强反射率 I'/I;能流透射率 Φ''/Φ 一般不等于光强透射率 I''/I,即 $T \neq T_I$.

若入射光为线偏振光,且振动面和入射面垂直,则

$$R_s = \left(\frac{A'_s}{A_s} \right)^2 = |r_s|^2 = \left| \frac{\sin(i_1 - i_2)}{\sin(i_1 + i_2)} \right|^2$$

$$T_s = 1 - R_s \tag{4-2-25a}$$

若入射光为线偏振光,且振动面和入射面平行,则

$$R_p = \left(\frac{A'_p}{A_p} \right)^2 = |r_p|^2 = \left| \frac{\tan(i_1 - i_2)}{\tan(i_1 + i_2)} \right|^2$$

$$T_p = 1 - R_p \tag{4-2-25b}$$

若入射光为自然光或圆偏振光,光矢量垂直入射面和平行入射面两部分的能流相等,即

$$\Phi = \Phi_s + \Phi_p = 2\Phi_s = 2\Phi_p$$

因此

$$R = \frac{\Phi'}{\Phi} = \frac{\Phi'_s}{2\Phi_s} + \frac{\Phi'_p}{2\Phi_p} = \frac{1}{2}(R_s + R_p) \tag{4-2-26}$$

即

$$R = \frac{1}{2} \left(\left| \frac{\sin(i_1 - i_2)}{\sin(i_1 + i_2)} \right|^2 + \left| \frac{\tan(i_1 - i_2)}{\tan(i_1 + i_2)} \right|^2 \right)$$

$$T = 1 - R \tag{4-2-27}$$

(4-2-26)式和(4-2-27)式是计算自然光或圆偏振光能流反射率的公式. 图 4-2-11(a)、图 4-2-11(b)分别画出了外反射和内反射时反射率随入射角变化的曲线.

从图中可以看出,自然光或圆偏振光正入射(即 $i_1 = 0$)时,反射率 R 最小;随着入射角 i_1 的增大,反射率 R 逐渐增大;人们在湖的一岸能够看清对岸远处景物在湖中的倒影,就是因为远处景物所发出的光比近处景物,在湖面上有更大的入射角,从而反射光更强.

在 $i_1 \approx 0$ 时,由(4-2-13a)式和(4-2-13b)式得

$$R_s = R_p = \left(\frac{n_2 - n_1}{n_2 + n_1} \right)^2 \quad (i_1 \approx 0 \text{ 时}) \tag{4-2-28}$$

因而自然光或圆偏振光的能流反射率 R 和能流透射率 T 为

$$R = \frac{1}{2}(R_s + R_p) = \left(\frac{n_2 - n_1}{n_2 + n_1} \right)^2$$

$$T = 1 - R = \frac{4n_2 n_1}{(n_2 + n_1)^2} \quad (i_1 \approx 0 \text{ 时}) \tag{4-2-29}$$

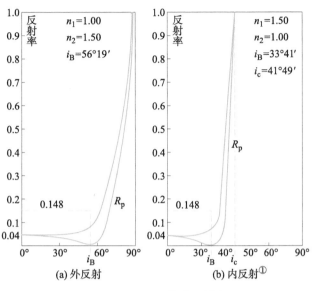

◉ 图 4-2-11　能流反射率

(4-2-28)式、(4-2-29)式是常用的光在单一界面上的能流反射率和能流透射率公式,这两个公式虽然是在 $i_1 \approx 0$ 情况下导出的,但从图 4-2-11 中可以看出,上述二式在不太大的入射角范围内都是适用的. 从式中可以看出,界面两边介质的折射率差别越大,反射率也越大. 利用这两个公式,就可以粗略估计入射光学系统有多少能流被反射掉,有多少能流通过系统,下面举几个例子.

(1) 由 K_9 玻璃(折射率 1.516)制成的薄透镜,在空气中使用. 试估计光在透镜界面上因反射所损失的能流占入射能流的百分比.

因空气到透镜界面上的反射率和透镜到空气界面上的反射率在小角度近似下是一样的,即

$$R = \left(\frac{n_2 - n_1}{n_2 + n_1}\right)^2 = \left(\frac{n_1 - n_2}{n_2 + n_1}\right)^2 = \left(\frac{0.516}{2.516}\right)^2 = 4.023 \times 10^{-2}$$

于是通过第一个界面的能流 Φ_1 为

$$\Phi_1 = (1 - R)\Phi_0$$

Φ_0 为入射能流,通过第二界面的能流 Φ_2 为

$$\begin{aligned}
\Phi_2 &= (1 - R)\Phi_1 \\
&= (1 - R)^2 \Phi_0 \\
&= (1 - 4.023 \times 10^{-2})^2 \Phi_0 \\
&= 91.75\% \Phi_0
\end{aligned}$$

即只有 91.75% 的能流通过,有 8.25% 的能流由于反射损失掉了.

---

① 30°～50°间尺度放大了一倍.

（2）考察某天塞型相机镜头，如图 4-2-12 所示，各透镜的折射率依次为 1.638 4、1.603 1、1.595 4、1.607 3，由于两胶合面上光的反射损失很少（为什么？）可忽略不计，所以只计算六个与空气相接触界面上的反射损失.

通过第一个透镜两界面的能流 Φ_2 为

$$\Phi_2 = \left[1-\left(\frac{1.638\ 4-1}{1.638\ 4+1}\right)^2\right]^2 \Phi_0 = 0.886\ 4\Phi_0$$

再通过第二个透镜两界面后的能流 Φ_4 为

$$\Phi_4 = \left[1-\left(\frac{1.603\ 1-1}{1.603\ 1+1}\right)^2\right]^2 \Phi_2 = 0.895\ 5\Phi_2 = 0.793\ 8\Phi_0$$

通过最后那个双胶合透镜的能流 Φ_6 为

$$\Phi_6 = \left[1-\left(\frac{1.595\ 4-1}{1.595\ 4+1}\right)^2\right]\left[1-\left(\frac{1.607\ 3-1}{1.607\ 3+1}\right)^2\right]\Phi_4$$
$$= 0.835\ 7\Phi_4 = 0.711\Phi_0$$

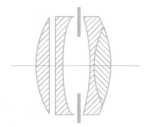

⊚ 图 4-2-12　**天塞镜头**

对这个镜头，若不镀增透膜，能流的反射损失将达 29%.

（3）大多数光学玻璃对波长大于 3 μm 的红外线不再透明. 某些特种玻璃和晶体材料，例如硅和锗在红外区是透明的. 所以在红外区常用硅片、锗片作为光学器件和光学仪器的窗口，在红外区硅和锗的折射率较高（硅为 3.5，锗为 4.0），反射损失很大.

以锗片为例，设锗片两边的介质为空气，通过一次界面的能流反射率、能流透射率和通过两次界面后的能流分别为

$$R = \left(\frac{4-1}{4+1}\right)^2 = 0.36 = 36\%$$
$$T = 1-R = 64\%$$
$$\Phi_2 = T^2\Phi_1 = (0.64)^2\Phi_1 = 41\%\Phi_0$$

锗对红外线虽然是透明的，因其折射率较大，一个界面的反射损失达 36%，两个界面的损失达 59%，而透过锗片的能流还不到入射的一半，镀增透膜更显得重要.

4. 布儒斯特角的应用

自然光以布儒斯特角 $i_B = \arctan(n_2/n_1)$ 入射时，反射光是垂直入射面振动的线偏振光，而光矢量与入射面平行的 p 光完全不能反射，却可完全折射. 布儒斯特角 i_B 的这一特性除了从菲涅耳公式中可看出外，也可作如下解释：反射光和折射光实质上是入射光在介质界面上所激发的次波相互干涉的结果. 入射光使介质界面上的电偶极子受迫振动，成为发出次波的波源. 若 p 光引起电偶极子的振动在入射面上且与折射线正交，考虑电磁波的横波性，它不会在与折射线正交的方向上传播. 自然光以 i_B 为入射角时，由于此时反射线与折射线正交，其中 p 振动不能有反射光，反射光只能是 s 振动.

下面讨论布儒斯特角的三个实际应用：

（1）布儒斯特窗

如图 4-2-13 所示，外腔式气体激光器中，沿轴向传播的激光在两反射镜 M_1 和 M_2 之间往返多次. 如果激光管两端的透明窗 B_1、B_2 垂直于轴线，光在窗的每个表面上的反射损失约为 4%，光从激光管窗口射出再被谐振腔反射镜反射到管内，需经过窗表面四次，因此，在窗上的反射损失约为 16%. 此外，在反射镜上的损失约为 2%（由于吸收或散射），总共损失约

为 18%,虽然在此过程中,光在管内得到一次能量补充,但由于损失大于增益,谐振腔不能起振,没有激光输出.

◎ 图 4-2-13　**外腔式气体激光器**

为了减少窗的反射损失,如图 4-2-13 所示,采用轴线与窗表面夹角 θ 为 $90°-i_B$ 的布儒斯特窗(入射角为布儒斯特角 i_B).对用石英制成的氦氖激光管来说,i_B 为 $55°33'$.在此情况下,s 振动的损失约占 15%,因此不能起振;但 p 振动在布儒斯特窗上没有反射损失,因而衰减很小,可以在管内形成稳定的振荡,外腔式气体激光器输出的激光是线偏振光,它的振动面平行于布儒斯特窗的入射面.

（2）玻璃片堆

自然光以布儒斯特角 i_B 由 $n_1 = 1.00$ 的介质入射到 $n_2 = 1.50$ 的玻璃表面时($i_B = 56°19'$),$R_p = 0$ 而 $R_s = 15\%$.反射光是线偏振的 s 光,如图 4-2-14 所示.这种获得线偏振光的方法,能流利用率不高,自然光中垂直入射面振动的能流只占一半,而其中 15% 被反射,故利用率只有 7.5% 左右.至于折射光,虽然平行于入射的能流全部折射($T_p = 100\%$),但 s 振动还有大部分折射($T_s = 85\%$),所以折射光是部分偏振光,它的偏振度 P 由(4-1-1)式求出

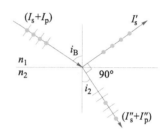

◎ 图 4-2-14　$i = i_B$ 时的反射光折射光偏振态

$$P = \frac{I_p}{I} = \frac{I''_p - I''_s}{I''_p + I''_s} \qquad (4-2-30)$$

利用(4-2-15c)式、(4-2-15d)式和自然光中 $A_p = A_s$ 关系,得

$$I''_p = \left(\frac{A''_p}{A''_s}\right)^2 I''_s = \left(\frac{n_1}{n_2} \cdot \frac{n_1^2 + n_2^2}{2n_1^2}\right)^2 \left(\frac{A_p}{A_s}\right)^2 I''_s$$

$$= \frac{(n_1^2 + n_2^2)^2}{4n_1^2 n_2^2} I''_s \qquad (4-2-31)$$

将上式代入(4-2-30)式,得自然光以 i_B 角入射时,一次折射光的偏振度 P 为

$$P = \frac{(n_1^2 - n_2^2)^2 - 4n_1^2 n_2^2}{(n_1^2 - n_2^2)^2 + 4n_1^2 n_2^2} \qquad (4-2-32)$$

当 $n_1 = 1.0, n_2 = 1.5$ 时,$P = 8\%$.

当自然光以布儒斯特角入射单片玻璃时,反射光虽然是纯的（高偏振度的）线偏振光,但能流利用率低($R_s \approx 15\%$);折射光的能流利用率高,但偏振度又太低 [$P = 15.9\%$,注意这里有两次折射,见习题(4.7)及其答案].为了解决这个矛盾,可以利用玻璃片堆来提高透射光的偏振度,增加反射光的能流利用率.图 4-2-15 所示

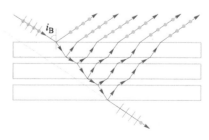

◎ 图 4-2-15　**玻璃片堆**

是玻璃片堆示意图,在强激光选偏技术中有比较广泛的应用.

（3）偏振分光镜

利用单片玻璃难以兼顾偏振度和能流利用率两者,用玻璃片堆虽然初步解决了矛盾,但是,要两者均较高,就要玻璃片数多,这又会增加玻璃对光的吸收损耗.此外,白光入射时,对中心波长的光以布儒斯特角入射,非中心波长的光就不是以布儒斯特角入射了.要在白光入射,则较多波长的光都获得了最大的偏振度,可用图4-2-16所示偏振分光镜.把一块立方棱镜沿对角面切开,并分别镀上 $\lambda/4$ 膜系的多层反射膜,然后再胶合而成,为了清楚,图中把膜层厚度夸大了.图中 n_G 表示玻璃折射率,n_H 和 n_L 分别表示高折射率膜和低折射率膜的折射率,i_G 表示由玻璃到高折射率层的入射角,i_H 表示由高折射率层到低折射率层的入射角,i_L 表示由低折射率层到高折射率层的入射角.根据折射定律,有

$$n_G \sin i_G = n_H \sin i_H$$

为了获得最大偏振度,应选择膜层折射率 n_H、n_L,使光线在相邻膜层界面上的入射角分布为布儒斯特角,即

$$\tan i_H = \frac{n_L}{n_H}$$

消去上两式中 i_H,得

$$n_G^2 = \frac{n_H^2 n_L^2}{(n_H^2 + n_L^2)\sin^2 i_G}$$

由于 $i_G = 45°$,所以上式又可写为

$$n_G^2 = \frac{2n_H^2 n_L^2}{n_H^2 + n_L^2} \tag{4-2-33}$$

◉ 图4-2-16　偏振分光镜

上式是玻璃的折射率 n_G 与两种介质膜的折射率 n_H、n_L 之间应当满足的关系式.但是 n_G、n_H 和 n_L 都是波长的函数,白光照射时,为了使各种波长的光都获得最大的偏振度,就应当使各种波长光的折射率都满足关系式(4-2-33).这就要求玻璃的色散必须与介质膜的色散适当地配合.选硫化锌（ZnS）为高折射率材料（对钠 D 线来说 $n_H = 2.30$）;选冰晶石（Na_3AlF_6）为低折射率材料（对钠 D 线来说 $n_L = 1.25$）,在可见光范围内,冰晶石的色散很小,n_L 可看作不随波长改变的常量.对(4-2-33)式求微分得

$$n_G \, \mathrm{d}n_G = \frac{2n_H n_L^4}{(n_H^2 + n_L^2)^2} \mathrm{d}n_H$$

利用(4-2-33)式消去上式中 n_G 得

$$\mathrm{d}n_G = \frac{\sqrt{2}\, n_L^3}{(n_H^2 + n_L^2)^{3/2}} \mathrm{d}n_H \tag{4-2-34}$$

上式是玻璃的色散与硫化锌色散之间应当满足的关系式,由于玻璃和介质膜的 $n_F - n_C$ 很小,可用微分 $\mathrm{d}n$ 来代替,因此玻璃的阿贝常量 v_G 和硫化锌的阿贝常量 v_H 分别为

$$v_G = \frac{n_G - 1}{\mathrm{d}n_G}, \quad v_H = \frac{n_H - 1}{\mathrm{d}n_H} \tag{4-2-35}$$

将上两式代入(4-2-34)式中消去 $\mathrm{d}n_G$、$\mathrm{d}n_H$ 得

$$v_G = \frac{(n_H^2 + n_L^2)^{3/2}(n_G - 1)}{\sqrt{2}\, n_L^3 (n_H - 1)} v_H$$

利用(4-2-33)式,上式可简化为

$$v_G = \frac{n_H(n_H^2 + n_L^2)(n_G - 1)}{n_L^2 n_G(n_H - 1)} v_H \tag{4-2-36}$$

将 $n_L = 1.25$,$n_H = 2.30$,$v_H = 17$ 代入(4-2-33)式和(4-2-36)式得

$$n_G = 1.55, \quad v_G = 46.8$$

这就是选硫化锌(ZnS)作为高折射率膜、冰晶石(Na_3AlF_6)作为低折射率膜的偏振分光镜,玻璃材料应满足的基本参数.只要膜层够多,即使是白光入射,从偏振分光镜出来的反射光和透射光也是偏振度和能流利用率都很高的部分线偏振光.

§4.3 光在各向异性介质中的传播——晶体光学基础

— 1. 晶体的主介电常量 介电主轴
— 2. 晶体中的平面光波
— 3. 光率体

授课视频 4-2

折射率与光速方向和光矢量振动方向有关的介质称为光学各向异性介质.除立方晶系的晶体外,所有晶体都是光学各向异性介质.例如方解石、水晶、云母、电气石(碧硒)、液晶等,都存在明显的各向异性.

把一块厚玻璃砖置于有墨点的纸上,只看到墨点的单个像,而且像比物浮起了一点,折射率越大,像浮得越高.若取一块冰洲石(即方解石,化学成分是 $CaCO_3$),置于有墨点的纸上,将看到墨点的双重像,而且两个像浮起不同的高度,这表明一条光线进入晶体后分成两条,它们的折射程度不同.这种现象叫做双折射.相关研究还发现,双折射的两束光都是线偏振光.

双折射现象是光学各向异性介质的一般特征.双折射现象得到了十分广泛的应用;利用它可以产生偏振光(起偏器)和分析偏振光(检偏器);可以改变光的偏振性质(将线偏振光变为椭圆偏振光或圆偏振光,改变偏振光振动面的方位等);利用双折射现象制成的应力分析仪,可用来检查透明介质的应力分布;利用双折射可以方便地确定晶体光轴的方位等.近年来随着激光的广泛应用,发展了电光调制技术,其基础也是利用了双折射现象.其他如激光的倍频、参量振荡技术也都利用了双折射现象,本节将对晶体中光传播的一般规律进行初步探讨.

1. 晶体的主介电常量 介电主轴

晶体的基本特征是晶格的周期性,它们的电磁性质一般是各向异性的.不同的晶系,由于对称性的差异,各向异性的情况也有差别.一般来说,晶体中各方向极化的难易程度是不一样的,由于沿各方向极化的难易程度不一样,通常电位移矢量 $\boldsymbol{D}$ 的方向与电场强度 $\boldsymbol{E}$ 不一致.晶体中至少有某一个方向是最容易(或最难)极化的,当 $\boldsymbol{E}$ 沿这个方向时,晶体也沿该

方向极化. 因此, 在这个特定方向上, D 和 E 方向一致. 令该方向为 x 轴, 则

$$D_x = \varepsilon_0 \varepsilon_1 E_x \qquad (4\text{-}3\text{-}1\text{a})$$

假如 E 在与 x 轴垂直的平面上, 则 D 也在这平面上, 方向一般不同, 但在这个平面上也有某一方向是最易(或最难)极化的, 当 E 沿该方向时, D 也在相同的方向, 令这个方向为 y 轴, 则

$$D_y = \varepsilon_0 \varepsilon_2 E_y \qquad (4\text{-}3\text{-}1\text{b})$$

最后, 当 E 沿 z 方向时, 因 $D_x = D_y = 0$, D 也在 z 方向上, 则

$$D_z = \varepsilon_0 \varepsilon_3 E_z \qquad (4\text{-}3\text{-}1\text{c})$$

因此, 在晶体中, 一般有三个互相垂直的方向, 在此特定方向上, E、D 方向一致, 只有选择此特定方向为坐标系时, E、D 分量间的关系才有(4-3-1)各式这种简单的形式, 按上述约定, x、y、z 轴称为晶体的介电主轴(或称介电张量主轴), ε_1、ε_2、ε_3 为晶体的(相对)主介电常量(主电容率). ε_1、ε_2、ε_3 彼此不同的晶体称为双轴晶体. ε_1、ε_2、ε_3 中有两个相同, 例如 ε_1 和 ε_2 相同, 则晶体对于 xy 平面是各向同性的, 这些晶体称为单轴晶体. 也有一些晶体, 例如立方晶系的晶体, $\varepsilon_1 = \varepsilon_2 = \varepsilon_3$, 它们的光学性质是各向同性的.

2. 晶体中的平面光波

在可见光范围内的透明晶体, 均可认为其 $\mu_r = 1$, 即

$$B = \mu_0 \mu_r H = \mu_0 H$$

晶体中单色平面光波, 其中 E、D、H 可写为

$$
\begin{aligned}
E &= E_0 \exp[-\mathrm{i}(\omega t - \mathbf{k} \cdot \mathbf{r})] \\
D &= D_0 \exp[-\mathrm{i}(\omega t - \mathbf{k} \cdot \mathbf{r})] \\
H &= H_0 \exp[-\mathrm{i}(\omega t - \mathbf{k} \cdot \mathbf{r})]
\end{aligned}
\qquad (4\text{-}3\text{-}2)
$$

其中 E_0、D_0、H_0 表示相应的复振幅, $\mathbf{k}$ 表示(圆)波矢. 它们应满足麦克斯韦方程式

$$\nabla \times \mathbf{E} = -\frac{\partial \mathbf{B}}{\partial t} = -\mu_0 \frac{\partial \mathbf{H}}{\partial t} \quad (\mu_r = 1 \text{ 时})$$

$$\nabla \times \mathbf{H} = \frac{\partial \mathbf{D}}{\partial t} \quad (j_0 = 0 \text{ 时})$$

即

$$
\begin{vmatrix}
e_x & e_y & e_z \\
\dfrac{\partial}{\partial x} & \dfrac{\partial}{\partial y} & \dfrac{\partial}{\partial z} \\
E_x & E_y & E_z
\end{vmatrix}
= -\mu_0 \frac{\partial \mathbf{H}}{\partial t}
$$

$$
\begin{vmatrix}
e_x & e_y & e_z \\
\dfrac{\partial}{\partial x} & \dfrac{\partial}{\partial y} & \dfrac{\partial}{\partial z} \\
H_x & H_y & H_z
\end{vmatrix}
= \frac{\partial \mathbf{D}}{\partial t}
$$

将(4-3-2)式分别代入上两式中, 可得

$$
\begin{aligned}
\mathrm{i}\mathbf{k} \times \mathbf{E} &= -\mu_0(-\mathrm{i}\omega)\mathbf{H} \\
\mathrm{i}\mathbf{k} \times \mathbf{H} &= (-\mathrm{i}\omega)\mathbf{D}
\end{aligned}
\qquad (4\text{-}3\text{-}3)
$$

即

$$H = \frac{1}{\omega\mu_0}k \times E$$

$$(4-3-4)$$

$$D = -\frac{1}{\omega}k \times H$$

因此 H 与 k、E、D、S 正交,D 与 k 正交,E 与 S 正交,将此结果绘成图 4-3-1,由图可以看出:

① 在晶体中,有

$$\frac{D \cdot E}{|D| \cdot |E|} = \frac{S \cdot k}{|S| \cdot |k|} = \alpha$$

② E、D、S、k 在垂直于 H 的同一平面上;

③ 晶体中单色光的能量传播速度 v_s(光线速度)和等相面的传播速度 v_n(法向速度)的关系为

$$v_n = v_s \cos\alpha$$

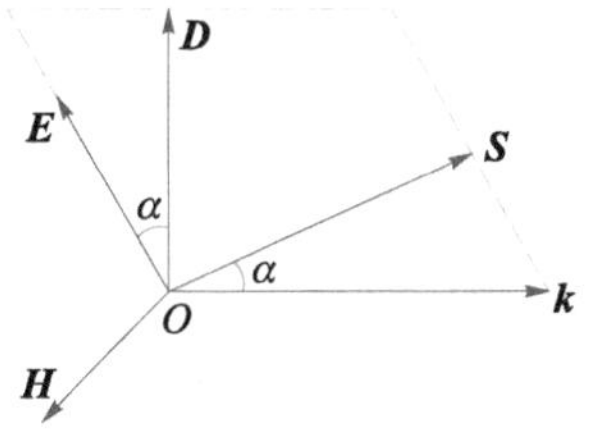

◎ 图 4-3-1　晶体中的平面光波

从(4-3-4)两式中消去 H 得

$$D = \frac{-1}{\omega^2\mu_0}k \times (k \times E) = \frac{k^2}{\omega^2\mu_0}[E - (E \cdot k)k]$$

$$(4-3-5)$$

k 代表(圆)波矢 k 方向的单位矢量,而

$$k = \frac{2\pi}{\lambda'} = \frac{\omega}{v_n} \quad (\lambda' \text{为介质中波长})$$

$$v_n = \frac{c}{n} = \frac{1}{\sqrt{\varepsilon_0\mu_0}\sqrt{\varepsilon_r}} = \frac{1}{\sqrt{\varepsilon\mu_0}}$$

所以(4-3-5)式又可写成下列形式:

$$D = \varepsilon[E - (E \cdot k)k] = \varepsilon E_D = \varepsilon_0 n^2 E_D$$

$$(4-3-6)$$

E_D 表示 E 在 D 矢量方向上的分矢量.

3. 光率体

(4-3-1)式、(4-3-6)式虽然把晶体中 D 与 E 的关系解析地表示出来了,若引入光率体(或称介电常量椭球),则能把晶体中的 D 与 E 的关系更形象表示出来. 光率体的定义式为

$$\frac{x^2}{\varepsilon_1} + \frac{y^2}{\varepsilon_2} + \frac{z^2}{\varepsilon_3} = 1$$

$$(4-3-7a)$$

x、y、z 为晶体的介电主轴,ε_1、ε_2、ε_3 为晶体的(相对)主介电常量. 晶体内电场的能量密度 w_e 为

$$w_e = \frac{1}{2}D \cdot E$$

取晶体介电主轴为坐标轴,上式可写为

$$w_e = \frac{1}{2\varepsilon_0}\left[\frac{D_x^2}{\varepsilon_1} + \frac{D_y^2}{\varepsilon_2} + \frac{D_z^2}{\varepsilon_3}\right]$$

令

$$\frac{D_x}{\sqrt{2w_e\varepsilon_0}} = x, \quad \frac{D_y}{\sqrt{2w_e\varepsilon_0}} = y, \quad \frac{D_z}{\sqrt{2w_e\varepsilon_0}} = z$$

即得光率体的定义(4-3-7a)式. 当然,也可将其写成下列形式:

$$f(x,y,z) = \frac{x^2}{\varepsilon_1} + \frac{y^2}{\varepsilon_2} + \frac{z^2}{\varepsilon_3} - 1 = 0 \tag{4-3-7b}$$

光率体曲面上,点 P 的法线方向余弦为

$$\cos\alpha = \frac{f'_x}{\sqrt{f'^2_x + f'^2_y + f'^2_z}} = \frac{E_x}{E}$$

$$\cos\beta = \frac{f'_y}{\sqrt{f'^2_x + f'^2_y + f'^2_z}} = \frac{E_y}{E}$$

$$\cos\gamma = \frac{f'_z}{\sqrt{f'^2_x + f'^2_y + f'^2_z}} = \frac{E_z}{E}$$

这恰巧是 E 的方向余弦,若在图 4-3-2 所示光率体原点 O 画出矢量 D,适当延长 D 交椭球面上 P 点,过 P 作椭球面切面的法线,即确定了与该 D 相应的 E 方向. 读者不难看出,若已知 E 的方向,由光率体也可确定相应 D 的方向.

晶体的主介电常量 $\varepsilon_1 = \varepsilon_2 = \varepsilon_3$ 时,光率体是一球面,立方晶系(例如 NaCl 晶体)就属于这种情况,它的光学性特性是各向同性的; ε_1、ε_2、ε_3 中有两个相同时,光率体是一旋转椭球面,若 $\varepsilon_1 = \varepsilon_2 \neq \varepsilon_3$,则 z 轴为旋转轴,单轴晶体(例如方解石、水晶、电气石晶体)就属于这种情况,光率体的旋转对称轴为单轴晶体的光轴;当 $\varepsilon_1 \neq \varepsilon_2 \neq \varepsilon_3$ 时,光率体是三轴椭球面,双轴晶体(例如云母、黄玉、重晶石)就属于这种情况.

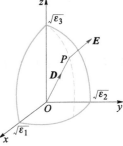

◎ 图 4-3-2　光率体

§4.4　　单轴晶体

- 1. 光率体与光的偏振态
- 2. 折射率
- 3. 点光源的波面
- 4. 双折射　惠更斯作图法
- 5. 偏振棱镜
- 6. 二向色性　人造偏振片　马吕斯定律

1. 光率体与光的偏振态

由于单轴晶体的三个主介电常量中有两个是相同的,可以令 $\varepsilon_1 = \varepsilon_2 = \varepsilon_\perp = n_o^2$,$\varepsilon_3 = \varepsilon_\parallel = n_e^2$. $\varepsilon_\perp$、$\varepsilon_\parallel$ 代表单轴晶体的两个主介电常量,n_o、n_e 代表单轴晶体的两个主折射率. 单轴晶体的光率体方程可表示为

$$\frac{x^2 + y^2}{n_o^2} + \frac{z^2}{n_e^2} = 1 \tag{4-4-1}$$

z 轴为光轴,光轴和光线所成平面叫做主平面,从光率体中心在 Oyz 平面上作波矢 k,如

图 4-4-1 所示. 过中心点 O 作垂直于 $\boldsymbol{k}$ 的平面与光率体相截, 一般得一椭圆. 椭圆两主轴 OA（平行于 $\boldsymbol{D}_o$）、OB（平行于 $\boldsymbol{D}$）不仅跟 $\boldsymbol{k}$ 正交, 而且由简单的几何考虑可知, 与该椭圆两主轴方向对应的两组矢量 $(\boldsymbol{D}_o, \boldsymbol{E}_o, \boldsymbol{k}, \boldsymbol{S}_o)$ 和 $(\boldsymbol{D}, \boldsymbol{E}, \boldsymbol{k}, \boldsymbol{S})$ 各自四矢共面. 这两组矢量代表与同一波矢 $\boldsymbol{k}$ 的方向对应的, 为振动面正交的两线偏振光. 前者是光矢垂直主平面振动的线偏振光, 它是各向同性的, 所以称为寻常光, 简称 o 光 (ordinary light); 后者是光矢平行于主平面振动的线偏振光, 它是各向异性的, 所以称为非寻常光, 简称 e 光 (extraordinary light).

对寻常光而言, $\boldsymbol{D}_o /\!/ \boldsymbol{E}_o$, $\boldsymbol{S}_o /\!/ \boldsymbol{k}$, $v_n = v_s = v_o = c/n_o$, (v_n、v_s 为与方向无关的常量), v_o 称为 o 光主速度.

对非寻常光而言, $\boldsymbol{D} /\!/ \boldsymbol{E}$, $\boldsymbol{S}$ 不 $/\!/ \boldsymbol{k}$, $v_n \neq v_s$ (v_n、v_s 随方向不同在 v_o、$v_e = c/n_e$ 之间变化), v_e 称为 e 光主速度.

令 φ 表示 e 光 $\boldsymbol{k}$ 和光轴的夹角, θ 表示 e 光 $\boldsymbol{S}$ 和光轴夹角, α 表示 e 光 $\boldsymbol{S}$ 和 $\boldsymbol{k}$ 的夹角, 如图 4-4-2 所示. 下面讨论 e 光中 φ 和 θ 的关系.

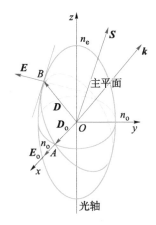 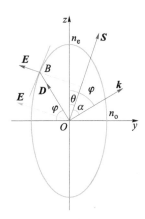

◉ 图 4-4-1　单轴晶体光率体与光的偏振态　　◉ 图 4-4-2　单轴晶体中的 e 光

如图 4-4-2 所示光率体上 $B(y, z)$ 点切线的斜率, 可对

$$\frac{y^2}{n_o^2} - \frac{z^2}{n_e^2} = 1 \tag{4-4-2}$$

求导数得出

$$\left. \frac{\mathrm{d}z}{\mathrm{d}y} \right|_B = -\frac{n_e^2}{n_o^2} \frac{y}{z}$$

而由图 4-4-2 中几何关系, 可以看出

$$\left. \frac{\mathrm{d}z}{\mathrm{d}y} \right|_B = \tan\left(\frac{\pi}{2} - \theta\right) = \frac{1}{\tan\theta}, \quad -\frac{z}{y} = \tan\varphi$$

因此有

$$\tan\varphi = \frac{n_e^2}{n_o^2} \tan\theta \tag{4-4-3}$$

2. 折射率

寻常光的折射率为 n_o, 与 $\boldsymbol{k}$ 方向无关. 非寻常光的折射率 n 在 n_o、n_e 之间变化, 与 $\boldsymbol{k}$ 方向

有关.换句话说,e 光折射率 n 是 φ 的函数,将(4-3-6)式用于 e 光,可求出这个函数关系,按(4-3-6)式,并参考图 4-4-2 有

$$\frac{1}{n^2}=\frac{\varepsilon_0 E_D}{D}=\frac{\varepsilon_0 E\cos(\varphi-\theta)}{\sqrt{D_y^2+D_z^2}}=\frac{\cos\varphi\cos\theta+\sin\varphi\sin\theta}{\sqrt{n_o^4\cos^2\theta+n_e^4\sin^2\theta}}$$

分子、分母用 $\cos\theta$ 去除,再用(4-4-3)式消去含 θ 项,整理后得

$$\frac{1}{n^2}=\frac{\cos^2\varphi}{n_o^2}+\frac{\sin^2\varphi}{n_e^2} \tag{4-4-4}$$

上式是单轴晶体中,e 光波矢与光轴夹角为 φ 时,e 光折射率的表示式.

$$\varphi=0 \text{ 时},\quad n=n_o$$
$$\varphi=\pi/2 \text{ 时},\quad n=n_e$$

可见 e 光折射率在 n_o、n_e 之间变化.(4-4-4)式的几何意义为:在光率体中心,将 e 光 $\boldsymbol{D}$ 矢量延长交光率体于点 B,如图 4-4-2 所示,则 OB 等于 e 光折射率 n_e.为此,令 B 点坐标为 (y,z),则有

$$\cos\varphi=-\frac{y}{OB},\quad \sin\varphi=\frac{z}{OB}$$

将上两式代入(4-4-2)式,得

$$\frac{1}{(OB)^2}=\frac{\cos^2\varphi}{n_o^2}+\frac{\sin^2\varphi}{n_e^2}$$

将上式与(4-4-4)式对比,显然有

$$OB=n$$

3. 点光源的波面

从上面的讨论中可知,单轴晶体中沿 $\boldsymbol{k}$ 方向传播的光波,一般对应于两振动面互相正交的线偏振光——o 光和 e 光.因此晶体中一点光源向周围辐射光波,一般是 o、e 两种线偏振光.o 光光线速度的矢端轨迹称为 o 光的波面,e 光光线速度的矢端轨迹称为 e 光的波面,晶体中点光源的波面是由 o 光、e 光波面组成的双层曲面.

单轴晶体中,o 光是各向同性的,它的波面是以点光源为球心、以 v_o 为半径的球面,即

$$x^2+y^2+z^2=v_o^2 \tag{4-4-5}$$

e 光是各向异性的,求其波面,得先求出 e 光光线速度 v_s 的空间分布表示式,即 v_s 与 θ(S 与光轴夹角)的函数关系.由(4-3-4)式得到

$$v_s=\frac{v_n}{\cos\alpha}=\frac{c}{n\cos(\varphi-\theta)}$$

所以

$$\left(\frac{c}{v_s}\right)^2=n^2\cos^2(\varphi-\theta)=\frac{n_e^2 n_o^2(\cos\varphi\cos\theta+\sin\varphi\sin\theta)^2}{n_o^2\sin^2\varphi+n_e^2\cos^2\varphi}$$

上式中利用了(4-4-4)式消去 n.用 $\cos^2\varphi$ 除上式分子分母,再用(4-4-3)式消去含 φ 项,得

$$\left(\frac{c}{v_s}\right)^2=n_o^2\cos^2\theta+n_e^2\sin^2\theta$$

或

$$\frac{1}{v_s^2} = \frac{\cos^2\theta}{v_o^2} + \frac{\sin^2\theta}{v_e^2} \qquad (4-4-6)$$

上式可看成单轴晶体 e 光光线速度矢端 $P(v_s, \theta)$ 轨迹的极坐标表示式,可将矢端 $P(x, y)$ 轨迹改用直角坐标表示.参考图 4-4-3,有

$$\cos\theta = \frac{z}{v_s}, \quad \sin\theta = \frac{y}{v_s}$$

将上两式代入(4-4-6)式,得

$$\frac{y^2}{v_e^2} + \frac{z^2}{v_o^2} = 1 \qquad (4-4-7a)$$

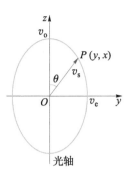

◉ 图 4-4-3　e 光波面

考虑到单轴晶体光率体是对光轴的回旋椭球,因此 e 光波面的三维形式可由上式直接写出:

$$\frac{x^2 + y^2}{v_e^2} + \frac{z^2}{v_o^2} = 1 \qquad (4-4-7b)$$

当 $v_o > v_e(n_o < n_e)$ 时,单轴晶体叫做正单轴晶体,主平面内波面形状见图 4-4-4(a);当 $v_o < v_e(n_o > n_e)$ 时,叫做负单轴晶体,主平面内波面形状见图 4-4-4(b).圆表示各向同性的 o 光波面,"⊥"符号表示该波面对应的光线是垂直主平面振动的线偏振光;椭圆表示各向异性的 e 光波面,"‖"符号表示该波面对应的光线是平行主平面振动的线偏振光.只要将该图绕光轴旋转 360°,便可想象出该波面的空间形象.

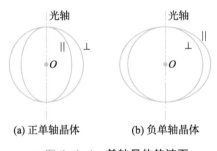

(a) 正单轴晶体　　　(b) 负单轴晶体

单轴晶体

◉ 图 4-4-4　**单轴晶体的波面**

表 4-4-1 列出了一些单轴晶体的主折射率.

▤ 表 4-4-1　**单轴晶体的 n_o、n_e 实验值**($\lambda = 589.3$ nm)

	晶体名称	化学成分	晶体分类	n_o	n_e
负晶体	方解石	$CaCO_3$	三方	1.658	1.486
	智利硝石	$NaNO_3$	六方	1.585	1.335
	电气石	$(Fe、Mg、Cr)O$ $Na_2O、SiO_2、B_2O_3$ $Al_2O_3、H_2O$	六方	1.669	1.638
	磷酸二氢钾(KDP)	KH_2PO_4	四方	1.509	1.468
	磷酸二氢铵(ADP)	$NH_4H_2PO_4$	四方	1.542	1.478

	晶体名称	化学成分	晶体分类	n_o	n_e
正晶体	水晶	SiO_2	六方	1.544	1.553
	锆英石	$ZrSiO_4$	四方	1.92	1.97
	甘汞	Hg_2Cl_2	四方	1.96	2.60

4. 双折射　惠更斯作图法

在 §3.1 节的第 2 小节中介绍过惠更斯原理——波所到达的各点都可看作次波波源,这些次波的包络就是新的波阵面.将此原理用于各向异性透明晶体,可以引出一个决定双折射光线方向的惠更斯作图法.

设平行自然光束由各向同性介质斜入射于正单轴晶体,如图 4-4-5 所示.

双折射

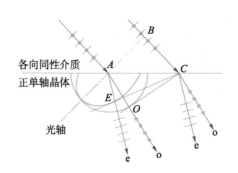

◎ 图 4-4-5　晶体中惠更斯作图法说明图

当 $t=t_0$ 时刻,入射光波阵面到达 AB 位置,而当 $t=t_0+\Delta t=t_1$ 时刻,B 点到达 C 点,即 $\Delta t = BC/v$(v 为各向同性介质中的光速).

要定出 t_1 时刻折射光波阵面,可先求出界面上各点(例如 A、C 两点)的次波面.显然,t_1 时刻,C 点次波面是一个点.A 点次波面中,o 光的次波面是以 $v_o\Delta t$ 为半径的球面;e 光的次波面,是与前者在光轴上相切的旋转椭球面,椭球面另一主轴半径长度为 $v_e\Delta t$.对 A、C 点的 o、e 光次波面作公切面(包络面),得 t_1 时刻折射光中 o 光波阵面 OC 和 e 光波阵面 EC,O 点为 A 点 o 光次波面与 o 光波阵面的切点,连接 AO 即得垂直主平面振动的线偏振折射光(o 光).E 点为 A 点 e 光次波面与 e 光波阵面的切点,连接 AE 即得平行主平面振动的线偏振折射光(e 光).

为什么 AO、AE 分别代表双折射 o、e 光线的方向呢? 要理解这一点须注意:光线 AO 代表 o 光的能量由 A 点沿 AO 传递到 o 光波阵面处有最小光程,o 光能量沿任何其他方向传递将更费时;同理,AE 代表 e 光的能量由 A 点沿 AE 传递到 e 光波阵面处有最小光程,e 光能量沿任何其他方向传递将更费时.

值得指出,当光轴不在入射面内,也不垂直入射面时,o 光虽然在入射面内,e 光却不会在入射面内,这种情况就难以用平面图表示了.

下面以正晶体为例,讨论自然光正入射、斜入射晶体时的几种特殊情况.

（1）正入射时

a）光轴平行晶体表面

在图 4-4-6(a)、(b)所示情况下,折射线只有一束,但 e 光与 o 光的速度不同,仍然存在双折射.

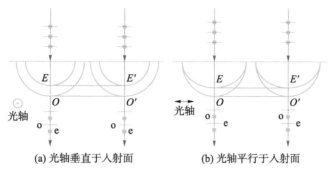

(a) 光轴垂直于入射面　　　　(b) 光轴平行于入射面

◉ 图 4-4-6　**光轴和正晶体表面平行**

b）光轴垂直晶体表面

如图 4-4-7 所示,在此情况下,不会发生双折射,折射线仍然是自然光.

c）光轴不平行也不垂直晶体表面

如图 4-4-8 所示,在此情况下,尽管自然光正入射于晶体表面,只要光轴不平行也不垂直于晶面,总会出现双折射.

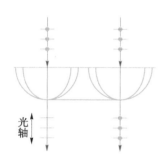

◉ 图 4-4-7　**光轴与正晶体表面垂直**

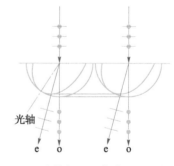

◉ 图 4-4-8　**光轴与正晶体表面不平行也不垂直**

（2）斜入射时

a）光轴垂直于入射面

在此情况下,o 光、e 光对入射面而言均有二维的各向同性,也就是说,对 o 光、e 光来说,折射定律在图 4-4-9 情况下是成立的,即

$$\frac{\sin i_1}{\sin i_{2o}} = \frac{V}{V_o} = \frac{n_o}{n}, \quad \frac{\sin i_1}{\sin i_{2e}} = \frac{V}{V_e} = \frac{n_e}{n} \tag{4-4-8}$$

式中 V、n 分别表示入射光所在的各向同性介质中的光速和折射率.(4-4-8)式常为实验上测定晶体主折射率 n_o、n_e 的依据.

b）光轴在入射面内,且平行于晶体表面

如图 4-4-10 所示,在此情况下,A 点 o 光、e 光的次波面与包络面切点 O、E 有一特殊性质,O、E 两点连线必垂直晶体表面 AB.按解析几何原理——"由定点 B 对同长轴椭圆系引切线,切点 O、E 必有相同次截距 BC",必然得出此结论.

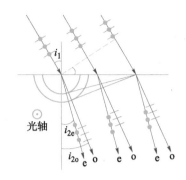

◉ 图 4-4-9　光轴垂直于入射面

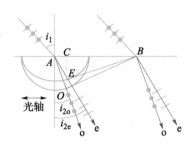

◉ 图 4-4-10　光轴在入射面内且
平行于正晶体表面

因为

$$\tan i_{2o} = \frac{AC}{OC}, \quad \tan i_{2e} = \frac{AC}{EC}$$

而

$$\frac{EC}{OC} = \frac{V_e}{V_o} = \frac{n_o}{n_e}$$

因此

$$\frac{\tan i_{2o}}{\tan i_{2e}} = \frac{n_o}{n_e}$$

5. 偏振棱镜

单块晶体的双折射,如果厚度不够大,不容易得到分得比较开的线偏振光束.下面介绍几种利用晶体组合制成的偏振棱镜.自然光通过它们时,有的能得到偏振度很高的单束线偏振光;有的能得到分得很开的两束线偏振光.

（1）渥拉斯顿棱镜[1]

自然光入射渥拉斯顿的棱镜能产生分得很开的、光振动互相正交的两束线偏振光.如图 4-4-11 所示,它由两块光轴互相正交的方解石直角棱镜胶合而成.自然光正入射时,在第一个棱镜中产生的 o 光、e 光不会分开,但速度不同,由于两直角棱镜的光轴正交,第一个棱镜中的 o 光,对第二个棱镜来说是 e 光,这相当于由光密介质到光疏介质,因而偏离法线向下偏折;第一个棱镜的 e 光,对第二个棱镜来说是 o 光,这相当于由光疏介质到光密介质,因而靠近法线向上偏折.这两束分开了的线偏振光从第二个棱镜射出时,都是由光密介质到光疏介质(空气),彼此将分开得更远.

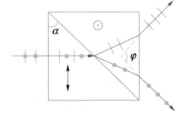

◉ 图 4-4-11　渥拉斯顿棱镜

---

　　① （William Hyde Wollaston）威廉·海德·渥拉斯顿(1766 年 8 月 6 日—1828 年 12 月 22 日),英国科学家,在铂金提纯方面做出了突出贡献,并发现了元素钯(1802)和铑(1804).他被誉为地质之父.渥拉斯顿棱镜就是因他的发明而命名的.

两棱镜胶合面与端面夹角 α 不是很大时,这两束线偏振光差不多是对称地分开的,夹角 φ 近似为

$$\varphi = 2\arcsin\left[\,|\,n_o-n_e\,|\,\tan\alpha\right] \tag{4-4-9}$$

若用水晶代替方解石制成渥拉斯顿棱镜,由于水晶的 $|\,n_o-n_e\,|$ 只是方解石的 1/19,所以 φ 角要小得多.

（2）尼科耳棱镜[①]

光线沿晶体的某界面入射,此界面的法线与光轴组成的平面,称为晶体的主截面.天然方解石晶体的主截面是平行四边形,锐角为 71°.取一块主截面长度约为高度三倍的方解石,将两端面磨去一些,使主截面锐角由 71° 变为 68°,如图 4-4-12 所示.再垂直主截面将晶体切开,使主截面沿 AC 线分为两个直角三角形,三角形锐角为 68° 和 22°,将 AC 面抛光后再用加拿大树胶黏合起来,将周围涂黑,就构成了尼科耳（Nicol）棱镜.

尼科耳

尼科耳棱镜

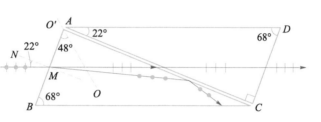

◎ 图 4-4-12　尼科耳棱镜主截面图

光轴 $O'O$ 与端面 AB 成 48° 角.当自然光平行于底面入射 AB 面后,分解为两条线偏振光,其中寻常光约以 77° 入射角射到加拿大树胶层 AC 上,加拿大树胶的折射率 $n = 1.550$,比方解石的 $n_o = 1.658$ 小,77° 入射角超过了临界角 $[\,i_c = \arcsin(n_o/n_e) = 59°15'\,]$,所以寻常光在 AC 界面上发生全反射,在 BC 边被吸收,而由第一个棱镜出射的非寻常光,其折射率小于加拿大树胶的折射率,不会发生全反射.所以只有非寻常光线从后端面 CD 射出,人造偏振片出现以前,常用尼科耳棱镜作偏振棱镜,由于它较难制造,且不易做成大面积元件,现大部分已被人造偏振片所代替,由于它产生的偏振光较纯,对偏振度要求较高的仪器中有时还需要用到它.

当入射角超过 36° 时,o 光在加拿大树胶面上的入射角将减少到小于临界角,即寻常光也要透过加拿大树胶层;当入射角小于 8° 时,非寻常光线与寻常光线都要发生全反射.只有入射角介于 8°～36° 之间时,才能产生纯的线偏振光.据此可算出尼科耳棱镜的孔径角等于 14°（即允许入射光锥的半顶角）,尼科耳棱镜不适用于高度会聚或发散的光束.对于像激光那样的平行光束来,说尼科耳棱镜不失为一种优良的偏振器,尤其在抗损伤阈值要求较高的激光实验中仍采用尼科耳棱镜.

（3）格兰棱镜

尼科耳棱镜的出射光束与入射光束,不在一条直线上,当尼科耳棱镜绕入射光方向旋转时,出射光跟着旋转,使用时不方便.格兰（Glan）棱镜可看成是尼科耳棱镜的改进,它也是用

① William Nicol（1770 年 4 月 18 日—1851 年 9 月 2 日）苏格兰地理学家,物理学家,1828 年发明尼科耳棱镜,并被后人撰于墓碑上.

方解石制成的.不同之处是它的端面和底面垂直,光轴方向平行于端面,如图 4-4-13 所示.当自然光垂直端面入射时,在第一个棱镜中 o、e 光不会分开,它们在胶合面上的入射角就是

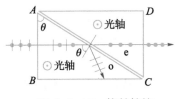

◎ 图 4-4-13　格兰棱镜

胶合面与端面的夹角 θ.若胶合层介质折射率小于方解石主折射率 n_e,则只要选择 θ 使得对 o 光来说大于临界角,对 e 光小于临界角,因此 o 光发生全反射,在侧面 BC 处被黑色涂层吸收;因胶合层很薄,可认为 e 光一直穿过胶合层,无侧移地从后端面 DC 射出.若胶合层介质折射率在方解石两个主折射率之间,则只要选择 θ 使得对 o 光来说大于临界角,使 e 光无侧移地从后端面射出.

格兰棱镜除了不会使出射光产生平移外,由于入射光正入射,能减少反射光的损失;棱镜孔径角比尼科耳棱镜大.孔径角的大小既取决于胶合层物质的折射率也取决于胶合面与棱镜端面的夹角 θ,对于同一种胶合物质,θ 角增大,棱镜的孔径角也增大,例如用亚麻油作胶合剂,当 θ=76°27′时,孔径角为 20.5°;当 θ=68°12′时,孔径角为 6.5°.

6. 二向色性　人造偏振片　马吕斯定律

二向色性是指某些晶体对光的吸收本领除了跟波长有关外,还与线偏振光的振动面方位有关.

马吕斯

电气石(负单轴晶体、六方晶系)是最早发现的天然具有强烈二向色性的晶体,自然光通过时,o 光、e 光都要逐渐被吸收,但 o 光吸收得特别厉害,1 mm 厚的电气石几乎吸收掉全部 o 光,而让大部分 e 光透过,透过电气石的线偏振光带为黄绿色,因而兼有滤色片作用,有些各向同性介质受到外界作用时也会产生二向色性.

1852 年,海拉伯斯(W. B. Herapath)发现硫酸碘奎宁(有机晶体,现称海拉伯斯晶),它对可见光范围内的 o 光吸收系数都很大,对 e 光几乎都不吸收.即白色自然光入射会得到白色线偏振光,但海拉伯斯晶很脆,易碎成粉末.

1928 年,兰特(E. H. Land)将海拉伯斯晶粒沉淀在聚氯乙烯膜上,将膜拉伸后,二向色性的晶粒便会按拉伸方向排列整齐,形成一块机械性能好、薄而大的海拉伯斯晶,这是最早的人造偏振片——微晶二向色性人造偏振片(又称 J-偏振片),这类偏振片制造工艺比较复杂.目前较多使用分子二向色性人造偏振片,典型的有 H-偏振片和 K-偏振片两种.H-偏振片是兰特于 1938 年(发明 J-偏振片后十年)首先发明的.

H-偏振片主要制做流程是将聚乙烯醇[$(CH_2=CHOH)_n$]薄膜在碘溶液中浸泡约 1 分钟,经化学稳定处理后,在较高温度下拉伸 3～4 倍,再烘干制成.经过拉伸后,碘-聚乙烯醇分子沿拉伸方向规则地排列起来,形成一条条导电的长链.碘中具有导电能力的电子能够沿着长链方向运动.入射光中沿导电长链方向的电矢量推动电子,对电子做功,被强烈地吸收;而垂直于长链方向的电矢量不对电子做功,能够透过.允许透过的电矢量方向称为偏振片的透振方向或透光轴.显然,H-偏振片的透振方向垂直于拉伸方向.

K-偏振片主要制做流程是将聚乙烯醇薄膜置于高温炉中通过氯化氢作脱水处理,除掉聚乙烯醇分子的若干个水分子形成聚合乙烯的细长分子,再单向拉伸而制成.K-偏振片光化学性能稳定,耐潮耐热,立体电影的偏振光投射器和偏振片避眩装置多采用 K-偏振片.

电振动平行于透振方向的光 100%透过,电振动垂直于透振方向的光 100%被吸收的偏

振片叫做理想偏振片. 振幅为 A_0 的线偏振光正入射理想偏振片时, 透射光振幅 $A=A_0\cos\theta$, θ 为线偏振光振动面和透振方向的夹角. 若 I_0 为入射线偏振光光强, 则透过理想偏振片的光强 I 为

$$I = I_0\cos^2\theta \qquad\qquad (4\text{-}4\text{-}10)$$

上式常称为马吕斯(Étienne-Louis Malus)定律.

*§4.5　双轴晶体

1. 主轴面内光的偏振态

对双轴晶体来说, (相对)主介电常量 ε_1、ε_2、ε_3 彼此不同. 习惯上, 对介电主轴 x、y、z 的选择是使之符合 $\varepsilon_1<\varepsilon_2<\varepsilon_3$ 次序, 因而与此对应的三个主速度 $v_1>v_2>v_3$, 它们的定义为

$$v_1 = \frac{c}{\sqrt{\varepsilon_1}} = \frac{c}{n_1}, \quad v_2 = \frac{c}{\sqrt{\varepsilon_2}} = \frac{c}{n_2}, \quad v_3 = \frac{c}{\sqrt{\varepsilon_3}} = \frac{c}{n_3}$$

式中 n_1、n_2、n_3 为双轴晶体主折射率.

由任意两介电主轴所决定的平面叫做主轴面. 显然, 双轴晶体只有三个主轴面(不像单轴晶体那样实际上有无穷多个主轴面), 所以, 在双轴晶体中行进的光线, 可能在也可能不在主轴面内. 双轴晶体中不在主轴面内的光线, 一般来说都是各向异性的非寻常光线, 但在主轴面内的光线和单轴晶体有点相似, 除了在光轴方向外, 一般可分为振动面垂直于主轴面的, 在该主轴面范围内各向同性的 o 光; 以及振动面平行于主轴面的、各向异性的 e 光.

图 4-5-1 所示为双轴晶体光率体, 从光率体中心在主轴面 Oyz 内作波矢 $\boldsymbol{k}$, 过中心 O 作垂直于 $\boldsymbol{k}$ 的平面与光率体相截, 一般得一椭圆. 椭圆两主轴 OA 和 OB, (其中 $OA/\!/\boldsymbol{D}_\circ$, $OB/\!/\boldsymbol{D}$)不仅与 $\boldsymbol{k}$ 正交, 而且由简单的几何考虑可知, 与该椭圆两主轴方向对应的两组矢量 $(\boldsymbol{D}_\circ, \boldsymbol{E}_\circ, \boldsymbol{k}, \boldsymbol{S}_\circ)$ 和 $(\boldsymbol{D}, \boldsymbol{E}, \boldsymbol{k}, \boldsymbol{S})$ 各自四矢共面. 这两组矢量代表与同一波矢 $\boldsymbol{k}$ 方向对应的, 振动面正交的两线偏振光, 前者是光矢量垂直于主轴面 Oyz 振动的, 在 Oyz 二维面内各向同性的 o 光; 后者是光矢量平行于主轴面 Oyz 振动的, 各向异性的 e 光. 在 Oyz 主轴面内 o 光的 $v_n = v_s = v_1$, e 光的 $v_n \neq v_s$(主轴方向例外), 随方向不同在 v_3—v_2 之间变化. 在其他两个主截面内, 情况类似.

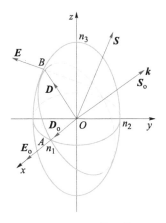

◎ 图 4-5-1　双轴晶体 Oyz 主轴面内光的偏振态

2. 点光源的波面

双轴晶体中点光源的波面比单轴晶体的要复杂得多, 若不追求导出三维情况下的波面表示式, 仅讨论三个主轴面上的波面表示式, 由于可直接借用单轴晶体主平面内波面的相似数学

步骤,问题就变得简便得多.

Oyz 主轴面内 o 光存在两维的各向同性,其折射率为 n_1,光速为 $v_1 = c/n_1$,波面方程式为

$$y^2 + z^2 = v_1^2 \tag{4-5-1a}$$

Oyz 主轴面内 e 光的折射率 n 随 e 光电位移 $\boldsymbol{D}$ 的方向不同而改变,仿 §4.4 节中导出单轴晶体中主平面上 e 光波面表示式时,(4-4-4)式至(4-4-7a)式完全相似的步骤(只需注意 n_o、n_e 分别用 n_2、n_3 置换,v_o、v_e 分别用 v_2、v_3 置换),即可得双轴晶体 Oyz 主轴面内 e 光波面方程式为

$$\frac{y^2}{v_3^2} + \frac{z^2}{v_2^2} = 1 \tag{4-5-1b}$$

从(4-5-1a)式、(4-5-1b)式可以看出点光源波面在 Oyz 面上的截面形状,外层为圆,内层为椭圆.如图 4-5-2(a)所示.

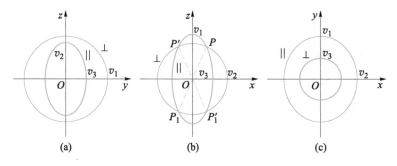

◎ 图 4-5-2　双轴晶体波面在主轴面上的截面图

同理,可得 Oxz 主轴面上波面方程式为

$$x^2 + z^2 = v_2^2$$
$$\frac{x^2}{v_3^2} + \frac{z^2}{v_1^2} = 1 \tag{4-5-2}$$

从上两式可以看出,点光源波面在 Oxz 面上的截面为圆及椭圆互割,如图 4-5-2(b)所示.

Oxy 主轴面上波面方程式为

$$x^2 + y^2 = v_3^2$$
$$\frac{x^2}{v_2^2} + \frac{y^2}{v_1^2} = 1 \tag{4-5-3}$$

从上两式可以看出,点光源波面在 Oxy 面上的截面形状,外层为椭圆,内层为圆.如图 4-5-2(c)所示.

观察图 4-5-2(a)、(b)、(c)时应注意:粗线相应于波面内片,细线相应于波面外片;v_1、v_2、v_3 间的差别亦过分夸大[表(4-5-1 中)n_1、n_2、n_3 相差甚微即可看出这一点];图中 $\perp$ 与 $\parallel$ 记号分别表示波面截面各部分的偏振情况,$\perp$ 记号表示光矢垂直于主轴面,$\parallel$ 记号表示光矢平行于主轴面,这些偏振情况可用光率体去分析判定.

同时观看三个截面,则如图 4-5-3 所示.外片的形状大体为一椭圆,但其上具有四个凹陷部分,与梨的底部凹陷相似且略浅,凹陷最深处为图 4-5-2(b)中 P、P'、P_1、P_1' 四点,常称为脐点.

波面在 Oxy、Oyz、Ozx 三面上的截面均分别为圆和椭圆,但只在 Ozx 面的情况下,圆与椭圆才相割.此时圆的半径为 v_2,椭圆的半轴分别为 v_1、v_3,两者相交于四点 P、P'、P_1、P'_1. P_1P 和 $P'P'_1$ 两直线所代表的方向称为光线轴(光线速度轴的简称)或公射线. Oxz 面上波面共有四条公切线 MN、M_1N_1、$M'N'$ 和 $M'_1N'_1$,如图 4-5-4 所示.通过上述公切线并与 Ozx 面垂直的平面即为波面公切面,切口是直径为 MN、M_1N_1、$M'N'$ 和 $M'_1N'_1$ 的四个圆.直线 MM_1、$M'M'_1$ 分别垂直于上述切面,称为公法线或光轴.光线轴与光轴两者间夹角,一般不到 $1°$,极少超过 $2°$.

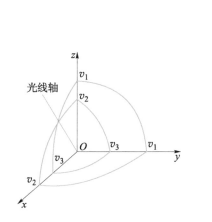

● 图 4-5-3　**双轴晶体的波面**

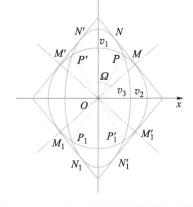

● 图 4-5-4　**双轴晶体光线轴和光轴说明图**

理论计算指出两公法线(光轴)间的夹角 2Ω 由下式决定:

$$2\Omega = 2\arctan\sqrt{\frac{v_1^2-v_2^2}{v_2^2-v_3^2}} = 2\arctan\frac{n_3}{n_1}\sqrt{\frac{n_1^2-n_2^2}{n_2^2-n_3^2}} \tag{4-5-4}$$

$2\Omega<90°$ 时,为正双轴晶体;$2\Omega>90°$ 时,为负双轴晶体.

当 $v_1=v_2=v_o$,$v_3=v_e$(即 $v_o>v_e$)时,负双轴晶体退化为以 z 轴为光轴的正单轴晶体.

当 $v_2=v_3=v_o$,$v_1=v_e$(即 $v_o<v_e$)时,负双轴晶体退化为以 x 轴为光轴的负单轴晶体.

表 4-5-1 列出一些双轴晶体的常量.

■ 表 4-5-1　**双轴晶体的光学常量**($\lambda=589.3$ nm)

双轴晶体		化学成分	晶系	n_1	n_2	n_3	2Ω
正晶体	黄玉	$Al_2F_2SiO_4$	正交	1.611 6	1.613 8	1.621 1	$56°5'$
	酒石酸	$C_4H_6O_6$	单斜	1.494 8	1.534 7	1.605 1	$76°56'$
	重晶石	$BaCO_3$	正交	1.636 3	1.637 5	1.648 0	$36°65'$
	斜方硫	S	正交	1.950 9	2.038 3	2.240 5	$72°20'$
负晶体	云母	$KH_2Al_3(SO_4)_2$	单斜	1.560 9	1.594 1	1.599 7	$136°11'$
	文石[①]	$CaCO_3$	正交	1.530 1	1.681 6	1.685 9	$162°10'$

① 文石和方解石化学成分一样($CaCO_3$),但晶格不同,是同素异构体.

3. 双折射　惠更斯作图法

由于双轴晶体中波面的复杂性,决定双轴晶体中双折射光线的惠更斯作图法,在平面上完成作图是很困难的.但实际上,双轴晶体的界面和入射面均为主轴面,这时用惠更斯作图法还是十分方便的.图 4-5-5 所示为正双轴晶体界面为 Oxy 主轴面,入射面为 Oxz 主轴面,自然光斜入射时,用惠更斯作图法确定双折射光线方向和偏振态的例子.

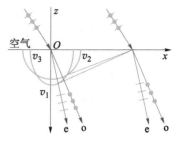

⊙ 图 4-5-5　正双轴晶体惠更斯作图法举例

---

§4.6　椭圆偏振与圆偏振单色偏振光的系统分析

- 1. 椭圆偏振光与圆偏振光
- 2. 单色偏振光的系统分析

授课视频 4-3

波晶片

1. 椭圆偏振光与圆偏振光

偏振片和上述许多偏振棱镜,可以将自然光改造为线偏振光,所以都可以称为线起偏器.将线起偏器和波晶片适当结合起来,可以将自然光改造为椭圆或圆偏振光,相应可称为椭圆或圆起偏器.

如图 4-6-1 所示,自然光经线起偏器(N 为透振方向)变成线偏振光,然后再正入射到波晶片上,波晶片又称相位延迟器,它是从单轴或双轴晶体中切下来的平行平面薄片,用单晶体制成的波晶片,其表面与晶体光轴平行.用双轴晶体制成的波晶片,其表面与晶体主轴面重合.

线偏振光正入射时,在波晶片内分解成 o 光和 e 光,其传播方向虽然没有分开,但两者速度不同,通过厚度为 l 的波晶片后,o 光相对于 e 光相位延迟了 $\delta = 2\pi(n_o - n_e)l/\lambda$,或说 e 光相对 o 光的相位超前 δ.一般来说,由波晶片出来的是椭圆偏振光.设入射线偏振光振动面与波晶片主截面夹角为 θ,入射线偏振光振幅为 A,则 e 光与 o 光的振幅分别为

$$A_e = A\cos\theta, \quad A_o = A\sin\theta$$

在波晶片后表面,e 光和 o 光的振动方程式可分别表示为

$$E_e = A_e\cos(\omega t + \delta) = A\cos\theta\cos(\omega t + \delta) \quad (4\text{-}6\text{-}1a)$$

$$E_o = A_o\cos\omega t = A\sin\theta\cos\omega t \quad (4\text{-}6\text{-}1b)$$

式中

$$\delta = \frac{2\pi}{\lambda}l(n_o - n_e) \quad (4\text{-}6\text{-}2)$$

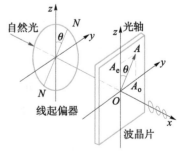

⊙ 图 4-6-1　椭圆或圆偏振光的产生

为 e 光比 o 光的相位超前.若在晶片后表面上取 Oyz 坐标,z 轴平行光轴,令 z、y 分别表示 e

光、o 光的光矢量末端坐标,则

$$\frac{z}{A_e} = \cos(\omega t + \delta) = \cos\omega t\cos\delta - \sin\omega t\sin\delta \qquad (4\text{-}6\text{-}3)$$

$$\frac{y}{A_o} = \cos\omega t \qquad (4\text{-}6\text{-}4)$$

用 $\cos\delta$ 乘(4-6-4)式后和(4-6-3)式相减得

$$\frac{z}{A_e} - \frac{y}{A_o}\cos\delta = -\sin\omega t \cdot \sin\delta \qquad (4\text{-}6\text{-}5)$$

将上式平方后,利用(4-6-4)式消去含时间的项,得

$$\frac{z^2}{A_e^2} + \frac{y^2}{A_o^2}\cos^2\delta - \frac{2zy}{A_e A_o}\cos\delta = \sin^2\omega t \cdot \sin^2\delta = (1 - \cos^2\omega t)\sin^2\delta = \left(1 - \frac{y^2}{A_o^2}\right)\sin^2\delta$$

即

$$\frac{z^2}{A_e^2} + \frac{y^2}{A_o^2} - \frac{2zy}{A_e A_o}\cos\delta = \sin^2\delta \qquad (4\text{-}6\text{-}6)$$

上式表示波晶片后表面上光矢量的矢端轨迹,这个轨迹一般表现为椭圆,该椭圆内切于高 $2A_o$、宽 $2A_o$ 的矩形.显然,矩形的高宽比取决于入射线偏振光的振动面与波晶片光轴的夹角 θ,轨迹形状与 δ 和 θ 有关.

(1) $\delta = \pm K(2\pi)$ 时,即 $(n_o - n_e)l = \pm K\lambda$ 时,K 为非负整数.(4-6-6)式变为

$$\frac{z}{A_e} - \frac{y}{A_o} = 0 \qquad (4\text{-}6\text{-}7\text{a})$$

出射光为线偏振光,振动面与入射波晶片线偏振光振动面平行.

$(n_o - n_e)l = \pm K\lambda$ 的波晶片称为全波片.

(2) $\delta = \pm(2K+1)\pi$ 时,即 $(n_o - n_e)l = \pm(2K+1)\lambda/2$ 时,K 为非负整数.(4-6-6)式变为

$$\frac{z}{A_e} + \frac{y}{A_o} = 0 \qquad (4\text{-}6\text{-}7\text{b})$$

出射光为线偏振光,但振动面与入射波晶片线偏振光振动面转过 2θ 角.$\theta = 45°$,则出射光振动面与原入射光振动面垂直.

$(n_o - n_e)l = \pm(2K+1)\lambda/2$ 的波晶片称为半波片或 1/2 波片(或称 $\lambda/2$ 片).

(3) $\delta = \pm(4K+1)\pi/2$ 时,即 $(n_o - n_e)l = \pm(4K+1)\lambda/4$ 时,K 为非负整数.(4-6-6)式变为

$$\frac{z^2}{A_e^2} + \frac{y^2}{A_o^2} = 1 \qquad (4\text{-}6\text{-}7\text{c})$$

出射光为椭圆偏振光.$\delta = \pi/2$ 时,对着光线看,光矢量的矢端轨迹为顺时针转向,称为右旋椭圆偏振光;$\delta = -\pi/2$ 时,对着光线看,光矢量的矢端轨迹为逆时针转向,称为左旋椭圆偏振光.若 $\theta = \pi/4$,则 $A_e = A_o$,于是(4-6-7c)式为

$$x^2 + y^2 = A_e^2(= A_o^2) \qquad (4\text{-}6\text{-}7\text{d})$$

出射光为圆偏振光,$\delta = \pi/2$ 时,为顺时针转向的右旋圆偏振光;$\delta = -\pi/2$ 时,为逆时针转向的左旋圆偏振光.

$(n_o - n_e)l = (4K+1)\lambda/4$ 的波晶片称 1/4 波片或 $\lambda/4$ 片.

图 4-6-2 所示为 $\theta = \pi/4$,δ 取不同值时,(4-6-6)式的图形.

◎ 图 4-6-2　$\theta=\pi/4$ 时由线偏振光产生椭圆偏振光的各种情况

图 4-6-3 所示为 $\pi/2>\theta>\lambda/4$，δ 取不同值时，(4-6-6)式的图形.

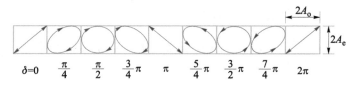

◎ 图 4-6-3　$\pi/4<\theta<\pi/2$ 时由线偏振光产生椭圆偏振光的各种情况

对正单轴晶体制造的波晶片来说，光轴方向常称为慢轴（慢光方向），意指光矢量平行于慢轴的线偏振光传播得慢；而平行波晶片表面与光轴正交的方向称为快轴（快光方向），意指光矢量平行于快轴的线偏振光传播得快.对使用负单轴晶体制造的波晶片来说，情况刚好反过来，波晶片表面上光轴方向为快轴，与光轴正交的方向为慢轴，有时用 N_f 和 N_s 分别表快轴和慢轴.

波晶片只能对某单色光波长产生固定的相位差，有一种叫做巴比涅补偿器的装置，它实际上是一种"可调厚度的波晶片"，如图 4-6-4 所示，它是由两个光轴平行、楔角很小、厚度也不大的楔形水晶棱镜和一个平面水晶薄片组成.薄片光轴（用点表示）与楔形水晶的光轴（用虚线表示）垂直，最上面的水晶楔可用微动螺旋使之沿下水晶楔面移动，调节螺旋使两楔形棱镜交叠部分所构成的平行晶片厚度为 d_1，而下面水晶薄片厚度为 d_2.它相当于有效厚度为 d_2-d_1 的一块平行水晶薄片.其中 o 光相对 e 光的相位延迟 δ 为

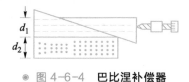

◎ 图 4-6-4　巴比涅补偿器

$$\delta=\frac{2\lambda}{\lambda}(n_o-n_e)(d_2-d_1) \qquad (4-6-8)$$

调节螺旋改变 d_1 数值，δ 值也随之改变.根据螺旋移动的数据可以知道所产生的 δ 值.

2. 单色偏振光的系统分析

假定有七束单色光：自然光、圆偏振光、部分圆偏振光、线偏振光、椭圆偏振光、部分线偏振光和部分椭圆偏振光等待鉴别.首先使这些待鉴别的光束逐个通过偏振片（或其他检偏器），转动偏振片改变其透振方向，观察透射光强变化情况：若有消光现象，则为线偏振光；若强度有变化，但无消光现象，则为椭圆偏振光，或部分线偏振光，或部分椭圆偏振光.

对自然光、圆偏振光和部分圆偏振光的进一步区分，可以使其逐个依次通过 1/4 波片和偏振片，转动偏振片改变其透振方向，观察透射光强变化情况：若强度无变化，则为自然光；若强度有变化且有消光现象，则为圆偏振光；若强度有变化但无消光现象，则为部分圆偏振光.

对椭圆偏振光、部分线偏振光和部分椭圆偏振光的进一步区分，可使其逐个依次通过

1/4 波片和偏振片,只是 1/4 波片的光轴方向必须与单用偏振片观察时的强度极大或极小时的透振方向一致,转动偏振片改变其透振方向,观察透射光强度变化情况:若强度有变化并有消光现象,则为椭圆偏振光;若强度有变化,但无消光现象,且极大光强时偏振片透振方向和单用偏振片观察极大光强时的透振方向相同,则为部分线偏振光;若强度有变化,但无消光现象,且极大光强时偏振片透振方向和只用偏振片观察极大光强时透振方向不同,则为部分椭圆偏振光.

§4.7 线偏振光的干涉

授课视频 4-4

— 1. 平行偏振光的干涉
— 2. 电光效应与偏振光的干涉
— 3. 会聚偏振光的干涉

　　线偏振光穿过波晶片后得到的 o 光和 e 光,虽有固定的相位差,但表现不出通常意义下的干涉现象,这是因为振动面正交,不满足相干光条件.但是,若将其投影在同一方向上,便会产生线偏振光的干涉.

　　线偏振光干涉可以分为平行和会聚的偏振光干涉两类.

1. 平行偏振光的干涉

（1）实验装置　干涉光强

　　干涉装置如图 4-7-1 所示,透振方向分别为 N_1、N_2 的偏振片 1、2 之间,插入一块厚度为 d、光轴方向为 O' 的波晶片,使平行自然光正入射,在屏幕上可观察偏振光干涉光强随各元件取向的变化.图 4-7-2 表示入射波晶片的线偏振光振幅在 O'、N_2 方向的分解图.

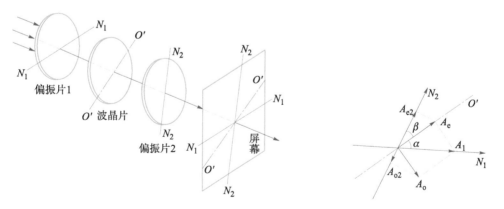

◎ 图 4-7-1　平行偏振光的干涉　　　　◎ 图 4-7-2　线偏振光振幅分解图

　　单色自然光经偏振片 1 得到沿透振方向 N_1 振动的线偏振光,其振幅为 A_1.它在波晶片内振幅分解为 A_e 和 A_o.设从偏振片 1 透振方向 N_1 到波晶片光轴方向 O' 的夹角为 α,而从波晶片光轴方向 O' 到偏振片 2 透振方向 N_2 的夹角为 β.

　　规定迎着光线看,从始边到终边为逆时针转向的角度取正值,反之取负值,则

$$A_e = A_1 \cos \alpha, \quad A_o = A_1 \sin \alpha \tag{4-7-1}$$

光线从波晶片穿出射到偏振片 2 上，e 光和 o 光的振幅在其透射方向 N_2 上的投影 A_{e2}、A_{o2} 为

$$A_{e2} = A_e \cos \beta = A_1 \cos \alpha \cos \beta$$

$$A_{o2} = A_o \cos \left(\frac{\pi}{2} + \beta \right) = -A_1 \sin \alpha \sin \beta \tag{4-7-2}$$

从偏振片 2 出来的光线，其合实振幅 A 是分复振幅 $A_{e2} e^{i0}$ 与 $A_{o2} e^{i\delta}$ 的复数和之模，即

$$A = \left| A_{e2} e^{i0} + A_{o2} e^{i\delta} \right| \tag{4-7-3a}$$

式中

$$\delta = \frac{2\pi}{\lambda} (n_o - n_e) d \tag{4-7-3b}$$

为波晶片内 o 光相对 e 光的相位延迟.

$$A^2 = A_{e2}^2 + A_{o2}^2 + 2A_{e2} A_{o2} \cos \delta$$

$$= A_1^2 (\cos^2 \alpha \cos^2 \beta + \sin^2 \alpha \sin^2 \beta - 2\cos \alpha \cos \beta \sin \alpha \sin \beta \cos \delta)$$

利用 $\cos \delta = 1 - 2\sin^2 \dfrac{\delta}{2}$ 公式，再考虑 $I \propto A^2$ 得

$$(I_2)_\lambda = (I_1)_\lambda \left[(\cos \alpha \cos \beta - \sin \alpha \sin \beta)^2 + \sin 2\alpha \sin 2\beta \sin^2 \frac{\delta}{2} \right]$$

$$= (I_1)_\lambda \left[\cos^2 (\alpha + \beta) + \sin 2\alpha \sin 2\beta \sin^2 \frac{\delta}{2} \right] \tag{4-7-4}$$

$(I_1)_\lambda$ 表示用波长 λ 的单色自然光入射时，透过偏振片 1 的单色线偏振光的光强；$(I_2)_\lambda$ 表示单色光透过偏振片 2 的光强. 以上的推算过程完全忽略了波晶片和偏振片 2 对光的吸收和反射损失.

(4-7-4)式右端第一项与波晶片参量无关，它相当于波晶片不存在时，透过两偏振片 $(N_1$、N_2 夹 $\alpha + \beta$ 角)的由马吕斯定律决定的背景光；第二项是将波晶片 o、e 光投影到同一方向(分振动面法)所产生的两束同振动面线偏振光的干涉效应.

从(4-7-4)式容易看出：单色光入射时，幕上照度是均匀的，转动任何一个元件，幕上的强度都会变化. 但保持 $\alpha = 45°$，变化最显著.

讨论两个特殊情况，单色光入射情况下：

a) $N_1 /\!/ N_2$ 时(平行偏振片)，$\beta = -\alpha$，(4-7-4)式变为

$$_{平}(I_2)_\lambda = (I_1)_\lambda \left\{ 1 - \sin^2 2\alpha \sin^2 \left[\frac{\pi (n_o - n_e) d}{\lambda} \right] \right\} \tag{4-7-5a}$$

b) $N_1 \perp N_2$ 时(正交偏振片)，$\beta = \pi/2 - \alpha$，(4-7-4)式变为

$$_{正}(I_2)_\lambda = (I_1)_\lambda \sin^2 2\alpha \sin^2 \left[\frac{\pi (n_o - n_e) d}{\lambda} \right] \tag{4-7-5b}$$

显然

$$_{平}(I_2)_\lambda + _{正}(I_2)_\lambda = (I_1)_\lambda \tag{4-7-5c}$$

上式表示,在偏振片透振方向正交和平行两种情况下,单色线偏振光的干涉,在光强上是互补的.

（2）显色偏振

如果用白光入射,则透过偏振片 2 的光强 I_2' 可由（4-7-4）式对 λ 累加求得,

$$I_2' = \cos^2(\alpha + \beta) \sum_\lambda (I_1)_\lambda + \sin 2\alpha \sin 2\beta \sum_\lambda (I_1)_\lambda \sin^2\left[\frac{\pi(n_o - n_e)d}{\lambda}\right]$$

$$= \cos^2(\alpha + \beta)(I_1)_白 + \sin 2\alpha \sin 2\beta \sum_\lambda (I_1)_\lambda \sin^2\left[\frac{\pi(n_o - n_e)d}{\lambda}\right] \qquad (4-7-6)$$

式中附标 λ 相应于白光中不同波长,包含 λ 的 $\sum\limits_\lambda$ 项称为色素项.

不同色光在穿出偏振片 2 后强度减弱的程度不同,因此 I_2' 不再是白光而是呈现彩色.这种由白色线偏振光的干涉而出现彩色的现象称为显色偏振.

下面讨论用白光入射时,α、β 对显色偏振色彩的影响.

a）$N_1 \perp N_2$ 时,$\beta = \pi/2 - \alpha$,（4-7-6）式变为

$$_正 I_2 = \sin^2 2\alpha \cdot \sum_\lambda (I_1)_\lambda \sin^2\left[\frac{\pi(n_o - n_e)d}{\lambda}\right] \qquad (4-7-7)$$

对某一波长 λ 而言,波晶片提供的 o、e 光的光程差满足

$$(n_o - n_e)d = \pm K\lambda, \quad K = 0, 1, 2, 3, \cdots \qquad (4-7-8)$$

条件时,$_正(I_2)_\lambda$ 消光,如果在偏振片后再加一分光镜,便可得到一些暗线.

b）$N_1 /\!/ N_2$ 时,$\beta = -\alpha$,由（4-7-6）式得

$$_平 I_2 = (I_1)_白 - \sin^2 2\alpha \cdot \sum_\lambda (I_2)_\lambda \sin^2\left[\frac{\pi(n_o - n_e)d}{\lambda}\right] \qquad (4-7-9)$$

显然

$$_正 I_2 + _平 I_2 = (I_1)_白 \qquad (4-7-10)$$

上式表示,偏振片透振方向在正交和平行两种情况下,白光显色偏振的光强在颜色上是互补的.即在 N_1 垂直 N_2 时所消失的色光,可以在 N_1 平行 N_2 时看到.

显色偏振是检查双折射现象极为灵敏的方法.$(n_o - n_e)$ 很小时,直接观察 o 光和 e 光的双折射是困难的,若将具有微弱各向异性的材料做成薄片置于透振方向正交的起偏器与检偏器之间,通过视场变亮或显示彩色,即可判断有双折射发生.

2. 电光效应与偏振光的干涉

各向同性的介质,在强电场作用下,可以产生双折射,而本来具有双折射的晶体,在强电场作用下,它的双折射性质也会发生变化,这就是电光反应现象.

1875 年,克尔（John Kerr）发现某些各向同性的透明介质在外加电场作用下变为各向异性,介质表现出单轴晶体的特性,光轴在电场方向,实验证明

$$n_e - n_o = B\lambda E^2 \qquad (4-7-11)$$

B 为克尔常量,λ 为光在真空中波长,在大多数情况下,$n_e - n_o > 0$（B 为正值）,即介质具有正单轴晶体的性质,B 的单位为（cm·V^{-2}）时,λ 的单位为（cm）,电场强度 E 的单位为（V·cm^{-1}）.

玻璃的克尔常量 B 在 $3.2×10^{-12}\sim0.16×10^{-12}$ cm·V^{-2} 之间,表 4-7-1 中列出一些液体的克尔常量.

■ 表 4-7-1　一些液体的克尔常量（20 ℃　$\lambda=589.3$ nm）

介质	$B/(10^{-12}$ cm·V$^{-2})$
苯（C_6H_6）	0.7
二硫化碳（CS_2）	3.5
水（H_2O）	5.2
硝基甲苯（$C_5H_7NO_2$）	137
硝基苯（$C_6H_5NO_2$）	244
三气氯甲烷（$CHCl_3$）	-3.9

克尔效应的延迟时间非常短,能追随非常快的交变外电场,响应频率可达 10^4 MHz.可利用克尔效应来制做高速光闸（光开关）、电光调制器（利用电信号来改变光强弱的器件）,克尔效应在高速摄影、光束测距、激光通信、激光电视等方面都有广泛的应用.

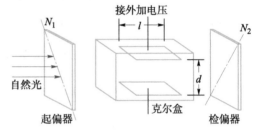

◎ 图 4-7-3　克尔开关或调制器示意图

图 4-7-3 是克尔开关或调制器的示意图,偏振片透振方向 N_1、N_2 互相正交,而且 N_1、N_2 与电场方向分别成±45°角.克尔盒内盛有克尔常量 B 特别大的介质（常用硝基苯——液体）,盒的两端透光,内有板长为 l、间隔为 d 的平行板电容器作为电极.若给电极加上电压 U,克尔盒内 o、e 光之间的光程差 Δ 为

$$\Delta=(n_e-n_o)l=B\lambda\left(\frac{U}{d}\right)^2l \tag{4-7-12}$$

通过检偏器的光强,由（4-7-5b）式决定.$U=0$ 时,$\Delta=0$,没有光通过检偏器;调节电压大小,$\Delta=\lambda/2$ 时的电压称为半波电压 $U_{\lambda/2}$,电压为半波电压时,通过检偏器的光强最大.电压取 0 和 $U_{\lambda/2}$ 值的,克尔盒可作电光开关.对克尔盒加上信号电压,则有与电压信号变化相应的光强通过检偏器,此时克尔盒便成了光调制器.

硝基苯的克尔常量较大,$d=1$ mm,$l=5$ cm 时,硝基苯的半波电压约为 200 V.硝基苯的缺点是有毒、易爆、液体不便携带,纯度不高时,克尔常量下降明显,现在硝基苯逐渐被某些具有克尔效应的晶体所代替,典型的有铌酸钽钾（$KTa_{0.65}Nb_{0.35}O_3$ 简称 KTN）和钛酸钡（$BaTiO_3$）.

1893 年,泡克耳斯（Friedrich Carl Alwin Pockels）发现,有些晶体,特别是电压晶体,在加了电场后能改变它们各向异性的性质.先看一个实验,在图 4-7-4（a）中,N_1 为起偏器透振方向,N_2 为检偏器透振方向,$N_1\perp N_2$.中间放一块磷酸二氢钾（KDP）晶体,它是负单轴晶体,如图 4-7-4（b）所示.两端四棱锥顶点的连线（标以 x）为光轴,晶体切成长方体,正方形的两个端面与光轴垂直,从起偏器出来的线偏振光沿 KDP 晶体的光轴通过,因此从 KDP 晶体出来的光仍为线偏振光,且振动面方向未变,所以不能通过检偏器,视场是暗的.

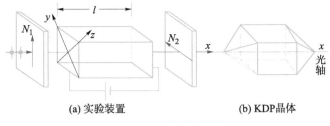

| (a) 实验装置 | (b) KDP晶体 |

◎ 图 4-7-4　泡克耳斯效应

在晶体两端面镀一层透明的电极,两极间加强电场(电压 400 V 左右),将发现检偏器的视场立即变亮.改变外电场的强度,视场的强度也随着变化.这是由于在外电场作用下,KDP晶体由单轴晶体转化为双轴晶体的缘故,原来的光轴(x 轴)不再是光轴了,实验和晶体光学的理论都指出,这时在端面上存在着两个介电主轴 y 和 z.它们在正方形端面的对角线上.实验发现与 y、z 介电主轴方向对应的主折射率 n_2、n_3 和外电场之间有下述关系:

$$n_3 - n_2 = n_o^3 \gamma E \tag{4-7-13}$$

式中 n_o 是未加电场时 o 光的折射率,E 为外电场电场强度,γ 称为泡克耳斯常量.从(4-7-13)式看出,泡克耳斯效应与电场强度的一次方成正比,所以常称为一次电光效应.从(4-7-11)式看出,克尔效应与电场强度的二次方成正比,所以常称为二次电光效应.KDP 类晶体(单轴负晶体)的折射率和泡克耳斯常量见表 4-7-2.

◼ 表 4-7-2　KDP 类晶体的折射率和泡克耳斯常量($\lambda = 583.9$ nm)

晶体	n_o	n_e	$\gamma /(10^{-10}$ cm $\cdot$ V$^{-1})$
KDP(磷酸二氢钾 KH$_2$PO$_4$)	1.51	1.47	10.6
ADP(磷酸二氢铵 NH$_4$H$_2$PO$_4$)	1.52	1.48	8.5
KD*P(磷酸二氘钾 KD$_2$PO$_4$)	1.51	1.47	23.6

穿过厚度为 l 的晶体后,两正交线偏振光的光程差 Δ 为

$$\Delta = (n_3 - n_2) l = n_o^3 \gamma U \tag{4-7-14}$$

式中 $U = El$ 是加在晶体上的纵向电压,$\Delta = \lambda/2$ 时对应的纵向电压 $U_{\lambda/2}$ 称为半波电压,显然

$$U_{\lambda/2} = \frac{\lambda}{2 n_o^3 \gamma} \tag{4-7-15}$$

与晶体纵向厚度 l 无关,所以(纵向)调制不必使用太厚晶片,只要不会引起电压击穿即可.

3. 会聚偏振光的干涉

观察会聚线偏振光的干涉装置如图 4-7-5 所示.自然光的点光源 S 置于透镜 L$_1$ 物方焦点处,透镜 L$_2$ 把经偏振片 1 产生的平行线偏振光高度会聚在晶片上.晶片的光轴和表面垂直,如图中箭头所示.以不同入射角进入晶片的每一条光线,只要入射角不为零,都会产生双折射,从同一条入射光分出的 o 光和 e 光,在射出晶片后成为一对平行光线,会聚在透镜 L$_3$ 像方焦平面上的同一点.同一入射角的入射光锥,会聚在 L$_3$ 像方焦平面上的同一圆周上.若偏振片 2 置于透镜 L$_3$ 和其像方焦平面之间,则在 L$_3$ 像方焦平面上可以观察到会聚线偏振光的干涉花样.透镜 L$_4$ 的作用是将 L$_3$ 像方焦面上的干涉花样成放大实像于屏幕上.

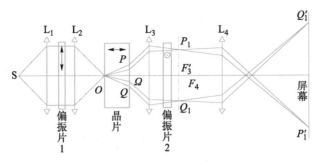

◎ 图 4-7-5　会聚偏振光的干涉

偏振片 1、2 的透振方向 N_1、N_2 正交时,屏幕上得到的干涉图案如图 4-7-6 所示.若 N_1、N_2 平行,干涉图案和图 4-7-6 互补.单色光情况下干涉图案是黑十字和明暗相间的圆环.用白光时圆环呈现彩色.

下面讨论干涉花样是怎样形成的.图 4-7-7 为线偏振会聚光的振幅在晶片中的分解示意图.由于 o 光和 e 光在晶片中的速度不同,在射出晶片时它们之间就存在一定的相位差,经偏振片 2 射出时投影在 N_2 方向,它们会聚在透镜 L_3 像方焦平面上产生干涉.从对称性的考虑容易知道,凡沿着以 $O\Omega$ 为轴线、O 为顶点、i 为半顶角的圆锥面的各对 o、e 光线(图中以单线表示一对 o、e 光线)有相同的相位差,这些光线投射到屏上形成一个圆环,随着圆锥半顶角 i 的增加,晶片中 o 光和 e 光的相位差也增加,于是在屏上将得到和等倾干涉条纹相类似的亮暗相间的同心圆环,但是它和等倾干涉有一个重要差别,就是参与干涉的这两条光线的振幅,是随入射面相对于偏振片透振方向 N_1(或 N_2)的方位而变化的.这是由于在同一半顶角 i 的圆周上,光线与光轴所成的主平面是与光线穿出晶片的出射点有关的.例如:在 S 点,$O\Omega S$ 平面就是主平面;在 P 点,$O\Omega P$ 平面就是主平面.参与干涉的 o 光和 e 光的振幅随主平面的方位角 α 而改变.

◎ 图 4-7-6　会聚偏振光干涉花样

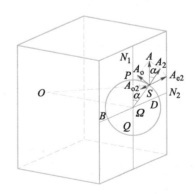

◎ 图 4-7-7　振幅分解示意图

入射晶片的光,其振幅 A 在晶片中将分解为 e 光和 o 光的振幅,$A_e = A\cos\alpha$ 和 $A_o = A\sin\alpha$,经过偏振片 2 时再投影到它的透振方向 N_2 上来,得到 A_{e2} 和 A_{o2} 这一对相干振动的振幅,即

$$A_{e2} = -A_{o2} = A\sin\alpha\cos\alpha \tag{4-7-16}$$

随着 S 点在圆周上位置的变动,α 将发生变化;例如在 P、Q 点,$\alpha = 0$;在 B、D 点,$\alpha = \pi/2$.由上式可知,在这些点上 $A_{e2} = A_{o2} = 0$.这对正交偏振片是很容易理解的.因为沿 N_1 方向的振动

在 N_2 方向上必然没有分量,所以出射的光强总是为零,这就是说在整个 N_1、N_2 方向上最暗,所以出现了黑十字形的干涉花样.至于其他点的(相对)光强 I 取决于振幅 A_{e2}、A_{o2} 和晶片中 o、e 光之间的相位差 δ,即

$$I = A_{e2}^2 + A_{o2}^2 + 2A_{e2}^2 A_{o2}^2 \cos\delta = A^2 \sin^2 2\alpha \sin^2 \frac{\delta}{2} \qquad (4-7-17)$$

上式所代表的干涉花样如图 4-3-7 所示.黑十字是由 $\sin^2 2\alpha$ 因子引起的,同心环是由 $\sin^2(\delta/2)$ 因子引起的.

与平行光束在晶片内的干涉相似.如果把两个偏振片的透振方向转成平行,则干涉花样正好和上述情况互补,即暗十字变成亮十字.在白光的情况下,各圆环的颜色也变成了它们的互补色.

如果在会聚的线偏振光干涉装置中,晶片的光轴平行于它的表面,会得到更为复杂的干涉花样.

§4.8　旋光性

授课视频 4-5

- 1. 旋光现象
- 2. 旋光现象的菲涅耳理论
- 3. 磁致旋光性

1. 旋光现象

线偏振光通过旋光物质时,光矢量随传播距离增加而逐渐旋转的现象称为旋光现象.1811 年,阿拉果(Dominique-françois-jean Arago)发现线偏振光沿着水晶的光轴方向传播时,振动面会发生旋转.稍后,毕奥(Jean-Baptiste Biot)在一些自然物质(例如松节油)的气态和液态中也看到旋光效应.

对着光线看,振动面顺时针旋转称为右旋,反时针旋转称为左旋.水晶有左右旋两种,它们的分子排列结构是镜像对称的,旋光溶液也有左右旋之分,果糖为左旋,葡萄糖为右旋.

图 4-8-1 和图 4-8-2 分别为观察晶体和溶液的旋光性装置,N_1 和 N_2 分别表示起偏器和检偏器的透振方向.起偏器和检偏器之间未插入旋光物质时,用单色自然光照射起偏器,使 $N_1 \perp N_2$,即 N_1、N_2 处于消光位置;在起偏器和检偏器之间插入旋光物质,则要将 N_2 转过 ϕ 角才能达到新的消光位置.

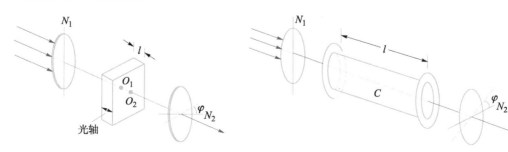

◎ 图 4-8-1　**观察旋光晶体的旋光性**　　◎ 图 4-8-2　**观察旋光溶液的旋光性**

对旋光晶体来说,线偏振光振动面的旋转角度 φ 与晶体厚度 l（沿光轴方向）有如下关系:

$$\varphi = \alpha l \qquad (4\text{-}8\text{-}1)$$

α 叫做晶体的旋光率,α 的数值与波长有关.$\alpha>0$ 表示右旋,$\alpha<0$ 表示左旋,石英晶体的旋光率见表 4-8-1.用白光照射时,不同色光的振动面旋转角度不同,转动检偏器将观察到不同的色彩（旋光色散）.

■ 表4-8-1　石英晶体的旋光率

波长/nm	794.762	760.4	728.1	670.8	656.2	589.0	546.1
a/deg·mm^{-1}	11.589	12.668	13.924	16.535	17.318	21.749	25.538
波长/nm	468.1	4.307	404.7	382.0	344.1	257.1	175.0
a/deg·mm^{-1}	32.773	42.604	48.945	55.625	70.587	143.266	453.5

对旋光溶液来说,旋转角度 φ 与溶液容器厚度 l 和溶液浓度 C 的乘积成正比,即

$$\varphi = [\alpha] C l \qquad (4\text{-}8\text{-}2)$$

$[\alpha]$ 叫做该溶液的"比旋光率".通常 l 的单位为分米（dm）.浓度 C 的单位为（g/cm^3）,即 1 ml 溶液中的溶质克数.表 4-8-2 为几种溶液的比旋光率.$[\alpha]>0$ 表示右旋,$[\alpha]<0$ 表示左旋.

■ 表4-8-2　几种溶液的比旋光率（常温，589.3 nm）

溶质	溶剂	$[a]/[\mathrm{deg} \cdot \mathrm{dm}^{-1} \cdot (\mathrm{g/cm}^3)^{-1}]$
蔗糖	水	+66.67
葡萄糖	水	+52.78
转化糖	水	−20.66
樟脑	酒精	+54.40
松节油	纯	−37

利用(4-8-2)式和图 4-8-2 所示装置可以测定溶液例如蔗糖溶液的浓度,所以图 4-8-2 所示装置常称为量糖计.

2. 旋光现象的菲涅耳理论

产生旋光性的原因,正如产生双折射的原因一样,微观的本质性理论是很复杂的.晶体水晶有旋光性,而且按点阵结构不同有右旋水晶和左旋水晶之分,但熔凝水晶却没有旋光性.这表明水晶旋光性和水晶分子在晶态时的排列情况有关,与单个分子结构无关.与此相反,不少有机化合物,例如糖、松节油,在溶液中或液态中都有旋光性,它们的旋光性显然和单个分子本身结构有关.但是有些复杂材料,例如酒石酸铷,它在溶液中是右旋的,在晶态时为左旋,因此它的旋光性就与分子本身以及分子在晶体中的排列情况两者都有关.

1825 年,菲涅耳对旋光现象提出了一种唯象的解释.菲涅耳根据运动分解中的一个原理,即圆频率为 ω 的简谐运动可以看作两个旋转方向相反、角速度为 ω 的圆周运动的叠加,圆周运动转过的角度等于谐振动的相位.菲涅耳假设:沿旋光晶体光轴方向传播的线偏振光是由两个沿相反方向旋转的、同频率的圆偏振光组成的,右旋圆偏振光的传播速度 v_{R} 和左旋圆偏

振光的传播速度 v_L,对旋光物质来说是不相同的.右旋物质的 $v_\mathrm{R} > v_\mathrm{L}$,左旋物质的 $v_\mathrm{L} > v_\mathrm{R}$.

适当选择时间原点,迎着光线看,旋光物质入射端面处,右旋和左旋圆偏振光的光矢量转过的角度 φ_R 和 φ_L 随时间 t 的变化关系为

$$\varphi_\mathrm{R} = \omega t, \quad \varphi_\mathrm{L} = \omega t$$

如图 4-8-3(a) 所示.迎着光线看,旋光物质出射端面处,φ_R 和 φ_L 随 t 变化关系为

$$\varphi_\mathrm{R} = \omega\left(t - \frac{l}{v_\mathrm{R}}\right), \quad \varphi_\mathrm{L} = \omega\left(t - \frac{l}{v_\mathrm{L}}\right)$$

式中 l 为旋光物质厚度,如图 4-8-3(b) 所示.

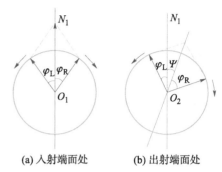

(a) 入射端面处   (b) 出射端面处

◎ 图 4-8-3 旋光物质两端面处光矢量的运动

出射端面处 $\varphi_\mathrm{R} \neq \varphi_\mathrm{L}$,所以两圆偏振光叠加的结果,是振动面旋转了角度 Ψ 的线偏振光.从图 4-8-3(b) 容易看出

$$\Psi = \frac{\varphi_\mathrm{R} - \varphi_\mathrm{L}}{2} = \frac{\omega l}{2}\left(\frac{1}{v_\mathrm{L}} - \frac{1}{v_\mathrm{R}}\right) \tag{4-8-3}$$

$v_\mathrm{R} > v_\mathrm{L}$,$\Psi > 0$,表示右旋;$v_\mathrm{R} < v_\mathrm{L}$,$\Psi < 0$,表示左旋;$v_\mathrm{R} = v_\mathrm{L}$,$\Psi = 0$ 表示非旋光物质.引入右旋、左旋圆偏振光的折射率 n_R、n_L,其定义为

$$n_\mathrm{R} = \frac{c}{v_\mathrm{R}}, \quad n_\mathrm{L} = \frac{c}{v_\mathrm{L}} \tag{4-8-4}$$

利用 $\omega/c = 2\pi/\lambda$ 关系,(4-8-3)式可写为

$$\Psi = \frac{\pi}{\lambda}(n_\mathrm{L} - n_\mathrm{R})l \tag{4-8-5}$$

上式中 λ 为入射线偏振光在真空中波长.表 4-8-3 列出了右旋水晶的四个折射率.左旋水晶的 n_o、n_e 值和右旋水晶的一样,左旋水晶的 n_R、n_L 值和右旋水晶的对调.

▥ 表 4-8-3   **右旋水晶的折射率**

波长	n_e	n_o	n_R	n_L
396.8 nm	1.567 71	1.558 15	1.558 10	1.558 21
762.0 nm	1.548 81	1.539 17	1.539 14	1.539 20

菲涅耳为了验证自己的理论,将右旋石英(石英即水晶)、左旋石英制成的棱镜胶合起来,如图 4-8-4 所示.用一束线偏振光正入射第一个右旋石英棱镜,这时右旋和左旋圆偏振光不会分开,但速度不同,斜入射进入中间那个左旋石英棱镜的界面时,右旋圆偏振光相当于由光疏介质到光密介质,向上偏折;而左旋圆偏振光相当于由光密介质到光疏介质,向下

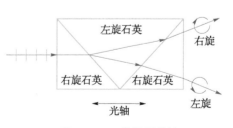

◎ 图 4-8-4 **菲涅耳棱镜**

偏折.同理,进入第三个右旋石英棱镜界面时又一次反向偏折,最后从第三个棱镜出来都是从光密介质到光疏介质,再一次反向偏折.最后出射的是分得很开的两束圆偏振光.实验完全证实了理论预言.

当然,菲涅耳旋光理论未能说明现象的根本原因,未能回答在旋光物质中两圆偏振光的速度为什么不同.问题必须从微观结构去考虑.量子力学指出,在研究光与物质的相互作用时,如果不仅仅考虑分子电矩对入射光的反作用,而且还考虑到分子有一定的大小和磁矩等次要作用,入射线偏振光波的光矢量旋转就是必然的了.

激光调制器中,要将线偏振光振动面转 90°,可以磨制 90° 旋光片代替 1/2 波片(λ = 632.8 nm 时,石英制的 90° 旋光片厚度为 4.875 mm).使用这种晶片比 1/2 波片优越得多,加工和使用也方便.旋光片厚度误差 0.005 mm 时,角度误差才 5′.即该旋转 90°,实际上只旋转了 89°55′ 或 90°5′.而对同样波长的 1/2 波片,也取石英材料(方解石厚度更难控制),厚度只有 0.035 mm,除了薄片的机械强度差之外,要在这个范围内控制好厚度就比较难,稍有偏差时,入射到 1/2 波片的偏振光就会变为椭圆偏振光.此外,使用 1/2 波片时,还必须使光轴和线偏振光振动面成 45° 角,而旋光片只需让光正入射就可以了.

3. 磁致旋光性

1846 年,法拉第(Michael Faraday)发现在磁场作用下,许多原来非旋光性物质,也会产生旋光性[1].原来具有旋光性的物质,则会在其原有的(天然)旋光属性之外,再附加上磁致旋光本领.这种现象称为磁致旋光效应或法拉第效应.观察法拉第效应的装置如图 4-8-5 所示.

磁致旋光玻璃

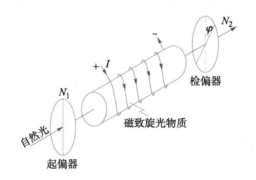

◎ 图 4-8-5　法拉第效应实验装置示意图

从起偏器出来的线偏振光平行或反平行磁场方向通过磁致旋光物质时,光矢量旋转的角度 φ 与光在物质中通过的距离 l 及磁感应强度 B 成正比,即

$$\varphi = VBl \tag{4-8-6}$$

式中 V 称为韦尔代(Verdet)常量,是反映磁致旋光性强弱的参量.表 4-8-4 给出了某些物质对钠黄光的韦尔代常量.固体、液体韦尔代常量的数量级一般为 $0.01′ \cdot (\text{Gs} \cdot \text{cm})^{-1}$,但稀土玻璃的韦尔代常量大得多,为 $0.13 \sim 0.27′ \cdot (\text{Gs} \cdot \text{cm})^{-1}$,具体数字随玻璃中所含稀土元素种类而异.气体的韦尔代常量一般比固体、液体的要小得多,几乎可以认为所有物体都有磁致旋光性,只是一般物质表现很微弱.磁致旋光的方向与磁场方向有关而与光线方向无关,这是磁致旋光性与天然旋光性的一个重要区别,因此描述磁致旋光性应以磁场方向为基准(描述天然旋光性应以光线方向为基准),习惯上以顺着磁场方向观察为基准,光矢量顺时针旋转的叫做右旋($V>0$),对应物质叫做正旋体;光矢量逆时针旋转的叫做左旋($V<0$),对应物质叫做负旋体,所有负旋体都含有顺磁性原子.

---

[1]　Michael Faraday(1791 年 9 月 22 日—1867 年 8 月 25 日)英国物理学家,化学家.

■ 表 4-8-4 　韦尔代常量（$\lambda = 589.3\ \text{nm}$）

物质	V/′·(Gs·cm)$^{-1}$	物质	V/′·(Gs·cm)$^{-1}$
冕玻璃	0.015—0.025	水晶(与光轴垂直)	0.017
重火石玻璃	0.09—0.10	氯化钠	0.036
稀土玻璃	0.13—0.27	二硫化碳	0.042
金刚石	0.012	磷	0.13
水	0.013	$NH_4(SO_4)_2 \cdot 12H_2O$	−0.000 58

　　磁致旋光效应有极其广泛的应用,这里只介绍利用磁致旋光效应制造光隔离器(光闸)的基本原理.

　　令图 4-8-5 中起偏器和检偏器的透振方向 N_1、N_2 成 45°角,将两端抛光的稀土玻璃棒插入螺线管磁场中,螺线管两端接上合适的直流电压时,可使通过稀土玻璃棒的线偏振光光矢量右旋 45°,这么一来,刚好和检偏器透振方向平行,可以通过检偏器,光由左向右导通.若自然光是由检偏器那端进来,经检偏器出来的线偏振光光矢量,经该玻璃棒后仍然要右旋 45°(顺着磁场方向观察为基准),射到起偏振器上时,光矢量方向刚好和起偏器透振方向正交,不允许由右向左导通.因此,该装置就起到光闸的作用,只要改变螺线管中电流的方向,便可改变光闸导通方向.

复习思考题

4-1 试讨论(4-7)式 $\boldsymbol{k} \cdot \boldsymbol{r} = \boldsymbol{k}' \cdot \boldsymbol{r} = \boldsymbol{k}'' \cdot \boldsymbol{r}$ 所代表的物理意义.

4-2 试标明下列各种情况下折射光和反射光的偏振状态.思考题 4-2 图中 $i_\text{B} = \arctan(n_2/n_1)$, $i_1 \neq i_\text{B}$.

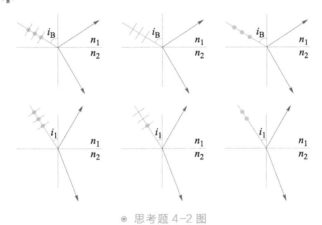

◉ 思考题 4-2 图

4-3 能利用布儒斯特角的特性,测定不透明电介质的折射率吗?

4-4 有人认为:根据能量守恒,入射光强恒等于反射光强和折射光强之和,即 $I = I' + I''$,或认为 $A^2 = (A')^2 + (A'')^2$. 对吗?

4-5 试直接从电场和磁场在折射率分别为 n_1、n_2 的各向同性介质界面上的边界条件,求自然光正入射时的能流反射率 R.

4-6 晶体中 $\boldsymbol{E}$、$\boldsymbol{D}$、$\boldsymbol{H}$、$\boldsymbol{S}$、$\boldsymbol{k}$ 矢量之间有何关系?光线速度和法线速度之间有何关系?

4-7 单轴晶体的光率体有何特征？利用光率体如何决定晶体主平面内光线的偏振性质？

4-8 双轴晶体的光率体有何特征？利用光率体如何决定晶体主轴面内光线的偏振性质？

4-9 若偏振片的透振方向没有标出，能想个简便方法定下来吗？应用什么仪器和方法？

4-10 白纸上画个黑点，上面放块方解石，可以看到两个淡灰色的像，两个像浮起的高度不一样．转动晶体时，一个像不动，另一个像围绕着它转．试解释这个现象，哪个像是由 e 光造成的？

4-11 一束自然光通过方解石后，一般有几束光线射出来？如果把方解石再分成相等的两截，且平移分开它，相继通过这两截后，又将有几束光线射出来？

4-12 杨氏双缝干涉装置，如思考题 4-12 图所示，其中 S 为自然光单色线光源，S_1 和 S_2 为双狭缝.

(1) 如果在 S 后放置一偏振片 N_1，干涉条纹是否会发生变化？有何变化？

(2) 如果在 S_1、S_2 之前再各放置一偏振片 P_1、P_2，它们的透振方向相互垂直，且都与 N_1 的透振方向成 45° 角，问屏 $\sum$ 上的强度分布如何？

(3) 在屏 $\sum$ 前放置一偏振片 N_2，其透振方向与 N_1 平行，试比较在这种情形下观察到的干涉条纹与 P_1、P_2、N_2 都不存在时有何不同？

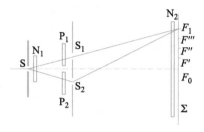

◎ 思考题 4-12 图

(4) 同(3)，如果将 N_1 旋转 90°，屏上干涉条纹又会出现什么变化？

(5) 同(3)，如果将 N_1 撤去，屏上是否会再出现干涉条纹？

4-13 圆偏振光中光矢量大小为 A，光强 I 等于多少？经过(理想)偏振片后光强 I' 变为多少？

4-14 单色偏振光正入射负单轴晶体制成的 1/4 波片，x 轴和波片快轴方向重合，z 轴方向和入射光方向重合．设波片入射端面处，各偏振光光矢量振动方程为

(1) $x = A\cos\dfrac{\pi}{6}\cos\omega t$,　$y = A\sin\dfrac{\pi}{6}\sin\omega t$;

(2) $x = A\cos\dfrac{\pi}{4}\cos\left(\omega t + \dfrac{3}{4}\pi\right)$,　$y = A\sin\dfrac{\pi}{4}\cos\omega t$;

(3) $x = A\cos\dfrac{\pi}{6}\cos\left(\omega t + \dfrac{1}{2}\pi\right)$,　$y = A\sin\dfrac{\pi}{6}\cos\omega t$.

试分别画出入射光、出射光的偏振状态.

4-15 将上题中的 $\lambda/4$ 片换成 $\lambda/2$ 片(由负单轴晶体制成)，各出射光的偏振状态又如何？

4-16 思考题 4-16 图(a)(b)所示为洛匈(Rochon)棱镜，其中(a)由两个方解石的直角棱镜制成；(b)中第一个棱镜由折射率等于方解石 n_e 的玻璃制成，第二个棱镜由方解石制成，图中已画出其出射光情况，若图(c)(d)中洛匈棱镜由水晶制成，试分别画出自然光由 AB 面入射和自然光由 CD 面入射时，出射光的情况.

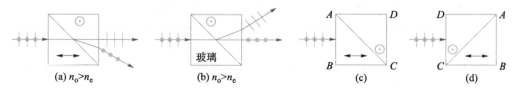

◎ 思考题 4-16 图

4-17 思考题 4-17 图所示实验中,在幕上能看到什么现象?

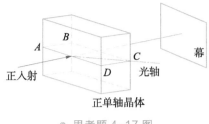

◎ 思考题 4-17 图

(1) 让一束细的自然光正入射正单轴晶体平板,让平板绕入射光线旋转;

(2) 用一束细的线偏振光代替自然光,重做(1)中实验.

4-18 试回答线偏振光垂直通过波晶片后的偏振状态.

入射线偏振光振动方向 与波晶片光轴的夹角 α	波晶片厚度或 波晶片名称	通过波晶片后的 偏振状态
0°	任意	
90°	任意	
45°	λ 片	
45°	$\lambda/2$ 片	
45°	$\lambda/4$ 片	
45°	任意	
任意	λ 片	
任意	$\lambda/2$ 片	
任意	$\lambda/4$ 片	
任意	任意	

4-19 正交偏振片之间放一块 $\lambda/4$ 片,以单色自然光入射.

(1) 绕入射光线转动 $\lambda/4$ 片时,出射光强随波晶片光轴方位变化的函数关系式为何?

(2) $\lambda/4$ 片的光轴处于什么方位,会出现强度极大和消光现象,相应的出射光偏振状态为何?

4-20 思考题 4-12 图中屏幕 $\sum$ 上的 F_0 和 F_1 分别为 0 级和 1 级亮纹所在处,F'、F''、F''' 是 F_0F_1 的四等分点. 试说明该思考题 b)问中:F_0、F_1 及 F'、F''、F''' 各点的偏振状态.

4-21 右旋圆偏振光从玻璃表面正反射后,是什么偏振光?

4-22 如何用已知透振方向的偏振片和已知快轴方向的 $\lambda/4$ 片叠合在一起制成右旋圆偏振器和左旋圆偏振器?

(1) 用右旋圆偏振光和左旋圆偏振光分别反向通过右旋圆偏振器(光由 $\lambda/4$ 片入射,从偏振片出射叫做反向通过),能看到什么现象?

(2) 用右旋圆偏振光和左旋圆偏振光分别反向通过左旋圆偏振器,能看到什么现象?

(3) 自然光正向通过右旋圆偏振器后,正入射平面镜,反射光能反向通过右旋圆偏振器吗?

4-23 两块用单轴晶体制成的 $\lambda/4$ 片,其中一块的快轴方向已知,另一块快轴方向待定.若提供两块偏振片和单色平行自然光光束,能确定待定快轴的方位吗?

4-24 自然光由空气斜入射双轴晶体,试分别就下列情况:

(1) 入射面为主轴面 Oxy,界面为主轴面 Oxz;

(2) 入射面为主轴面 Oyz,界面为主轴面 Oxy.

用惠更斯作图法画出双折射线和偏振态.

4-25 法拉第效应实验装置图中,参考图 4-8-5,令起偏器和检偏器透振方向正交,给螺线管输入交变电压,用单色自然光照射起偏器时,从检偏器出来的光信号有何特点?这个装置有何意义?

习题

4-1 试用菲涅耳公式证明:§2.3 节的第 1 小节中用光的可逆性原理证明的 $tt'=1-r^2$,$r'=-r$ 两式,对 s 振动和 p 振动的入射光均成立.

4-2 试从菲涅耳公式的结果证明:当 $i_1=0$ 时,光疏介质到光密介质上反射时有半波损失,光密介质到光疏介质上反射时没有半波损失,但是从光疏介质到光密介质掠入射($i_1 \approx 90°$)时,反射也要考虑半波损失.

4-3 试用菲涅耳反射、折射公式,证明入射光能流 Φ 等于反射光能流 Φ' 与折射光能流 Φ'' 之和.

(1) 第一步证明:入射光是 p 振动情况,$\Phi_p = \Phi'_p + \Phi''_p$.

(2) 第二步证明:入射光是 s 振动情况,$\Phi_s = \Phi'_s + \Phi''_s$.

4-4 某照相机镜头由两个透镜组成,第一个折射率为 $n_1 = 1.52$,第二个折射率为 $n_2 = 1.60$,将两透镜用折射率 $n_3 = 1.54$ 的加拿大树胶黏合在一起.设光的入射角很小,试估计镜头由反射而发生的损失.将此损失与该镜头的两透镜不黏合、其间留有空气隙时的损失相比较.

4-5 试估计用等腰直角棱镜来改变光线传播方向时,由反射损失的能量百分比,已知棱镜的折射率 $n=1.60$,光从直角边正入射.

4-6 试用菲涅耳公式的结论说明:光在两种各向同性介质的分界面上外反射时,若入射光为线偏振光,则折射光、反射光仍为线偏振光;只要入射线偏振光振动面与入射面不平行,也不正交,相对入射光振动面来说,折射光振动面更靠近入射面,反射光振动面更偏离入射面.

4-7 折射率 $n_2 = 1.50$ 玻璃平板,置于真空中,若自然光以 i_B 角入射,求透过该玻璃的光强 F'_p 与 F'_s 的比值及偏振度 P.

4-8 自然光以布儒斯特角 i_B 自空气入射至水中($n_w = 1.33$),进入水后又射至玻璃上($n_G = 1.51$),已知从玻璃反射的是线偏振光,求水面与玻璃表面的夹角 θ.

4-9 求自然光分别以 $i_1 = 0, 30°, 45°, 56°50'$ 和 $i_1 \approx 90°$ 入射玻璃表面时,反射光的偏振度 P. 玻璃的折射率 $n_2 = 1.53$. ($n_1 = 1.00, i_B = 56°50'$.)

4-10 (1) 线偏振光振动面与入射面的夹角叫做方位角,若

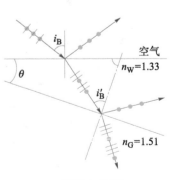

◉ 习题 4-8 图

入射光的方位角为 α，入射角为 i_1，折射角为 i_2，求反射光的方位角 α' 和折射光的方位角 α''.

（2）线偏振光从水面下向空气界面入射，入射角为 $40°$，方位角 $\alpha = 45°$. 求在水与空气的界面上，反射光与折射光的方位角 α'、α''. 水的折射率 $n_1 = 4/3$.

4-11 圆偏振光从空气入射到玻璃表面，入射角 $i_1 = 45°$，玻璃的折射率 $n_2 = 1.52$，试说明反射光与折射光的偏振状态.

4-12 按惠更斯作图法，求出自然光斜入射负单轴晶体时，在下列情况下双折射光线的方向和偏振态.

（1）光轴垂直于入射面；

（2）光轴在入射面内，且垂直于晶体表面；

（3）光轴在入射面内，且与晶体表面成 $45°$ 角.

4-13 为什么光轴垂直于入射面时，单轴晶体中的 o、e 光都服从折射定律？假定自然光从空气以 $i_1 = 45°$ 入射方解石晶体，光轴垂直于入射面，求晶体中 o 光、e 光的折射角 i_{2o}、i_{2e}.

4-14 分析并图示塞纳蒙（Senarmont）双折射棱镜中双折射的情况，设该棱镜用方解石制成，光轴方向如习题 4-14 图中箭头所示.

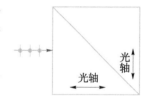

⊙ 习题 4-14 图

4-15 试证明渥拉斯顿棱镜两出射线偏振光夹角 φ 的表示式（4-4-9）式. 设棱镜棱角 $\alpha = 15°$，求出射两线偏振光线分开的角度 φ.（方解石 $n_o = 1.658$，$n_e = 1.486$.）

4-16 利用马吕斯定律，计算下面问题：

（1）用偏振片当起偏器和检偏器，当两者透振方向成 $30°$ 角时看一光源和成 $60°$ 角时看同一位置的另一个光源. 两次所得光强相等，求两光源的强度比 I_1/I_2.

（2）通过偏振片观察部分线偏振光，当偏振片由极大光强的位置转过 $60°$ 角时，透射光的光强减为一半. 求该部分线偏振光的偏振度 P.

4-17 将一束线偏振光的振动面旋转 $90°$.

（1）只用两偏振片，怎样做到这一点？还有什么其他办法？

（2）用两片理想的偏振片，获得旋转 $90°$ 后的偏振光，其最大光强为原来的多少？损失的能量哪里去了？

4-18 自然光投射到两片叠在一起的偏振片上，若偏振片是理想的，求在下列情况下两偏振片透振方向的夹角.

（1）透过光强是入射光光强的 $1/3$；

（2）透过光强是最大透过光强的 $1/3$.

4-19 两正交偏振片之间有一偏振片，以匀角速 ω 绕光传播方向旋转. 试证明：自然光通过该装置后，光强变化圆频率为 ω 的 4 倍. 最大光强为 $I_0/8$，I_0 为入射光强.

4-20 一束部分线偏振光，通过一旋转的理想偏振片时，发现透过光强依赖于偏振片的取向可变化五倍，求该光束两个成分（线偏振光、自然光）的光强百分比.

4-21 用正单轴晶体水晶 $\lambda/4$ 片，对 589.0 nm 光波使用，该波片至少要多厚？（$n_e = 1.553$，$n_o = 1.544$.）

4-22 双轴晶体云母很容易按解理面劈成薄片，其解理面几乎和 Oyz 主轴面完全重合（当完全重合计算）.

(1) 用一束单色自然光垂直云母天然解理面入射,试用惠更斯作图法绘出其出射光情况.

(2) 用云母片做 1/4 波晶片,对 $\lambda = 589.0$ nm 波长而言,其最小厚度为多少?云母的参数见表 4-5-1.快轴方向和哪一个介电主轴重合?

4-23 试证双轴晶体中,两光轴夹角 2Ω 有下列关系:

$$\tan \Omega = \sqrt{\frac{v_1^2 - v_2^2}{v_2^2 - v_3^2}}$$

4-24 取介电主轴为坐标轴时,晶体光学理论证明:双轴晶体中的点光源波面方程式为

$$\frac{v_1^2 x^2}{r^2 - v_1^2} + \frac{v_2^2 y^2}{r^2 - v_2^2} + \frac{v_3^2 z^2}{r^2 - v_3^2} = 0$$

式中 $r^2 = (x^2 + y^2 + z^2)$.试从此导出三个主轴面上波面(截面)的表示式.

4-25 指出下列波函数所描述的光波属于哪一种偏振状态?设各波均沿 z 轴正向传播.

(1) $E_x = A\cos \omega\left(t - \dfrac{z}{c}\right)$, $E_y = A\sin \omega\left(t - \dfrac{z}{c}\right)$;

(2) $E_x = A\cos \omega\left(t - \dfrac{z}{c}\right)$, $E_y = -A\cos \omega\left(t - \dfrac{z}{c}\right)$;

(3) $E_x = A\cos \omega\left(t - \dfrac{z}{c}\right)$, $E_y = A\cos\left[\omega\left(t - \dfrac{z}{c}\right) - \dfrac{3}{4}\pi\right]$;

(4) $E_x = A\cos \omega\left(t - \dfrac{z}{c}\right)$, $E_y = A\cos\left[\omega\left(t - \dfrac{z}{c}\right) + \dfrac{\pi}{4}\right]$.

4-26 试写出下列圆频率为 ω、波速为 c、沿 z 轴正向传播的偏振光的波函数.

(1) 振动面与 x 轴成 45° 角,振幅为 A 的线偏振光;

(2) 振动面与 x 轴成 120° 角,振幅为 A 的线偏振光;

(3) 右旋圆偏振光;

(4) 长轴在 x 轴上,且长轴为短轴两倍的右旋椭圆偏振光.

4-27 一束方位角 $\alpha = 45°$ 的线偏振光,正入射巴比涅补偿器(由方解石制成,光轴方向如习题 4-27 图所示),试分析出射光的偏振状态是怎样随各点变化的.

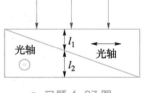

◉ 习题 4-27 图

4-28 使线偏振光通过薄水晶片,产生以光轴为长轴(或短轴)的,长短轴之比为 2:1 的左旋椭圆偏振光,问水晶片至少要多厚,怎样安排.(钠 D 线 589.3 nm,水晶 $n_e = 1.553$, $n_o = 1.544$.)

4-29 如何利用 $\lambda/4$ 片及偏振片区分左旋或右旋圆偏振光?

4-30 平行偏振片(透振方向平行)之间放一块 $\lambda/4$ 片,以单色自然光入射,转动 $\lambda/4$ 片时,出射光的光强怎样变化?什么情况下出射光光强有极大或极小值?

4-31 试分析下列偏振光正入射 $\lambda/4$ 片后,出射光偏振态.

入射偏振光	$\lambda/4$ 片位置	出射光偏振态
线偏振光	$\lambda/4$ 片快轴与线偏振光振动面 ∥ 或 ⊥	
	$\lambda/4$ 片快轴与线偏振光振动面夹角 45°	
	其他位置	

入射偏振光	λ/4 片位置	出射光偏振态
圆偏振光	其他位置	
椭圆偏振光	λ/4 片快轴和椭圆主轴之一重合	
	其他位置	

4-32 从尼科耳棱镜射出的线偏振光正入射水晶制成的 λ/4 片上,然后光又经过第二个尼科耳棱镜,两尼科耳棱镜主截面夹 60°角,它们各自又和晶片光轴夹 30°角.

(1) 计算并作图表明,光从 λ/4 片射出时的偏振状态;

(2) 求透过第二个尼科耳棱镜后的光强(忽略光的反射损失).

4-33 入射光为右旋椭圆偏振光,正入射负单轴晶体制成的 λ/4 片,α 代表其光轴与椭圆长轴的夹角,$\alpha = 0°, 90°, 45°$ 时,出射光的偏振状态如何?

4-34 发生器使用频率 $\Delta = 10^7$ Hz,振幅为 6×10^3 V 的电压供给克尔装置,参考图 4-7-3. 若用单色自然光(NaD)线入射此装置. 由于克尔效应,一秒内光被遮断的次数为多少?克尔盒电容器长度 $l = 5$ cm,极板间距 $d = 1$ mm,用硝基苯作克尔效应介质($B = 2.44 \times 10^{-10}$ cm·V^{-2}).

4-35 对 KDP、ADP、KD*P 晶体,使用 632.8 nm 激光束当纵向调制光束时,它们的半波电压 $U_{\lambda/2}$ 分别是多少?

4-36 厚度为 1 mm 的石英晶片,垂直光轴切出:

(1) 放置在正交尼科耳棱镜之间,为什么不论用什么波长的可见光照射,晶片总是亮的?

(2) 如何决定此晶片是右旋石英还是左旋石英,使用仪器只有单色光源和两个尼科耳棱镜.

(3) 如何决定此晶片是右旋石英还是左旋石英,使用仪器只有白色光源和两个尼科耳棱镜.

4-37 长 20 cm 玻璃管内充满樟脑的酒精溶液后,通过它的线偏振光振动面旋转 30°,樟脑的酒精溶液在室温下的比旋光率 $[\alpha]$ 为 $+54°/[\text{dm·}(\text{g/cm}^3)]$. 求溶液内每立方厘米内含樟脑的质量?

4-38 把 5 cm 长的磷酸晃牌玻璃,置于电磁铁的两极之间,令椭圆偏振的钠黄光($\lambda = 589.3$ nm)沿磁场方向入射,问透射光偏振态与入射光相比有何变化? 若磁场 $B = 10^4$ Gs,韦尔代常量 V 为 0.016 1′·(Gs·cm)$^{-1}$.

第 5 章

光的色散、吸收和散射

干涉、衍射主要是讨论光波在传播过程中表现的特性,侧重研究光波之间的相互作用. 光的色散、吸收和散射主要是讨论光波和介质的相互作用.

光通过介质时,一部分光可能被介质吸收,另一部分光会被散射,所以从介质出射的光较入射前减弱了,这是问题的一方面.另一方面,介质折射率随波长而变,或说介质中的光速随波长而变,这类现象叫做色散.

光的色散、吸收和散射是光通过介质时所发生的相互联系的普遍现象.

§5.1　光的色散和吸收

- 1. 正常色散
- 2. 反常色散和吸收
- 3. 朗伯定律和比尔定律

授课视频 5-1

授课视频 5-2

1. 正常色散

折射率 n 随波长 λ 变化的曲线叫做色散曲线,色散曲线的斜率 $\mathrm{d}n/\mathrm{d}\lambda$ 叫做色散率.为了测量和描绘介质的色散曲线,可以将该介质制成棱镜,测量与不同波长对应的最小偏向角.按(1-7-18)式可算出各波长相应的折射率,从而绘出介质的色散曲线.

图 5-1-1 所示为从实验测出的几种常见无色透明介质的色散曲线, λ 表示真空中的波长. λ 增加时,折射率和色散率绝对值都减小的色散称为正常色散.所有无色透明介质,在可见光区,都表现为正常色散,即对紫光的折射率和色散都比对红光的大些.所以棱镜产生的光谱,紫色端的角色散和分辨本领要比红色端大得多,与光栅基本上是均匀排列的光谱不同.

从图 5-1-1 所示曲线还可以看出,各种介质的色散曲线,不能通过作图比例尺的缩放和平移使其重合.所以使用不同材料做成的、相同形状的棱镜,对同一光源得到的光谱绝不会完全相同.

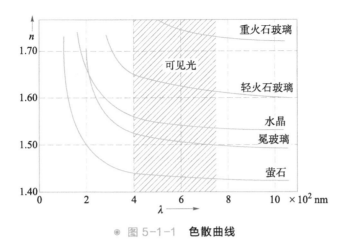

◎ 图 5-1-1　**色散曲线**

1836 年, 柯西(Augustin-Louis Cauchy)首先得到了表示正常色散的主方程式, 即

$$n = A + B/\lambda^2 + C/\lambda^4 + \cdots \tag{5-1-1}$$

这是一个经验公式, $A, B, C, \cdots$ 是与波长 λ 无关而由介质特性决定的常量, 对不太宽的波段, 取柯西公式中的前两项就足够了, 即

$$n = A + B/\lambda^2 \tag{5-1-2}$$

$$\frac{\mathrm{d}n}{\mathrm{d}\lambda} = -\frac{2B}{\lambda^3} \tag{5-1-3}$$

式中 A、B 都是正数. 上两式表明, λ 增加时, n 和 $|\mathrm{d}n/\mathrm{d}\lambda|$ 都在减小.

图 5-1-2 为棱镜材料色散性质的正交棱镜法示意图. 白光穿过折射棱正交的两棱镜 P_1 和 P_2, 经过棱镜 P_1 色散在屏 A 上形成光谱 ab, 但在穿过棱镜 P_2 时, 使光谱 ab 向下偏转到 a_1b_1 位置, 偏转程度与折射率的大小有关. 光谱 a_1b_1 的位形便将棱镜介质的色散结果直观地显示出来了. 但必须指出, a_1b_1 的坐标与 n 和 λ 都不成正比, 所以它并不是表示 n 和 λ 之间定量关系的色散曲线.

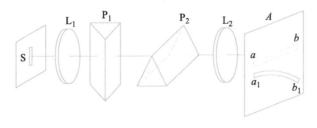

◎ 图 5-1-2　**正交棱镜法**

2. 反常色散和吸收

1862 年, 勒鲁(Le Roux)在观察用碘蒸气充满的三棱镜盒子的色散时, 发现红色光线的折射率比青色光线的折射率大, 其他光线因被碘吸收而未能观察到, 勒鲁称这种折射率随波长增加而增大的色散为反常色散, 虽然这不是一个恰当的名字, 但一直沿用至今. 1904 年, 伍德(Robert Williams Wood)曾用与图 5-1-2 类似的正交棱镜法观察到钠蒸气的反常色散. 如

图 5-1-3 所示,上图表示当钠蒸气密度相当大时,钠的两条吸收线(双线)合成一条带,下图表示当钠蒸气密度很小时,钠双线分开了.

反常色散与光的吸收总是伴随在一起的,因而观察吸收区内的反常色散曲线是不容易的.正常色散发生在介质很少吸收的波段,反常色散发生在介质强烈吸收的波段.

◎ 图 5-1-3　钠蒸气的反常色散

介质对不同波段的光波吸收本领不同.例如玻璃、水晶等所谓无色透明体,只是对可见光及其邻近的波段来说才是"无色透明"的.冕玻璃透光范围为 350~2 000 nm,火石玻璃为 380~2 500 nm,水晶为 180~4 000 nm,NaCl 为 175~14 500 nm.对稍远的紫外或红外区则"不透明",而表现出强烈的吸收特性.更远,到了无线电波或 γ 射线,则又变成透明体了.又如"不透明体"的橡胶、胶木,对红外线、无线电波却很透明.介质在不同波段有不同的吸收本领,叫做吸收的选择性.任何一种介质有它自己的"透明区"及"不透明区"或"吸收带".吸收带内的色散是反常色散,吸收带外的色散是正常色散.远离吸收带的地方,折射率随波长变化缓慢,而接近吸收带的区域则变化较快,在吸收带内(反常色散)则变化异常迅速.

3. 朗伯定律和比尔定律

色散和吸收是一个统一过程中相互联系着的两个方面.任一介质都有它自己的反常色散区和正常色散区,并与相应的吸收和透明区相重合.值得指出,这里所谓透明区是相对吸收区而言,实际上透明区也有吸收,只是十分小而且几乎不随波长变化而已.

设有一束平行光,垂直穿过厚度为 $\mathrm{d}x$ 的介质层后(见图 5-1-4),光强减少量 $-\mathrm{d}I$ 为

$$-\mathrm{d}I = \alpha I \mathrm{d}x$$

式中 α 为吸收系数,与光强无关[①],与波长和介质特性有关,上式可写为

$$\frac{\mathrm{d}I}{I} = -\alpha \mathrm{d}x$$

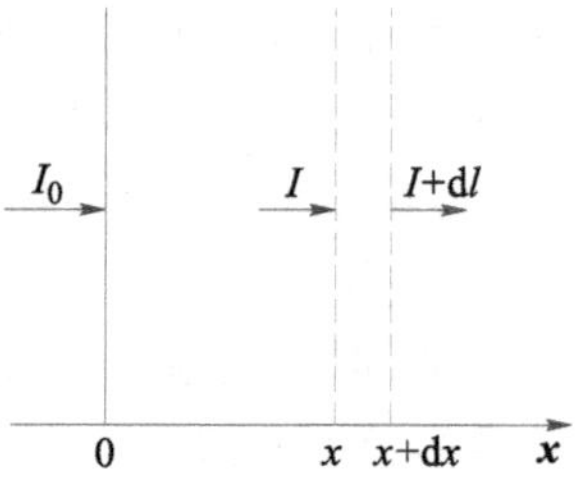

形式.当 $x=0$ 时,$I=I_0$;$x=x$ 时,$I=I$ 取定积分得

$$\int_{I_0}^{I} \frac{\mathrm{d}I}{I} = -\alpha \int_0^x \mathrm{d}x$$

$$I = I_0 \mathrm{e}^{-\alpha x} \qquad\qquad (5\text{-}1\text{-}4)$$

◎ 图 5-1-4　朗伯定律

上式是布格尔(Pierre Bouguer[②])于 1729 年根据实验建立的.后来,朗伯(Johann Heinrich Lambert[③])于 1760 年作了理论证明.(5-1-4)式常称为朗伯定律.当 $x=1/\alpha$ 时,$I=0.37I_0$.

在可见光区,空气(大气压下)的 $\alpha \approx 10^{-5}$ cm^{-1},玻璃的 $\alpha \approx 10^{-2}$ cm^{-1};而金属 α 的数量级

---

① 非线性光学(强光光学)领域,吸收系数与光强有关,朗伯定律不成立.

② Pierre Bouguer(1698 年 2 月 16 日—1758 年 8 月 15 日)法国多学科科学家,被认为是光度学(photometry)的创始人.著作有 1749 年的 La Figure de la terre (The shape of the earth).本书涉及内容可参阅文章"Essai d'optique sur la gradation de la lumière".

③ Johann Heinrich Lambert(1728 年 8 月 26 日—1777 年 9 月 25 日)出生于阿尔萨斯,德国数学家、天文学家、物理学家、哲学家,曾严格证明 π 是无理数.

为 10^5 cm^{-1},银膜吸收全部可见光,但能透过 316.0 nm 的紫外光,可见 α 的数值对不同的介质可在很大的范围内变化.

有时定义 1 cm 厚的介质所吸收的光强 I_0-I_1 和原来的光强 I_0 之比,称为吸收率 k.因为一般介质的吸收系数 $\alpha \ll 1$,故实际上吸收系数 α 等于吸收率 k,即

$$k = \frac{I_0-I_1}{I_0} = 1-\mathrm{e}^{-\alpha} \approx \alpha \tag{5-1-5}$$

1852 年,比尔(August Beer)通过实验确定:光被透明溶剂中溶质所吸收时,溶液的吸收系数 α 与其浓度 C 成正比,$\alpha = AC$,此处 A 为一与浓度无关的新常量,它只决定于吸收介质的分子特性.因此(5-1-4)式用于溶液时变为

$$I = I_0 \mathrm{e}^{-ACx} \tag{5-1-6}$$

上式称为比尔定律.严格来说,比尔定律只在介质分子的吸收本领不受它周围邻近分子的影响时才是正确的.浓度很大时,分子间的影响不可忽略,比尔定律不成立.比尔定律是吸收光谱分析的基础.

§5.2 色散和吸收的经典理论

- 1. 复折射率
- 2. 色散和吸收的经典理论

1. 复折射率

下面从平面光波在均匀介质中的传播情况入手,讨论介质的相对介电常量 ε_r 与色散和吸收的关系.频率为 ω 的单色平面光波,在相对介电常量为 ε_r 的均匀介质中沿 x 轴方向传播的波函数 $E(x,t)$ 为

$$E(x,t) = E_0 \exp\left[-\mathrm{i}\omega\left(t-\frac{x}{c}\sqrt{\varepsilon_r}\right)\right] \tag{5-2-1}$$

若相对介电常量 ε_r 为一实数,则 $\sqrt{\varepsilon_r} = n$(折射率).这时的波函数表示一个振幅不衰减的等幅平面波,光强不随 x 衰减.因此相对介电常量为实数时,只能反映吸收系数 $\alpha = 0$ 的情况.

若相对介电常量 ε_r 是一个复数,令

$$\sqrt{\varepsilon_r} = \tilde{n} = n+\mathrm{i}n' \tag{5-2-2}$$

$\tilde{n}$ 称为复折射率,n、n' 是复折射率的实部和虚部.将上式代入(5-2-1)式得

$$E(x,t) = E_0 \exp\left(-\frac{2\pi}{\lambda}n'x\right) \exp\left[-\mathrm{i}\omega\left(t-\frac{nx}{c}\right)\right] \tag{5-2-3}$$

上式表示振幅随 x 的增加而衰减的平面波.所以,相对介电常量为复数时,能反映介质吸收的情况,容易看出此时有

$$I = I_0 \exp\left(-\frac{4\pi}{\lambda}n'x\right) \tag{5-2-4}$$

将上式与(5-1-4)式对比,复折射率的虚部与吸收系数 α 的关系为

$$\alpha = \frac{4\pi}{\lambda}n' \qquad (5\text{-}2\text{-}5)$$

当 $\sqrt{\varepsilon_r}$ 为复数时,由(5-2-2)式定义介质的复折射率.其实部 n 即介质折射率,它与频率(或波长)的关系反映了色散效应;其虚部 n' 反映了光的吸收效应,n' 与吸收系数的关系由(5-2-5)式决定.所以吸收和色散是紧密联系的两种现象.研究介质的色散和吸收特性,实质上是研究介质在光波作用下,反映介质被极化的参量,即复介电常量对波长的函数关系.

2. 色散和吸收的经典理论

按经典电子理论,原子中的电子被准弹性力维持在各自的平衡位置附近,具有一定的固有振动频率,在入射光作用下,依入射光频率做受迫振动,电子位移产生的电偶极矩 p_1 为电子电荷 e(代数值)和电子离开平衡位置的位移 r 的乘积,如果单位体积内有 N 个原子,每个原子有 Z 个电子,则单位体积内的电偶极矩即极化强度 P 为

$$P = NZp_1 = NZer$$

相对介电常量 ε_r 为

$$\varepsilon_r = 1 + \frac{P}{\varepsilon_0 E} = 1 + \frac{NZer}{\varepsilon_0 E} \qquad (5\text{-}2\text{-}6)$$

关键要求出光波在电场作用下,电子离开平衡位置的位移表示式.按牛顿第二定律,做受迫振动的电子运动方程为

$$m\frac{\mathrm{d}^2 r}{\mathrm{d}t^2} = -m\omega_0^2 r - g\frac{\mathrm{d}r}{\mathrm{d}t} + eE_0 \mathrm{e}^{-\mathrm{i}\omega t} \qquad (5\text{-}2\text{-}7)$$

式中 $-m\omega_0^2 r$ 为准弹性力(m 表示电子质量,ω_0 表示固有圆频率);$-g\mathrm{d}r/\mathrm{d}t$ 为阻尼力,与电子速度成正比;$E_0 \mathrm{e}^{-\mathrm{i}\omega t}$ 为光波的电场强度.严格说来,在入射光波电场的作用下,介质受到极化,由于极化,对电子的作用电场与光波的电场不相同.只有在稀薄气体情况下,才可以忽略两者之间的差别.为了简化,先考虑气体介质情况.

用 m 除(5-2-7)式两端,并令阻尼系数 $\gamma = g/m$,则受迫振动电子的运动方程可写为

$$\frac{\mathrm{d}^2 r}{\mathrm{d}t^2} + \gamma\frac{\mathrm{d}r}{\mathrm{d}t} + \omega_0^2 r = \frac{e}{m}E_0 \mathrm{e}^{-\mathrm{i}\omega t}$$

上式的特解为

$$r = \frac{e}{m}\frac{1}{(\omega_0^2 - \omega^2) - \mathrm{i}\omega\gamma}E_0 \mathrm{e}^{-\mathrm{i}\omega t}$$

将上式中 r 代入(5-2-6)式得复介电常量 ε_r 为

$$\varepsilon_r = 1 + \frac{NZe^2}{\varepsilon_0 m}\frac{1}{(\omega_0^2 - \omega^2) - \mathrm{i}\omega\gamma}$$

即

$$(\tilde{n})^2 - 1 = \frac{NZe^2}{\varepsilon_0 m}\frac{(\omega_0^2 - \omega^2) + \mathrm{i}\omega\gamma}{(\omega_0^2 - \omega^2)^2 + \omega^2\gamma^2} \qquad (5\text{-}2\text{-}8)$$

对于稀薄气体 $\tilde{n} = 1$,故 $(\tilde{n})^2 - 1 = (\tilde{n}+1)(\tilde{n}-1) = 2(\tilde{n}-1)$.因此对气体来说有

$$n = 1 + \frac{NZe^2}{2\varepsilon_0 m}\frac{\omega_0^2 - \omega^2}{(\omega_0^2 - \omega^2)^2 + \omega^2\gamma^2} \qquad (5\text{-}2\text{-}9\mathrm{a})$$

$$n' = \frac{NZe^2}{2\varepsilon_0 m} \frac{\omega\gamma}{(\omega_0^2 - \omega^2)^2 + \omega^2\gamma^2} \tag{5-2-9b}$$

对于液体或固体，$\tilde{n} = 1$ 不再成立．如果仍然忽略光波中的电场和受极化后介质中电场间的区别，从定性来说，不影响讨论问题的本质，那么(5-2-8)式仍然是可借用的，考虑到

$$(\tilde{n})^2 = (n + in')^2 = (n^2 - n'^2) + i2nn' \tag{5-2-10}$$

因此(5-2-8)式可写为

$$n^2 - n'^2 = 1 + \frac{NZe^2}{\varepsilon_0 m} \frac{\omega_0^2 - \omega^2}{(\omega_0^2 - \omega^2)^2 + \omega^2\gamma^2} \tag{5-2-11a}$$

$$nn' = \frac{NZe^2}{2\varepsilon_0 m} \frac{\omega\gamma}{(\omega_0^2 - \omega^2)^2 + \omega^2\gamma^2} \tag{5-2-11b}$$

实际上原子中电子有多个固有圆频率 ω_i，对应于从基态到不同激发态的能量差除以 $\frac{h}{2\pi}$（h 为普朗克常量），设介质中单位体积内固有圆频率为 ω_i 的电子数目为 NZf_i，其中 f_i 为一权重，$\sum\limits_i f_i = 1$，上式应改为

$$n^2 - n'^2 = 1 + \sum_i \frac{NZe^2}{\varepsilon_0 m} \frac{f_i(\omega_i^2 - \omega^2)}{(\omega_i^2 - \omega^2)^2 + \omega^2\gamma_i^2} \tag{5-2-12a}$$

$$nn' = \sum_i \frac{NZe^2}{2\varepsilon_0 m} \frac{f_i \omega\gamma_i}{(\omega_i^2 - \omega^2)^2 + \omega^2\gamma_i^2} \tag{5-2-12b}$$

上两式称为亥姆霍兹方程，现在讨论吸收带以外的情况，此处忽略反映吸收的阻尼系数 γ_i 是合理的．因此，(5-2-12)式退化为

$$n^2 = 1 + \sum_i \frac{NZe^2}{\varepsilon_0 m} \frac{f_i}{\omega_i^2 - \omega^2}$$
$$n' = 0$$

引用真空中波长 λ 和圆频率 ω 间关系 $\lambda = 2\pi c/\omega$，上式可化为

$$n^2 = 1 + \frac{b_1\lambda^2}{\lambda^2 - \lambda_1^2} + \frac{b_2\lambda^2}{\lambda^2 - \lambda_2^2} + \cdots \tag{5-2-13}$$

式中

$$b_i = \frac{NZe^2 f_i \lambda_i^2}{\varepsilon_0 m (2\pi c)^2} \tag{5-2-14}$$

是系数，$\lambda_1, \lambda_2, \cdots$ 是与 $\omega_1, \omega_2, \cdots$ 相应的真空中波长．(5-2-13)式常称为塞耳迈尔(Sellmeier)方程，其色散曲线如图 5-2-1 所示．当 λ 趋近 λ_1 或 λ_2 时，若 λ 趋于 λ_1^- 或 λ_2^-，则 n 趋近于 $-\infty$，若 λ 趋于 λ_1^+ 或 λ_2^+，则 n 趋近于 $+\infty$；此曲线的另一特征是 λ 趋于零时，n 趋于 1；λ 趋于无穷大时，n 的数值为 $1 + \sum b_i$（相当于静电状态下，相对介电常量）．

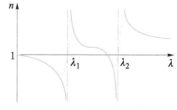

◎ 图 5-2-1　塞耳迈尔色散曲线（实线）

塞耳迈尔方程较柯西方程更为完善，它不但解释了反常色散的存在，并且在远离吸收带的区域中，用同样多的常数较柯西方程更为准确．柯西方程可看成是塞耳迈尔方程的一种近似．设只有一种固有圆频率 $\omega_i(\lambda_i)$，由(5-2-13)式得

$$n^2 = 1 + b_i \left[1 - \left(\frac{\lambda_i}{\lambda} \right)^2 \right]^{-1} = 1 + b_i \left(1 + \frac{\lambda_i^2}{\lambda^2} + \frac{\lambda_i^4}{\lambda^4} + \cdots \right)$$

令 $1 + b_i = M, b_i \lambda_i^2 = N$,略去上式高次幂,得近似式

$$n = (M + N\lambda^{-2})^{1/2} = M^{1/2} + \frac{N}{2M^{1/2}\lambda^2} + \frac{N^2}{8M^{3/2}\lambda^4} + \cdots$$

和(5-1-1)式对比,上式即柯西方程.

塞耳迈尔方程不能应用于吸收带.按(5-2-13)式,与吸收带非常接近的区域内,n 将趋于无穷大,事实上当然不可能如此.产生 n 为无穷大是由于在吸收带附近,忽略阻尼系数是不合理的.在吸收带附近,应该用亥姆霍兹方程[(5-2-12a)式],由于分母中包括 γ_1 的项起作用,在 γ_1 附近,n 不会趋于无穷大而变为有限值,如图 5-2-1 中虚线所示.从(5-2-12b)式显然易见,在 γ_1 处,复折射率的虚部 n'(从而吸收系数 α)有极大值,这也是完全合理的.

图 5-2-2 所示为对一种介质的全部色散曲线的示意图.

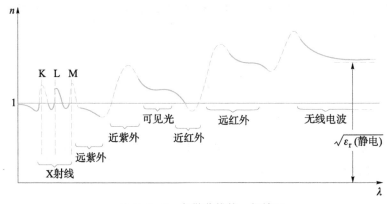

◎ 图 5-2-2　色散曲线的一般情况

§5.3　光的散射

- 1. 浑浊介质的散射
- 2. 纯净介质的分子散射

授课视频 5-3

光通过非均匀介质时,偏离原传播方向,朝四周散射的现象叫做光的散射.均匀介质中,光只能沿直线传播,散射是不可能的.这是因为光通过光学均匀的(即折射率到处一样)的介质时,可设想把介质分成线度远小于波长的许多小体积元.体积元中的分子以同一个相位振动,它们可用一个等效偶极子代替,从而构成一个散射中心,不管体积元中分子是静止还是无序运动,这些体积元总是有序分布的,因而散射中心发出的是相干光,与直线传播不同的一切方向上,相消干涉.所以均匀介质是不会散射光的.

理解介质在光学上均匀还是不均匀的概念要注意两点:

① 介质在光学上是否均匀,是对折射率 n 或相对介电常量 ε_r 而言的,而 $n = \sqrt{\varepsilon_r}$,$\varepsilon_r = 1 +$

$P/\varepsilon_0 E$，$P = N\varepsilon_0 \alpha' E$（$P$ 为极化强度，E 为电场强度，N 为单位体积内分子数，α' 为分子极化率），所以介质在光学上是否均匀，也可看成是对 $N\alpha'$ 这两个量的乘积而言的.

② $N\alpha'$ 是否均匀是相对波长 λ 而言的. 具体地说，在介质中取线度约 $\lambda/20$ 的相同大小的任意两体积元 $\Delta V_i = \Delta V_j$，若

$$\frac{N_i \alpha_i'}{\Delta V_i} = \frac{N_j \alpha_j'}{\Delta V_j} = N\alpha' \text{（常量）}$$

则该介质以波长为尺寸来衡量，在光学上是均匀介质.

1. 浑浊介质的散射

均匀介质中散布着与其折射率不同的大量微粒时，叫做浑浊介质. 如烟（气体中的固体微粒）或雾（空气中的液体微滴），悬浮液（液体中悬浮着固体微粒）、乳状液（一种液体悬浮在另一种液体中而不互相溶解，牛奶就是脂肪在水中的乳状液），以及蛋白石或毛玻璃等. 浑浊介质都呈现出光的强烈散射，观察浑浊介质散射的简单装置如图 5-3-1 所示.

用一束强白光（自然光）照射装满水的玻璃容器，水中加几滴牛奶，从正侧面（图中 AA' 方向）可以明显地看见光束在浑浊水中经过的痕迹，发现散射光的强度与波长的四次方成反比（瑞利定律）. 若隔着偏振片从正侧面观察，会发现散射光一般是部分线偏振光.

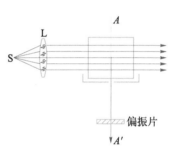

◎ 图 5-3-1　**观察浑浊介质的散射示意图**

进一步实验发现，浑浊介质的散射规律与散射颗粒的线度关系密切. 最早从实验上研究散射颗粒线度和散射光强关系的是英国自然哲学家丁铎尔（John Tyndal），后来米氏（Gustav Mie，1908 年）和德拜（Peter Debye，1909 年）求解均匀介质中半径为 a 的小球对光的散射问题时得到严格解. 米氏-德拜散射理论证明：只有 $a < 0.3\lambda/2\pi$ 时（即 $a < \lambda/20$ 时），瑞利的 λ^4 反比定律才是适合的；当 $a \gg \lambda$ 时，散射光强度与波长的关系就不明显了，也就是说，比起小颗粒散射来说，大颗粒散射光的颜色要淡些. 此时散射光是部分偏振的，而且偏振度与质点的大小和形状都有关系. 散射光的强度沿角度的分布情况也比较复杂. 习惯上称小颗粒散射为瑞利散射，称大颗粒散射为丁铎尔散射或米氏散射.

从点燃的香烟冒出来的烟是蓝色的，从嘴里喷出的烟是灰白色的. 产生这种现象的原因，是由于烟是由微小碳粒组成的，它对光的散射是瑞利散射，散射光强和波长四次方成反比，对蓝光散射得厉害，所以看起来呈蓝色. 而从嘴里喷出的烟，凝聚了水蒸气，颗粒比较大，属于米氏散射，散射光呈灰白色.

2. 纯净介质的分子散射

不含任何杂质的介质叫做纯净介质. 纯净介质中的散射，是由于分子的 $N\alpha'$ 值出现涨落（统计起伏）产生的，光通过纯净介质的散射比通过浑浊介质的散射要弱得多，在大多数情况下，单位体积内仅为散射光束能量的 $1/10^6 \sim 1/10^7$. 纯净介质的散射中，由分子数密度的涨落造成 $N\alpha'$ 值不均匀而引起的散射叫做分子散射，由分子极化率涨落造成 $N\alpha'$ 值不均匀而引起的散射叫做拉曼（Chandrasekhara Venkata Raman）散射，也被称为联合散射，拉曼散射的完整解释要用到量子理论，留待以后介绍.

1871 年，瑞利研究了大气的分子散射. 证明分子散射强度和波长四次方成反比，因此

分子散射也叫做瑞利散射.假若没有大气存在,天空应该是黑色的,这是宇航员熟知的现象.由于大气中存在分子数密度的起伏,破坏了大气的均匀性,从而产生散射,天空呈蓝色是因为波长较短的光波有更强烈的散射.落日(或旭日)看起来比正午的太阳要红,是因透过厚大气层看太阳,其中直接传来的光线中蓝光比红光更有效地被散射,所以呈红色,而正午阳光直射经过的大气层不及落日(或旭日)时那么厚,短波长光散射少,所以看起来没有那么红.

1910 年,爱因斯坦对气体、液体的分子散射导出了一个定量结果(参考 M. B. 伏尔坚斯坦著《分子光学》§26,1958 年高教版),单位体积中分子散射强度正比于

$$\frac{kT}{\lambda^4}\beta\left(\rho n\,\frac{\partial n}{\partial \rho}\right)^2 \tag{5-3-1}$$

上式除了表明分子散射强度和波长四次方成反比之外,揭示了引起分子散射的有利因素有三.

其一,温度 T 越高,热运动越强烈,由热运动引起的分子数密度起伏越厉害,因而分子散射也越强(k 是玻耳兹曼常量).

其二,$\beta=-\dfrac{1}{V}\dfrac{dV}{dP}$ 是物质的压缩系数.在临界温度下介质的压缩系数很大(在临界点,理论上 dV/dP 趋于无限大),这就意味使分子偶然积聚或疏散所需的功是不大的,容易在大体积范围里造成密度涨落.所谓临界乳光,就是在临界温度之下,气体或液体出现很强烈的分子散射现象.

其三,$\partial n/\partial \rho$ 是介质折射率随密度的变化率,这个变化率越大,介质的光学均匀性破坏得越厉害.

现在讨论正侧面分子散射光的偏振情况.如果自然光沿 Ox 轴方向射到各向同性分子 O 上,见图 5-3-2(a),其电矢量应在 Oyz 平面上,如果在 Oz 轴方向观察散射光,由于光的横波性,沿这个方向进行的波,只能由电矢量垂直于 Oz 轴振动的分量决定.因此,自然光入射各向同性分子时,正侧面散射光是线偏振光(偏振度 $P=1$).如果自然光沿 Ox 轴方向射到各向异性分子 O 上,见图 5-3-2(b).由于对各向异性的分子来说,电极化的方向一般并不与光波的电场方向相同.这时正侧面散射光是偏振度 $P<1$ 的部分线偏振光,即出现退偏振现象.令 I_x 表示电矢量沿 Ox 轴振动的光强度,I_y 表示电矢量沿 Oy 轴振动的光强度,则散射光偏振度 P 可表示为

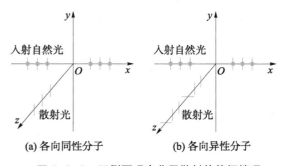

◎ 图 5-3-2　正侧面观察分子散射的偏振情况

$$P=\left|\frac{I_y-I_x}{I_y+I_x}\right| \tag{5-3-2}$$

为了表征各向异性分子对正侧面散射光偏振度退化的程度,常定义退偏振度 Δ 为

$$\Delta=1-P \tag{5-3-3}$$

测量退偏振度可以确定分子的各向异性,判断分子的结构,表 5-3-1 列出一些气体、液体的退偏振度实验值.一般而言,介质处于液态时的退偏振度比处于气态时大一个数量级.

气体	100Δ	液体	100Δ
H_2	1.7	H_2O	8.8
N_2	3.6	$C_6H_5CH_3$	45
O_2	6.4	$C_6H_5NO_2$	68
CO_2	$7.8 \sim 9.8$	$C_{10}H_8$	70
CCl_4	<0.5	CCl_4	6
C_6H_6	4.4	C_6H_6	44
CS_2	11.5	CS_2	68.5

最后值得提醒一下. §5.1 节的第 3 节中谈介质对光的吸收时,介绍过吸收系数 α,其实介质吸收的入射光能量,一部分转化为介质内分子无规则热运动能量,这是真吸收;另一部分以散射光形式向周围辐射,这是散射消光. 故吸收系数 α 应由真吸收系数 α_a 和散射消光系数 α_s 两部分组成. 因而朗伯定律可表示为

$$I = I_o \mathrm{e}^{-(\alpha_a + \alpha_s)x} \tag{5-3-4}$$

对温度不高的纯净液体和晶体,真吸收是主要的;对稀薄气体和浑浊介质,散射消光往往是主要的.

§5.4　光在介质中的速度　相速和群速

严格沿 x 轴方向传播的单色平面波,是一个无限长波列的余弦波,其波函数为

$$E = E_0 \cos(\omega t - kx)$$

其中

$$\omega = \frac{2\pi}{T}, \quad k = \frac{2\pi}{\lambda'} = \frac{\omega}{v}, \quad v = \frac{c}{n} = \frac{c}{\sqrt{\varepsilon_r}}$$

ω 为圆频率,k 为圆波数,λ' 为介质中波长,v 为波速(相速).

实际上使用的光波都是一有限长波列. 按傅里叶变换,可看作由许多频率相近的、强度按一定规律分布的、单色平面光波叠加而成的复色光. 如果这些不同波长的单色光均以同一相速传播,则复色光也以此同一速度传播. 在真空中各单色光的相速相同,复色光的传播速度等于单色光的相速.

然而,在存在色散的介质中,各单色光相速不同,复色光的速度问题就比较复杂. 为计算方便,假定复色光是由振幅相同,圆频率 ω_1 和 ω_2、圆波数 k_1 和 k_2 相近,沿 x 轴方向传播的两单色光叠加而成,这样简化并不使结果失去普遍意义,令

$$\Delta\omega = (\omega_1 - \omega_2)/2, \quad \omega_0 = (\omega_1 + \omega_2)/2$$
$$\Delta k = (k_1 - k_2)/2, \quad k_0 = (k_1 + k_2)/2$$

则该复色光波函数 E 为

$$E = E_1 + E_2 = E_0 \cos(\omega_1 t - k_1 x) + E_0 \cos(\omega_2 t - k_2 x)$$
$$= 2E_0 \cos(\Delta \omega t - \Delta k x) \cos(\omega_0 t - k_0 x) \tag{5-4-1}$$

由于 $\Delta\omega \ll \omega_0, \Delta k \ll k_0$，上式可看作是圆频率为 ω_0、圆波数为 k_0、用低频调制振幅的光波. 图 5-4-1 中画了在某一时刻的两段单色光波的波形图，它们在介质中的波长差很小，实线是复色光的波形图（由前两个波形图叠加得出），可看成一串振幅按余弦变化的波群.

◉ 图 5-4-1　波群的组成

现在寻求复色光中最大振幅移动的速度 u，显然它代表该波群移动的速度，所以叫做群速度. 最大振幅位置满足方程式

$$\Delta \omega t - \Delta k x = 2K\pi, \quad K = 0, 1, 2, 3, \cdots$$

求微分可得

$$\frac{\mathrm{d}x}{\mathrm{d}t} = \frac{\Delta \omega}{\Delta k}$$

由于 $\Delta k \to 0, \Delta \omega \to 0$，所以可将其改为微分，即

$$u = \frac{\mathrm{d}\omega}{\mathrm{d}k} \tag{5-4-2}$$

上式是复色光群速度 u 的一般表示式，下面讨论两种情况：

（1）相速度与圆波数无关，这相当于真空中或无色散介质中的情形. 因 $v = \omega/k$，将此代入(5-4-2)式得

$$u = \frac{\mathrm{d}\omega}{\mathrm{d}k} = v \tag{5-4-3}$$

上式表示真空中或无色散的介质中，群速度与相速度相同.

（2）相速度与圆波数有关，这相当于介质具有色散的情形，即

$$u = \frac{\mathrm{d}\omega}{\mathrm{d}k} = \frac{\mathrm{d}(kv)}{\mathrm{d}k} = v + k\frac{\mathrm{d}v}{\mathrm{d}k} \tag{5-4-4}$$

而

$$\mathrm{d}k = \mathrm{d}\left(\frac{2\pi}{\lambda'}\right) = -\frac{k}{\lambda'}\mathrm{d}\lambda'$$

所以

$$u = v - \lambda'\frac{\mathrm{d}v}{\mathrm{d}\lambda'} \tag{5-4-5}$$

上式是相速与群速的普遍关系式，不仅适用于光波，也适用于其他波动过程. 对光波而言，常将群速与相速的关系和真空中波长 λ 及介质的色散率 $\mathrm{d}n/\mathrm{d}\lambda$ 联系起来，较为方便. 为

此,利用 $v=c/n$ 和 $\lambda'=\lambda/n$ 关系可得

$$\lambda'\frac{\mathrm{d}v}{\mathrm{d}\lambda'}=-v\lambda\left(n\frac{\mathrm{d}\lambda}{\mathrm{d}n}-\lambda\right)^{-1} \tag{5-4-6}$$

将上式代入(5-4-5)式得

$$u=v\left(1-\frac{\lambda}{n}\frac{\mathrm{d}n}{\mathrm{d}\lambda}\right)^{-1} \tag{5-4-7}$$

因为 $|\mathrm{d}n/\mathrm{d}\lambda|\ll 1$,上式可近似写为

$$u=v\left(1+\frac{\lambda}{n}\frac{\mathrm{d}n}{\mathrm{d}\lambda}\right) \tag{5-4-8}$$

由上式可以看出,正常色散($\mathrm{d}n/\mathrm{d}\lambda<0$)时,$u<v$;反常色散($\mathrm{d}n/\mathrm{d}\lambda>0$)时,$u>v$;无色散($\mathrm{d}n/\mathrm{d}\lambda=0$)时,$u=v$.

值得指出:用群速度表示光能量的传播速度是有条件的,原因是组成波群的各单色光在色散介质中的相速不同,因此由单色光叠加而成的波群(或称波包)在传播过程不能永远保持它本身的形状不变,而会由于其中各单色光的相互位置不断错开,逐渐变形而散开.因此跟踪波群的某个不变的振幅来确定群速度也就不可能了,只有介质的色散很小时,构成这一波群的诸单色光相速差别非常小,波群散开得很慢,这时群速才近似代表能量的传播速度.吸收带内色散曲线很陡,不同波长单色光相速相差很大,因此反常色散(吸收带内)时群速已失去意义.

事实上,波包只可能由一个很窄波长范围的准单色光构成,而白光则应是由许多波包组成.

进一步的理论证明,所谓信号速度才是能量传播速度,也是直接测量到的光速,最大信号速度永远小于真空中光速.

综上所述:由于在真空中无色散,因而信号速度、群速和相速三者相同;正常色散情况下,群速与相速不同,但群速与信号速度则相同;反常色散情况下,由于吸收的缘故,相速、群速和信号速度三者均不同.

*§5.5 零折射率简介

介质中的传播行为与介质的介电常量和磁导率有关;对于常规材料来讲,磁导率和介电常量一般均为正数;根据折射率与介电常量和磁导率的关系可知折射率一般大于零.因此,根据斯涅尔定律,光在常规材料的界面发生折射时折射角大于零,对应于普通的正折射现象,如图 5-5-1(a)中左侧水杯所示,此时入射光线和折射光线分别位于界面法线的两侧[图 5-5-1(b)].在 20 世纪 60 年代,苏联科学家 V. G. Veselago 从理论上对一种同时具有负介电常量和负磁导率的材料进行研究,并提出在这种材料和普通介质的界面会发生负折射现象,如图 5-5-1(a)中右侧水杯所示.由于材料的介电常量和磁导率均为负数,根据麦克斯韦方程组和电磁波在界面需要满足的边界条件可推断此时折射光线与入射光线位于界面法线

的同侧,折射角为负数,对应的折射率小于零,如图 5-5-1(c)所示.除此之外,V. G. Veselago 还提出在这种特殊的材料中还存在一些其他的现象,比如逆多普勒频移、反常切连科夫辐射等.遗憾的是,自然界中并不存在满足这种条件的负折射材料;因此当时负折射材料仅仅停留在理论上,并没有引起大家的广泛研究.

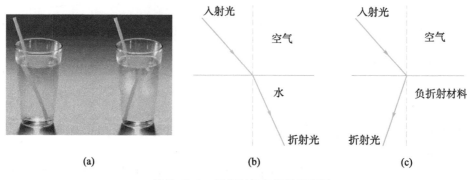

◎ 图 5-5-1　正折射与负折射示意图

随后人工超材料的提出以及微纳加工技术的发展,使得负折射材料的存在成为可能.人工超材料的优势在于研究者可以通过对微纳结构的设计使得材料具有我们想要的性质,因此当时很多研究者致力于设计出同时具有负介电常量和负磁导率的超材料.利用金属在光波段具有负介电常量的特点,在 1996 年,英国研究者 J. B. Pendry 提出了一种具有金属线阵列结构的超材料,这种超材料在微波频段具有负的介电常量.三年后,科学家证明了可以用金属开口谐振环构造的超材料在微波频段实现负磁导率.鉴于负介电常量和负磁导率都已经分别能够在两种超材料中实现,人们进一步将具有负介电常量的金属线阵列和具有负磁导率的金属开口谐振环进行组合,就有可能造出 V. G. Veselago 提出的负折射材料.果不其然,在 2000 年,杜克大学 D. R. Smith 等研究人员通过对金属线阵列和金属开口谐振环进行组合,设计出同时具有负介电常量和负磁导率的超材料,并且在实验上首次观测到微波频段的负折射现象;这一重大研究成果使得负折射成为当时热门的研究领域.2005 年,普渡大学 V. M. Shalaev 等研究人员在金纳米棒构成的阵列中观察到了近红外波段的负折射现象;同年,加州大学伯克利分校张翔小组在金属-电介质-金属构成的多层结构中同样观测到近红外波段的负折射现象.此外,科学家们还在其他结构,例如光子晶体、双曲线型材料、单轴晶体等中也实现了不同波段的负折射行为.随后,科学家们相继提出了许多与负折射材料相关的应用,比如负折射材料实现完美成像、负折射材料实现物体的隐身等.

超材料能够使得研究者人为地对材料的介电常量和磁导率进行调节,有研究者对介电常量或磁导率趋于零的材料展开了研究.材料的折射率与介电常量和磁导率的关系为

$$n = \sqrt{\varepsilon}\,\sqrt{\mu} \tag{5-5-1}$$

其中 ε 和 μ 分别为相对介电常量和相对磁导率.根据(5-5-1)式可知,当 ε 和 μ 至少有一个为 0 时,那么材料的折射率就为 0,我们把折射率为 0 的材料称为零折射率材料.由于材料的折射率为 0,因此对应的波长趋于无穷大,相速度大小同样也趋于无穷.根据斯涅耳定律:

$$n_1 \sin i_1 = n_2 \sin i_2 \tag{5-5-2}$$

当 $n_1 = 0$ 而 $n_2 \neq 0$ 时,必然要求 $i_2 = 0$;因此当电磁波在零折射率材料和折射率非零的材料形成的界面发生折射时,不论入射电磁波波前的形状如何,光从零折射率材料出射的方向必然

与界面的法线方向相同,如图 5-5-2 所示.利用这种性质,U Penn 大学的 N. Engheta 等人提出利用零折射率材料的这个特性可以实现对电磁波的波前调控.

不同于负折射材料,在自然界中,在红外和可见光波段存在介电常量为 0 的零折射率材料,比如贵金属、某些半导体和绝缘体.在人工超材料领域,早在 1998 年,J. B. Pendry 就提出一种利用周期性金属丝网格实现零介电常量的方案.2002 年,法国马赛法国国家科研中心菲涅耳研究所的 Stefan Enoch 教授等人对 J. B. Pendry 提出的结构进行改进之后在微波频段造出了等效介电常量趋于零的超材料.随着研究者们对零折射率材料的不断研究,到目前为止,研究者们已经在多种结构中造出了零折射率材

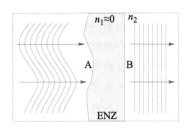

◎ 图 5-5-2　零折射率材料对电磁波波前整形示意图,其中 EZN (epsilon near zero) 表示材料的介电常量趋于 0

料.特别指出的是,香港科技大学陈子亭小组提出利用全介质光子晶体造出零折射率材料,并提出了包括波导隐身、波导转弯、准直发射等应用.

图 5-5-3 所示为十二重光子准晶所实现的隐身实验结果.实验证明了即使周期性受到破坏,准晶光子晶体中仍能实现零折射率行为,电磁波满足斯涅耳定律,并在实验上证实了非对称传输、隐身等多种新颖的电磁传输行为.图 5-5-3(b)是将零折射率光子晶体排列成正五边形,根据光从零折射率材料出射方向与界面法线方向相同的特性,当我们在零折射率光子晶体内部放置光源之后,可以观察到出射的电磁波能够朝五个方向准直发射;更进一步,我们可以任意设置零折射率光子晶体界面的形状,使得出射的电磁波朝我们期望的方向出射.上述研究结果将有利于探索拓扑光子结构中电磁相位调控的新机理和新手段.同时,由于这种新型光子准晶体使用了全电介质材料,结构灵活性大,材料损耗低,在光学波段有着很好的潜在应用前景.

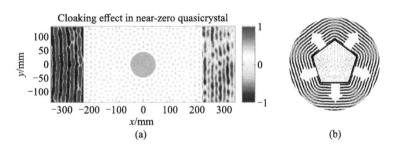

◎ 图 5-5-3　零折射率光子晶体中电磁波的（a）波导隐身和（b）准直发射行为

复习思考题

5-1 用橙黄色滤光片加在相机镜头上拍摄天空时,为什么会增加蓝天和白云的反衬?

5-2 (1)光强为 I_0 的平行光束,经过 1 mm 厚的某均匀介质,透过光强为原入射光强的 1/3,若不考虑介质的散射和界面的反射,该介质在 1 mm 厚度内,吸收光能为原入射光能的多少?

(2) 经过 2 mm 厚的同一种介质,透过光强为原入射光强的多少? 吸收光能为原入射光能的多少?

5-3 描述介质吸收性能的有哪些参数? 它们之间的关系如何?

5-4 怎样理解色散和吸收是同一过程的两个不同方面的表现?

5-5 (1) 介质的折射率有可能小于 1 吗?

(2) 试绘出稀薄气体($n \approx 1$)折射率 n 和吸收系数 α 随 ω 的变化曲线. (假定只有一种固有圆频率 ω_0.)

(3) 水的静态相对介电常量为 80,而水在光频下的折射率为 4/3. 这两者矛盾吗?

5-6 一种苯胺染料——品红,其酒精溶液呈深红色,这是由于它吸收了太阳光谱中绿光成分的缘故. 在薄壁空三棱镜中充满该溶液,其太阳光谱的排列顺序和使用玻璃棱镜时有何不同?

5-7 (1) 试解释何以在薄雾天气,用红色滤光片加在照相物镜前拍摄景物,可以获得清晰的照片,在浓雾中加红色滤色片拍摄却没有好处.

(2) 本来人对黄绿光的反应最灵敏,但交通指挥信号灯为什么还是选用红灯作为禁止通过的信号呢?

5-8 日落时,当太阳的顶部正好消失在清晰而平坦的地平线时,人们常可看到太阳发出短暂的绿色闪光(持续约 10 s),试解释这一现象.

5-9 波动在介质中传播时相速度为 v,波长为 λ',而群速度却为零. 如果存在这种介质,该介质 $v-\lambda'$ 关系有何特点?

5-10 已知深水中的水波(重力波),波速 v 与波长 λ' 的关系为 $v = a\sqrt{\lambda'}$;试在 $v-\lambda'$ 曲线上,标明用图解法或者计算机模拟的方法求群速度.

5-11 试在色散曲线($v-\lambda$ 曲线)上,标明用图解法求 c/u 的方法(即求群速度 u 的方法);用作图法证明:即使在 $n<1$ 的正常色散区域,虽然相速 $v>c$,但其群速 u 仍然是小于 c 的.

习题

5-1 光学玻璃对水银蓝光(435.8 nm)和水银绿光(546.1 nm)的折射率分别为 1.652 5 和 1.624 5,试用柯西公式(5-1-2)式计算:

(1) 常量 A 和 B;

(2) 对钠黄光 589.0 nm 的折射率 n_D;

(3) 在钠黄光处的色散率 $(dn/d\lambda)_D$.

5-2 用柯西公式常量 $A = 1.539\,74$ 和 $B = 4.562\,8 \times 10^3\ nm^2$ 的光学玻璃做成顶角 α 为 50° 的三棱镜,放在空气中使用,当对谱线 550.0 nm 的光线处于最小偏向位置时,求其角色散.

5-3 玻璃的吸收系数为 $10^{-2}\ cm^{-1}$,空气的吸收系数为 $10^{-5}\ cm^{-1}$. 求 1 cm 厚的玻璃所吸收的光,相当于多厚的空气层.

5-4 某金属对 X 光两波长 λ_1、λ_2 的吸收系数分别为 $\alpha_1 = 13\ cm^{-1}$,$\alpha_2 = 5\ cm^{-1}$,若入射线中包含的此两波长 X 光的光强是相等的. 当经过(1) 1 mm 厚、(2) 2 cm 厚,该两波长 X 光的强度比是多少?

5-5 用波长 $\lambda = 360$ nm 的光,测得一种未知浓度溶液的吸收系数为 $\alpha = aC$,C 为浓度,$a = 2.0 \times 10^5\ (g/cm^5)^{-1}$. 当光强为 I_0 的光穿过该溶液 3 cm 时,光强减弱到 I_3,而 $\lg(I_0/I_3) = 42$,

问溶液浓度是多少？

5-6 真空中球坐标原点上有一自由电子，在入射光电矢量 $E = E_0 \cos \omega t e_z$ 的作用下，电子发出的散射光中，电矢量 E' 为

$$E' = \frac{e \sin \theta \, \mathrm{d}^2 z}{4\pi \varepsilon_0 c^2 r \mathrm{d} t^2} e_\theta$$

（1）求电子散射光强 $I'\left(= \frac{1}{2}\varepsilon_0 c E_0'^2 \right)$ 的表示式；

（2）求电子散射的平均总功率 $\overline{P'}$ 为多少？

（3）散射平均总功率 $\overline{P'}$ 与入射光强 I_0 之比值 σ_e（常称为自由电子的散射截面）为多少？

（4）若散射的不是自由电子而是自由质子，电子散射截面 σ_e 和质子散射截面 σ_p 之比为多少？

5-7 若吸收系数 $\alpha = 2.0 \text{ cm}^{-1}$，1/4 由于散射，设想如果散射被消除了，光透过介质 3 cm 后，光强 I 相对原入射光强 I_0 的比值是多少？

5-8 试计算满足下列各种色散律的介质中的群速度 u.

（1）$V = a$（常数）（无色散介质例如空气中的声波）；

（2）$V = a\sqrt{\lambda'}$（深水中的水波——重力波）；

（3）$V = a/\sqrt{\lambda'}$（在水面上表面张力引起的波——表面张力波）；

（4）$V = a/\lambda'$（弹性薄片在弯曲时产生的波）；

（5）$V = a/[1 - b(\lambda')^2]$（在大气电离层中的电磁波）.

5-9 已知某介质的色散关系为：$n = n_0 + b/(\lambda - \lambda_0)$. 式中 n_0、b、λ_0 为已知常量，实验测出波长为 λ 的准单色光在该介质中的群速度为 u，试证其相速 V 的表达式为

$$V = u\left[1 + \frac{b\lambda}{\left(n_0 + \dfrac{b}{\lambda - \lambda_0} \right)(\lambda - \lambda_0)^2} \right]$$

5-10 使一束钠黄光（$\lambda = 589.0 \text{ nm}$）由真空入射 CS_2 介质（$n = 1.624$，$\mathrm{d}n/\mathrm{d}\lambda = -1.732 \times 10^{-4} \text{ nm}^{-1}$），按折射定律测得光在真空和 CS_2 介质中的相速比 $c/V = 1.624$；但直接测量得真空和 CS_2 介质中的光速比为 1.722，试解释这一结果有无矛盾.

第 6 章

光的量子现象

在前几章中,我们以光的经典电磁波理论为基础,研究了光的干涉、衍射和偏振现象.经典电磁波理论的前提是把电磁波看成连续的,光波场也如此,光的能量看成是连续地分布于光波场的整个空间,这种"连续"的看法在研究大量光子传播的集体行为时,不会和观察结果有大的偏离.前面讨论干涉、衍射和偏振的这几章里,既未深入研究单个原子与光相互作用的机理和微观过程,所用光接收器又无法直接检测单个光子,所研究的只是大量光子作用的统计效果.因此波场的不连续性(量子性)表现不突出.

19 世纪末和 20 世纪初,科学家们利用光的经典电磁波理论,在解释黑体辐射、光谱、光电效应、X 光的散射等一系列对光的量子性极为敏感的问题时,遇到了巨大的困难.本章主要介绍在解决这些困难的过程中,物理学是怎样逐步认识光的量子性的.

§6.1 热辐射及其实验定律

- 1. 辐出度
- 2. 平衡热辐射的特征
- 3. 基尔霍夫定律
- 4. 绝对黑体的辐射定律

从能量转化的观点来看,物体发射光的过程,实际上是向周围发射电磁辐射能的过程.按能量转化的特点,可以将物体发出辐射的方式分为两大类.第一类,物体在发出辐射能的过程中不改变原子、分子的内部状态,发射的辐射能是由发射体中原子、分子的热运动能量转化的,这种由热运动能量转化为辐射能的过程称为热辐射(thermal radiation).为使热辐射过程维持下去,需获得能量,发射体从外界吸收的能量是通过热量传递的形式而获得的.如果从外界吸收的热量恰好等于因辐射而减少的能量,这时的热辐射叫做平衡热辐射,处于平衡热辐射状态的物体可以用一个恒定的温度来表示,因此平衡热辐射又称温度辐射.任何固体、液体,或密度大的气体,在任何温度下都有热辐射,热辐射的光谱是连续光谱.第二类,物体在发出辐射能的过程中,原子或分子的内部状态要发生变化,这种由原子或分子内部运动能量转化为辐射能的过程,称为发光(luminescence),要使发光过程维持下去,发射体需要从外界吸收能量,吸收能量的方式是多种多样的,因此发光又分电致发光(如霓虹灯、水晶灯、钠灯等气体放电光源;利用硫化镉、砷化镓等半导体材料在电场作用下的发光现象制成的发光二极管等)、光致发光(如日光灯管壁荧光粉的发光)、化学发光(如磷在空气中缓慢氧化而发光)、热发光(如食盐放入火焰中,发出钠黄光)和阴极射线致发光(电视荧光屏、示波器和雷达显示器等显示屏采用荧光物质时,在电子束轰击下发出荧光均属此类)等.本节主要讨论平衡热辐射及其规律.

1. 辐出度

在§1.8节中曾引入光出射度(亦称面发光度)R的定义(1-8-9)式为

$$R = \frac{\mathrm{d}F}{\mathrm{d}S}$$

其中 $\mathrm{d}F$ 是面光源上 $\mathrm{d}S$ 面元发出的光通量.仿此,可定义温度为 T 时热辐射体的辐出〔射〕度(亦称面辐射度)$R_e(T)$:

$$R_e(T) = \frac{\mathrm{d}\Phi}{\mathrm{d}S} \tag{6-1-1}$$

式中 $\mathrm{d}\Phi$ 表示温度为 T 的热辐射体上面元 $\mathrm{d}S$ 发出的辐通量,设波长在 $[\lambda, \lambda+\mathrm{d}\lambda]$ 区间的辐出度和辐通量分别为 $\mathrm{d}R_e(\lambda, T)$ 和 $\mathrm{d}^2\Phi(\lambda, T)$,则可引入

$$r(\lambda, T)^① = \frac{\mathrm{d}R_e(\lambda, T)}{\mathrm{d}\lambda} = \frac{\mathrm{d}^2\Phi(\lambda, T)}{\mathrm{d}S\mathrm{d}\lambda} \tag{6-1-2}$$

$r(\lambda, T)$ 表示辐射波长在 λ 附近单位波长间隔内的辐出度(即辐出度按波长的分布函数)常称为光谱辐出度或辐出度谱密度.对(6-1-2)式积分得

$$R_e(T) = \int_0^\infty r(\lambda, T)\mathrm{d}\lambda \tag{6-1-3}$$

2. 平衡热辐射的特征

平衡热辐射的光谱辐出度 $r(\lambda, T)$ 不仅随辐射体材料不同而有所不同,而且还与辐射体表面粗糙程度有关.但是,所有平衡热辐射体存在两条共性特征:

① 温度升高,辐出度 $R_e(T)$ 急剧地增大;

② 温度越高,光谱辐出度峰值 $r(\lambda_m, T)$ 就越向短波方向移动.

这些特征是大家熟悉的.例如对炼钢炉逐渐加温,温度不高时主要是辐射红外线;到 500 ℃ 左右开始辐射部分暗红色可见光;温度再升高,不仅辐射的强度增加,而且颜色由暗红转为橙红;约在 1 500 ℃ 开始白炽耀眼;温度再高会显得略带蓝色,通常说的炉火纯青就是形容这种火候.

有趣的是,在一块不透明的固体材料中挖出一个空腔,腔壁开一个小口,如图 6-1-1 所示.将此空腔体加热到某一温度,开口处的光谱辐出度 $r_0(\lambda, T)$ 总比腔壁材料的要大,不同材料挖出的空腔,只要温度相同,其 $r_0(\lambda, T)$ 随波长分布是完全一样的.也就是说,空腔辐射

---

① 按本教材符号惯例,式中 $r(\lambda, T)$ 本应写为 $r_e(\lambda, T)$,下标表示辐射量,由于没有引入对应的光度量,故略去下标 e,不会引起混乱.

的 $r_0(\lambda, T)$ 是与腔壁材料无关的普适函数,而且是同温度、同波长下一切材料光谱辐出度的上限. 图 6-1-2 表示 2 000 K 时空腔和钨的光谱辐出度的分布曲线,显然,钨远没有达到这一上限.

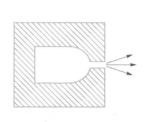

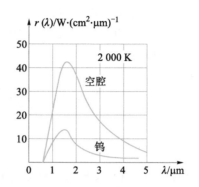

◎ 图 6-1-1　**空腔模型**　　　　◎ 图 6-1-2　**光谱辐出度分布曲线**

我们对空腔辐射特别感兴趣主要是两个原因:其一,空腔辐射集中反映了所有物体热辐射的共性特征;其二,基尔霍夫定律将任何物体的光谱辐出度与空腔辐射的光谱辐出度联系起来了,因此热辐射理论研究的核心问题就在于找出 $r_0(\lambda, T)$ 的具体表达形式.

3. 基尔霍夫定律

温度为 T 的物体,对波长 λ 的辐射的吸收本领 $a(\lambda, T)$ 定义为:该物体吸收的辐通量和入射的辐通量之比,有的物体对所有波长的辐射都强烈吸收,即 $a(\lambda, T) \approx 1$,室温下该物体用白光照射时呈黑色,所以称为黑体.显然,空腔辐射体的小开口可以看成 $a_0(\lambda, T) = 1$ 的绝对黑体,空腔口也就是绝对黑体的物理模型.

实验表明,在热平衡条件下,物体的光谱辐出度和吸收本领有一定的联系.设有几个不同的物体 $A_1, A_2, A_3, \cdots$,置于温度维持在 T 的容器内,如图 6-1-3 所示.若容器内部为真空,则物体与容器或物体与物体之间都只能通过辐射能的发射和吸收来传递能量,即使容器内各物体最初有不同的起始温度,最终也会达到同一温度 T 的热平衡状态,在热平衡状态下,某物体 A_i 上发出的波长 λ 到 $\lambda + d\lambda$ 的总辐通量应等于投射于其上的波长为 λ 到 $\lambda + d\lambda$ 的总辐通量.

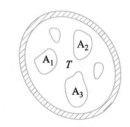

◎ 图 6-1-3　**恒温器内的物体**

设投射到物体 A_i 单位表面上 $\lambda \sim \lambda + d\lambda$ 间隔的辐通量为 $d^2\Phi/dS$,则 $a_i d^2\Phi/dS$ 为物体 A_i 单位表面吸收的辐通量,$(1 - a_i) d^2\Phi/dS$ 为被单位表面反射的辐通量,$r_i d\lambda$ 为单位表面发出的辐通量.既然考虑处于热平衡状态,物体 A_i 发出的总辐通量就应等于投射其上的总辐通量,即

$$\int [1 - a_i(\lambda, T)] \frac{d^2\Phi(\lambda, T)}{dS} dS + \int r_i(\lambda, T) \, d\lambda \, dS$$

$$= \int \frac{d^2\Phi(\lambda, T)}{dS} dS$$

对物体 A_i 的总面积进行积分.在热平衡条件下,对任何物体 A_i 均成立,A_i 的面积大一些成立,小一些也成立.换句话说,积分限变了,上式恒成立.这只有等式两端被积函数相等才有

可能,即

$$\left[1-a_i(\lambda,T)\right]\frac{\mathrm{d}^2\Phi(\lambda,T)}{\mathrm{d}S}+r_i(\lambda,T)\mathrm{d}\lambda=\frac{\mathrm{d}^2\Phi(\lambda,T)}{\mathrm{d}S}$$

将上式用于绝对黑体(令 $a_i=1,r_i=r_0$),则有

$$r_0(\lambda,T)\mathrm{d}\lambda=\frac{\mathrm{d}^2\Phi(\lambda,T)}{\mathrm{d}S}$$

从上两式中消去 $\mathrm{d}^2\Phi/\mathrm{d}S$ 得

$$\frac{r_i(\lambda,T)}{a_i(\lambda,T)}=r_0(\lambda,T)$$

即

$$\frac{r_1(\lambda,T)}{a_1(\lambda,T)}=\frac{r_2(\lambda,T)}{a_2(\lambda,T)}=\cdots=\frac{r_i(\lambda,T)}{a_i(\lambda,T)}=r_0(\lambda,T) \tag{6-1-4}$$

上式即基尔霍夫定律,该定律指出:在热平衡条件下,物体的光谱辐出度和吸收本领之比与物体的性质无关,它只是波长 λ 和温度 T 的普适函数 $r_0(\lambda、T)$——绝对黑体的光谱的辐出度.

4. 绝对黑体的辐射定律

既然有了绝对黑体的模型(空腔),采用带热电偶的光栅光谱仪,就可从实验上得到绝对黑体光谱辐出度 $r_0(\lambda,T)$ 的函数曲线,或称绝对黑体辐射谱曲线,见图 6-1-4.

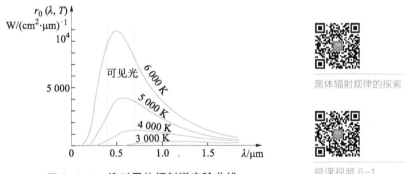

黑体辐射规律的探索

授课视频 6-1

◎ 图 6-1-4 绝对黑体辐射谱实验曲线

分析实验曲线,得出三条反映绝对黑体辐射谱线特征的定律.

(1)斯特藩-玻耳兹曼定律

这条定律涉及绝对黑体辐射谱曲线下的面积与温度的关系.实验指出,绝对黑体的辐出度与绝对温度的四次方成正比,即

$$R_0(T)=\int_0^\infty r_0(\lambda,T)\,\mathrm{d}\lambda=\sigma T^4 \tag{6-1-5}$$

其中 $$\sigma=5.705\,1(19)\times10^{-12}\ \mathrm{W/(cm^2\cdot K^4)}$$

1879 年,斯特藩(J. Stefan)从实验得出这条定律,1884 年,玻耳兹曼(L. Boltzmann)用热力学理论导出此定律.

(2)维恩位移

这条定律涉及绝对黑体辐射谱曲线峰值所对应波长 λ_m 与绝对温度的关系.实验指出,λ_m 与绝对温度成反比,即

$$\lambda_{m} = \frac{b}{T} \tag{6-1-6}$$

其中 $\qquad\qquad b = 2.897\,756(24) \times 10^{3}\ \mu m \cdot K$

1893 年,维恩(Wien)曾从热力学理论导出这条定律.

（3）绝对黑体辐射谱的峰值定律

该定律涉及绝对黑体辐射谱曲线峰值 $r_0(\lambda_m, T)$ 与温度的关系.实验指出 $r_0(\lambda_m, T)$ 与绝对温度的五次方成正比,即

$$r_0(\lambda_m, T) = C'T^5 \tag{6-1-7}$$

其中 $\qquad\qquad C' = 1.301 \times 10^{-15}\ W/(cm^2 \cdot \mu m \cdot K^5)$

根据上述三条定律,可算出不同温度下绝对黑体辐射谱曲线有关数据,见表 6-1-1.

■ 表 6-1-1　不同温度下绝对黑体的 R_0、λ_m、$r_0(\lambda_m, T)$ 值

温度/K	$R_0/(W \cdot cm^{-2})$	$\lambda_m/\mu m$	$r_0(\lambda_m, T)/(W \cdot cm^{-2} \cdot \mu m^{-1})$
500	0.354	5.796	0.040 6
1 000	5.67	2.898	1.301
2 000	90.7	1.449	41.6
3 000	459	0.966	315.9
4 000	1.45×10^3	0.725	1.33×10^3
5 000	3.45×10^3	0.580	4.06×10^3
6 000	7.35×10^3	0.483	1.08×10^4
8 000	32.2×10^3	0.362	4.26×10^4
10 000	56.7×10^3	0.290	1.30×10^5

从图 6-1-4 不难看出,绝对黑体的辐射中,可见光只占小部分.当然,温度升高些,可见光占的比例也会大些.但是,这也有个限度,温度升到 6 500 K 时,可见光占 43%,达到顶点,相应的光视效能（光能量与辐通量之比）为 85 lm/W.而最大光谱光视效能为 683 lm/W.

§6.2　经典热辐射理论的局限性　普朗克黑体辐射公式

- 1. 热辐射的经典理论
- 2. 热辐射的量子理论　普朗克黑体辐射公式

1. 热辐射的经典理论

20 世纪末,许多物理学家想在经典物理基础上寻求绝对黑体光谱辐出度 $r_0(\lambda、T)$ 的函数形式,所有这些尝试都失败了,这里只介绍瑞利-金斯(Rayleigh-Jeans)公式.按经典电磁理论他们首先计算了光谱辐出度和空腔内电磁场能量密度 $w(\lambda, T)$ 之间的关系式

$$r_0(\lambda, T) = \frac{c}{4} w(\lambda, T) \tag{6-2-1}$$

而辐射场的能量密度 $w(\lambda, T)$ 和线谐振子的平均能量 $\bar{\varepsilon}$ 有下列关系：

$$w(\lambda, T) = \frac{8\pi}{\lambda^4}\bar{\varepsilon} \qquad (6\text{-}2\text{-}2)$$

将上式代入 (6-2-1) 式得 $r_0(\lambda, T)$ 和 $\bar{\varepsilon}$ 关系为

$$r_0(\lambda, T) = \frac{2\pi c}{\lambda^4}\bar{\varepsilon} \qquad (6\text{-}2\text{-}3)$$

授课视频 6-2

其次，瑞利-金斯公式指出，绝对黑体在平衡温度 T 辐射时，按经典统计每个振子平均能量为 kT，k 为玻耳兹曼常量. 因此，有

$$r_0(\lambda, T) = \frac{2\pi c}{\lambda^4}kT \qquad (6\text{-}2\text{-}4)$$

这就是 19 世纪末，瑞利和金斯提出的绝对黑体辐射公式. $\lambda \to 0$ 时，从公式将推导出 $r_0 \to \infty$ 的荒谬结果，即使在长波端，瑞利-金斯公式也只是定性地符合实验. 总之，用经典电磁波理论解释黑体辐射谱曲线时，在紫外区遇到了极大困难，在物理学史上称之为"紫外灾难".

2. 热辐射的量子理论　普朗克黑体辐射公式

许多尝试在经典理论上建立黑体辐射公式的努力都失败了，最好的结果也不过是在 λ 和 T 的很有限范围与实验符合.

1900 年 10 月 19 日，普朗克首先总结出黑体辐射的经验公式

$$r_0(\lambda, T) = c_1 \lambda^{-5} \frac{1}{\exp(c_2/\lambda T) - 1} \qquad (6\text{-}2\text{-}5)$$

c_1、c_2 分别称为第一、第二辐射常量，由实验数据决定. 随后，1900 年 12 月 14 日，普朗克在柏林德国物理学会上提出绝对黑体光谱辐出度函数的理论推导. 普朗克提出了一个与经典物理学相矛盾的量子假设：辐射体中有带电的线谐振子，它们能与周围的电磁场交换能量，这些线谐振子不能具有任意的能量值，只能等于某一最小能量 ε_0 的整数倍，即线谐振子能量 ε 为

$$\varepsilon = i\varepsilon_0 = ih\nu, \quad i = 0, 1, 2, 3, \cdots \qquad (6\text{-}2\text{-}6)$$

式中 h 为一普适常量，常称为普朗克常量，即

$$h = 6.626\,075\,5(40) \times 10^{-34}\ \text{J}\cdot\text{s}$$

普朗克根据这个假设，利用麦克斯韦-玻尔兹曼统计，导出了热平衡状态下，线谐振子的平均能量 $\bar{\varepsilon}$.

大量微观的线谐振子在热平衡状态下是这样分布的. 设体系的温度为 T，在能级 ε_i 上的线谐振子数 N_i 与 $e^{-\varepsilon_i/kT}$ 和该能级 ε_i 的量子状态数 g_i 的乘积成正比，即

$$N_i \propto g_i e^{-\varepsilon_i/kT}$$

式中 g_i 是能级 ε_i 的微观状态（量子态）数，通常也称为能级 ε_i 的简并度，k 是玻耳兹曼常量 $(1.380\,7 \times 10^{-23}\ \text{J}\cdot\text{K}^{-1})$，若将上式写成等式，则有

$$N_i = Ag_i e^{-\varepsilon_i/kT}$$

考虑到各个能级上粒子总数 $N = \sum N_i$，则系数 A 可按下式定出：

$$N = A\sum g_i e^{-\varepsilon_i/kT}$$

将上式中 A 代回前式得

$$N_i = N \frac{g_i \mathrm{e}^{-\varepsilon_i/kT}}{\sum\limits_i g_i \mathrm{e}^{-\varepsilon_i/kT}} \tag{6-2-7}$$

上式即麦克斯韦-玻耳兹曼分布律. 线谐振子能级的简并度为 1. 利用上述分布律可求出线谐振子的平均能量 $\bar{\varepsilon}$ 为

$$\begin{aligned} \bar{\varepsilon} &= \frac{\varepsilon_1 N_1 + \varepsilon_2 N_2 + \cdots + \varepsilon_i N_i + \cdots}{N} \\ &= \sum \varepsilon_i \mathrm{e}^{-\varepsilon_i/kT} \Big/ \sum \mathrm{e}^{-\varepsilon_i/kT} \\ &= kT^2 \frac{\mathrm{d}}{\mathrm{d}T} \Big[\ln \Big(\sum_{i=0}^{\infty} \mathrm{e}^{-\varepsilon_i/kT} \Big) \Big] \\ &= kT^2 \frac{\mathrm{d}}{\mathrm{d}T} \ln(1 - \mathrm{e}^{-h\nu/kT})^{-1} \end{aligned} \tag{6-2-8}$$

即

$$\bar{\varepsilon} = \frac{h\nu}{\mathrm{e}^{h\nu/kT} - 1} = \frac{hc}{\lambda} \frac{1}{\exp(hc/\lambda kT) - 1} \tag{6-2-9}$$

这就是按普朗克量子假设, 用麦克斯韦-玻耳兹曼分布律求出的, 温度为 T 的热平衡状态下, 以频率 ν 振动的量子线谐振子的平均能量. 将上式代入 (6-2-3) 式得

$$r_0(\lambda, T) = \frac{2\pi hc^2}{\lambda^5} \frac{1}{\exp(hc/\lambda kT) - 1} \tag{6-2-10}$$

上式即普朗克黑体辐射公式, 其中 c 为真空中光速, h 为普朗克常量, k 为玻耳兹曼常量. (6-2-10) 式和实验曲线在所有波段都符合得很好, 和经验方程式 (6-2-5) 式对比, 得第一、第二辐射常量为

$$c_1 = 2\pi c^2 h = 3.741\ 774\ 9(22) \times 10^{-16}\ \mathrm{W} \cdot \mathrm{m}^2,$$
$$c_2 = ch/k = 1.438\ 769(12) \times 10^{-2}\ \mathrm{m} \cdot \mathrm{K}$$

现在讨论一下普朗克公式的两个特殊情况:

① 当 $\lambda kT \gg hc$ 时, 即长波或高温时, 有

$$\begin{aligned} \exp(hc/\lambda kT) - 1 &= \Big\{ 1 + \frac{hc}{\lambda kT} + \frac{1}{2} \Big(\frac{hc}{\lambda kT} \Big)^2 + \cdots \Big\} - 1 \\ &\approx \frac{hc}{\lambda kT} \end{aligned}$$

普朗克公式变为

$$r_0(\lambda, T) = \frac{2\pi hc^2}{\lambda^5} \frac{\lambda kT}{hc} = \frac{2\pi c}{\lambda^4} kT \tag{6-2-11}$$

这便是瑞利-金斯公式 (6-2-4) 式.

② 当 $\lambda kT \ll hc$ 时, 即短波或低温时, 有

$$\exp(hc/\lambda kT) \gg 1$$

普朗克公式变为

$$r_0(\lambda, T) = \frac{2\pi hc^2}{\lambda^5} \exp(-hc/\lambda kT) \tag{6-2-12}$$

历史上, 上式是 1896 年维恩假定黑体辐射按波长的分布类似于麦克斯韦的分子速率分布, 用热力学理论导出的, 常称维恩公式.

图 6-2-1 将普朗克公式(实线)、实验数据(圈)、瑞利-金斯公式(点划线)、维恩公式(虚线)表示出来.维恩公式与实验曲线比较起来在短波方面尚为接近,但在长波方面却与实验相差较大.

有了普朗克黑体辐射公式,就可以导出与绝对黑体辐射谱曲线有关的三条定律.普朗克的量子假设不仅圆满地解释了热辐射现象,还被发展推广,逐步形成了近代物理中的量子理论.可以说,普朗克黑体辐射公式报告的日子——1900 年 12 月 14 日是量子物理学的诞辰.

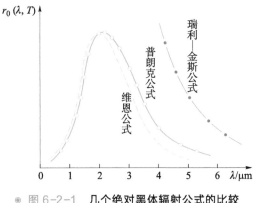

◎ 图 6-2-1　几个绝对黑体辐射公式的比较

例 6.2.1 试从普朗克公式推导斯特藩-玻耳兹曼定律、维恩位移定律和绝对黑体辐射谱的峰值定律(参考图 6-2-2).

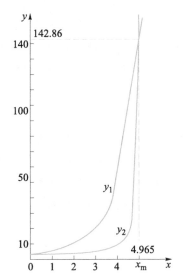

◎ 图 6-2-2　**超越方程作图法求解**

例 6.2.1 题解

解　请扫描侧边栏二维码获取解答过程.

$$R_0(T) = 6.494 \frac{c_1 k^4}{h^4 c^4} T^4 = \sigma T^4$$

式中

$$\sigma = 5.670 \times 10^{-8} \ \text{W} \cdot \text{m}^{-2} \cdot \text{K}^{-4}$$

上式便是斯特藩-玻耳兹曼定律.

$$\lambda_m = \frac{hc}{4.965kT}$$

即

$$\lambda_m(\mu m) = \frac{289\,8}{T}$$

上式便是维恩位移定律.

$$r_0(\lambda_m, T) = 1.301 \times 10^{-15} \left(\frac{\text{W}}{\text{cm}^2 \cdot \mu m \cdot K^5} \right) \cdot T^5$$

上式即绝对黑体辐射谱的峰值定律.

§6.3　光电效应

- 1. 光电效应的实验规律
- 2. 波动理论的困难　光子假设
- 3. 光子性质
- 4. 光电器件

　　1887 年,赫兹在验证电磁波存在时偶然发现,用紫外光照射电路中两个锌球做的电极之一时,能促进两极间火花放电.这就是金属球在紫外光照射下释放电子的现象.

　　物体受光照射后,光能一部分被物体吸收,另一部分转化为电子的动能.这些被激化的电子要么逸出物体表面——外光电效应,要么改变其导电性——内光电效应.金属的外光电效应比较明显,半导体的内光电效应比较明显.光照射某些半导体材料时,材料内部将激发出现载流子(电子-空穴对),使材料的电导率显著地增加,这就是光电导现象;或者由于这种光生载流子的迁移造成电偶层,这就是光生伏打现象.硫化镉光敏电阻、硫化铅光敏电阻、硒光电池、硅光电池、硅光电二极管等就是利用内光电效应制成的器件.

　　本节主要讨论外光电效应实验规律与经典理论的矛盾,介绍爱因斯坦光子理论.

1. 光电效应的实验规律

光电效应的研究

　　图 6-3-1 为光电效应实验装置示意图.在真空的玻璃容器中装有待研究的金属光电材料制成的阴极 K,A 为阳极.为了让紫外光透过,装有石英窗 T,两电极分别和灵敏电流计 G、伏特计 V 和可调直流电源连接起来,在光强和频率一定的光照射下,所得光电伏安特性曲线如图 6-3-2 所示.

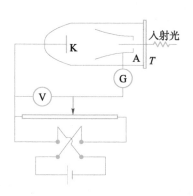

◎ 图 6-3-1　**光电效应实验示意图**

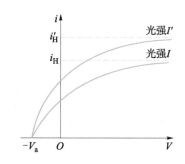

◎ 图 6-3-2　**光电伏安特性曲线**

　　实验结果表明,光电效应有四条基本实验规律:

　　(1) 对某光电阴极材料而言,在入射光频率不变条件下,饱和光电流强度和入射光强度成正比;换言之,单位时间内由阴极逸出的光电子数与光强成正比.

　　(2) 遏止电压与入射光强无关,和入射光频率成线性上升关系.

如果将图 6-3-2 中电源反向,两极间有减速电场,反向电压大到一定数值 V_a(遏止电压)时,光电流减小到零.遏止电压的存在表明,光电子初速有一上限 v_m,相应初动能也有一上限,且有

$$\frac{1}{2}mv_m^2 = eV_a \tag{6-3-1}$$

式中 m 表示电子质量,e 表示电子电荷的绝对值,这就是说,实验结果表明,光电子的最大初动能与入射光频率成线性上升关系.

(3) 不同的光电阴极,具有不同的红限.

入射光波长 $\lambda > \lambda_0$ 时,或说入射光频率 $\nu < \nu_0$ 时,不论光强多大,光电效应也不会发生.λ_0 称为红限波长,$\nu_0(=c/\lambda_0)$ 称为截止频率.红限是光电材料的属性,而且与表面清洁程度有关,表 6-3-1 所列为某些纯净金属的红限波长、截止频率及脱出功数据.

表 6-3-1　一些金属的红限波长、截止频率和脱出功

金属	铯 Cs	钠 Na	锂 Li	银 Ag	金 Au	铂 Pt
红限波长/nm	660	540	500	261	265	231
截止频率/10^{14} Hz	4.55	5.56	6.00	11.5	11.3	13.0
脱出功/eV	1.88	2.30	2.48	4.75	4.68	5.37

(4) 弛豫时间极短.

从开始光照到释放光电子所需的时间,叫做光电效应的弛豫时间,现代测量表明,弛豫时间不超过 10^{-9} s.

2. 波动理论的困难　光子假设

乍看起来,从经典电磁理论来看,光电效应这一事实本身似乎没有令人惊讶的地方.因为光既然是电磁波,当然会对金属中的电子施力,使电子从金属中逸出.造成光的经典波动理论陷入困难的,是认真解释光电效应基本实验规律时,事情变得难以理解.

从光的经典电磁理论来看,电子从金属内部逸出,消耗的能量至少要等于该金属逸出功 A,电子从光强为 I 的入射光中接收的能量为 $I\sigma\tau$(σ 为电子的有效受光面积,τ 为弛豫时间),它逸出金属时的最大初动能为 $mv^2/2$,若电子热运动动能忽略不计,则应有

$$I\sigma\tau = \frac{1}{2}mv_m^2 + A = eV_a + A \tag{6-3-2}$$

按基本实验规律(2),遏止电压 V_a 与入射光强无关,与频率成线性上升关系,可是按(6-3-2)式,遏止电压 V_a 与 I 有关.按基本实验规律(3),光电效应应该存在红限.可是按光的波动理论,只要光强 I 足够大,或弛豫时间 τ 足够长,似乎总可以产生光电效应.即只要(6-3-2)式中动能项大于或至少等于零,总可以产生光电效应.按基本实验规律(4),光电效应的弛豫时间 $\tau < 10^{-9}$ s,可按(6-3-2)式算出弛豫时间 τ 的估计值为

$$\tau = \left(\frac{1}{2}mv_m^2 + A\right)\frac{1}{\sigma I}$$

对 Li 金属而言,脱出功 $A = 2.5$ eV $= 2.5 \times 1.6 \times 10^{-19}$ J.实验发现,对 Li 金属用波长为 400.0 nm(红限波长为 500.0 nm)、光强为 10^{-9} W·m^{-2} 的弱光照射时,立即出现光电效应.按电动力学估计,一个电子的有效受光面积 σ 约和入射光波长 λ 的平方相当.再考虑 $v_m = 0$

的极限情况,τ 的最低限度估计值也应为

$$\frac{A}{\lambda^2 I} = \frac{2.5 \times 1.6 \times 10^{-19}}{(4 \times 10^{-7}) \times 10^{-9}} \, s = 2.5 \times 10^3 \, s \approx 42 \, min$$

可实验证明 τ 最多不超过 10^{-9} s!

总之,用光的经典波动理论解释光电效应的基本实验规律时,遇到了不可调和的尖锐矛盾.为了解释光电效应,爱因斯坦发展了普朗克的量子假设.普朗克为了说明黑体辐射谱分布,假设频率 ν 的振子能量不能取任意值,只能取 $h\nu$ 的整数倍.即原子只能以 $h\nu$ 为最小单位与辐射场交换能量,能量小于 $h\nu$ 的交换过程不存在.但是,普朗克认为辐射场本身仍然是连续的波场,在这一点上,当时普朗克尚未冲破根深蒂固的传统观念束缚.爱因斯坦在此基础上前进了重要一步,认为辐射场的能量也是量子化的.

1905 年,爱因斯坦提出:光波的能量不像波动理论所想象的那样是连续分布的,而是集中在一些叫做光子[①](photon)的粒子上.每个光子具有确定的能量,它只能作为一个整体被吸收或激发,对波动理论中频率为 ν 的光波,光子能量 ε_ϕ 为

$$\varepsilon_\phi = h\nu \tag{6-3-3}$$

h 为普朗克常量.当光照射到金属上时,光子能量 $h\nu$ 一次性被电子吸收,使用 $h\nu$ 代替(6-3-2)式中 $I\sigma\tau$ 得

$$h\nu = \frac{1}{2}mv_m^2 + A \tag{6-3-4}$$

上式称为爱因斯坦方程.按爱因斯坦光子学说,很容易解释光电效应的所有基本实验规律.

按基本实验规律(1),对某光电阴极而言,在入射光频率不变条件下,饱和光电流强度和入射光强成正比.换言之,单位时间内由阴极逸出的光电子数与光强成正比.按光子理论,上述描述又等价于,单位时间内由阴极逸出的光电子数与单位时间内射到阴极的光子数成正比,这显然是合理的.

按基本实验规律(2),遏止电压与入射光频率成线性上升关系,与光强无关.按光子理论应有(6-3-4)式,将(6-3-1)式代入该式得

$$eV_a = h\nu - A \tag{6-3-5}$$

和基本实验规律(2)的结论完全一致.

按基本实验规律(3),光电效应存在红限,因为产生光电效应的必要条件是 $mv_m^2/2 \geqslant 0$,将此代入爱因斯坦方程,产生光电效应的必要条件为

$$\nu \geqslant \frac{A}{h} = \nu_0 \tag{6-3-6a}$$

式中 ν_0 即光电效应的截止频率.而相应的红限波长 λ_0 为

$$\lambda_0 = \frac{c}{\nu_0} = \frac{ch}{A} \tag{6-3-6b}$$

光子理论不仅说明了光电效应存在红限,而且将它和光电材料的逸出功联系起来.

按基本实验规律(4),光电效应弛豫时间小于 10^{-9} s.这一点按光子理论很容易理解;因为不管入射光如何弱,光子的能量总是 $h\nu$,只要用大于截止频率的光子入射,凡是能捕获到

[①] 历史上,1905 年,爱因斯坦对电磁波(光)的量子尚未使用"光子"这个词,这个词是延至 1926 年由 G. N. Lewis 创造的.

光子的电子就能立刻离开金属表面,不需要一个积累能量的过程,弛豫时间当然趋于零.

爱因斯坦光子理论不仅完善地解释了光电效应,一些涉及 X 光、γ 射线与物质相互作用的实验结果,也必须用光子理论才能解释.

3. 光子性质

对于光子的相对论粒子,考虑相对论中质能关系式

$$\varepsilon = mc^2 \tag{6-3-7}$$

及质量与速度关系式

$$m = \frac{m_0}{\sqrt{1 - \dfrac{v^2}{c^2}}} \tag{6-3-8}$$

再考虑光子能量 $\varepsilon_\phi = h\nu$(下标 ϕ 表示光子的物理量),因此光子的质量 m_ϕ 为

$$m_\phi = \frac{h\nu}{c^2} \tag{6-3-9}$$

但是光子只能以真空中光速 c 传播,按相对论中质量与速度关系式,要光子质量为有限值,就认为光子静止质量为零,即

$$(m_0)_\phi = 0 \tag{6-3-10}$$

光子的动量 p_ϕ 为

$$p_\phi = m_\phi c = \frac{h\nu}{c} = \frac{h}{\lambda} \tag{6-3-11}$$

此外,光子的自旋动量矩 $(J_s)_\phi$ 为

$$(J_s)_\phi = \frac{h}{2\pi} \tag{6-3-12}$$

电子的自旋动量矩为光子自旋动量矩的 $1/2$. 若取 $h/2\pi$ 为自旋动量矩的单位,可简称光子自旋动量矩为 1,电子自旋动量矩为 $1/2$. 光子不带电,其电偶极矩和磁矩皆为零,电子的电荷和磁矩皆不为零.

表 6-3-2 列出了各个波段光子的特性.

■ 表 6-3-2　各波段光子的特性

辐射类型	波长/cm	频率/Hz	光子能量/eV	光子质量与电子静质量的比值
米电磁波	100	3×10^8	1.24×10^{-6}	2.4×10^{-12}
厘米电磁波	1	3×10^{10}	1.24×10^{-4}	2.4×10^{-10}
红外线	10^{-3}	3×10^{13}	0.124	2.4×10^{-7}
可见光	5×10^{-5}	6×10^{14}	2.48	4.9×10^{-6}
紫外线	5×10^{-5}	3.3×10^{15}	13.6	2.7×10^{-5}
软 X 射线	10^{-8}	3×10^{18}	1.24×10^4	2.4×10^{-2}
硬 X 射线	10^{-9}	3×10^{19}	1.24×10^5	0.24
γ—射线	2.4×10^{-10}	1.14×10^{20}	5.11×10^5	1
γ—射线	7.07×10^{-12}	4×10^{21}	1.76×10^6	34.4

4. 光电器件

光电效应已在生产、科研、国防中有广泛的应用.电影、电视和无线电传真技术都采用光电管或光电池把光信号转化为电信号.在光度测量、放射性测量时,也常常用光电管或光电池把光信号转化为电信号,放大后进行测量.光电计数、光电跟踪、光电保护等多种装置在生产自动化方面的应用更为广泛,下面介绍几种常用的光电器件.

（1）光电管

光电管有真空光电管和充气光电管两类.图 6-3-3 为真空光电管构造示意图,一个真空玻璃球,阴极 K 涂有光电材料（也有直接将光电材料涂在半个玻璃球内表面当阴极的）,按使用光谱范围不同,选择不同红限的材料作为光电阴极.阳极 A 常做成圆环形,用电池组使阴极和阳极间存在电势差.用小于红限波长的光照射阴极时,电路中有电流通过,真空光电管饱和电流强度与照射光强成正比.其灵敏度可达每流明几十微安到上百微安.可用于记录和测量光的强度,或应用于光记号、电视、有声电影和自动控制等装置中.

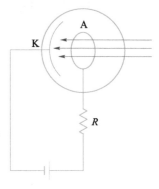

◎ 图 6-3-3　**光电管**

充气光电管中通常注有稀薄惰性气体（氖、氩等）,以避免和金属发生有害的化学作用.稀薄气体被光电子电离产生次级电子,使充气光电管灵敏度比真空光电管提高约 10 倍,但破坏了饱和电流与光强之间的线性关系.它的反应也不及真空光电管快,稳定性也较差.

（2）光敏电阻

1873 年,发现半导体硒在光照下,内部将激发出导电的载流子,使材料的电导率增加（电阻率减少）,这就是光电导现象.由于没有电子逸出体外,这属于内光电效应的一种.利用光电导现象可以制成光敏电阻.常用的光敏电阻为硫（硒或碲）化物,如硫化镉、硫化铅、硫化银、硫化铊等.如果将光敏电阻和电源串联在电路中,可以利用照射光敏电阻的光强变化,引起阻值变化,从而改变电路的电流,以达到控制和测量的目的.光敏电阻不仅是自控的重要元件,并可用于 X 射线剂量仪、高能质点计数器、红外线探测分析仪等.

光敏电阻的优点是:灵敏度高,体积小,反应快（硫化铅光敏电阻反应时间只有 10^{-5} s）,不需要特殊辅助电路等.

（3）光电池和原子电池

有些半导体和金属接触处会形成阻挡层,存在阻挡层的半导体有单向导电作用.有阻挡层的半导体,光照下激发出来的载流子（电子或空穴）在阻挡层两侧形成电偶层,这就是光生伏打效应,也是半导体内光电效应的一种.早在 1930 年,就制成了光电池,原料多用氧化亚铜、硒、硫化银或硫化铊等.图 6-3-4 所示为氧化亚铜（Cu_2O）光电池示意图.在基本板 Cu 上涂上 Cu_2O,再在 Cu_2O 上涂上一层薄到可以透光的金属膜（例如 Au 膜）作为另一个电极,在 Cu 和 Cu_2O 之间的阻挡层,只允许电子沿 Cu_2O 到 Cu 的方向通过.光照时,就会在阻挡层两侧形成电偶层（即产生电动势）,基板 Cu 为光电池负极,金属膜为正极.

由于硒光电池的最灵敏波长（550.0 nm）与人眼的一致,所以照度表多使用硒光电池,它是利用光照下产生的光电流来测量物体照度的.一般光电池效率只在 1% 左右,目前已生

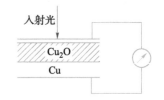

◎ 图 6-3-4　**氧化亚铜光电池**

产出效率高于 20% 的硅光电池,人造卫星已采用光电池作为部分设备的太阳能电源.

将硅片做成电池组置于原子反应堆中,在原子辐射作用下产生电动势,这就制成了所谓的原子电池.也有用半衰期比较长的锶涂在半导体自由表面上制成小功率原子电池的,它具有寿命长、体积小、电压稳定、不随温度变化等优点,可用作测量仪表的电源.

(4) 变像管

变像管是指将不可见辐射图像转换为可见光图像的电子光学器件,它包括红外变像管、紫外变像管、X 射线变像管等.下面以红外变像管为例说明一下.

红外变像管是利用对红外线灵敏的光电材料的外光电效应,将红外线图像转换为可见光图像的一种装置,如图 6-3-5 所示.图中 A 表示发出红外线的物体,经物镜(红外线透镜)成红外线实像 A′于光电阴极上.常使用对红外线灵敏的银氧铯光电阴极,由于外光电效应,A′又成为发射光电子的物体,这个发出光电子的物体 A′,经电磁透镜系统(由聚焦线圈、加速电极组成)成像 A″于阳极上,由于像 A″是由电子束构成的,它引起荧光屏上荧光物质发光,因此电子束构成的像便转换为可见光的像了.

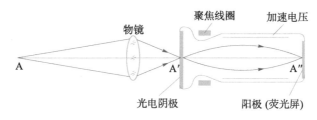

◉ 图 6-3-5　红外变像管示意图

红外变像管可用于夜间导航,也可装配在枪炮上作为"望远镜",使战士在黑夜或大雾天也能准确地瞄准目标.

变像管作为助视仪器,将人眼的光谱范围由可见光扩大到红外线、紫外线、X 射线,能将人眼对光能的探测极限加以延伸,从而大大扩展了人类获取信息的时空范围.

§6.4　X 射线的散射　康普顿效应

- 1. X 射线散射的实验结果
- 2. 康普顿效应的量子理论

散射的经典概念是光通过非均匀介质时,在入射光电振动作用下,散射中心(带电粒子)受迫振动,向四周发出散射光.第五章光的散射,就是按此观点处理的.经典散射的一个特点是散射光和入射光波长相同.

1922 年,康普顿(A. H. Compton)研究 X 射线经过石墨和金属等物质的散射(结果于 1923 年发表于《物理学评论》),我国科学家吴有训在 1922 年至 1926 年也做了一系列 X 射线散射实验,他们都发现除了波长不变的经典散射外,还有波长随散射角的增加而略有增加的散射,这种散射波长比原入射波长增加的散射现象叫做康普顿效应或康普顿散射.

1. X 射线散射的实验结果

图 6-4-1 为康普顿效应的实验装置示意图,图中 R 为 X 射线管,A 是散射物质,R_1 和 R_2 是光阑,用它们从散射光中分出狭窄的 X 射线束,该光束投射到配有晶体 C 和电离室 D 的 X 射线光谱仪上,用其分析散射光的波长.移动 A 和 R 的位置,可使不同方向的散射线通过光阑进入 X 射线光谱仪.

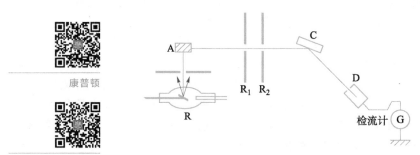

康普顿

X射线的发现

◎ 图 6-4-1　**X 射线散射实验装置示意图**

图 6-4-2 表示对于不同散射角,石墨对 X 射线的散射谱,纵坐标正比于散射光强,横坐标正比于波长.实验用装有钼靶的 X 射线管产生的 K_α 线,$\lambda = 7.126\times10^{-2}$ nm(相当于能量为 1.7×10^4 eV 的光子).图 6-4-2(a)表示波长 $\lambda = 7.126\times10^{-2}$ nm 时的入射 X 光谱线;图 6-4-2(b)、(c)、(d)分别是散射角为 45°、90°、135°时的散射光谱.图中左侧峰值表示散射光中和入射光波长($\lambda = 7.126\times10^{-2}$ nm)相同的经典散射部分,图中右侧峰值表波长变大的康普顿散射部分.

图 6-4-3 所示为同一散射角、不同物质对 X 射线的散射谱.纵坐标正比于散射光强,横坐标正比于波长.实验用装有银靶的 X 射线管产生的 K_α 线,$\lambda = 5.627\times10^{-2}$ nm(相当于能量 2.2×10^4 eV 的光子).散射物质选了铍(Be_9^4),钾(K_{39}^{19}),铜(Cu_{63}^{29})三种(元素符号上标为原子序数,下标为原子量).图中左侧峰值表示散射光中和入射光波长($\lambda = 5.627\times10^{-2}$ nm)相同的经典散射部分;图中右侧峰值表示同一散射角(120°)时,波长变大的康普顿散射部分.

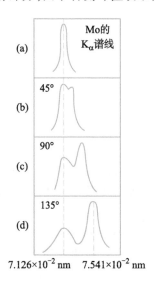

◎ 图 6-4-2　**不同散射角,石墨对**
X 射线的散射谱

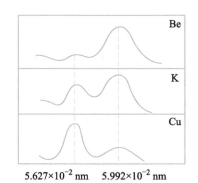

◎ 图 6-4-3　**同一散射角（120°）,**
不同物质对 X 射线的散射谱

实验结果,归纳起来有三点:

(1) 在 X 射线的散射中,除了散射光波长 λ' 等于原入射光波长 λ 的经典散射外,尚有 $\lambda'>\lambda$ 的康普顿散射.

(2) 轻元素中康普顿散射比经典散射强,重元素中康普顿散射比经典散射弱.

从图 6-4-3 看出,在同一散射角下,轻元素 Be 的康普顿散射相对经典散射要强得多;对元素 K 而言,康普顿散射相对经典散射的强度差不多;对较重元素 Cu 而言,康普顿散射相对经典散射的强度要弱得多.

(3) 康普顿效应中,散射光波长增加量 $(\lambda'-\lambda)$ 是散射角 ϕ 的单调上升函数,与散射物质的物理、化学性质无关.

2. 康普顿效应的量子理论

康普顿效应无法从散射的经典理论得到解释[①]. 但是,如果从散射的量子观点来看,散射是光子和散射物质中的电子发生弹性碰撞的结果,则 X 射线散射的实验结果完全可以得到解释.

首先,由于原子中一些外层电子受到的束缚是松弛的,其结合能为 $10\sim100$ eV,对能量数量级为 10^4 eV 的硬 X 射线(例如钼靶、银靶的 K_α 线)光子来说,这些外层电子完全可看作是自由电子,而光子与自由电子发生弹性碰撞,光子能量 $h\nu$ 转移一部分给自由电子,碰撞后的光子(即散射光光子)能量为 $h\nu'$,并且 $\nu'<\nu$(即 $\lambda'>\lambda$),这就是康普顿散射.但是,光子与束缚得很紧的电子发生弹性碰撞时,这时光子要和整个原子交换能量,由于 X 射线光子质量比原子质量要小得多,碰撞后散射光子的能量 $h\nu'$ 仍等于 $h\nu$,因此 $\nu'=\nu$(即 $\lambda'=\lambda$),这就是 X 射线散射中的经典散射.

可是,对可见光来说,例如波长为 500.0 nm 的可见光,其光子能量约为 2.5 eV,光子质量约为电子静质量的百万分之五.既然可见光光子比自由电子的质量小这么多,按弹性碰撞理论,可见光光子与自由电子碰撞后,光子能量不会转移给自由电子(即 $h\nu'=h\nu$);至于可见光光子与束缚电子发生弹性碰撞,光子能量就更不会转移给电子了.因此,在可见光范围内只观察到经典散射,观察不到波长变长的康普顿散射.

其次,由于轻元素中,全部电子与原子结合得不紧,几乎所有电子相对 X 射线光子而言都是自由电子,所以在轻元素中康普顿散射强,经典散射弱.但是在重元素中,只有最外层少量电子可以看作自由电子,内层电子应看作束缚电子,所以在重元素中康普顿散射弱,经典散射强.

再次,如上所述,经典散射是光子与束缚电子弹性碰撞的结果,而康普顿散射是光子与自由电子弹性碰撞的结果,即康普顿散射只涉及 X 射线光子与电子的基元过程,不涉及原子的排列方式,也不涉及电子在原子中的分布方式,所以 $(\lambda'-\lambda)$ 值应与散射物质的物理、化学性质无关.至于 $(\lambda'-\lambda)$ 值是散射角 ϕ 的单调上升函数,可定量计算如下:

设碰撞前入射 X 射线光子的动量为 $h\nu/c$,能量为 $h\nu$;碰撞前自由电子的动量近似为零(电子热运动能量只有几十分之一 eV,相对 X 射线光子能量 10^4 eV 来说是很小的),能量为 $m_0 c^2$(m_0 表示电子静质量).碰撞后散射光子的动量为 $h\nu'/c$,能量为 $h\nu'$,散射角为 φ(散射光子方向与入射光子方向的夹角).碰撞后反冲电子的动量为 mv[m 表示电子(动)质量,v 表

[①] 曾有人试图从多普勒效应来解释波长移动的散射现象,但所得结果不能令人信服.

示电子反冲速度],能量为 mc^2,反冲角为 Ψ(v 与入射光子方向夹角).

参考图 6-4-4,对 X 射线光子与自由电子弹性碰撞前后使用相对论力学形式的能量守恒和动量守恒,有

$$h\nu + m_0 c^2 = h\nu' + mc^2$$

$$(mv)^2 = \left(\frac{h\nu}{c}\right)^2 + \left(\frac{h\nu'}{c}\right)^2 - 2\left(\frac{h\nu}{c}\right)\left(\frac{h\nu'}{c}\right)\cos\varphi$$

将上两式整理得

$$mc^2 = h(\nu - \nu') + m_0 c^2$$

$$m^2 v^2 c^2 = h^2\nu^2 + h^2\nu'^2 - 2h^2\nu\nu'\cos\varphi$$

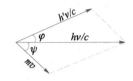

◎ 图 6-4-4　光子和自由电子弹性碰撞动量守恒矢量图

将两式中第一式平方后再减去第二式得

$$m^2\left(1 - \frac{v^2}{c^2}\right)c^4 = m_0^2 c^4 - 2h^2\nu\nu'(1-\cos\varphi) + 2m_0 c^2 h(\nu - \nu')$$

即

$$c\frac{(\nu - \nu')}{\nu\nu'} = \frac{h}{m_0 c}(1 - \cos\varphi)$$

即

$$\lambda' - \lambda = 2\frac{h}{m_0 c}\sin^2\frac{\varphi}{2} = 2\Lambda\sin^2\frac{\varphi}{2} \tag{6-4-1}$$

式中

$$\Lambda = \frac{h}{m_0 c} = 2.426 \times 10^{-3}\ \text{nm}$$

是一个与散射性质无关的普适常量,Λ 常称为康普顿波长.

(6-4-1)式理论值和实验结果符合得很好.若将(6-4-1)式写为下列形式:

$$\frac{\lambda' - \lambda}{\lambda} = \frac{2\Lambda}{\lambda}\sin^2\frac{\varphi}{2} \tag{6-4-2}$$

可以看出,只有入射光波长 λ 和康普顿波长 Λ($= 2.426 \times 10^{-3}$ nm)接近时,波长改变的相对值才较为明显.这就从另一角度说明,为何用可见光甚至紫外线做散射实验难以看出康普顿效应,要用硬 X 射线(百分之几纳米的波长)做散射实验,康普顿效应才显著.

上述关于康普顿效应的解释是光子理论的又一成功应用.但也正是光子理论的成功,使光是什么这一问题,总是出现令人费解的答案.19 世纪的大量实验事实,迫使我们得出光是电磁波的结论;19 世纪末和 20 世纪初所确立的另一些实验事实,看来又迫使我们要接受光是光子的结论.到底光是电磁波还是光子呢? 它们是绝对矛盾的吗?

§6.5　　光的波粒二象性

18 世纪,光的波动说战胜了微粒说,到了 20 世纪初又出现了光子理论,似乎又回到了微粒说.但是,认识是螺旋式上升发展的,绝不是简单的循环重复.光的现代量子理论并不意味着对其认知回到牛顿时代的微粒说,而是认为光子(其他基本粒子也是这样)同时具有波动和粒子两重性,即波粒二象性.

为此,让我们用弱光流来做单缝的夫琅禾费衍射实验.当光流不断减弱,直到每次只有一个光子通过狭缝时,在此情况下,通过狭缝的光子只能到达观察屏(理想的灵敏感光片)上

某一点 P，而不可能同时到达观察屏上的其他地方．实验结果也正是如此，光子不老是落在同一地点，而是间或落在这一点，又间或落在另一点．但是，如果有足够长曝光时间，就可得到正常的衍射花样．换句话说，衍射极大，从时间上看，是光子频繁到达的地方；从空间上看，是光子稠密聚集的地方．因此，借助于波动理论算出的，屏上 P 点衍射波振幅的平方（衍射光强），可理解为正比于在 P 点单位体积中发现光子的概率．在单缝衍射实验中，描述光具有粒子性，是指光的能量（$h\nu$）、动量（h/λ）、质量（$h\nu/c^2$）的确是一份份集中分布在光子上，而不是连续地分布在波场的整个空间；描述光具有波动性，是指光子的统计分布，和波动理论算出的振幅平方分布是一致的．换句话说，光具有波动性是指只能在特定实验条件下，指出光子在空间各点出现的概率，而不能同时指出光子的坐标、动量及其轨迹．

光的波动性与粒子性是相互联系的．一方面，光子的能量和动量（描述粒子性的量）与光波的频率和波长（描述波动性的量）有下述联系：

$$\varepsilon_\phi = h\nu, \quad P_\phi = \frac{h}{\lambda}$$

另一方面，波的强度（振幅平方）与粒子出现的概率密度成正比．

因此波粒二象性在统计的意义上统一起来了．但是必须强调指出：一般来说，量子理论中的波动性和粒子性同经典的波动性和粒子性有着本质的区别．量子理论中的粒子性主要指作用的定域性、整体性和不连续性，而经典粒子运动轨道的概念在这里不复存在；量子理论中的波动性主要指传播过程的空间弥散性和状态可叠加性，但能量、动量、质量在空间的分布不再具有连续性．

从观点上说，从波粒二象性理论的本质来看，必须放弃经典的波动性、粒子性概念．但是，从处理问题的科学方法论上来看，从手段、工具的意义上来说，也不是在任何情况下都完全无条件放弃建立在经典波动性、粒子性观念上的处理问题的方法．重要的是要了解在什么条件下，用经典方法处理问题的结论与用光量子理论处理的结论是一致的；此外还要注意，在什么情况下，粒子性表现突出，在什么情况下，波动性表现较为突出，例如：如果研究目的是计算光强分布，这时主要涉及光的波动性；如果研究光与物质相互作用的机理，这时主要涉及光的粒子性；如果少量甚至单个光子能量大于接收器能量灵敏度，这时主要涉及粒子性（例如探测 γ 射线的盖格计数器）；如果单个光子能量远小于接收器能量灵敏度，这时主要涉及波动性（例如无线电、红外线接收器等）．对于主要涉及光的波动性的情况，当波长远小于仪器元件线度时，又可用几何光学中的光线观念来处理；如果波长和仪器元件线度相近时，就须用波动光学处理．

从量子场论的观点来看，电磁波的能量和动量在空间分布不是连续的，是量子化的，是一份一份地发出或接收的．能量以 $h\nu$、动量以 h/λ 为最小单位，借助于二次量子化，终于建立了一个前后一致的、用统一观点描述的波粒二象性理论——量子电动力学．

必须指出，目前对光的认识虽然有了比较深入的了解，但毕竟其还只是具有相对真理的意义，认识是无止境的，人们只能从不断地科学实践中日益接近更完善的认识．

复习思考题

6-1 试分析下列说法错在哪里．

    （1）平衡热辐射时,物体在某一温度下对某一波长而言,它吸收多少辐射能,就一定放出多少辐射能,所以 $r(\lambda,T)/a(\lambda,T)$ 恒等于 1.

    （2）既然绝对黑体能 100% 吸收投射于其上的辐射,那么太阳不断照射绝对黑体,温度能无限制地升高.

    （3）绝对黑体在任何温度下总是呈现黑色.

    （4）所有炽热固体都遵守辐射度和绝对温度的四次方成正比的定律.

6-2 在白瓷碟上画一黑马,将此碟置于黑暗中的无色酒精灯上加热,看到马比较亮.若将此碟放入炼钢炉中,将看到什么情况?

6-3

    （1）夏天在烈日下穿白衣服凉爽还是穿黑衣服凉爽?在室内穿白衣服凉爽还是穿黑衣服凉爽?设衣服的材质都一样.

    （2）有一反射率等于 1 的物体,在下述两种情况下,它的温度能否改变? ① 周围物体的温度比它高,② 周围物体的温度比它低.

6-4 下列能流透射率为零的物体,哪个是绝对黑体?

    （1）不辐射可见光的物体;

    （2）不辐射任何光线的物体;

    （3）不能反射可见光的物体;

    （4）不能反射任何光线的物体.

6-5

    （1）煤炉中由煤块形成的"空穴",看起来比煤块本身亮,"空穴"的温度是否显著高于露出的炽热煤块的温度?

    （2）有人说:如果我们窥视一个空腔,腔壁维持在恒定温度,空腔内部的细节就看不清楚了.这个说法有道理吗?

6-6 两个相同的物体 A 和 B,具有相同的温度.但 A 周围物体的温度低,而 B 周围物体的温度高.问物体 A 和 B 在温度相同的瞬间,单位时间内辐射的能量是否相等?单位时间内吸收的能量是否相等?

6-7 设空腔处于温度 T 时,辐出度为 R_0,辐射谱峰值波长为 λ_m;如果空腔温度增加,以至辐出度增加至 R_0',问辐射谱峰值波长 λ_m' 变为多大?

6-8 试证明:当 $kT \gg h\nu$ 时,量子振子的平均能量表示式退化为经典振子的表示式.

6-9 试述普朗克量子假设和爱因斯坦光子假设的含义。为何说后者是在前者基础上发展起来的?

6-10 正常人的眼睛,每秒接收 100 个波长为 550 nm 的光子时,就产生光感.求与此相当的功率为多少瓦(估计数量级).

6-11 照相胶片上的感光化合物常用溴化银 AgBr,当它吸收光子离解成原子时,则胶片"曝光"了.若溴化银分子离解所需能量为 1.0 eV/分子,试计算能使溴化银离解的光子,波长有何限制?贮存在暗盒内的照相胶片,会不会被不断通过它们的无线电波"曝光"?

6-12 为什么用单色光照射光电阴极,击出的光电子初动能还是有一定分布?

6-13 若用表 6-3-2 所列红外线、可见光、紫外光做光电效应实验,相应光电阴极的脱出功应低于什么数值?

6-14 若从实验确定了光电材料的 eV_a (V_a 为遏止电压,e 为电子电荷的绝对值)和入射光频

率 ν 之间的实验曲线. 如何从实验曲线定出普朗克常量 h、脱出功 A 和截止频率 ν_0?
光电材料的实验数据如下:

入射光波长 $\lambda/\text{Å}$	2 536	3 132	3 650	4 147
遏止电压 V_a/V	1.95	0.98	0.50	0.14

试用作图法估计普朗克常量 h 和截止频率 ν_0.

6-15 如何理解光的波-粒二象性?

习题

6-1 有一球体, 直径 $d = 2 \text{ cm}$, 温度为 600 ℃, 若该球体吸收本领 $a(600 ℃) = 0.20$, 与波长无关, 试求该球体的总辐射功率.

6-2 (1) 物体的辐射温度 T_r, 是指绝对黑体与该物体发出相等的辐出度 R 时, 相应的绝对黑体温度. 设某物体总吸收本领 $A(T)$ 为已知, 可认为 $A(T) = R(T)/R_0(T)$, 求该物体的实际温度 T 与辐射温度 T_r 之间关系.

(2) 地球表面每平方厘米每分钟辐射损失的能量, 平均为 0.54 J, 求地球的辐射温度 T_r. 若认为地球的实际平均温度 $T = 300$ K, 求地球的平均总吸收本领 A.

6-3 利用大气层外的火箭记录太阳的发射光谱, 测得其辐射谱峰值波长 $\lambda_m = 465.0 \text{ nm}$, 把太阳当作绝对黑体, 求太阳表面的温度.

6-4 把灯丝近似看成绝对黑体, 不计热传导损失, 要使直径 $d = 1 \text{ mm}$、长度 $l = 20 \text{ cm}$ 的灯丝温度保持在 3 500 K, 求供电所需功率.

6-5 如习题 6-5 图所示, 用光圈为 $f/2$ 的透镜(即透镜像方焦距与透镜入瞳直径之比为 2) 将太阳光聚集于空箱小孔中, 箱的内壁涂黑而外壁光亮, 孔的直径大于太阳像的直径. 略去太阳光线经过大气和透镜时的能量损失, 同时略去透过箱壁的热损失. 试求平衡时, 箱中的温度 T(太阳表面的温度 $T_s = 6\,000$ K).

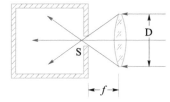

◉ 习题 6-5 图

6-6 黑板受光强 $I = 8.4 \text{ J}/(\text{cm}^2 \cdot \text{min})$ 的太阳光正射, 把黑板近似当作绝对黑体, 求黑板最后能达到的温度 T.

6-7 电灯中钨丝直径 $d = 0.050 \text{ mm}$, 电灯亮时被加热到温度 $T_1(2\,700 \text{ K})$, 问电灯关闭后多少时间, 钨丝降温至 $T_2(600 \text{ K})$. 设钨丝在此温度区间内的平均全吸收系数 $A = 0.5$; 密度 $\rho = 1.9 \text{ g/cm}^3$, 比热容 $C = 0.03 \text{ cal}/(\text{g} \cdot ℃)$, 除辐射外略去其他原因的能量损失, 也略去灯丝周围环境给它的能量.

6-8 已知绝对黑体辐射能流密度 $w(\lambda, T)$ 和光谱辐出度 $r_0(\lambda, T)$ 有 $r_0 = cw/4$ 关系, 从普朗克黑体辐射公式(6-2-10)式出发. 试写出绝对黑体的 $r_0(v, T)$、$w(\lambda, T)$ 和 $w(v, T)$ 的表示形式.

6-9 已知普朗克黑体辐射公式:

(1) 试写出单位时间内, 绝对黑体单位表面积的辐射光子数 $n(\lambda, T)$ 的表达式.

(2) 温度为 T 时, 辐射光子数最多的波长 λ_m 为多少?

提示：超越方程 $4e^x - xe^x - 4 = 0$ 的解 $x_m(=hc/\lambda kT) = 3.925$.

6-10 已知铂和铯的脱出功分别为 5.37 eV 和 1.88 eV，用波长为 400.0 nm 的光照射时，试求光电子的最大速率 v_m.

6-11 金属板置于离单色点光源 5 m 远处，光源的输出功率为 10^{-3} W. 假设每个光电子受光面积的半径为 10 个原子直径（10^{-9} m）. 已知此金属板的脱出功为 5.0 eV. 将光看成经典电磁波，对这样一个"靶"来说，电子从该光源中吸收 5.0 eV 能量需要多少时间？

6-12 用汞弧发出的波长 $\lambda = 2.54 \times 10^{-5}$ cm 的紫外光照射干净的铜表面时，遏止电压为 0.59 V，求铜的红限波长 λ_0.

6-13 （1）试以光子的动量 p_ϕ 及质量 m_ϕ 表示光子能量 ε_ϕ；

（2）求可见光（$\lambda = 500.0$ nm）光子质量 m_ϕ.

6-14 试导出康普顿散射中电子反冲角 Ψ 与光子散射角 φ 的关系式.

6-15 求电子在质子上散射时波长的最大增加量，质子质量为 1.673×10^{-24} g.

6-16 波长 λ_0 为 0.1 nm 的光子和电子正碰，散射方向和原来方向相反，试求散射光子的波长 λ 和反冲电子所获得的能量.

6-17 从光子概念出发，求光对平面镜的压强 P.

假定平面镜的反射系数为 R，而入射光光强为 I，入射角为 i_1（i_1 可取 0°~90° 之间任意值）.

授课视频 7-1

　　1916 年，爱因斯坦预见了光的受激发射. 1951 年，汤斯（Charles H. Townes）首先提出了设想. 1954 年，他和戈登（James P. Gordon）、泽嗄（H. J. Zeiger）一起制成了第一台微波段的受激发射源——微波激射器，又称脉射（Maser）[1]. 肖洛（Arthur L. Schawlow）和汤斯在 1958 年研究了如何将微波激射器原理推广到可见光波段的一般物理条件. 1960 年，梅曼（T. H. Maiman）用红宝石制成了第一台可见光波段的受激发射源——光激射器，简称激光器，又称镭射（Laser[2]）. 现在不管什么波段，都统称为激光器或激光，1964 年，汤斯、巴索夫（Nikolay Basov）和普罗恰科夫（Alexander Prokhorov）因为在激光方面的贡献共同获得诺贝尔物理学奖. 1964 年，按照我国著名科学家钱学森建议将"光受激辐射"改称"激光".

　　激光有许多宝贵的特点. 例如，亮度极高，比太阳表面亮度还要高 10^{10} 倍；方向性极好，几乎是平行光；颜色非常单纯，其谱线宽度只有氖灯谱线宽度的万分之几；空间相干性也特别好. 激光一出现就引起了人们普遍的重视，它不仅使古老的光学焕发了青春，还对科学技术的各个领域产生了巨大的影响.

　　激光器的工作物质已经非常广泛，有固体、气体、液体、半导体、染料等，种类繁多，激光的波长从无电波的亚毫米波开始，遍及整个远红外区、红外区、可见光区、直至紫外区（H_2 激光器的 120 nm、170 nm 谱线），人们还在研制波长更短的激光器. 输出功率低的只有几微瓦. 超强激光的峰值功率可以高达拍瓦（$1\ PW = 10^{15}\ W$）.

　　本章从介绍光与原子体系相互作用的基础知识入手，然后从激活介质中的光放大和谐振腔作用两个方面探讨了激光器的机理，最后简单介绍实际的激光器.

§7.1　光与原子体系的相互作用　　　*§7.4　激光器的类型

§7.2　激活介质中的光放大　　　　　复习思考题

§7.3　谐振腔的作用　　　　　　　　习题

---

　　[1]　Maser 一词是"microwave amplification by stimulated emission of radiation"词级别中各词第一个字母的缩写，直译是"辐射的受激发射的微波放大".

　　[2]　Laser 一词是"light amplification by stimulated emission of radiation"词组中各词第一个字母的缩写，直译是"辐射的受激发射的光放大".

§7.1　光与原子体系的相互作用

- 1. 原子按能级的统计分布
- 2. 光与原子体系相互作用的基本形式
- 3. 能级寿命

授课视频 7-2

此前讨论过物质辐射的第一种形式——热辐射. 物质辐射的第二种形式——发光,在激光产生中占有特别重要的地位. 在发光过程中,构成物质的原子(或离子、分子)内部状态要发生改变,原子内部状态实际上就是指原子内部电子的运动状态,由于原子内部状态只能处于一系列定态,定态中的原子只能用某些分立值 $E_1, E_2, \cdots$ 表示. 这些定态的能量叫做能级. 能量最低的定态叫做基态,其他的定态叫做激发态,原子在一对能级 E_1、E_2 间跃迁时,发射或吸收的光子遵守下列频率条件:

$$h\nu = E_2 - E_1 \tag{7-1-1}$$

上式实质上是发射或吸收光子时的能量守恒定律,原子从高能级 E_2 向低能级 E_1 跃迁时发射光子,由低能级 E_1 向高能级 E_2 跃迁时吸收光子. 在此基础上,我们进一步研究原子按能级的统计分布和光与原子体系作用的基本过程有哪些形式.

1. 原子按能级的统计分布

在 §6.2 节中曾经就线谐振子的统计分布介绍过麦克斯韦-玻耳兹曼分布律(6-2-7)式,它是经典统计的基本公式,也适用于分析气体原子按能级的分布. 设原子数为 N 的体系处于热平衡状态,温度为 T,在简并度为 g_n 的能级 E_n 上,原子数 N_n 为

$$N_n = N \frac{g_n \exp(-E_n/kT)}{\sum g_n \exp(-E_n/kT)} \tag{7-1-2}$$

从上式可以看出,原子数 N_n 随着能级 E_n 的提高按指数律递减,在热平衡状态下,不同能级 E_2、E_1 两量子态上原子的比值为

$$\frac{N_2/g_2}{N_1/g_1} = e^{-(E_2-E_1)/kT} \tag{7-1-3}$$

设 $E_2 > E_1$,高能级每个量子态上的粒子数 N_2/g_2 总是小于低能级每个量子态上的粒子数 N_1/g_1. 例如,氢原子第一激发态 E_2 和基态 E_1 的能量差为 10.2 eV,$T = 300$ K 时,$kT = 0.026$ eV,则

$$\frac{N_2/g_2}{N_1/g_1} = e^{-10.2/0.026} \approx e^{-392} \approx 10^{-170}$$

可见在室温下,气体热平衡状态中的原子几乎全部处于基态.

2. 光与原子体系相互作用的基本形式

原子体系存在分立能级,原子按能级有一定的分布. 光与原子体系相互作用的过程中,原子也只能在这些分立的能级之间跃迁,这种跃迁包括自发发射、受激发射和受激吸收三种基本形式. 下面用两个能级的原子体系来说明.

原子从高能级 E_2 向低能级 E_1 跃迁相当于光子的发射过程,相反的跃迁是光子的吸收过程. 两过程都满足同一频率条件(7-1-1)式.

(1) 自发发射、受激发射和受激吸收

自发发射(spontaneous emission)是不受外界条件影响情况下的发射,处在高能级 E_2 的原子有一定概率自发地向低能级 E_1 跃迁,每跃迁一个原子便发射一个频率由(7-1-1)式决定的光子,这种过程叫做自发发射,如图 7-1-1(a)所示. 自发发射是个随机过程,对于大量处于高能级的原子来说,它们各自独立地发射一个个能量相同但彼此无关的光子,这相当于它们各自独立地自发发射一组中心频率相同的波列,各列光波之间没有固定相位关系,偏振方向与传播方向也是杂乱的. 也就是说,自发发射的各列光波是不相干的.

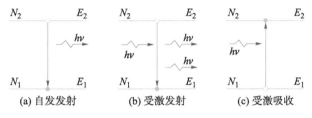

◎ 图 7-1-1　原子跃迁的三种基本形式

设单位体积内,在某时刻 t,处于能级 E_2、E_1 的原子数分别为 N_2、N_1,则单位时间内,单位体积中 E_2 能级因自发发射而减少的原子数应与 N_2 成正比,即

$$-\left(\frac{\mathrm{d}N_2}{\mathrm{d}t}\right)_{sp} = A_{21}N_2 \tag{7-1-4}$$

A_{21} 称为自发发射系数,它表征自发发射概率,是原子能级体系的特征参量.

受激发射(stimulated emission)是 1916 年由爱因斯坦首先提出的. 在满足频率条件的外来光子激励下,处在高能级的原子向低能级跃迁,并发出另一个与外来光子四同(同频率、同相位、同偏振和同传播方向)的光子,这种过程叫做受激发射,见图 7-1-1(b).

设单位体积内,某时刻 t,处于能级 E_2、E_1 的原子数分别为 N_2、N_1,则单位时间内,单位体积中 E_2 能级因受激发射而减少的原子数除了应与高能级原子数密度 N_2 成正比外,还应与外来的辐射能量密度 $w(\nu,T)$ 成正比,即

$$-\left(\frac{\mathrm{d}N_2}{\mathrm{d}t}\right)_{st} = B_{21}N_2 w(\nu,T) \tag{7-1-5}$$

B_{21} 称为受激发射系数,它表征单位辐射能量密度的受激发射概率,是原子能级体系的特征参量.

处于低能级 E_1 的原子,在满足频率条件 $h\nu = E_2-E_1$ 的外来光子作用下,上述原子有可能吸收该光子而跃迁到高能级 E_2,这种过程叫做受激吸收(stimulated absorption),见图 7-1-1(c). 光的吸收就是自发产生的,受激吸收对外来光子的要求除了满足必须的频率条件外,对其传播方向、偏振相位均无限制.

设单位体积内,某时刻 t,处于能级 E_2、E_1 的原子数分别为 N_2、N_1,则单位时间内,单位体积中高能级 E_2 因受激吸收而增加的原子数,除了应与低能级原子数密度 N_1 成正比外,也应与外来的辐射能量密度 $w(\nu,T)$ 成正比,即

$$\left(\frac{\mathrm{d}N_2}{\mathrm{d}t}\right)_{a} = B_{12}N_1 w(\nu,T) \tag{7-1-6}$$

B_{12} 称为受激吸收系数,它表征单位辐射能量密度的受激吸收概率,是原子能级体系的特征参量.

(2) 爱因斯坦系数之间的关系

A_{21}、B_{21} 和 B_{12} 三个系数统称为爱因斯坦系数,三者之间是有联系的. 由于 A_{21}、B_{21} 和 B_{12} 都只与原子本身结构有关,所以可选用原子体系和光场的一种特殊状态——热平衡状态来找出它们的关系. 为此,设想有一温度为 T 的处于热平衡状态下的空腔,腔中充满大量的某种原子,空腔内壁的热辐射在腔内来回反射,形成一个辐射能量密度稳定的辐射场,这种辐射场对空腔中的原子来说是外来辐射,因此,这些原子除了自发发射之外,还在外来辐射的激励下产生受激发射与受激吸收,由于腔内原子处于热平衡状态,单位体积中能级 E_2 上的原子数应有稳定值,即要求

$$\frac{\mathrm{d}N_2}{\mathrm{d}t}=\left(\frac{\mathrm{d}N_2}{\mathrm{d}t}\right)_{sp}+\left(\frac{\mathrm{d}N_2}{\mathrm{d}t}\right)_{st}+\left(\frac{\mathrm{d}N_2}{\mathrm{d}t}\right)_{a}=0$$

将(7-1-4)、(7-1-5)、(7-1-6)式代入上式,整理后得

$$w(\nu,T)=\frac{A_{21}}{B_{12}\dfrac{N_1}{N_2}-B_{21}} \tag{7-1-7}$$

将(7-1-3)式代入上式,并利用频率条件(7-1-1)式进行简化,得

$$w(\nu,T)=\frac{g_2 A_{21}}{g_1 B_{12}\mathrm{e}^{h\nu/kT}-g_2 B_{21}} \tag{7-1-8}$$

根据实验,当 $T\to\infty$ 时,有 $w(\nu)\to\infty$,将此代入上式得

$$g_1 B_{12}=g_2 B_{21} \tag{7-1-9}$$

将上式代回(7-1-8)式得

$$w(\nu,T)=\frac{A_{21}}{B_{21}}\cdot\frac{1}{\mathrm{e}^{h\nu/kT}-1} \tag{7-1-10a}$$

而处于热平衡状态下的空腔体系,其辐射能量密度必须与绝对黑体辐射能量密度 $w(\nu,T)$ 相等,参考习题6-8,即

$$w(\nu,T)=\frac{8\pi h\nu^3}{c^3}\cdot\frac{1}{\mathrm{e}^{h\nu/kT}-1} \tag{7-1-10b}$$

上两式对比,显然有

$$\frac{A_{21}}{B_{21}}=\frac{8\pi h\nu^3}{c^3} \tag{7-1-11}$$

(7-1-9)式和(7-1-11)式是爱因斯坦系数之间的关系式. 虽然这里是从热平衡条件下导出的,对非热平衡情况仍然适用.

(7-1-9)式可改写为

$$\frac{B_{21}}{B_{12}}=\frac{g_1}{g_2}$$

上式可理解为

$$\frac{能级\ E_2\ 上原子的受激发射概率}{能级\ E_1\ 上原子的受激吸收概率}=\frac{g_1}{g_2}$$

对上式还可作如下直观理解:光子对高能级和低能级原子的刺激,分别产生受激发射和受激吸收,然而高能级和低能级的原子谁被"击中"的概率大些呢? 若 $g_1 = g_2$,则概率相同(机会均等);若 $g_1 \neq g_2$,则"击中"概率与简并度成反比.

利用(7-1-11)式可以比较单位体积中,单位时间内,受激发射的原子数 $B_{21}N_2 w$ 与自发发射的原子数 $A_{21}N_2$ 的比值 η,即

$$\eta = \frac{B_{21}N_2 w}{A_{21}N_2} = \frac{c^3 w}{8\pi h\nu^3} \tag{7-1-12}$$

$\eta > 1$ 表示受激发射占主导,$\eta < 1$ 表示自发发射占主导,从(7-1-12)式可以看出,当辐射能量密度对频率变化影响不太大时,低频区有利于受激发射占主导,高频区有利于自发发射占主导.这正是长期以来,在光频区未能实现足够强的受激发射的原因.即使是现在,紫外区乃至 X 光区的激光发射条件较之可见光区、红外区也要困难得多.若将热平衡状态下,辐射能量密度表示式(7-1-10b)式代入(7-1-12)式,则有

$$\eta = \frac{1}{e^{h\nu/kT} - 1}$$

对于 $T = 10^3$ K(相当于 $kT \approx 0.087$ eV)的热辐射源来说:$\lambda = 500.0$ nm 的可见光辐射(相当 $h\nu \approx 2.45$ eV),$\eta \approx 4 \times 10^{-13}$;$\lambda = 1.0$ cm 的微波辐射(相当 $h\nu \approx 1.24$ eV),$\eta \approx 700$.从这个例子可以看出,普通的热辐射源,可见光区是自发发射占主导的非相干辐射,而微波区却是受激发射占主导的相干辐射.

3. 能级寿命

在热平衡状态下,高能级 E_2 上的原子数是十分少的,若用外界激励的办法,例如用光激励,使低能级 E_1 上的原子吸收光子而跃迁到高能级去.当高能级原子因辐射而减少的原子数和因低能级因受激吸收而增加原子数相等时,高能级上的原子数有稳定数密度 N_{20}.令 $t = 0$ 时刻,外界停止激发,则高能级 E_2 上原子数密度,由于自发发射而减少.利用(1-7-4)式,可求出时刻 t,高能级 E_2 上的粒子数密度 $N_2(t)$,即

$$\frac{dN_2}{N_2} = -A_{21} dt$$

$$\int_{N_2(0)}^{N_2(t)} \frac{dN_2}{N_2} = -\int_0^\infty A_{21} dt$$

$$N_2(t) = N_{20} e^{-A_{21}t} \tag{7-1-13}$$

上式表明,外界停止激发后高能级上原子数按指数律减少.A_{21} 越大,减少得越快.为了计算高能级上原子的平均停留时间 τ,先考虑单位体积中在 t 到 $t+dt$ 时间间隔内离开高能级的原子数为 $A_{21}N_2(t)dt$,其中每个原子在 E_2 能级上停留时间为 t,这些粒子总的停留时间为 $tA_{21}N_2(t)dt$.所以单位体积中能级 E_2 上的全部原子 N_{20} 的平均停留时间 τ 为

$$\tau = \frac{1}{N_{20}} \int_0^\infty tA_{21}N_2(t)\,dt$$

$$= \int_0^\infty tA_{21}\,e^{-A_{21}t}dt$$

$$= \left[-te^{-A_{21}t}\right]_{t=0}^{t=\infty} - \int_0^\infty -e^{-A_{21}t}dt = \frac{1}{A_{21}}$$

即

$$\tau = \frac{1}{A_{21}} \tag{7-1-14}$$

上式表示粒子在能级 E_2 上的平均停留时间 τ,即原子在能级 E_2 上的平均寿命,简称能级寿命.

这里谈的能级寿命只考虑了自发发射的影响,因此只能说是能级的自然寿命.原子间的碰撞或其他外界干扰,都会促使原子回到低能级去.因此,实际寿命比自然寿命可以小很多,一般说法中的原子持续发光时间,皆指实际寿命.

§7.2 激活介质中的光放大

- 1. 光放大的条件——粒子数反转分布
- 2. 实现反转分布的必要条件
- 3. 激活介质的光增益

1. 光放大的条件——粒子数反转分布

光通过介质时,受激吸收使入射光减弱,受激发射使入射光增强.若受激吸收占优势,宏观表现为光吸收;若受激辐射占优势,宏观上表现为光放大.

设频率为 ν 的单色光,沿 x 轴入射均匀介质,在坐标 x 处的光强为 I,在 $x+dx$ 处,光强为 $I+dI$,按(5-3-4)式,介质的吸收系数 α 为

$$\alpha = -\frac{dI}{I dx} \tag{7-2-1}$$

若 $\alpha>0$,即 $dI<0$,表示光吸收,这是熟知的情况,见图 7-2-1(a);

若 $\alpha<0$,即 $dI>0$,表示光放大,这是现在要讨论的情况,见图 7-2-1(b).

令 w 表示坐标 x 处的辐射能量密度,v 表示介质中光速,则 $I=wv$. 因此(7-2-1)式可重新写为

$$\alpha = -\frac{dw}{w dx} = -\frac{dw}{dt}\frac{1}{wv} \tag{7-2-2}$$

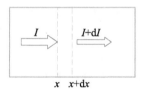

(a) 光的吸收 (dI<0)

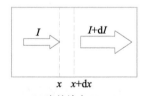

(b) 光的放大 (dI>0)

◎ 图 7-2-1 **光的吸收和放大**

辐射能量密度的增加率 dw/dt 应等于,单位时间单位体积中受激辐射原子数减去单位时间单位体积中受激吸收原子数再乘以 $h\nu$. 按(7-1-5)式、(7-1-6)式,并利用(7-1-9)式化简,得

$$\frac{dw}{dt} = (B_{21}wN_2 - B_{12}wN_1)h\nu = -B_{21}g_2 wh\nu\left(\frac{N_1}{g_1} - \frac{N_2}{g_2}\right) \tag{7-2-3}$$

将上式代入(7-2-2)式得

$$\alpha = \left[B_{21}g_2\left(\frac{h\nu}{v}\right)\left(\frac{N_1}{g_1} - \frac{N_2}{g_2}\right) \right] \qquad (7-2-4)$$

讨论:

(1) $\dfrac{N_1}{g_1} > \dfrac{N_2}{g_2}$ 的情形

这是熟知的热平衡状态,粒子数按麦克斯韦-玻尔兹曼分布律分布.吸收系数 $\alpha > 0$,表现为正吸收(通常叫做光吸收),是受激吸收比受激发射占优势的表现.光强随穿入介质深度的增加而衰减.

(2) $\dfrac{N_1}{g_1} < \dfrac{N_2}{g_2}$ 的情形

假如使用某种激励手段,人为地破坏热平衡状态,使低能级 E_1 每个量子态的原子数密度 N_1/g_1 反而比高能级 E_2 每个量子态上的原子数密度 N_2/g_2 更小,即在能级 E_1、E_2 的两个量子态间产生非热平衡分布,常称为粒子数反转分布.这时吸收系数 $\alpha < 0$,表现为负吸收(通常叫做光放大).若令增益系数 $G = -\alpha$,则(7-2-1)式和(7-2-4)式可改写为

$$\mathrm{d}I(\nu,x) = GI(\nu,x)\,\mathrm{d}x \qquad (7-2-5)$$

$$G = -\alpha = B_{21}g_2\left(\frac{h\nu}{v}\right)\left(\frac{N_2}{g_2} - \frac{N_1}{g_1}\right) \qquad (7-2-6)$$

在负吸收情况下,光强随穿入介质深度的增加而增加,光强被介质放大迅速通过反转分布得到光放大(或说光增益),这是受激发射比受激吸收占优势的宏观表现.能造成粒子数反转分布的介质称为激活介质.实现反转分布是产生光放大的条件,是形成激光的前提.

(3) $\dfrac{N_1}{g_1} = \dfrac{N_2}{g_2}$ 的情形

这是受激吸收和受激发射作用互相抵消情形,宏观上既无吸收,也无增益的"反转阈"状态.

2. 实现反转分布的必要条件

不是任何介质都能实现粒子数反转分布,在能实现粒子数反转分布的所谓激活介质中,也不是任意一对能级都可实现反转分布.实现粒子数反转分布,既要求介质存在合适的能级结构,也要求有足够强的激励源去激励原子体系,使处于高能级的原子数增加.激励的办法有多种:对固体或染料激光器,常用脉冲光源去照射激活介质,这叫做光激励;对气体激光器,常用气体放电方法去激励激活介质,这叫做电激励;等等.各种激励方式统称为泵浦或者抽运.

先证明光抽运不能使二能级体系实现粒子数反转分布.如图 7-2-2 所示,设 E_1 为基态,E_2 为激发态,相应能级原子的数密度分别为 N_1 和 N_2,用强有力光激励将基态 E_1 上的原子抽运到激发态 E_2 上,激发态原子数密度增加率为 $B_{12}wN_1$,由于受激发射和自发发射,激发态原子数密度减少率为 $B_{21}wN_2$ 加 $A_{21}N_2$.因此激发态能级 E_2 的原子数密度净增加率为

$$\frac{\mathrm{d}N_2}{\mathrm{d}t} = B_{12}wN_1 - B_{21}wN_2 - A_{21}N_2$$

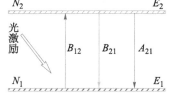

◎ 图 7-2-2　**二能级系统示意图**

由 N_2 达到稳定值的条件为 $\mathrm{d}N_2/\mathrm{d}t=0$,并利用(7-1-9)式化简,得

$$\frac{N_2}{N_1}=\frac{B_{12}w}{B_{21}w+A_{21}}$$

即

$$\frac{N_2/g_2}{N_1/g_1}=\left(1+\frac{g_2A_{21}}{g_1B_{12}w}\right)^{-1}$$

从上式看出,即使用 $w\to\infty$ 的光激励,极限情况也只是

$$\frac{N_2/g_2}{N_1/g_1}\to 1$$

因此,用光抽运办法,在二能级系统实现 $N_2/g_2>N_1/g_1$ 的反转分布是不可能的. 实际上实现粒子数反转分布的多为三能级和四能级系统.

图 7-2-3 为红宝石晶体中铬离子(Cr^{3+})三能级系统示意图. 在正常情况下,红宝石晶体中的铬离子几乎都处在基态 E_1 上,用氙灯光激励时,铬离子吸收氙灯发出的光子后,从基态能级 E_1 抽运到激发态能级 E_3 上,而 E_3 能级寿命很短,约为 5×10^{-8} s,所以铬离子将通过碰撞很快地以无辐射跃迁的方式转移到亚稳态 E_2 上. 由于 E_2 寿命长,约 3 ms,所以可以累积大量铬离子,导致亚稳态 E_2 与基态 E_1 之间粒子数反转分布. 实现了粒子数反转分布的能级之间,受激发射占主导. 红宝石激光器发射的 694.3 nm 谱线,就是在红宝石晶体中铬离子亚稳态与基态之间实现粒子数反转分布所造成的受激辐射.

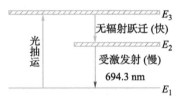

◉ 图 7-2-3 铬离子三能级系统示意图

当然,要产生亚稳态与基态之间的粒子数反转分布,至少要把半数以上的基态粒子抽运到激发态,在热平衡状态下基态几乎集中了全部粒子,只有激励能源很强,进行快速、高效的抽运才有可能. 正由于三能级系统有此缺点,目前除红宝石激光器外,绝大多数固体或气体激光器采用四能级系统,四能级系统的特点是实现粒子数反转分布的高能级 E_2 是亚稳态,低能级系统 E_1 是激发态. 由于 E_1 不是基态而是激发态,它基本上空的,因此比较容易在 E_2、E_1 上实现反转分布,效率当然也就比三能级高.

图 7-2-4 为氦氖激光器发射 632.8 nm 谱线的四能级示意图.

值得指出:He、Ne 原子能级是很复杂的,能实现反转分布的至少有三对能级,相应可以发射 632.8 nm、1.15 μm、3.39 μm 三种受激发射谱线,这里只画出发射 632.8 nm 激光的有关能级;如果能级符号采用原子物理中常用的符号,应为 $E_a(1^1s)$,$E_b(2^1s)$,$E_0(2P^6)$,$E_1'(3s)$,$E_1(3p)$,$E_2(5s)$.

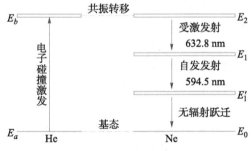

◉ 图 7-2-4 氦氖激光器发射 632.8 nm 谱线的四能级示意图

氦氖激光器中 He 与 Ne 之比为 5:1 和 10:1,结构示意图可参考图 7-4-1. 给放电管加上几千伏高压后,从阴极发射出大量自由电子,它们在轴向电场作用下,向阳极加速运动,这些电子具有各种大小的能量,在加速运动中与 He、Ne 原子碰撞,但电子与基态 He 原子碰撞概率大,与基态 Ne 原子碰撞概率小. 因此,可以认为自由电子只向基态 He 原子传播能量,

实现 He 原子从基态 E_a 到亚稳态 E_b 的电抽运. 由于 He 原子亚稳态和 Ne 原子亚稳态 E_2 很接近, 亚稳态 He 原子与基态 E_0 跃迁到亚稳态后, 便把能量转移(共振转移)给 Ne 原子, 使它从基态 E_0 跃迁到亚稳态 E_2, 在 Ne 原子亚稳态 E_2 和激发态 E_1 间形成粒子数反转分布, 发出了受激发射占主导的 632.8 nm 谱线. Ne 原子由 E_1 很快地自发发射回到 E_1' 能级, 再和细窄放电管壁碰撞, 无辐射跃迁到基态 E_0.

总之, 不论三能级还是四能级图像, 都说明介质中存在亚稳态是实现粒子数反转分布的内部条件, 有足够大功率的激励能源是实现粒子数反转分布的外部条件. 再强调一下, 以上说的二能级、三能级和四能级系统, 是指激光工作介质产生激光过程中直接有关的能级, 当然不是指介质只具有两个能级、三个能级或四个能级.

3. 激活介质的光增益

激活介质在强有力激励能源的抽运下, 实现了粒子数反转分布时, 就可看成是一台光放大器. 若用外来光诱导光子输入该介质, 频率 ν_0 为 $(E_2-E_1)/h$ 的成分就被放大. 激活介质对光的放大能力用 (7-2-6) 式定义的增益系数 G 来描述, 即

$$G = B_{21}g_2\left(\frac{h\nu_0}{v}\right)\left(\frac{N_2}{g_2} - \frac{N_1}{g_1}\right)$$

其实, 在导出 G 的表达式时, 作了一个简化. 忽略了实现反转分布能级 E_1、E_2 的本身宽度, 用 ν_0 代表本身无宽度能级 E_2、E_1 间跃迁的频率, 即 $\nu_0 = (E_2-E_1)/h$. 在 E_1、E_2 间过渡的谱线是具有一定轮廓的, 类似于倒钟形, 见图 7-2-5. 谱线轮廓线用谱线轮廓因子 $f(\nu)$ 表示, 因子的具体形式这里不讨论了.

考虑谱线轮廓因子的影响, 增益系数 G 的表达式应修正为

$$G(\nu, I) = B_{21}g_2\left(\frac{h\nu_0}{v}\right)\left(\frac{N_2}{g_2} - \frac{N_1}{g_1}\right)f(\nu) \tag{7-2-7}$$

增益系数曲线形状如图 7-2-6 所示, 是频率 ν 和光强 I 的函数. 增益系数曲线随光强增加而降低的原因, 是因为光强 I 增加则单位时间从亚稳态向下跃迁的原子数增加, 因而反转程度 $(N_2/g_2 - N_1/g_1)$ 减少, 按 (7-2-7) 式, 增益系数 G 也就降低.

◉ 图 7-2-5　谱线轮廓因子　　　　◉ 图 7-2-6　增益曲线

光在实现了粒子数反转分布的介质中传播时, 按 (7-2-5) 式有

$$\mathrm{d}I(\nu, x) = G(\nu, I)I(\nu, x)\mathrm{d}x$$

设 $x=0$ 时光强 $I(\nu, 0) = I_0$, 则 $x=L$ 时, 光强 $I(\nu, L)$ 可对上式积分求出

$$\int_0^{I(\nu, L)} \frac{\mathrm{d}I(\nu, x)}{I(\nu, x)} = \int_0^L G(\nu, I)\,\mathrm{d}x$$

上述积分只有在 $0\sim L$ 距离内, I 的变化不大, G 才近似为常量. 在此情况下才有

$$I(\nu,L)=I_0 e^{G(\nu)L} \tag{7-2-8}$$

也可引入光放大倍数 M,定义为

$$M=\frac{I(\nu,L)}{I(\nu,0)} \tag{7-2-9}$$

§7.3 谐振腔的作用

— 1. 谐振腔的定向作用
— 2. 激光振荡的阈值条件
— 3. 激光的单色性

授课视频 7-3

有了激活介质和激励能源就可以做成一台光放大器.若在激活介质两端安置一个谐振腔,只要能满足光振荡的阈值条件,这便是一台激光器.谐振腔由两个反射镜组成,镜 M_1 的反射率 R_1 要求为 100%(实际上是镀反射率极高的全反射膜),镜 M_2 是激光输出端,反射率 R_2 要略小于 R_1,例如 $R_2=98\%$ 左右.因此激光器的基本结构包括激活介质(工作物质)、激励能源(泵浦源)和谐振腔三部分,如图 7-3-1 所示.

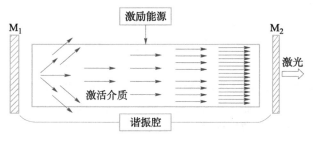

◎ 图 7-3-1　激光器基本结构示意图

一台激光器,为什么要有谐振腔呢?原因有三:

其一,为了得到高度平行的激光.

在激活介质中,自发发射产生的初始光子,在实现了反转分布的介质中传播时,也会得到光放大,光放大增生的光子和初始光子有相同的频率、相位、偏振和传播方向.由于初始光子是随机分布的,所以增生光子的传播方向也是随机的,因此得不到高度平行的激光.

其二,为了得到高强度的激光.

单靠一台光放大器,由于激活介质的长度 L 和增益系数 G 都是很有限的,从(7-2-8)式和(7-2-9)式看出,光放大率不可能很大,所以得不到足够强的激光.

据报道,美国国家航空和航天局的一个天文学家小组宣称,1980 年曾发现火星大气层中存在天然激光.原来火星被一十分纯净的 CO_2 薄层包围着,当太阳辐射的光子经过这一漫长的激活介质(CO_2)时,就发出了 10 μm 波长的强大受激发射,总功率为 10 亿多千瓦.这在后来的行波放大激光装置中也得到了实现.

其三,为了得到单色性更好的激光.

受激发射光放大得到的光,其单色性至少要受到激活介质亚稳态能级寿命 τ 的限制,谱线频率宽度 $\Delta\nu=1/\tau$.要突破这种限制,得到更纯的准单色光,也要使用谐振腔.

总之,激光的三个主要特点(颜色纯、方向准、强度大)都和谐振腔的使用有关,下面分开讨论.

1. 谐振腔的定向作用

从图 7-3-1 看出,凡偏离谐振腔轴线不断光放大的光子束,不是直接跑出腔外,就是几经来回,终于逃出腔外.只有与轴线平行的光子束,才能在腔内来回反射,连续不断地进行光放大,最后形成稳定的沿腔轴方向的强激光束并实现输出.发散角只受衍射效应限制,所以谐振腔对光子走向起了定向作用.但是,不要以为只有平面镜谐振腔才有这种定向作用.例如,有一种共焦谐振腔,它是由两个相同的凹面镜共轴共焦点组成的,如图 7-3-2 所示.凡是平行于谐振腔轴向运动的光子,经过四次反射后,又返回到初始位置.不平行轴向运动的光子不是直接跑出腔外,就几经来回终于逸出腔外.

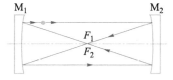

◉ 图 7-3-2　共焦谐振腔

2. 激光振荡的阈值条件

强度 I_0 的光通过长度为 L 的激活介质,增益后光强 I 为

$$I = I_0 e^{GL}$$

前面介绍过增益系数 G 的表达式(7-2-7)式.值得指出,在导出该式时,只着重讨论了受激发射(增益有利的一面)和受激吸收(增益不利的一面),这对主要矛盾来分析,无疑是正确的.但是忽略了激活介质本身的散射消光作用(或说增益不利的另一面),若仿(5-24)式引入散射消光系数 α,则激活介质增益系数(7-2-7)式应写成下列形式:

$$G = \frac{\mathrm{d}I}{I\mathrm{d}x} = B_{21}g_2\frac{h\nu_0}{\nu}\left(\frac{N_2}{g_2} - \frac{N_1}{g_1}\right)f(\nu) - \alpha_s \tag{7-3-1}$$

谐振腔对光强也有"损耗".设镜 M_1、M_2 的透射率分别为 T_1、T_2,反射率分别为 R_1、R_2,因衍射、散射、吸收引起的总损耗分别为 δ_1、δ_2,则

$$R_1 + T_1 + \delta_1 = 1, \quad R_2 + T_2 + \delta_2 = 1$$

即

$$R_1 = 1 - T_1 - \delta_1, \quad R_2 = 1 - T_2 - \delta_2$$

参考图 7-3-3,设在激活介质左端面处($x=0$),光强为 I_0,光传播到激活介质右端($x=L$)时,光强增加到 I_1,即

$$I_1 = I_0 e^{GL}$$

经 M_2 反射以后,光强降为 I_2,即

$$I_2 = R_2 I_1 = R_2 I_0 e^{GL}$$

在回来的路上又经过激活介质的增益和损耗,光强增为 I_3,即

$$I_3 = I_2 e^{GL} = R_2 I_0 e^{2GL}$$

再经 M_1 反射,光强又降为 I_4,即

$$I_4 = R_1 I_3 = R_1 R_2 I_0 e^{2GL}$$

即

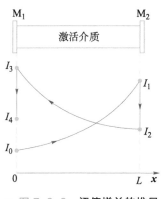

◉ 图 7-3-3　阈值增益的推导

$$\frac{I_4}{I_0} = R_1 R_2 e^{2GL} \tag{7-3-2}$$

至此光束完成了一个循环.当 $I_4 < I_0$ 时,光在循环传播过程中不断减弱;当 $I_4 > I_0$ 时,光在循环传播过程中不断增强;当 $I_4 = I_0$ 时,光在循环传播过程中强度维持稳定. $I_4 = I_0$ 常称为谐振腔的阈值条件,满足阈值条件的增益 G 叫做谐振腔的阈值增益,常用 G_m 表示.将谐振腔阈值条件代入(7-3-2)式,谐振腔的阈值增益为

$$G_m = \frac{1}{2L} \ln \frac{1}{R_1 R_2} \tag{7-3-3}$$

激活介质增益系数 G 取决于激励能源的强弱和激活介质的状态[参考(7-3-1)式],所以阈值增益反映了产生光振荡对激励能源和激活介质的综合要求.但是不要以为 $G > G_m$ 时,光强会无限增长下去.要注意随着光强的增加,激活介质增益 G 将下降,当 G 下降到等于 G_m 时,便建立了光强不变的光振荡稳定状态.

实现粒子数反转分布是产生激光的前提,增益满足阈值条件是产生激光的决定性条件.

3. 激光的单色性

现在讨论激光的单色性是怎样形成的.激活介质的亚稳态寿命长,谐振腔对振荡频率具有选择性,这两者对激光的单色性各有怎样的影响?

首先应了解激活介质本征谱线有一定的半值宽度 $\Delta \nu_D$,谱线不会是无限狭窄的,如图 7-3-4(a)所示.也就是说,激光的频谱要受激活介质谱线的半值宽度 $\Delta \nu_D$ 所限制.按(2-3-22)式,$\Delta \nu_D = 1/\tau$,此处 τ 为亚稳态的能级寿命.用亚稳态自然寿命得出的谱线半值宽度叫做自然增宽.由于热运动,粒子间相互碰撞,也会加速亚稳态上的粒子向低能级跃迁,这种由于碰撞缩短能级寿命而得出的谱线半值宽度叫做碰撞增宽.热运动粒子在能级间跃迁而发光,对接收器来说,这些粒子是运动光源,由于多普勒效应,粒子靠近接收器方向运动时,接收到的频率提高了,粒子背离接收器方向运动时,接收到的频率降低了.这种由于多普勒效应得到的谱线半值宽度叫做多普勒增宽.引起谱线增宽的因素当然不止这三个,此处不再赘述.总之,激活介质本征谱线有一定宽度,对于不同的激活介质和工作条件,谱线增宽的主要来源可能不同.对氦氖激光器的

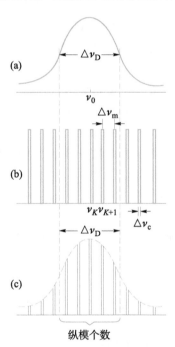

◎ 图 7-3-4　激活介质和谐振腔对单色性的影响

632.8 nm（4.74×10^{14} Hz）谱线,在室温和 1~2 mmHg 压强下,自然增宽为 10 MHz,碰撞增宽为 100~200 MHz,而多普勒增宽为 1 300 MHz,所以它的线宽来源主要为多普勒增宽,这时 $\Delta \nu_D$ 为 1 300 MHz,相应 $\Delta \lambda_D$ 为 1.8×10^{-3} nm.

光学谐振腔与法布里-珀罗标准具类似,根据多光束干涉的极强条件

$$2nL = K\lambda \quad （K 为自然数）$$

即

$$\lambda = \frac{2nL}{K} \tag{7-3-4}$$

满足上式的 λ 获得相干极强,若将上式换成频率条件,得

$$\nu = \frac{c}{\lambda} = K\frac{c}{2nL} \tag{7-3-5}$$

上式所决定的一系列 ν 值即激光器内可能出现的振荡频谱(纵模[①]),这些纵模是等间隔的,纵模间隔 $\Delta\nu_m$ 为

$$\Delta\nu_m = \frac{c}{2nL} \tag{7-3-6}$$

因此,由于谐振腔对频率的选择性,输出激光的频率不是任意的,而是由(7-3-5)式决定的以 $\Delta\nu_m$ 为间隔的等距离散谱,见图7-3-4(b).由于激活介质本征谱线有一定的半值宽度 $\Delta\nu_D$,频谱不可能无限延伸.也就是说,激光的频谱要受激活介质谱线的半值宽度 $\Delta\nu_D$ 所限制,$\Delta\nu_D/\Delta\nu_m$ 是激光频谱的纵模个数,如图7-3-4(c)所示.

从(7-3-6)式可看出,缩短腔长,可拉开纵模间隔.表7-3-1给出了氦氖激光管腔长与纵模间隔的一些数据.

▣ 表7-3-1　　**氦氖激光管腔长与纵横间隔（$n \approx 1$）**

	腔长 L/cm	15	20	25	50	100
纵模间隔	$\Delta\nu_m$/MHz	1 000	750	600	300	150
	$\Delta\lambda_m$/nm	1.3×10^{-1}	1.0×10^{-1}	8.0×10^{-2}	4.0×10^{-2}	2.0×10^{-2}

按§2.5节的第4小节中讨论的干涉滤光片中心波长的谱线半值宽度 $\delta\lambda$[参考(2-89)式,此处略去 λ_0 下标]表示式,有

$$\delta\lambda = \frac{\lambda(1-R)}{\pi K\sqrt{R}}$$

将(7-3-4)式代入上式,消去 K 得

$$\delta\lambda = \frac{\lambda^2(1-R)}{2\pi nL\sqrt{R}} = \Delta\lambda_c \tag{7-3-7}$$

上式即单模线宽 $\Delta\lambda_c$,若将上式用频率来表示,则单模线宽 $\Delta\nu_c$ 为

$$\Delta\nu_c = -\frac{c}{\lambda^2}\Delta\lambda_c$$

略去上式中不重要的负号,得

$$\Delta\nu_c = \frac{c}{\lambda^2}\Delta\lambda_c = \frac{c(1-R)}{2\pi nL\sqrt{R}} \tag{7-3-8}$$

上式表明,腔长大、反射高,单模线宽就窄.但腔长大,纵模间隔变小,不利于单模输出.从表7-3-1看出,氦氖管长 $L=15$ cm 时,可保证单模输出(即 $\Delta\nu_D/\Delta\nu_m \approx 1$),利用(7-3-7)式、(7-3-8)式可算出 $L=15$ cm,$R=98\%$,$n=1.0$ 的氦氖管输出的单模线宽 $\Delta\nu_c = 6.4$ MHz

---

① 可以将谐振腔内多次反射形成的光波,归结为两列沿相反方向传播的光波.这样两列光波会发生干涉,形成稳定的驻波,相邻波节之间的距离是 $\lambda/2$.我们将谐振腔内部沿轴向形成的稳定驻波花样(振动模式)称为纵模,每一个谐振频率,对应一个稳定的驻波花样,因此有多少个谐振频率就有多少个纵模.

$(\Delta\lambda_c = 8.6\times10^{-6}\text{ nm})$[①],激光的单色性好主要表现在单模上,因此如何从多模中选择单模和如何稳定单模频率是两个关键问题.

目前氦氖激光器可以设计得非常小巧:$L = 14.6$ cm,直径为 2.5 cm,重 70 g,功率为 0.5 mW;单色性最好的氦氖管,单模线宽已达到 7 kHz(9×10^{-9} nm),然而随着半导体激光器的蓬勃发展,桌面小型化激光器已经可以做到厘米或者毫米量级,这大大突破了气体激光器的尺度.

*§7.4 激光器的类型

- 1. 气体激光器
- 2. 固体激光器
- 3. 半导体激光器
- 4. 染料激光器

授课视频 7-4

按工作性质不同,可以把激光器分成四种类型.

（1）气体激光器,其中又分原子气体激光器(例如氦氖激光器),离子气体激光器(例如氩离子激光器)和分子气体激光器(例如二氧化碳激光器、氮分子激光器)三大类.

（2）固体激光器,例如红宝石激光器、钕玻璃激光器、掺钕钇铝石榴石激光器等.

（3）半导体激光器,例如砷化镓半导体激光器、氮化镓半导体激光器等.

（4）染料激光器.

1. 气体激光器

气体激光器的单色性和方向性都较好,输出的光频率较稳定,它结构简单,易制成连续运转,为目前广泛使用的一类激光器.多用于干涉量度学、准直、通信、全息照相、激光光谱学、光存储和激光陀螺等方面.

氦氖激光器

CO_2 激光器

气体激光器又分为原子气体、离子气体和分子气体激光器三大类.常采用直流放电或交流放电的方法激励.

气体激光器中,用得最广、颇为常见的应该是氦氖激光器.它有三种典型的结构形式:a) 内腔式(或称全内腔式)结构,如图 7-4-1 所示,组成光学谐振腔的两反射镜 M_1、M_2 紧贴在放电管的两端.b) 外腔式(或称全外腔式)结构,如图 7-4-2 所示,组成光学谐振腔的两反射镜 M_1、M_2 与放电管完全分开.在这种结构中,由于放电管两端有布儒斯特窗 W_1、W_2,它输出的激光是线偏振光.c) 半内腔式(或称半外腔式)结构,如图 7-4-3 所示,组成光学谐振腔的两反射 M_1、M_2,一个紧贴放电管一端,另一个与放电管分开.它输出的激光由于有布儒斯特窗 W,也是线偏振光.

① 激光器是一个振荡源,而不是一个无源的法布里-珀罗腔,其单模线宽远比(7-3-7)式和(7-3-8)式所给数值小几个数量级.若计及有源谐振腔的影响,$\Delta\nu_c$、$\Delta\lambda_c$ 还要缩小几个数量级.

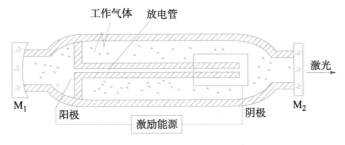

◎ 图 7-4-1　内腔式激光器结构示意图

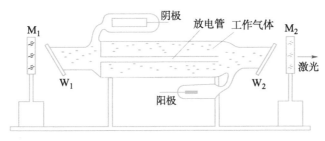

◎ 图 7-4-2　外腔式激光器结构示意图

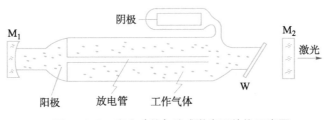

◎ 图 7-4-3　半内（外）腔式激光器结构示意图

氦氖激光器的输出功率约在毫瓦至百毫瓦量级. 最常见的长度为 250 mm 的氦氖激光管：输出功率为 1.5 mW，直流放电电压约为 1 500 V，放电电流约为 5 mA，输入功率约 3 W，效率为 0.02% 左右.

2. 固体激光器

固体激光器的工作物质是将起受激发射作用的激活离子掺杂在晶体或玻璃之类的基质中. 作为基质的晶体或玻璃通常做成棒状，两端抛光成平行的光学平面，再镀上反射膜构成谐振腔. 一般都用光泵浦的抽运方式. 例如用脉冲灯（如脉冲氙灯）或强的连续灯（如高压水银灯、氪灯等）照射激活介质棒，使其形成粒子数反转分布.

目前固体激光器有好几十种，主要的有红宝石[①]激光器（694.3 nm），钕玻璃激光器（1 060 μm），掺钕钇铝石榴石（YAG）激光器（1.06 μm）

Nd：YAG 激光器

半导体激光器

---

① 红宝石激光器是由掺有 0.05%（按重量计）Cr_2O_3 的人造白宝石（又称刚玉，化学成分为 Al_2O_3）单晶制成的. Cr^{+3} 的密度约为 1.6×10^{19} 个/cm^3（比气体工作物质的粒子密度大得多），由于晶体中的 Al^{3+} 被 Cr^{3+} 取代，对蓝光、绿光有吸收作用，使之成粉红色，故称为红宝石.

三种,前两种为脉冲式工作,后一种可连续工作,也可脉冲式工作.

3. 半导体激光器

半导体激光器是所有激光器中效率最高而体积最小的.加上结构简单坚固,便于直接调制等优点,适合军事上的应用.从实用角度来看,目前砷化镓(GaAs)激光器最受重视,它在光雷达、光通讯、光计算机上的应用十分重要.

各种半导体激光器发出的激光波长从 630 nm 到 8.5 μm.砷化镓的激光波长,室温下为 901 nm,液氮温度($-196\ ℃$)下为 850 nm.在室温下为脉冲式工作,输出光功率为 20 W,效率约为 1%.在液氮温度下可制成连续工作器件,其效率约为 30%.在液氮温度($-269\ ℃$)下效率为 50%.砷化镓激光器采用电子注入作为激励方式.

4. 染料激光器

染料激光器又称为有机液体激光器.其主要特点是发射来出的激光波长可以连续地改变(调谐).虽然用其他方法也能获得可调谐的激光,但在可见光区与紫外光区,要数染料激光器最为简单方便.

染料激光器是用染料作为工作物质的一种激光器.所谓染料,一般是指有颜色的有机物质,所以有各种颜色是吸收不同波长可见光的结果.当然也有一些有机物质并不吸收可见光,而吸收红外光或紫外光,因而不呈现颜色,但它们都可以利用光泵浦抽运发出激光.

染料激光器的工作方式可以是脉冲式的,也可以是连续的.脉冲式工作的光泵浦用脉冲激光器(如氮分子激光器)或闪光灯;连续工作的光泵浦用连续激光器,如氩离子激光器.

复习思考题

7-1 试分别就 $g_1 = g_2$,$g_1 < g_2$ 两种情况,讨论 $g_1 B_{12} = g_2 B_{21}$ 式的物理意义.

7-2 不用吸收系数 α 的表达式(7-2-4)式或增益系数 G 的表达式(7-2-6)式,直接考虑单位时间、单位体积中受激发射原子数与受激吸收原子数的比值,能得出光放大的条件吗?

7-3 用两个相同的凹球面镜 M_1、M_2 共轴组成谐振腔.其一,镜 M_1 的焦点和镜 M_2 曲率中心 C_2 重合,当然,镜 M_2 的焦点也和镜 M_1 曲率中心 C_1 重合;其二,镜 M_1 顶点和镜 M_2 焦点重合,当然,镜 M_2 的顶点也和镜 M_1 焦点重合.

试分析沿轴线方向运动的光子,在谐振腔内几经来回后,会返回到光子的起始方位.

7-4 试述产生激光要具备哪些条件.

7-5 同样由 Ne 原子发出 632.8 nm 谱线,为何在 Ne 的辉光放电管中发出的谱线宽,在单模输出的氦氖激光管中发出的谱线窄很多? 为何激光管管长变长时,单模线宽变窄,且频谱间隔会变密?

7-6 从表 7-3-1 所列的氦氖激光管腔长与纵模间隔的数据中,分析各种腔长相应的单模个数.腔长是否越短越好?

7-7 试从激发态能级寿命 τ 和谱线半值宽度 $\Delta\nu$ 的关系式,引出激发态能级寿命和其能级宽度 ΔE 间的关系式,并讨论之.

7-1 某氦氖激光器,激光波长为 632.8 nm,输出功率为 10 mW,光束直径为 1 mm,光束发散角(2θ)的一半为 1 mrad. 对 632.8 nm 光波的视见函数 $V(\lambda) = 0.24$,此激光束的光通量及其发光强度、亮度各为多少? 并求其在 10 m 远的幕上的照度.

7-2 某氩离子激光器,激光波长为 488.0 nm,输出功率为 2 W,光束直径为 2 mm,试求其电振动的振幅 E_0;平均来说,太阳照射到地球上的辐射能每分钟每平方厘米为 8.36 J (= 2 cal),试求其电振动的振幅 E_0'.

7-3 试小结一下,光与原子体系相互作用的三种基本形式的各自特征.

7-4 粒子在能级 E_1、E_2 之间跃迁.

(1) 试导出在热平衡条件下,下列三组比值的表示式:

$$\left(\frac{单位时间内受激吸收的粒子数}{单位时间内受激发射的粒子数}\right);$$

$$\left(\frac{单位时间内受激发射的粒子数}{单位时间内自发发射的粒子数}\right);$$

$$\left(\frac{单位时间内受激吸收的粒子数}{单位时间内自发发射的粒子数}\right);$$

(2) 设 $\nu = (E_2 - E_1)/h = 5 \times 10^{14}$ Hz(相当于 = 600.0 nm),试求在室温 300 K 和高温 10^3 K 时,上述三对比值的大小.

7-5 有一台气体激光放大器,如习题 7-5 图所示,如果 $L = 1$ m,频率 $\nu_0 = (E_2 - E_1)/h$ 的线偏振激光光强为 I_0,放大器两个窗口都是布儒斯特窗,测出 I_L/I_0 为 100,求激活介质增益系数 $G(\nu_0)$. 计算时假定 $G(\nu_0)$ 与光强大小无关.

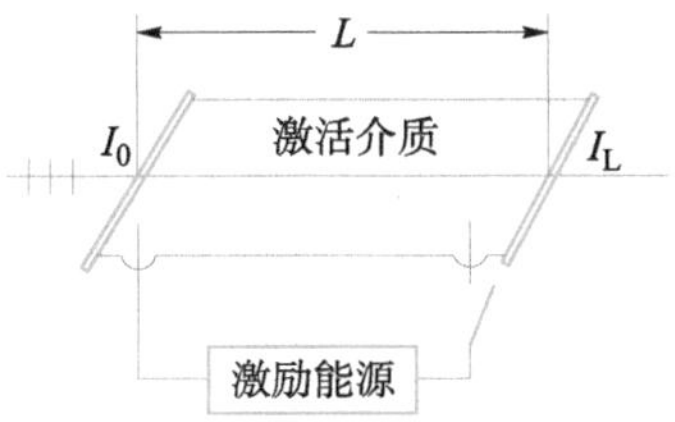

◎ 习题 7-5 图

7-6 (1) 若要使氦氖激光器(温度 300 K,压强 1~2 mmHg)输出激光($\lambda = 632.8$ nm)是单模的,谐振腔长度 L 以多少为宜?

(2) 设氩离子激光器激活介质(折射率 $n \approx 1$)的本征谱线 488.0 nm 的线宽 $\Delta\nu_D = 4\,000$ MHz,求腔长为 1 m 时,光束中包含几个纵模? 两相邻纵模间隔 $\Delta\nu_m$ 和 $\Delta\lambda_m$ 为多少?

7-7 把氦氖激光器光学谐振腔当作法布里-珀罗标准具,已知腔长 $L = 15$ cm,$\lambda = 632.8$ nm,激活介质折射率 $n = 1.00$.

(1) 求纵模间隔 $\Delta\lambda_m$;

(2) 希望得到单模线宽 $\Delta\lambda_c = 8.6 \times 10^{-6}$ nm,则腔的反射率 R 应取多大?

常用物理常量表

物理量	符号	数值	单位	相对标准不确定度
真空中的光速	c	299 792 458	$\mathrm{m \cdot s^{-1}}$	精确
普朗克常量	h	$6.626\,070\,15 \times 10^{-34}$	$\mathrm{J \cdot s}$	精确
约化普朗克常量	$h/2\pi$	$1.054\,571\,817 \cdots \times 10^{-34}$	$\mathrm{J \cdot s}$	精确
元电荷	e	$1.602\,176\,634 \times 10^{-19}$	C	精确
阿伏伽德罗常量	N_A	$6.022\,140\,76 \times 10^{23}$	$\mathrm{mol^{-1}}$	精确
摩尔气体常量	R	$8.314\,462\,618 \cdots$	$\mathrm{J \cdot mol^{-1} \cdot K^{-1}}$	精确
玻耳兹曼常量	k	$1.380\,649 \times 10^{-23}$	$\mathrm{J \cdot K^{-1}}$	精确
理想气体的摩尔体积（标准状态下）	V_m	$22.413\,969\,54 \cdots \times 10^{-3}$	$\mathrm{m^3 \cdot mol^{-1}}$	精确
斯特藩-玻耳兹曼常量	σ	$5.670\,374\,419 \cdots \times 10^{-8}$	$\mathrm{W \cdot m^{-2} \cdot K^{-4}}$	精确
维恩位移定律常量	b	$2.897\,771\,955 \times 10^{-3}$	$\mathrm{m \cdot K}$	精确
引力常量	G	$6.674\,30(15) \times 10^{-11}$	$\mathrm{m^3 \cdot kg^{-1} \cdot s^{-2}}$	2.2×10^{-5}
真空磁导率	μ_0	$1.256\,637\,062\,12(19) \times 10^{-6}$	$\mathrm{N \cdot A^{-2}}$	1.5×10^{-10}
真空电容率	ε_0	$8.854\,187\,812\,8(13) \times 10^{-12}$	$\mathrm{F \cdot m^{-1}}$	1.5×10^{-10}
电子质量	m_e	$9.109\,383\,701\,5(28) \times 10^{-31}$	kg	3.0×10^{-10}
电子荷质比	$-e/m_e$	$-1.758\,820\,010\,76(53) \times 10^{11}$	$\mathrm{C \cdot kg^{-1}}$	3.0×10^{-10}
质子质量	m_p	$1.672\,621\,923\,69(51) \times 10^{-27}$	kg	3.1×10^{-10}
中子质量	m_n	$1.674\,927\,498\,04(95) \times 10^{-27}$	kg	5.7×10^{-10}
里德伯常量	R_∞	$1.097\,373\,156\,816\,0(21) \times 10^{7}$	$\mathrm{m^{-1}}$	1.9×10^{-12}
精细结构常数	α	$7.297\,352\,569\,3(11) \times 10^{-3}$		1.5×10^{-10}
精细结构常数的倒数	α^{-1}	$137.035\,999\,084(21)$		1.5×10^{-10}
玻尔磁子	μ_B	$9.274\,010\,078\,3(28) \times 10^{-24}$	$\mathrm{J \cdot T^{-1}}$	3.0×10^{-10}
核磁子	μ_N	$5.050\,783\,746\,1(15) \times 10^{-27}$	$\mathrm{J \cdot T^{-1}}$	3.1×10^{-10}
玻尔半径	a_0	$5.291\,772\,109\,03(80) \times 10^{-11}$	m	1.5×10^{-10}
康普顿波长	λ_C	$2.426\,310\,238\,67(73) \times 10^{-12}$	m	3.0×10^{-10}
原子质量常量	m_u	$1.660\,539\,066\,60(50) \times 10^{-27}$	kg	3.0×10^{-10}

注：表中数据为国际科学联合会理事会科学技术数据委员会（CODATA）2018 年的国际推荐值.

郑重声明

高等教育出版社依法对本书享有专有出版权。任何未经许可的复制、销售行为均违反《中华人民共和国著作权法》，其行为人将承担相应的民事责任和行政责任；构成犯罪的，将被依法追究刑事责任。为了维护市场秩序，保护读者的合法权益，避免读者误用盗版书造成不良后果，我社将配合行政执法部门和司法机关对违法犯罪的单位和个人进行严厉打击。社会各界人士如发现上述侵权行为，希望及时举报，我社将奖励举报有功人员。

反盗版举报电话　（010）58581999　58582371

反盗版举报邮箱　dd@hep.com.cn

通信地址　北京市西城区德外大街4号　高等教育出版社法律事务部

邮政编码　100120

读者意见反馈

为收集对教材的意见建议，进一步完善教材编写并做好服务工作，读者可将对本教材的意见建议通过如下渠道反馈至我社。

咨询电话　400-810-0598

反馈邮箱　hepsci@pub.hep.cn

通信地址　北京市朝阳区惠新东街4号富盛大厦1座

　　　　　高等教育出版社理科事业部

邮政编码　100029

防伪查询说明

用户购书后刮开封底防伪涂层，使用手机微信等软件扫描二维码，会跳转至防伪查询网页，获得所购图书详细信息。

防伪客服电话　（010）58582300